U0293202

新起点电脑教程

After Effects CS6 基础教程

文杰书院　编著

清華大学出版社
北　京

内 容 简 介

本书是"新起点电脑教程"系列丛书的一个分册，以通俗易懂的语言、精挑细选的实用技巧、翔实生动的操作案例，全面介绍了After Effects CS6基础入门与应用案例，主要内容包括数字影视技术基础与After Effects概述、After Effects CS6快速入门、导入与组织素材、图层控制与动画、文本的操作、绘画与形状的应用、创建三维空间合成、关键帧动画、蒙版与遮罩动画、色彩校正与抠像技术、特效应用效果、高级动画控制和渲染与输出等方面的知识、技巧及应用案例。

本书配套一张多媒体全景教学光盘，收录了本书全部知识点的视频教学课程，同时还赠送了4套相关视频教学课程，超低的学习门槛和超大光盘内容含量，可以帮助读者循序渐进地学习、掌握和提高。

本书遵循大多数初学者的认识规律和学习思路，非常适合After Effects的初、中级用户学习，适用于欲从事影视制作、栏目包装、电视广告、后期编辑与合成的广大初、中级从业人员作为自学教材，也可作为社会培训机构、大中专院校相关专业的教学参考书或上机实践指导用书。

图书在版编目(CIP)数据

After Effects CS6基础教程/文杰书院编著. --北京：清华大学出版社，2015
(新起点电脑教程)
ISBN 978-7-302-40511-5

Ⅰ. ①A…　Ⅱ. ①文…　Ⅲ. ①图像处理软件—教材　Ⅳ. ①TP391.41

中国版本图书馆CIP数据核字(2015)第136806号

责任编辑：魏　莹
封面设计：杨玉兰
责任校对：马素伟
责任印制：李红英

出版发行：清华大学出版社
　网　　址：http://www.tup.com.cn，http://www.wqbook.com
　地　　址：北京清华大学学研大厦A座　　**邮　　编**：100084
　社 总 机：010-62770175　　**邮　　购**：010-62786544
　投稿与读者服务：010-62776969，c-service@tup.tsinghua.edu.cn
　质 量 反 馈：010-62772015，zhiliang@tup.tsinghua.edu.cn
印 刷 者：北京鑫丰华彩印有限公司
装 订 者：三河市吉祥印务有限公司
经　　销：全国新华书店
开　　本：185mm×260mm　　**印　张**：25.75　　**字　　数**：623千字
（附DVD1张）
版　　次：2015年7月第1版　　**印　　次**：2015年7月第1次印刷
印　　数：1～3000
定　　价：52.00元

产品编号：051102-01

致 读 者

“全新的阅读与学习模式 + 多媒体全景拓展教学光盘 + 全程学习与工作指导”三位一体的互动教学模式，是我们为您量身定做的一套完美的学习方案，为您奉上的丰盛的学习盛宴！

创造一个多媒体全景学习模式，是我们一直以来的心愿，也是我们不懈追求的动力，愿我们奉献的图书和光盘可以成为您步入神奇电脑世界的钥匙，并祝您在最短时间内能够学有所成、学以致用。

全新改版与升级行动

“新起点电脑教程”系列图书自2011年年初出版以来，其中的每个分册多次加印，创造了培训与自学类图书销售高峰，赢得来自国内各高校和培训机构，以及各行各业读者的一致好评，读者技术与交流QQ群已经累计达到几千人。

本次图书再度改版与升级，在汲取了之前产品的成功经验，摒弃原有的问题，针对读者反馈信息中常见的需求，我们精心设计改版并升级了主要产品，以此弥补不足，热切希望通过我们的努力不断满足读者的需求，不断提高我们的服务水平，进而达到与读者共同学习，共同提高的目的。

全新的阅读与学习模式

如果您是一位初学者，当您从书架上取下并翻开本书时，将获得一个从一名初学者快速晋级为电脑高手的学习机会，并将体验到前所未有的互动学习的感受。

我们秉承“打造最优秀的图书、制作最优秀的电脑学习软件、提供最完善的学习与工作指导”的原则，在本系列图书编写过程中，聘请电脑操作与教学经验丰富的老师和来自工作一线的技术骨干倾力合作编著，为您系统化地学习和掌握相关知识与技术奠定扎实的基础。

轻松快乐的学习模式

在图书的内容与知识点设计方面，我们更加注重学习习惯和实际学习感受，设计了更加贴近读者学习的教学模式，采用“基础知识讲解+实际工作应用+上机指导练习+课后小结与练习”的教学模式，帮助读者从初步了解与掌握到实际应用，循序渐进地成为电脑应用高手与行业精英。“为您构建和谐、愉快、宽松、快乐的学习环境，是我们的目标！”

赏心悦目的视觉享受

为了更加便于读者学习和阅读本书，我们聘请专业的图书排版与设计师，根据读者的阅读习惯，精心设计了赏心悦目的版式，全书图案精美、布局美观，读者可以轻松完成整个学习过程。“使阅读和学习成为一种乐趣，是我们的追求！”

更加人文化、职业化的知识结构

作为一套专门为初、中级读者策划编著的系列丛书，在图书内容安排方面，我们尽量摒弃枯燥无味的基础理论，精选了更适合实际生活与工作的知识点，帮助读者快速学习，快速提高，从而达到学以致用的目的。

- 内容起点低，操作上手快，讲解言简意赅，读者不需要复杂的思考，即可快速掌握所学的知识与内容。
- 图书内容结构清晰，知识点分布由浅入深，符合读者循序渐进与逐步提高的学习习惯，从而使学习达到事半功倍的效果。
- 对于需要实践操作的内容，全部采用分步骤、分要点的讲解方式，图文并茂，使读者不但可以动手操作，还可以在大量的实践案例练习中，不断提高操作技能和经验。

精心设计的教学体例

在全书知识点逐步深入的基础上，根据知识点及各个知识板块的衔接，我们科学地划分章节，在每个章节中，采用了更加合理的教学体例，帮助读者充分了解和掌握所学知识。

- 本章要点：在每章的章首页，我们以言简意赅的语言，清晰地表述了本章即将介绍的知识点，读者可以有目的地学习与掌握相关知识。
- 知识精讲：对于软件功能和实际操作应用比较复杂的知识，或者难以理解的内容，进行更为详尽的讲解，帮助您拓展、提高与掌握更多的技巧。
- 考考您：学会了吗？让我们来考考您吧，这对于您有效充分地掌握知识点具有总结和提高的作用。
- 实践案例与上机指导：读者通过阅读和学习此部分内容，可以边动手操作，边阅读书中所介绍的实例，一步一步地快速掌握和巩固所学知识。
- 思考与练习：通过此栏目内容，不但可以温习所学知识，还可以通过练习，达到巩固基础、提高操作能力的目的。

多媒体全景拓展教学光盘

本套丛书首创的多媒体全景拓展教学光盘，旨在帮助读者完成“从入门到提高，从实

践操作到职业化应用”的一站式学习与辅导过程。

配套光盘共分为“基础入门”、“知识拓展”、“快速提高”和“职业化应用”4个模块，每个模块都注重知识点的分配与规划，使光盘功能更加完善。

基础入门

在基础入门模块中，为读者提供了本书重要知识点的多媒体视频教学全程录像，同时还提供了与本书相关的配套学习资料与素材。

知识拓展

在知识拓展模块中，为读者免费赠送了与本书相关的4套多媒体视频教学录像，读者在学习本书视频教学内容的同时，还可以学到更多的相关知识，读者相当于买了一本书，获得了5本书的知识与信息量！

快速提高

在快速提高模块中，为读者提供了各类电脑应用技巧的电子图书，读者可以快速掌握常见软件的使用技巧、故障排除方法，达到快速提高的目的。

职业化应用

在职业化应用模块中，为读者免费提供了相关领域和行业的办公软件模板或者相关素材，给读者一个广阔的就业与应用空间。

图书产品与读者对象

“新起点电脑教程”系列丛书涵盖电脑应用各个领域，为各类初、中级读者提供了全面的学习与交流平台，帮助读者轻松实现对电脑技能的了解、掌握和提高。本系列图书具体书目如下。

分　类	图　书	读者对象
电脑操作基础入门	电脑入门基础教程(Windows 7+Office 2010版)(修订版)	适合刚刚接触电脑的初级读者，以及对电脑有一定的认识、需要进一步掌握电脑常用技能的电脑爱好者和工作人员，也可作为大中专院校、各类电脑培训班的教材
	五笔打字与排版基础教程(2012版)	
	Office 2010电脑办公基础教程	
	Excel 2010电子表格处理基础教程	
	计算机组装·维护与故障排除基础教程(修订版)	
	电脑入门与应用(Windows 8+Office 2013版)	

续表

分类	图书	读者对象
电脑基本操作与应用	电脑维护·优化·安全设置与病毒防范	适合电脑的初、中级读者，以及对电脑有一定基础、需要进一步学习电脑办公技能的电脑爱好者与工作人员，也可作为大中专院校、各类电脑培训班的教材
	电脑系统安装·维护·备份与还原	
	PowerPoint 2010 幻灯片设计与制作	
	Excel 2010 公式·函数·图表与数据分析	
	电脑办公与高效应用	
图形图像与设计	Photoshop CS6 中文版图像处理	适合对电脑基础操作比较熟练，在图形图像及设计类软件方面需要进一步提高的读者，适合图像编辑爱好者、准备从事图形设计类的工作人员，也可作为大中专院校、各类电脑培训班的教材
	会声会影 X5 影片编辑与后期制作基础教程	
	AutoCAD 2013 中文版入门与应用	
	CorelDRAW X6 中文版平面创意与设计	
	Flash CS6 中文版动画制作基础教程	
	Dreamweaver CS6 网页设计与制作基础教程	
	Creo 2.0 中文版辅助设计入门与应用	
	Illustrator CS6 中文版平面设计与制作基础教程	
	UG NX 8.5 中文版基础教程	
	After Effects CS6 基础教程	

全程学习与工作指导

为了帮助您顺利学习、高效就业，如果您在学习与工作中遇到疑难问题，欢迎来信与我们及时交流与沟通，我们将全程免费答疑。希望我们的工作能够让您更加满意，希望我们的指导能够为您带来更大的收获，希望我们可以成为志同道合的朋友！

您可以通过以下方式与我们取得联系：

QQ 号码：18523650

读者服务 QQ 群号：185118229 和 128780298

电子邮箱：itmingjian@163.com

文杰书院网站：www.itbook.net.cn

最后，感谢您对本系列图书的支持，我们将再接再厉，努力为读者奉献更加优秀的图书。衷心地祝愿您能早日成为电脑高手！

编　者

前　　言

After Effects CS6 是 Adobe 公司最新推出的影视编辑软件，适用于电视栏目包装、影视广告制作、三维动画合成以及电视剧特效合成等领域。为了帮助正在学习 After Effects CS6 的初学者快速地了解和应用该软件，我们编写了本书。

本书在编写过程中结合初学者的学习习惯，采用由浅入深、由易到难的方式进行讲解，读者还可以通过随书赠送的多媒体视频教学来学习，让整个学习过程变得更加轻松、愉快。全书结构清晰，内容丰富，共分为 13 章，主要包括 4 个方面的内容。

1. After Effects CS6 基础知识

第 1 章～第 3 章，介绍了数字影视技术基础和 After Effects 基本知识，讲解了进入工作空间、项目的创建与管理，以及导入与组织素材等方面的知识与技巧。

2. 文本与图层动画操作

第 4 章～第 6 章，介绍了图层控制与动画制作的具体方法，还介绍了创建与编辑文字、创建和操作文字动画的方法，同时还讲解了绘画和形状的应用等相关操作方法及应用案例。

3. 三维空间

本书第 7 章讲解了创建三维空间合成的方法，包括认识三维空间、三维空间合成的工作环境、3D 图层、灯光的应用和摄像机的应用的相关知识及操作方法。

4. 高级动画

第 8 章～第 9 章，讲解了关键帧动画、蒙版和遮罩动画的创建与使用方法，包括创建与编辑关键帧动画、创建与设置蒙版动画的方法，以及创建遮罩和编辑遮罩等相关知识及操作方法。

5. 特效应用与高级动画应用

第 10 章～第 12 章，讲解了色彩校正与抠像技术，详细地介绍了 After Effects 中内置的上百种视频特效应用方法，以及高级动画制作方法。

6. 渲染与输出

本书第 13 章介绍了包括渲染与输出方法、输出到 Flash 格式动画和其他渲染输出的方法与技巧等方面知识。

本书由文杰书院组织编写，参与本书编写工作的有李军、袁帅、王超、徐伟、李强、许媛媛、贾亮、安国英、冯臣、高桂华、贾丽艳、李统财、李伟、蔺丹、沈书慧、蔺影、宋艳辉、张艳玲、安国华、高金环、贾万学、蔺寿江、贾亚军、沈嵘、刘义等。

我们真切希望读者在阅读本书之后，可以开阔视野，增长实践操作技能，并从中学习和总结操作的经验和规律，灵活运用，取得良好效果。鉴于编者水平有限，书中纰漏和考虑不周之处在所难免，热忱欢迎读者予以批评、指正，以便我们日后能为您编写更好的图书。

如果您在使用本书时遇到问题，可以访问网站 http://www.itbook.net.cn 或发邮件至 itmingjian@163.com 与我们交流和沟通。

编　者

新起点 电脑教程

目 录

第 1 章

数字影视技术基础与 After Effects 概述

本章要点

- 后期合成技术
- 数字影视制作基础
- After Effects CS6 概述
- 基本的工作流程

本章主要内容

本章主要介绍后期合成技术和数字影视制作基础方面的知识与技巧，同时还讲解了 After Effects CS6 的一些基础知识，在本章的最后还针对实际的工作需求，介绍了基本的工作流程。通过本章的学习，读者可以掌握数字影视技术基础与 After Effects 概述方面的知识，为深入学习 After Effects CS6 知识奠定基础。

1.1 后期合成技术

后期合成技术被广泛应用于影视制作中，合成其实就是在拍摄或者制作好的素材中进行锦上添花的制作。它可以实现现实中不可能存在或者是很难拍摄的效果，本节将详细介绍后期合成技术的相关知识。

1.1.1 后期合成技术概述

随着计算机技术的普及与运用，电影也发生了全新的改变。越来越多的计算机制作运用到电影作品中，对影视后期特效制作合成有着深刻影响。如平常看到的电影、广告、天气预报等都渗透着后期合成的影子。如今电影中各种特技让人眼花缭乱，其中许多特技都是由特技演员真实演绎，再后期合成，相信看过《变形金刚 4》的观众一定对电影中那些自由飞行的炫酷镜头记忆深刻，其实许多飞行的镜头都是有翼装飞行的特技队员表演拍摄合成的，如图 1-1 所示。

图 1-1

影视制作分为前期和后期两个部分，前期工作主要是对影视节目的策划、拍摄以及三维动画的创作等。前期工作完成后，工作人员将对前期制作所得到的素材和半成品进行艺术加工、组合即后期合成制作。其中，After Effects 就是一款不错的影视后期合成软件。

1.1.2 模拟信号与数字信号

模拟信号是用电流或电压值随时间的连续变化来描述或代替信号源发出的信号。它的特点是其电压和电流有无限多个值且随时间连续地变化，并且可以由一个已知的值估计其前后的值，如图 1-2 所示。

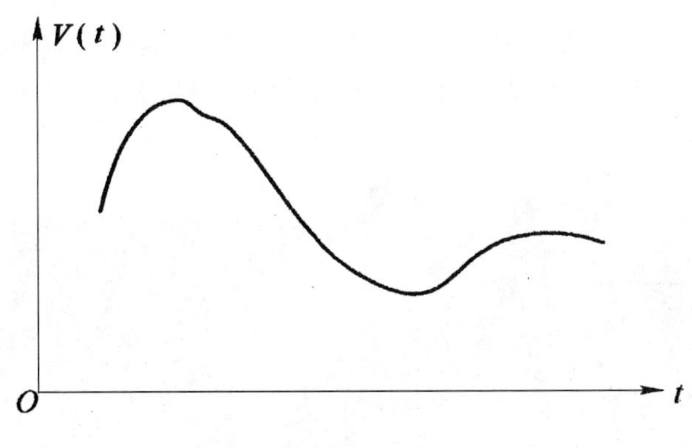

图 1-2

数字信号相对于模拟信号有很多优势，最重要的一点在于数字信号在传输过程中有很高的保真度，是一种脉冲信号。数字信号的特点是电压和电流只有有限个值。每个值的出现是随机的，服从一定的概率。数字信号的每个电压值都对应一个数字，如图 1-3 所示。

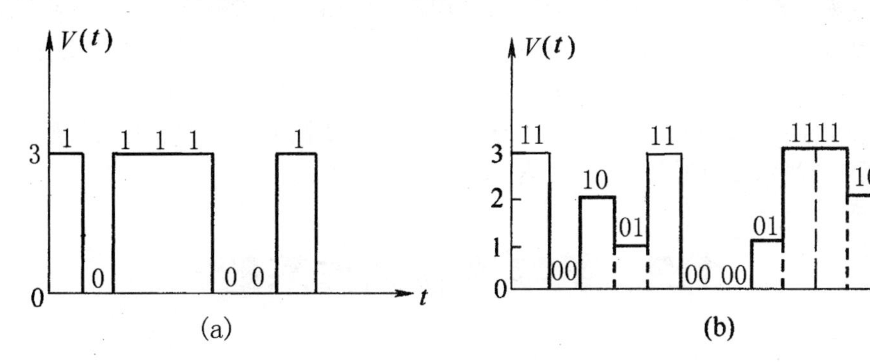

图 1-3

1.1.3　线性编辑与非线性编辑

“线性编辑”与“非线性编辑”对于从事影视制作的工作人员来说是不得不提的，这是两种不同的视频编辑方式，下面将分别予以详细介绍线性编辑与非线性编辑的知识。

1. 线性编辑

线性编辑是一种磁带的编辑方式，它利用电子手段，根据节目内容的要求将素材连接成新的连续画面的技术。通常使用组合编辑将素材顺序编辑成新的连续画面，然后再以插入编辑的方式对某一段进行同样长度的替换。但要想删除、缩短、加长中间的某一段就不可能了，除非将那一段以后的画面抹去重录，这是电视节目的传统编辑方式。

2. 非线性编辑

非线性编辑是相对于传统以时间顺序进行线性编辑而言的。非线性编辑借助计算机来进行数字化制作，几乎所有的工作都在计算机里完成，不再需要那么多的外部设备，对素材的调用也是瞬间实现，不用反反复复在磁带上寻找，突破单一的时间顺序编辑限制，可以按各种顺序排列，具有快捷简便、随机的特性。非线性编辑只要上传一次就可以多次的编辑，信号质量始终不会变低，所以节省了设备、人力，提高了效率。非线性编辑需要专用的编辑软件、硬件，在现在绝大多数的电视电影制作机构都采用了非线性编辑系统。如图 1-4 所示为非线性编辑系统设备。

图 1-4

从非线性编辑系统的作用来看，它能集录像机、切换台、数字特技机、编辑机、多轨录音机、调音台、MIDI 创作、时基等设备于一身，几乎包括了所有的传统后期制作设备。这种高度的集成性，使得非线性编辑系统的优势更为明显。因此，它能在广播电视界占据越来越重要的地位，一点也不令人奇怪。概括地说，非线性编辑系统具有信号质量高、制作水平高、节约投资、保护投资、网络化这方面的优越性。

1.2 数字影视制作基础

色彩的编辑和图像的处理是影视制作的基础，要想成为视频编辑人员，色彩的编辑和图像的处理是必须要掌握的，本节将详细介绍数字影视制作基础的相关知识。

1.2.1 影视编辑色彩与知识

在影视编辑中，图像的色彩处理是必不可少的。作为视频编辑人员，必须要了解自己所处理的图像素材的色彩模式，图像类型及分辨率等有关信息。这样，在制作中才能知道，需要什么样的素材，搭配什么样的颜色，以便做出最好的效果。下面将分别予以详细介绍其相关知识。

1. 色彩模式

色彩模式，是将某种颜色表现为数字形式的模型，或者说是一种记录图像颜色的方式。分为 RGB 模式、CMYK 模式、HSB 模式、Lab 颜色模式、位图模式、灰度模式、索引颜色模式、双色调模式和多通道模式，下面将分别予以详细介绍。

(1) RGB 色彩模式。

RGB 色彩模式是工业界的一种颜色标准，是通过对红(Red)、绿(Green)、蓝(Blue)三个颜色通道的变化以及它们相互之间的叠加来得到各式各样的颜色的，RGB 即是代表红、绿、蓝三个通道的颜色，这个标准几乎包括了人类视力所能感知的所有颜色，是目前应用最广的颜色系统之一。

RGB 色彩模式使用 RGB 模型为图像中每一个像素的 RGB 分量分配一个 0～255 范围内的强度值。例如：纯红色 R 值为 255，G 值为 0，B 值为 0；灰色的 R、G、B 三个值相等(除了 0 和 255)；白色的 R、G、B 都为 255；黑色的 R、G、B 都为 0。RGB 图像只使用三种颜色，就可以使它们按照不同的比例混合，在屏幕上出现 16 777 216 种颜色。

在 RGB 模式下，每种 RGB 成分都可使用从 0(黑色)到 255(白色)的值。例如，亮红色使用 R 值 246、G 值 20 和 B 值 50。当所有三种成分值相等时，产生灰色阴影。当所有成分值均为 255 时，结果是纯白色；当所有成分值为 0 时，结果是纯黑色。RGB 图例如图 1-5 所示。

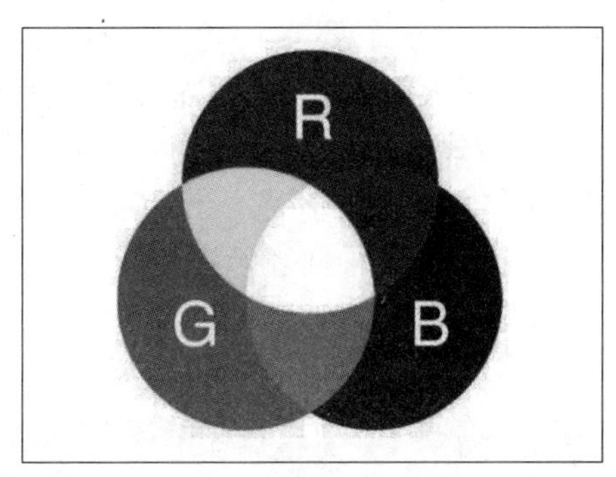

图 1-5

(2) CMYK 色彩模式。

CMYK 色彩模式是一种印刷模式。其中四个字母分别指青(Cyan)、洋红(Magenta)、黄(Yellow)、黑(Black)，在印刷中代表四种颜色的油墨。CMYK 模式在本质上与 RGB 模式没有什么区别，只是产生色彩的原理不同，在 RGB 模式中由光源发出的色光混合生成颜色，而在 CMYK 模式中由光线照到有不同比例 C、M、Y、K 油墨的纸上，部分光谱被吸收后，反射到人眼的光产生颜色。由于 C、M、Y、K 在混合成色时，随着 C、M、Y、K 四种成分的增多，反射到人眼的光会越来越少，光线的亮度会越来越低，所有 CMYK 模式产生颜色的方法又被称为色光减色法。CMYK 图例如图 1-6 所示。

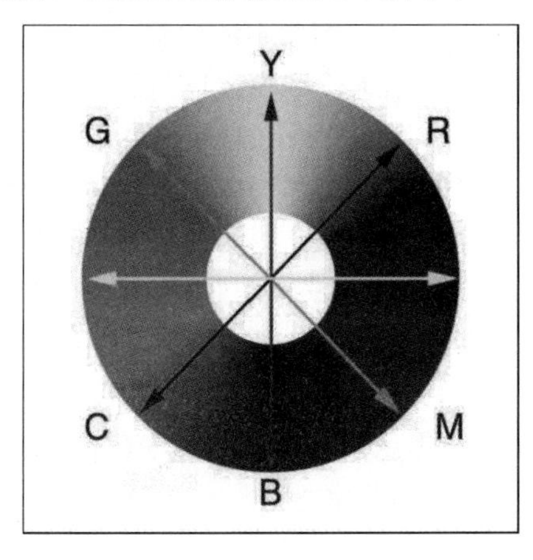

图 1-6

(3) Lab 色彩模式。

Lab 颜色是由 RGB 三基色转换而来的，它是由 RGB 模式转换为 HSB 模式和 CMYK 模式的桥梁。该颜色模式由一个发光率(Luminance)和两个颜色(a,b)轴组成。它由颜色轴所构成的平面上的环形线来表示色的变化，其中径向表示色饱和度的变化，自内向外，饱和度逐渐增高；圆周方向表示色调的变化，每个圆周形成一个色环；而不同的发光率表示不同的亮度并对应不同环形颜色变化线。它是一种具有“独立于设备”的颜色模式，即不论使用任何一种监视器或者打印机，Lab 的颜色不变。其中 a 表示从洋红至绿色的范围，b 表示黄色至蓝色的范围。

(4) HSB 色彩模式。

从心理学的角度来看，颜色有三个要素：色度(Hue)、饱和度(Saturation)和亮度(Brightness)。HSB 颜色模式便是基于人对颜色的心理感受的一种颜色模式。它是由 RGB 三基色转换为 Lab 模式，再在 Lab 模式的基础上考虑了人对颜色的心理感受这一因素而转换成的。因此这种颜色模式比较符合人的视觉感受，让人觉得更加直观一些。它可由底与底对接的两个圆锥体立体模型来表示，其中轴向表示亮度，自上而下由白变黑；径向表示色饱和度，自内向外逐渐变高；而圆周方向，则表示色调的变化，形成色环。HSB 色彩模式的图例如图 1-7 所示。

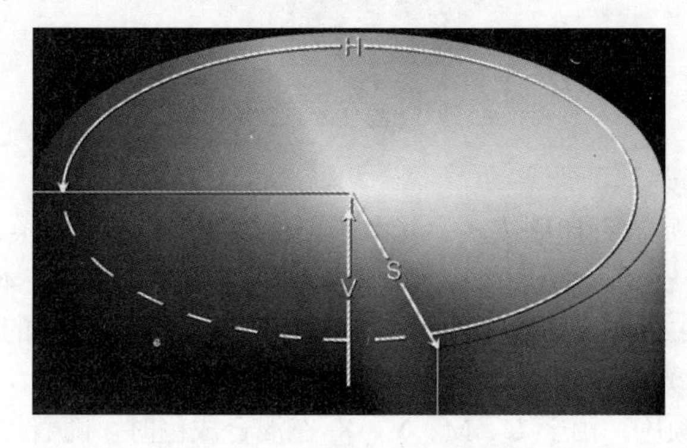

图 1-7

(5) 位图模式。

位图模式用两种颜色(黑和白)来表示图像中的像素。位图模式的图像也叫作黑白图像。因为其深度为 1，也称为一位图像。由于位图模式只用黑白色来表示图像的像素，在将图像转换为位图模式时会丢失大量细节，因此 Photoshop 提供了几种算法来模拟图像中丢失的细节。在宽度、高度和分辨率相同的情况下，位图模式的图像尺寸最小，约为灰度模式的 1/7 和 RGB 模式的 1/22。

(6) 灰度模式。

灰度模式可以使用多达 256 级灰度来表现图像，使图像的过渡更平滑细腻。灰度图像的每个像素有一个 0(黑色)到 255(白色)之间的亮度值。灰度值也可以用黑色油墨覆盖的百分比来表示(0%等于白色，100%等于黑色)。使用黑折或灰度扫描仪产生的图像常以灰度显示。

(7) 索引颜色模式。

索引颜色模式是网上和动画中常用的图像模式，当彩色图像转换为索引颜色的图像后包含近 256 种颜色。索引颜色图像包含一个颜色表。如果原图像中颜色不能用 256 色表现，则 Photoshop 会从可使用的颜色中选出最相近颜色来模拟这些颜色，这样可以减小图像文件的尺寸。用来存放图像中的颜色并为这些颜色建立颜色索引，颜色表可在转换的过程中定义或在生成索引图像后修改。

(8)　双色调模式。

双色调模式采用 2～4 种彩色油墨来创建由双色调(2 种颜色)、三色调(3 种颜色)和四色调(4 种颜色)混合其色阶来组成图像。在将灰度图像转换为双色调模式的过程中，可以对色调进行编辑，产生特殊的效果。而使用双色调模式最主要的用途是使用尽量少的颜色表现尽量多的颜色层次，这对于减少印刷成本是很重要的，因为在印刷时，每增加一种色调都需要更大的成本。

(9)　多通道模式。

多通道模式对有特殊打印要求的图像非常有用。例如，如果图像中只使用了一两种或两三种颜色时，使用多通道模式可以减少印刷成本并保证图像颜色的正确输出。6.8 位/16 位通道模式 在灰度 RGB 或 CMYK 模式下，可以使用 16 位通道来代替默认的 8 位通道。根据默认情况，8 位通道中包含 256 个色阶，如果增到 16 位，每个通道的色阶数量为 65 536 个，这样能得到更多的色彩细节。Photoshop 可以识别和输入 16 位通道的图像，但对于这种图像限制很多，所有滤镜都不能使用，另外 16 位通道模式的图像不能被印刷。

2. 图形

在计算机科学中，图形分为位图和矢量图。

(1)　位图。

位图图像(Bitmap)，亦称为点阵图像或绘制图像，是由称作像素(图片元素)的单个点组成的，这些点可以进行不同的排列和染色以构成图样。当放大位图时，可以看见构成整个图像的无数单个方块。扩大位图尺寸的效果是增大单个像素，从而使线条和形状显得参差不齐。然而，如果从稍远的位置观看它，位图图像的颜色和形状又显得是连续的。如图 1-8 所示。

(2)　矢量图。

矢量图是根据几何特性来绘制图形，矢量可以是一个点或一条线，矢量图只能靠软件生成，文件占用内在空间较小，因为这种类型的图像文件包含独立的分离图像，可以自由无限制的重新组合。它的特点是放大后图像不会失真，和分辨率无关，文件占用空间较小，适用于图形设计、文字设计和一些标志设计、版式设计等。如图 1-9 所示。

图 1-8

图 1-9

3. 像素

像素(Pixel)是由 Picture(图像)和 Element(元素)这两个单词的字母所组成的，是用来计算数码影像的一种单位，如同摄影的相片一样，数码影像也具有连续性的浓淡阶调，我们若把影像放大数倍，会发现这些连续色调其实是由许多色彩相近的小方点组成的，这些小方点就是构成影像的最小单位“像素”。这种最小的图形的单元能在屏幕上显示通常是单个的染色点。越高位的像素，其拥有的色板也就越丰富，越能表达颜色的真实感。

4. 分辨率

分辨率就是屏幕图像的精密度，是指显示器所能显示的像素的多少。由于屏幕上的点、线和面都是由像素组成的，显示器可显示的像素越多，画面就越精细，同样的屏幕区域内能显示的信息也就越多，所以分辨率是个非常重要的性能指标。可以把整个图像想象成一个大型的棋盘，而分辨率的表示方式就是所有经线和纬线交叉点的数目。

5. 色彩深度

色彩深度是计算机图形学领域表示在位图或者视频帧缓冲区中储存 1 像素的颜色所用的位数，它也称为位/像素(bpp)。色彩深度越高，可用的颜色就越多。

色彩深度是用 n 位颜色(n-bit color)来说明的。若色彩深度是 1 位，即有 2 种颜色选择，而储存每像素所用的位数就是 n。常见的有：

- 1 位：2 种颜色，单色光，黑白二色，用于 compact Macintoshes。
- 2 位：4 种颜色，CGA，用于 gray-scale 早期的 NeXTstation 及 color Macintoshes。
- 3 位：8 种颜色，用于大部分早期的电脑显示器。
- 4 位：16 种颜色，用于 EGA 及不常见及在更高的分辨率的 VGA 标准，color Macintoshes。
- 5 位：32 种颜色，用于 Original Amiga chipset。
- 6 位：64 种颜色，用于 Original Amiga chipset。
- 8 位：56 种颜色，用于最早期的彩色 Unix 工作站，低分辨率的 VGA，Super VGA，AGA，color Macintoshes。
- 灰阶，有 256 种灰色(包括黑白)。若以 24 位模式来表示，则 RGB 的数值均一样，例如(200,200,200)。
- 12 位：4096 种颜色，用于部分硅谷图形系统，Neo Geo，彩色 NeXTstation 及 Amiga 系统于 HAM mode。
- 16 位：65 536 种颜色，用于部分 color Macintoshes。
- 24 位：16 777 216 种颜色，真彩色，能提供比肉眼能识别更多的颜色，用于拍摄照片。

1.2.2 常用影视编辑基础术语

从事影视编辑工作经常会用到一些专业术语，在本节中将对一些常用的术语进行讲解，了解影视编辑术语的含义，有助于用户对后面内容的理解和学习。

1. 帧速率和转场

帧速率是视频中每秒播放的帧数，它决定了视频的播放速度。例如："25 帧/秒"表示此视频文件每秒钟播放 25 帧画面。

转场又成为转换、切换，是指一个场景结束，到另一个场景出现的过渡过程。

2. 宽高比

宽高比是视频标准中的一个重要参数，它既可用两个整数的比来表示，又可用小数来表示。不同的视频标准有不同的宽高比，电影的宽高比早期为 1.333，在后来的宽银幕中宽高比为 2.77；SDTV(标清电视)的宽高比是 4∶3 或者 1.33；HDTV(高清电视)和 EDTV(扩展清晰度电视)的宽高比是 16∶9 或 1.78。

3. 数字音频

数字音频是一种利用数字化手段对声音进行录制、存放、编辑、压缩或播放的技术，它是随着数字信号处理技术、计算机技术、多媒体技术的发展而形成的一种全新的声音处理手段。数字音频的主要应用领域是音乐后期制作和录音。

计算机数据的存储是以 0、1 的形式存取的，那么数字音频就是首先将音频文件转化，接着再将这些电平信号转化成二进制数据保存，播放的时候就把这些数据转换为模拟的电平信号再送到喇叭播出，数字声音和一般磁带、广播、电视中的声音就存储播放方式而言有着本质区别。相比而言，它具有存储方便、存储成本低廉、存储和传输的过程中没有声音的失真、编辑和处理非常方便等特点。

4. 视频压缩

视频压缩的目标是在尽可能保证视觉效果的前提下减少视频数据率。视频压缩比一般指压缩后的数据量与压缩前的数据量之比。由于视频是连续的静态图像，因此其压缩编码算法与静态图像的压缩编码算法有某些共同之处，但是运动的视频还有其自身的特性，因此在压缩时还应考虑其运动特性才能达到高压缩的目标。在视频压缩中常需用到以下的一些基本概念。

(1)　有损和无损压缩。

在视频压缩中有损(Lossy)和无损(Lossless)的概念与静态图像中基本类似。无损压缩即压缩前和解压缩后的数据完全一致。多数的无损压缩都采用 RLE 行程编码算法。有损压缩意味着解压缩后的数据与压缩前的数据不一致。在压缩的过程中要丢失一些人眼和人耳所不敏感的图像或音频信息，而且丢失的信息不可恢复。几乎所有高压缩的算法都采用有损压缩，这样才能达到低数据率的目标。丢失的数据率与压缩比有关，压缩比越大，丢失的数据越多，解压缩后的效果一般越差。此外，某些有损压缩算法采用多次重复压缩的方式，这样还会引起额外的数据丢失。

(2)　帧内和帧间压缩。

帧内(Intraframe)压缩也称为空间压缩(Spatial compression)。当压缩一帧图像时，仅考虑本帧的数据而不考虑相邻帧之间的冗余信息，这实际上与静态图像压缩类似。帧内一般采用有损压缩算法，由于帧内压缩时各个帧之间没有相互关系，所以压缩后的视频数据仍可以以帧为单位进行编辑。帧内压缩一般达不到很高的压缩。

(3) 对称和不对称编码。

对称性(symmetric)是压缩编码的一个关键特征。对称意味着压缩和解压缩占用相同的计算处理能力和时间，对称算法适合于实时压缩和传送视频，如视频会议应用就以采用对称的压缩编码算法为好。而在电子出版和其他多媒体应用中，一般是把视频预先压缩处理好，然后再播放，因此，可以采用不对称(asymmetric)编码。不对称或非对称意味着压缩时需要花费大量的处理能力和时间，而解压缩时则能较好地实时回放，也即以不同的速度进行压缩和解压缩。一般地说，压缩一段视频的时间比回放(解压缩)该视频的时间要多得多。例如，压缩一段三分钟的视频片断可能需要10多分钟的时间，而该片段实时回放时间只有三分钟。目前有多种视频压缩编码方法，但其中最有代表性的是MPEG数字视频格式和AVI数字视频格式。

5. 数字视频摄录系统

DV通常指数字视频，然而DV也专指一种基于DV25压缩方式的数字视频格式。这种格式的视频由使用DV带的DV摄像机摄制而成，如图1-10所示为HDV摄像机。DV摄像机将影像通过镜头传输至感光元件(CCD或CMOS)，如图1-11所示为感光元件CMOS。将光学信号转换成为电信号，再使用DV25压缩方式，对原始信号进行压缩并存储到DV带上。

图 1-10

图 1-11

6. 电视制式

世界上主要使用的电视广播制式有PAL、NTSC、SECAM三种，中国大部分地区使用PAL制式，日本、韩国及东南亚地区与美国等欧美国家使用NTSC制式，俄罗斯则使用SECAM制式。中国国内市场上买到的正式进口的DV产品都是PAL制式。

各国的电视制式不尽相同，制式的区分主要在于其帧频(场频)的不同、分解率的不同、信号带宽以及载频的不同、色彩空间的转换关系不同，等等。

- NTSC彩色电视制式：它是1952年由美国国家电视标准委员会指定的彩色电视广播标准，它采用正交平衡调幅的技术方式，故也称为正交平衡调幅制。美国、加拿大等大部分西半球国家以及中国台湾、日本、韩国等均采用这种制式。
- PAL制式：它是西德在1962年指定的彩色电视广播标准，它采用逐行倒相正交平衡调幅的技术方法，克服了NTSC制相位敏感造成色彩失真的缺点。西德、英国等一些西欧国家，新加坡、中国大陆及香港，澳大利亚、新西兰等国家和地区采用这种制式。PAL制式中根据不同的参数细节，又可以进一步划分为G、I、D等制式，其中 PAL-D 制式是我国大陆采用的制式。

➢ SECAM 制式：SECAM 是法文的缩写，意为顺序传送彩色信号与存储恢复彩色信号制，是由法国在 1956 年提出，1966 年制定的一种新的彩色电视制式。它也克服了 NTSC 制式相位失真的缺点，但采用时间分隔法来传送两个色差信号。使用 SECAM 制的国家主要集中在法国、东欧和中东一带。

7. 标清、高清、2K 和 4K

标清(SD)与高清(HD)是两个相对的概念，它们是尺寸上的差别。而不是文件格式上的差异，如图 1-12 所示。

图 1-12

所谓标清，英文为 Standard Definition，是物理分辨率在 1280p×720p 以下的一种视频格式，是指视频的垂直分辨率为 720 线逐行扫描。具体地说，是指分辨率在 400 线左右的 VCD、DVD、电视节目等“标清”视频格式，即标准清晰度。而物理分辨率达到 720p 以上则称为高清(英文表述 High Definition)，简称 HD。关于高清的标准，国际上公认的有两条：视频垂直分辨率超过 720p 或 1080i；视频宽纵比为 16∶9。

高清简单地理解起来就是分辨率高于标清的一种标准。分辨率最高的标清格式是 PAL 制式，可视垂直分辨率为 576 线，高于这个标准的即为高清，尺寸通常为 1280 像素×720 像素或 1920 像素×1080 像素，帧宽高比为 16∶9，相对标清，高清的画质有了大幅度的提升。在声音方面，由于高清使用了更为先进的解码与环绕立体声技术，人们可以更为真实地感受现场。由于高清是一种标准，所以它不拘泥于媒介传播方式。高清可以是广播电视、DVD 的标准，也可以是流媒体的标准。当今，各种视频媒体形式都向着高清的方向发展。

2K 和 4K 是标准在高清之上的数字电影(Digital Cinema)格式，分辨率分别为 2048 像素×1365 像素和 4096 像素×2730 像素，如图 1-13 所示。目前，RED ONE 等高端数字电影摄像机均支持 2K 和 4K 的标准。

8. 流媒体与移动流媒体

流媒体(Streaming Media)是指以流的方式在网络中传输音频、视频和多媒体文件的形式。流媒体文件格式是支持采用流式传输及播放的媒体格式。流式传输方式是将视频和音频等多媒体文件经过特殊的压缩方式分成一个个压缩包，由服务器向用户计算机连续、实时传送。在采用流式传输方式的系统中，用户不必像非流式播放那样等到整个文件全部下载完毕后才能看到文件的内容，而是只需要经过几秒钟或几十秒的启动延时即可在用户计算机上利用相应的播放器对压缩的视频或音频等流式媒体文件进行播放，剩余的部分将继续进行下载，直至播放完毕。

图 1-13

移动流媒体是在移动设备上实现的视频播放功能，一般情况下移动流媒体的播放格式是 3GP 格式，智能手机(Symbian、Windows Phone、Android、iOS 等)越来越多在这些手机上可以下载流媒体播放器实现流媒体播放。另外，有些非智能手机也可以实现流媒体，诺基亚大多数非智能机都有流媒体播放器。随着网络传输速率的不断提高和流媒体编码技术的不断进步，流媒体的形式会不断地发展和普及。而 Adobe 无疑会整合其强大的流媒体技术资源，为流媒体的工作流程添加新的元素。

1.3 After Effects CS6 概述

利用 Adobe After Effects CS6 软件，用户可以使用新的全局高性能缓存，比以往任何时候更快地实现影院视觉效果和动态图形。本节将详细介绍 After Effects CS6 的一些基础知识及操作方法。

1.3.1 系统要求

不同的操作系统平台下，After Effects CS6 有着不同的系统要求。它对 Windows 系统的要求如下。

- 需要支持 64 位 Intel Core2 Duo 或 AMD Phenom Ⅱ处理器。
- Microsoft Windows 7 Service Pack 1(64 位)。
- 4 GB 的 RAM(建议分配 8 GB)。
- 3 GB 可用硬盘空间；安装过程中需要其他可用空间(不能安装在移动闪存存储设备上)。
- 用于磁盘缓存的其他磁盘空间(建议分配 10 GB)。
- 1280×900 显示器。
- 支持 OpenGL 2.0 的系统。

- 用于从 DVD 介质安装的 DVD-ROM 驱动器。
- QuickTime 功能需要的 QuickTime 7.6.6 软件。
- 在没有激活的情况下，此软件不会运行。激活软件、验证订阅和访问联机服务需要宽带 Internet 连接和注册。不提供电话激活。

1.3.2　应用领域

After Effects CS6 是 Adobe 公司最新推出的影视编辑软件，其特效功能非常强大，可以高效且精确地制作出多种引人注目的动态图形和震撼人心的视觉效果。

现在 After Effects 已经被广泛地应用于数字和电影的后期制作中，而新兴的多媒体和互联网也为 After Effects 软件提供了宽广的发展空间。相信在不久的将来，After Effects 软件必将成为影视领域的主流软件。

1.3.3　启动与关闭方法

启动与关闭 After Effects CS6 的方法十分简单，下面将分别予以详细介绍启动与关闭 After Effects CS6 软件的操作方法。

1. 启动 After Effects CS6

用户既可以通过“开始”菜单命令进行启动也可以通过单击在桌面上创建的快捷方式图标，直接进行启动，下面将详细介绍启动 After Effects CS6 的操作方法。

第 1 步 在 Windows 7 操作系统桌面左下角，单击“开始”→“所有程序”→Adobe After Effects CS6 命令，如果已经在桌面上创建了 After Effects CS6 软件的快捷方式，则可以直接使用鼠标双击桌面上的 Adobe After Effects CS6 快捷图标，如图 1-14 所示。

第 2 步 系统即可进入启动 After Effects CS6 的启动界面，如图 1-15 所示。

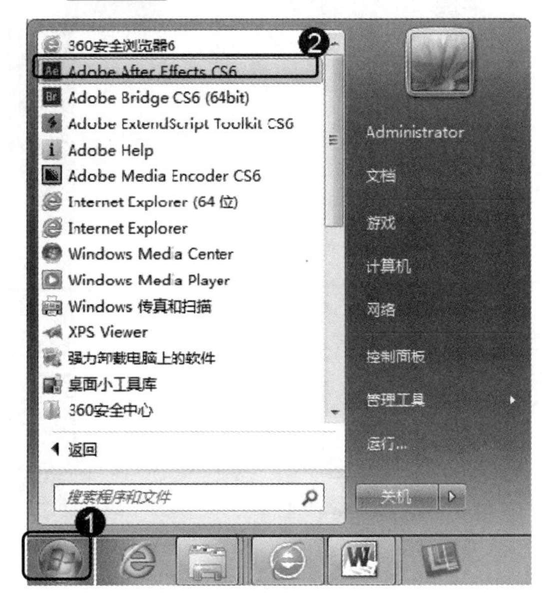

图 1-14

图 1-15

第 3 步 在线等待一段时间后，After Effects CS6 即可被启动，新的 After Effects CS6 工作界面呈现出来，如图 1-16 所示。

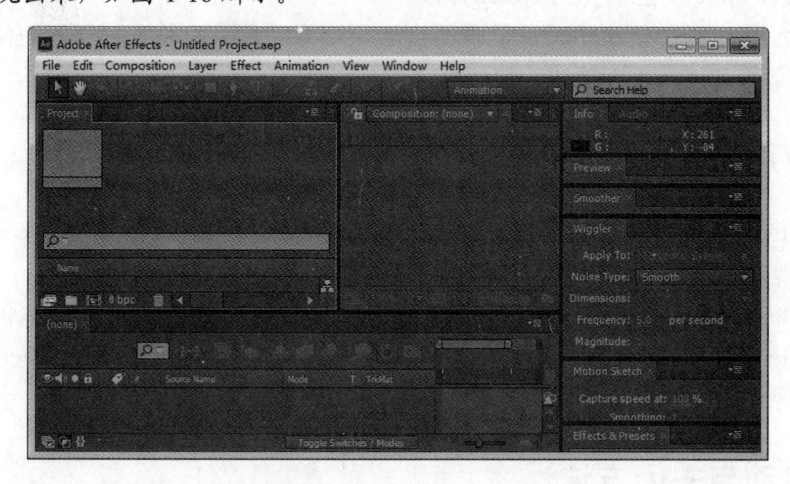

图 1-16

2. 关闭 After Effects CS6

使用“文件”→“退出”菜单命令或单击“关闭”按钮，可以轻松地关闭 After Effects CS6 软件，下面将详细介绍关闭 After Effects CS6 的操作方法。

第 1 步 启动 After Effects CS6 软件后，如果没有正在编辑的文件在界面窗口中，单击界面窗口右上角的“关闭”按钮即可关闭 After Effects CS6，如图 1-17 所示。

第 2 步 在菜单栏中选择 File(文件)→Exit(退出)菜单命令，也可以关闭 After Effects CS6 软件，如图 1-18 所示。

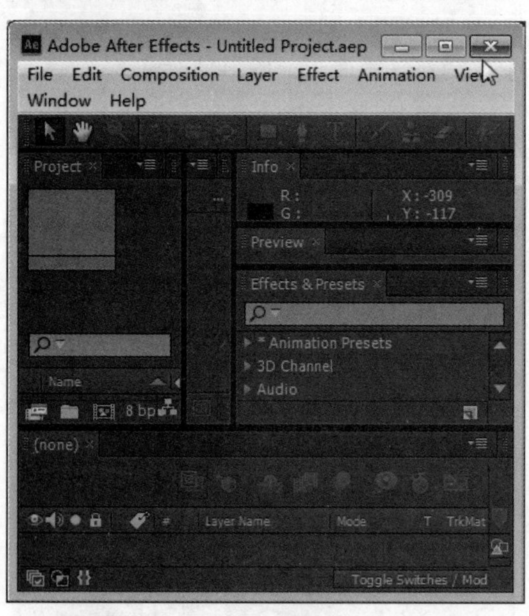

图 1-17

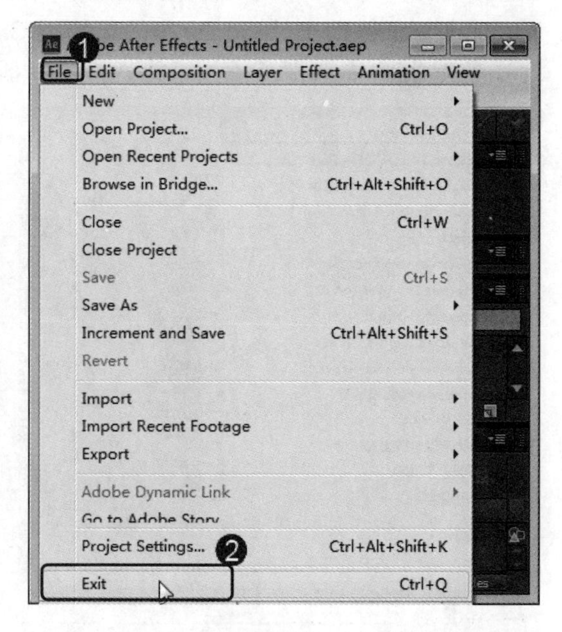

图 1-18

第 3 步 如果有正在编辑的文件在界面窗口中，如图 1-19 所示。

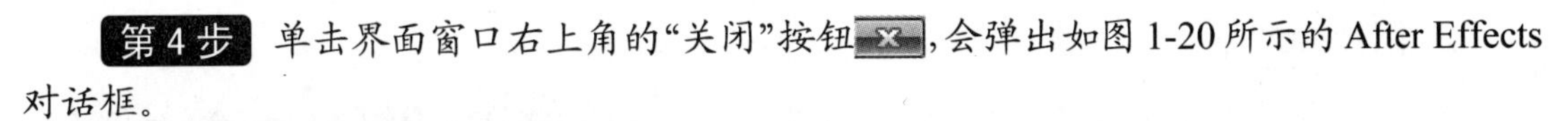

第 4 步 单击界面窗口右上角的“关闭”按钮，会弹出如图 1-20 所示的 After Effects 对话框。

图 1-19

图 1-20

第 5 步 单击 Save(保存)按钮，可以存储当前正在编辑的文件并退出软件；单击 Don’t Save(不保存)按钮，将不存储当前正在编辑的文件并退出软件；单击 Cancel(取消)按钮可以取消退出软件的操作。

1.3.4　可支持的文件格式简介

After Effects 支持导入多种格式的素材，包括大部分视频素材、静帧图片、帧序列和音频素材等。用户可以使用 After Effects 创建新素材，比如建立固态层或预合层。用户也可以在任何时候将项目面板中的素材编辑到时间线上。下面将详细介绍 After Effects CS6 可支持的文件格式。

1. 音频格式

After Effects CS6 支持导入多种格式的音频文件，下面将详细介绍 After Effects CS6 支持导入的音频格式。

- Adobe Sound Document：Adobe 音频文档，可以直接作为音频文件导入到 After Effects 中。
- Advanced Audio Coding(AAC，M4A)：高级音频编码，苹果平台的标准音频格式，可在压缩的同时提高较高质量的音频。
- Audio Interchange File Format(AIF，AIFF)：苹果平台的标准音频格式，需要安装 QuickTime 播放器才能够被 After Effects 导入。
- MP3(MP3，MPEG，MPG，MPA，MPE)：是一种有损音频压缩编码，在高压缩的同时可以保证较高的质量。
- Waveform(WAV)：PC 平台的标准音频格式，高质量、基本无损，是音频编辑的高质量保存格式。

2. 图片格式

After Effects CS6 支持导入多种格式的图片文件，下面将详细介绍 After Effects CS6 支持导入的图片格式。

- Adobe Illustrator(AI)：Adobe Illustrator 创建的文件，支持分层与透明。它可以直接导入到 After Effects 中，并可包含矢量信息，可实现无损放大，是 After Effects 最重要的矢量编辑格式。
- Adobe PDF(PDF)：Adobe Acrobat 创建的文件，是跨平台高质量的文档格式，可以导入指定页到 After Effects 中。
- Adobe Photoshop(PSD)：Adobe Photoshop 创建的文件，与 After Effects 高度兼容，是 After Effects 最重要的像素图像格式，支持分层与透明，并可在 After Effects 中直接编辑图层样式等信息。
- Bitmap(BMP，RLE，DIB)：Windows 位图格式，高质量，基本无损。
- Camera Raw(TIF，CEW，NEF，RAF，ORF，MRW，DCR，MOS，RAW，PEF，SRF，DNG，X3F，CR2，ERF)：数码相机的原数据文件，可以记录曝光、白平衡等信息，可在数码软件中进行无损调节。
- Cineon(CIN，DPX)：将电影转换为数字格式的一种文件格式，支持 32bpc。
- Discreet RLA/RPF(RLA，RPF)：由三维软件产生，是用于三维软件和后期合成软件之间的数据交换格式。可以包含三维软件的 ID 信息、Z Depth 信息、法线信息，甚至摄影机信息。
- EPS：是一种封装的 PostScript 描述性语言文件格式，可以同时包含矢量或位图图像，基本被所有的图形图像或排版软件所支持。After Effects 可以直接导入 EPS 文件，并可保留其矢量信息。
- GIF：低质量的高压缩图像，支持 256 色，支持动画和透明，由于质量比较差，很少用于视频编辑。
- JPEG(JPG，JPE)：静态图像有损压缩格式，可提供很高的压缩比，画面质量有一定损失，应用非常广泛。
- Maya Camera Data(MA)：Maya 软件创建的文件格式，包含 Maya 摄影机信息。
- Maya IFF(IFF，TD1；16bpc)：Maya 渲染的图像格式，支持 16bpc。
- OpenEXR(EXR；32bpc)：高动态范围图像，支持 32bpc。
- PCX：PC 上第一个成为位图文件存储标准的文件格式。
- PICT(PCT)：苹果电脑上常用的图像文件格式之一，同时可以在 Windows 平台下编辑。
- Pixar(PXR)：工作站图像格式，支持灰度图像和 RGB 图像。
- Portable Network Graphics(PNG；16bpc)：跨平台格式，支持高压缩和透明信息。
- Radiance(HDR，RGBE，XYZE；32bpc)：一种高动态范围图像，支持 32bpc。
- SGI(SGI，BW，RGB；16bpc)：SGI 平台的图像文件格式。
- Softimage(PIC)：三维软件 Softimage 输出的可以包含 3D 信息的文件格式。
- Targa(TGA，VDA，ICB，VST)：视频图像存储的标准图像序列格式，高质量、高兼容，支持透明信息。

➢ TIFF(TIF)：高质量文件格式，支持 RGB 或 CMYK，可以直接出图印刷。

智慧锦囊

以上图片格式可以输出为以图像序列存储的视频文件。

3. 视频文件

After Effects CS6 支持导入多种格式的视频文件，下面将详细介绍 After Effects CS6 支持导入的视频格式。

➢ Animated GIF(GIF)：GIF 动画图像格式。
➢ DV(in MOV or AVI conyainer，or as containerless DV stream)：标准电视制式文件，提供标准的画幅大小、场、像素比等设置，可直接输出电视制式匹配画面。
➢ Electric Image(IMG，EI)：软件产生的动画文件。
➢ Filmstrip(FLM)：Adobe 公司推出的一种胶片格式。该格式以图像序列方式存储，文件较大，高质量。
➢ FLV、F4V：FLV 文件包含视频和音频数据，一般视频使用 On2 VP6 或 Sorenson Spark 编码，音频使用 MP3 编码。F4V 格式的视频使用 H.264 编码，音频使用 AAC 编码。
➢ Media eXchange Format(MXF)：是一种视频格式容器，After Effects 仅仅支持某些编码类型的 MXF 文件。
➢ MPEG-1、MPEG-2 和 MPEG-4 formats(MPEG，MPE，MPG，M2V，MPA，MP2，MPV，M2P，M2T，AC3，MP4，M4V，M4A)：MPEG 压缩标准是针对动态影像设计的，基本算法是在单位时间内分模块采集某一帧的信息，然后只记录其余帧相对前面记录的帧信息中变化的部分，从而提供高压缩比。
➢ Open Media Framework(OMF)：AVID 数字平台下的标准视频文件格式。
➢ Quick Time(MOV)：苹果平台下的标准视频格式，多个平台支持，是主流的视频编辑输出格式。需要安装 QuickTime 才能识别该格式。
➢ SWF(continuously rasterized)：Flash 创建的标准文件格式，导入到 After Effects 中会包含 Alpha 通道的透明信息，但不能将脚本产生的交互动画导入到 After Effects 中。
➢ Video for Windows(AVI，WAV)：标准 Windows 平台下的视频与音频格式，提供不同的压缩比，通过选择不同编码可以实现视频的高质量或高压缩。
➢ Windows Media File(WMV，WMA，ASF)：Windows 平台下的视频、音频格式，支持高压缩，一般用于网络传播。
➢ XDCAM HD 和 XDCAM EX：Sony 高清格式，After Effects 支持导入以 MXF 格式存储压缩的文件。

1.4 基本的工作流程

如果用户已经尝试着开启 After Effects，但是还没有进行任何一项操作，那么下面的练习将会非常适合操作。在完成最终影片的渲染后，用户可以将影片作为素材再次导入到 After Effects 中进行预览和编辑。

1.4.1 导入素材

在菜单栏中选择 File(文件)→Import(导入)→Footage(素材)菜单命令，或使用快捷键 Ctrl+I 即可将素材导入，如图 1-21 所示。

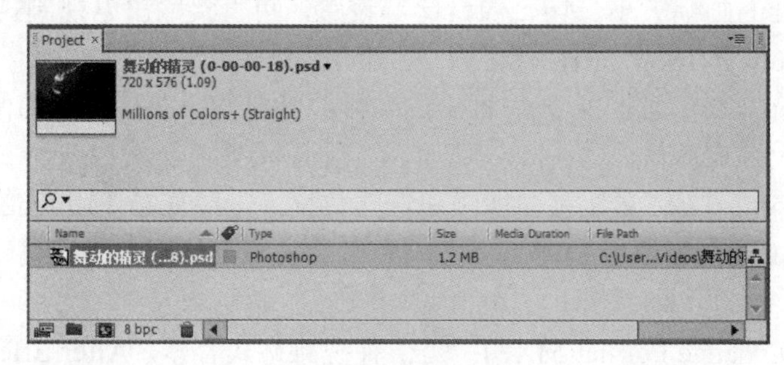

图 1-21

1.4.2 创建新合成

在菜单栏中选择 Composition(合成)→New Composition(新建合成)菜单命令，或使用快捷键 Ctrl+N，系统即可弹出 Composition Settings(合成设置)对话框，如图 1-22 所示。

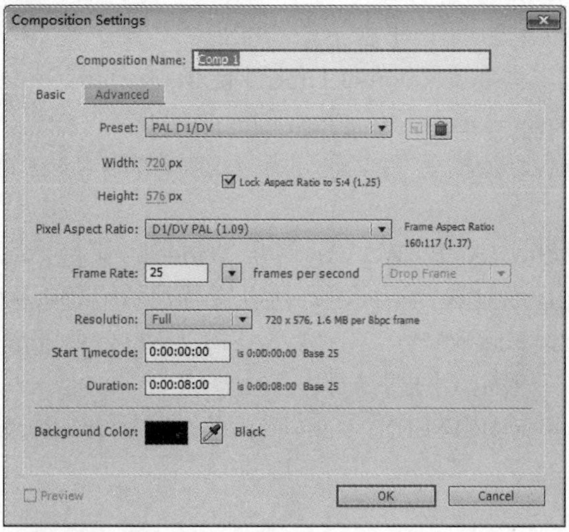

图 1-22

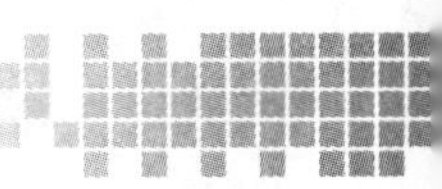

1.4.3　修改合成时间

在 Composition Settings(合成设置)对话框中找到 Duration 参数，将其修改为“0:00:05:00”(5s)，设置完毕后单击 OK 按钮确定修改。如图 1-23 所示。

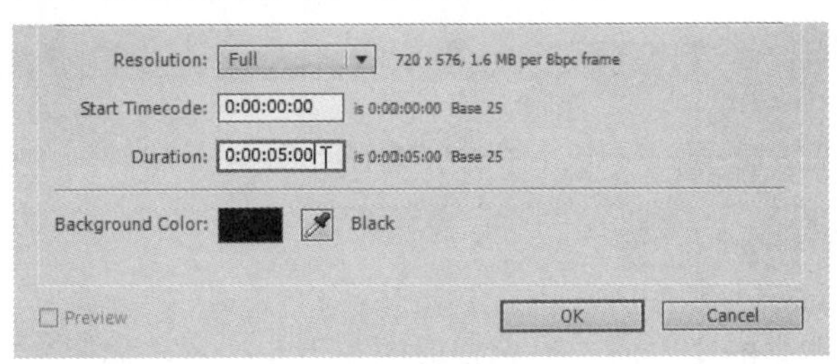

图 1-23

1.4.4　创建一个文本层

在菜单栏中选择 Layer(图层)→New(新建)→Text(文字)菜单命令，或使用组合键 Ctrl+Alt+Shift+T，这时输入光标处于激活状态，如图 1-24 所示。

图 1-24

1.4.5　输入文字

用户输入需要的文字，例如 AFTER EFFECTS，输入完毕后按下键盘上的快捷键 Ctrl+Enter，退出文字编辑模式，如图 1-25 所示。

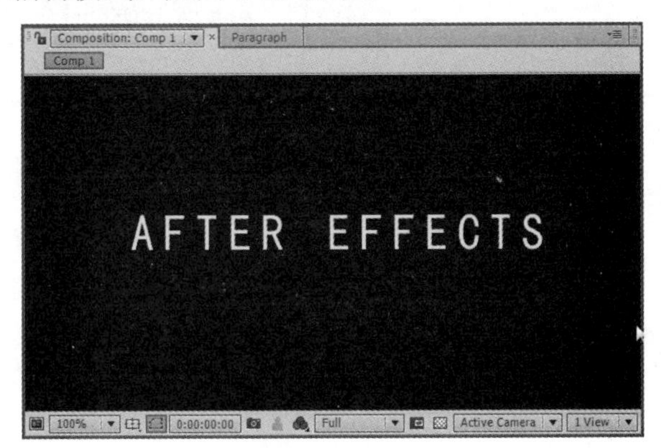

图 1-25

1.4.6 激活选择工具

单击工具栏上的“选择工具”按钮或者按下键盘上的 V 键即可激活选择工具，如图 1-26 所示。

图 1-26

1.4.7 设置文字初始位置

使用选择工具将建立的文本层拖曳到合成的左下角位置，如图 1-27 所示。

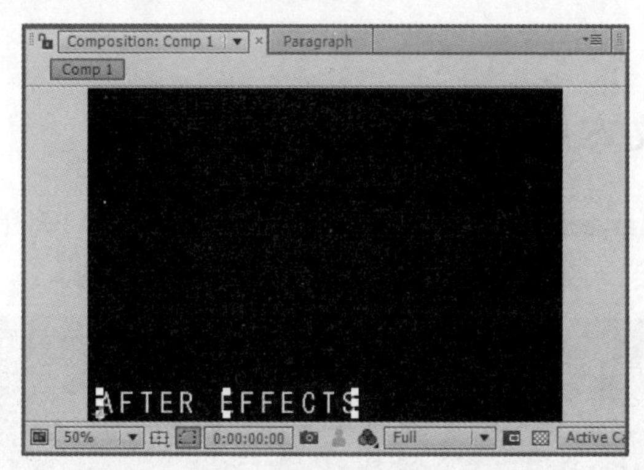

图 1-27

1.4.8 设置动画开始的时间位置

将时间线调板上的时间指示标拖曳到合成的第一帧的位置，或者按键盘上的 Home 键，如图 1-28 所示。

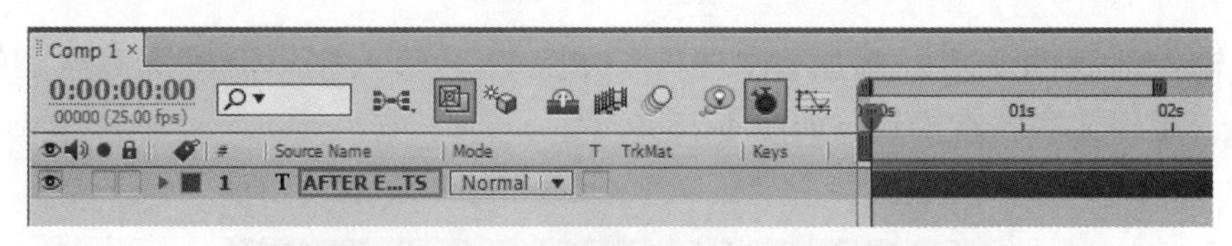

图 1-28

1.4.9 设置初始关键帧

在时间线调板上展开文本层左边的小三角，找到 Transform 属性组，再单击 Transform 属性组左边的小三角将其展开，这时可以看到层的 5 大基本属性，如图 1-29 所示。

单击 Position 属性左边的码表，设置 Position 的初始关键帧，还可以使用组合键 Alt+Shift+P 添加一个关键帧，如图 1-30 所示。

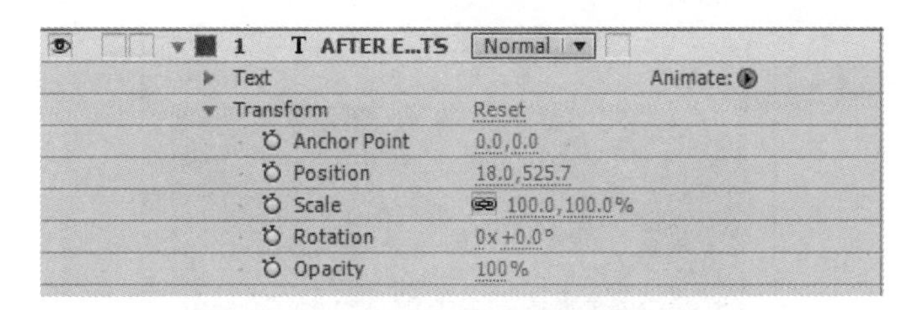

图 1-29

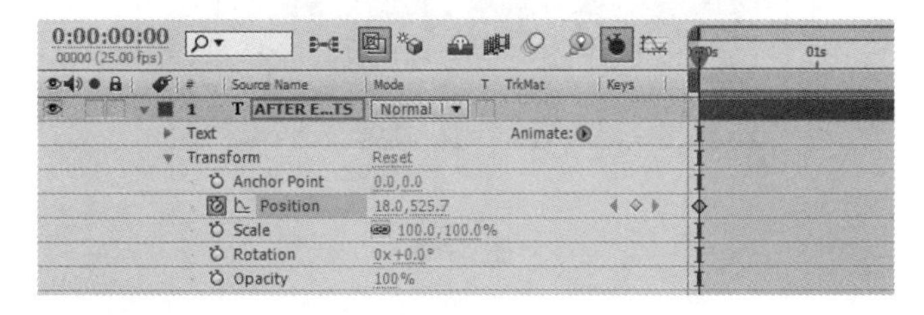

图 1-30

1.4.10　设置动画结束的时间位置

将时间指示标拖曳到合成的最后一帧或按下键盘上的 End 键，如图 1-31 所示。

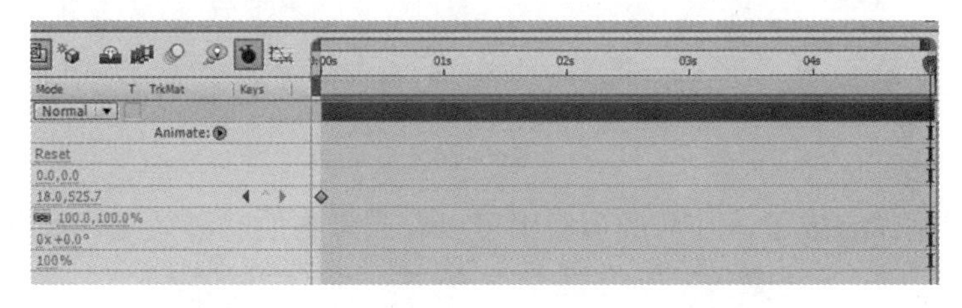

图 1-31

1.4.11　设置结束关键帧

使用选择工具，将文本拖曳到合成的右上角位置，这时会在当前时间添加一个新的 Position 关键帧，动画会在这两个关键帧之间自动插值产生，如图 1-32 所示。

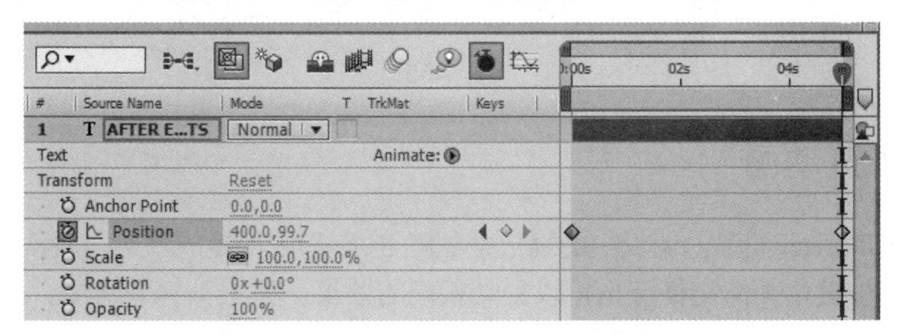

图 1-32

按键盘上的空格键就可以播放预览动画，可以看到合成调板中已经产生位移动画效果，如图 1-33 所示。

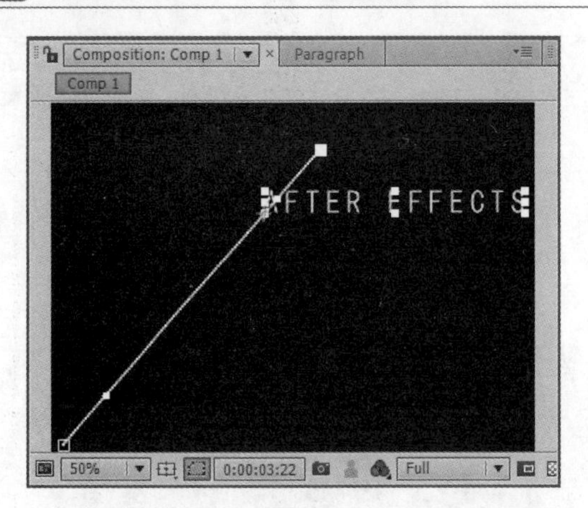

图 1-33

1.4.12 导入背景

将背景拖曳到时间线调板中，并放置到文本层的下面，如图 1-34 所示。

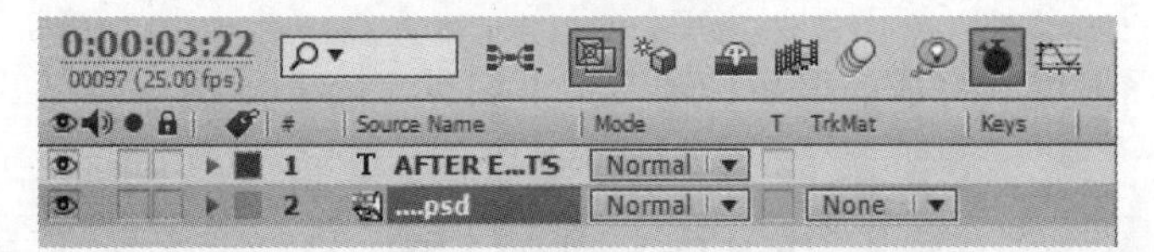

图 1-34

这样动画就制作完成了，在合成调板中可以看到最终的动画效果，如图 1-35 所示。

图 1-35

1.4.13 预览动画

可以单击 Preview(预览)调板中的播放按钮▶对影片进行播放预览，再次单击该按钮可以停止播放，按键盘上的空格键也可以得到相同的效果，如图 1-36 所示。

图 1-36

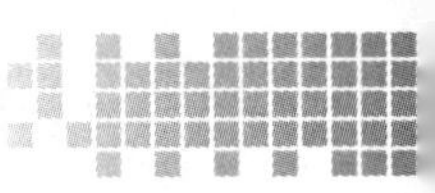

1.4.14　应用发光特效

用选择工具选中文本层，在菜单栏中选择 Effect(特效)→Stylize(风格)→Glow(发光)菜单命令，或在 Effects & Presets(效果和预设)调板的搜索框中输入 Glow 也可以搜索到 Glow 特效。双击这个特效的名称可以将特效添加到选择的层上，可以看到文字产生了发光效果，如图 1-37 所示。

图 1-37

1.4.15　将制作完成的合成添加到渲染队列

在菜单栏中选择 Composition(合成)→Add To Render Queue(添加到渲染队列)菜单命令，或使用快捷键 Ctrl+M，将合成添加到渲染队列调板，如图 1-38 所示。

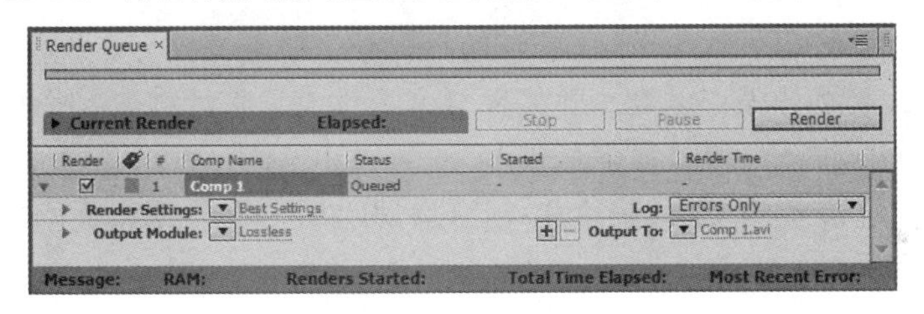

图 1-38

1.4.16　设置影片的输出位置

在渲染队列调板中，单击 Output To(输出)参数右边带有下划线的文字，在弹出的对话框中为输出文件设置一个名称并制定输出位置，然后单击“保存”按钮将文件保存，如图 1-39 所示。

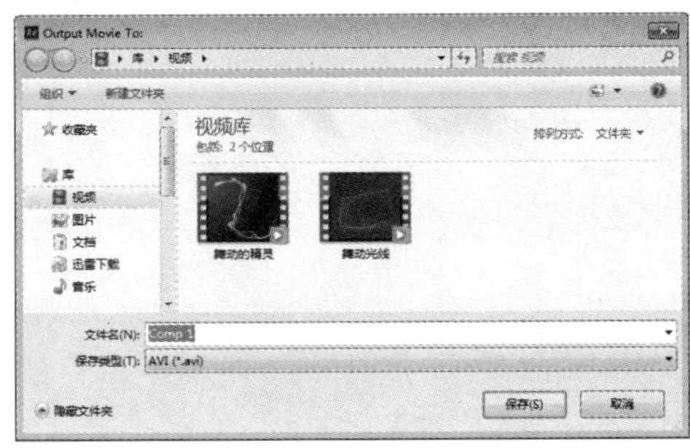

图 1-39

1.4.17 输出影片

单击 Render(渲染)按钮，开始进行渲染，渲染队列调板会显示正在渲染或等待渲染的项目，如图 1-40 所示。当渲染完成后，After Effects 会发出声响提示用户渲染完成。至此，就成功创建、渲染和输出了一个影片。

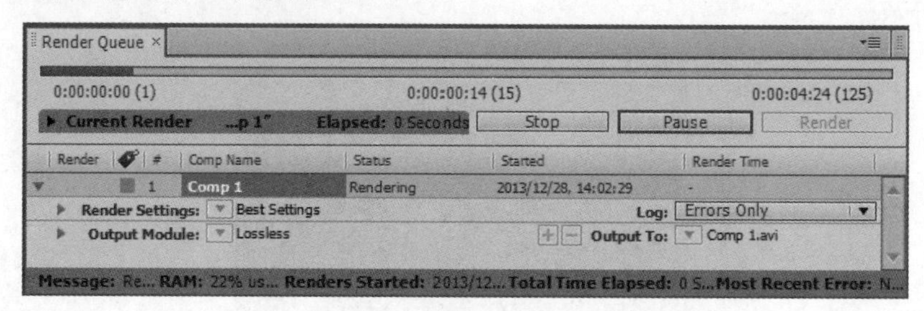

图 1-40

1.5 思考与练习

一、填空题

1. 在影视制作分为______和________两个部分，前期工作主要是对影视节目的策划、拍摄以及三维动画的创作等。前期工作完成后，工作人员将对前期制作所得到的素材和半成品进行艺术加工、组合、即后期合成制作。

2. ________，是一种磁带的编辑方式，它利用电子手段，根据节目内容的要求将素材连接成新的连续画面的技术。

二、判断题

1. 世界上主要使用的电视广播制式有 PAL、NTSC、SECAM 三种，中国大部分地区使用 PAL 制式，日本、韩国及东南亚地区与美国等欧美国家使用 NTSC 制式，俄罗斯则使用 SECAM 制式。中国国内市场上买到的正式进口的 DV 产品都是 NTSC 制式。 (　　)

2. 标清(SD)与高清(HD)是两个相对的概念，是尺寸上的差别，而不是文件格式上的差异。 (　　)

三、思考题

1. 如何启动 After Effects CS6?
2. 如何关闭 After Effects CS6?

新起点 电脑教程

第 2 章

After Effects CS6 快速入门

本章要点

- 进入工作空间
- 工作界面
- 常用窗口面板
- 项目的创建与管理
- 项目合成

本章主要内容

本章主要介绍进入工作空间、工作界面和常用窗口面板方面的知识与技巧，同时还讲解了项目的创建与管理的相关操作，在本章的最后还针对实际的工作需求，讲解了项目合成的方法。通过本章的学习，读者可以掌握 After Effects CS6 快速入门方面的知识，为深入学习 After Effects CS6 知识奠定基础。

2.1　进入工作空间

After Effects CS6 在界面上更加合理地分配了各个窗口的位置，根据制作内容的不同，可以将界面设置成不同的模式，也可以对各个面板进行自由的移动或组合，本节将详细介绍工作空间的相关知识。

2.1.1　After Effects CS6 鸟瞰

启动 After Effects CS6 进入软件界面默认的工作空间，其中显示了在编辑工作中常用的各个面板。各面板以独立或结组的方式紧密相邻，使得界面风格相当紧凑。除了在软件界面的最上方选择菜单命令，用户还可以通过单击面板右上角的三角形按钮，调出面板的弹出式菜单命令；用鼠标右击面板或其中的元素，也可以调出与元素或当前编辑工具相关的菜单命令，如图 2-1 所示。

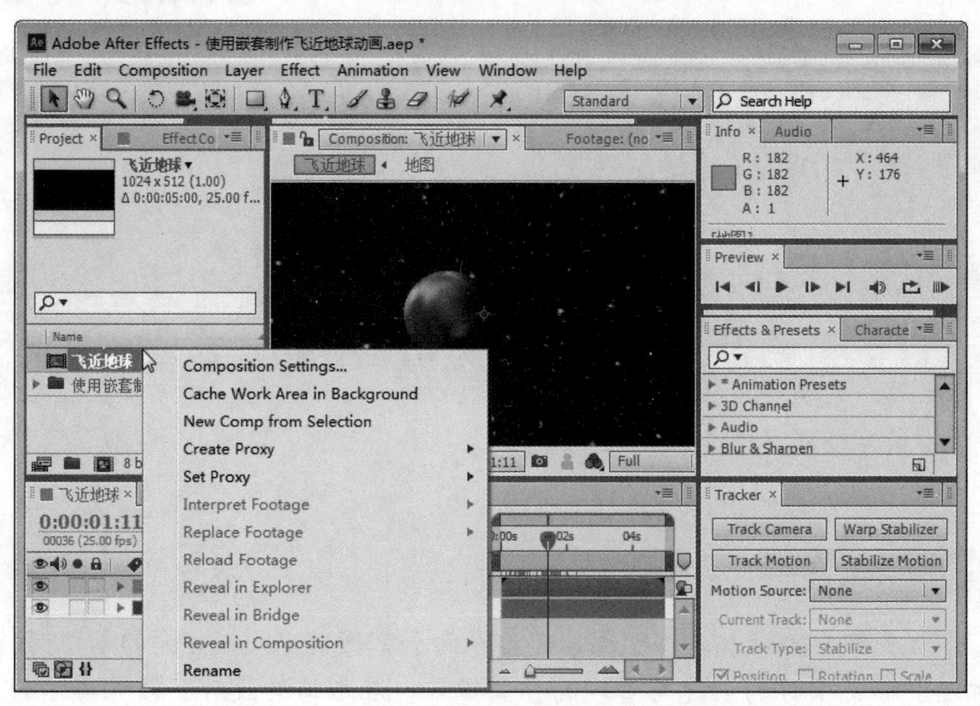

图 2-1

2.1.2　自定义工作空间

After Effects 的工作空间采用“可拖放区域管理模式”，通过拖放调板的操作可以自由定义工作空间的布局，方便管理、使工作空间的结构更加紧凑，节约空间资源。此外，还可以通过调节界面亮度和自定义快捷键等方式，创建适合个人实际工作情况的工作空间，下面将详细介绍自定义工作空间的操作方法。

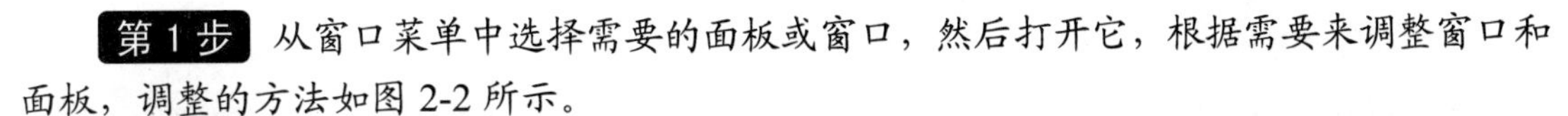

第 1 步 从窗口菜单中选择需要的面板或窗口，然后打开它，根据需要来调整窗口和面板，调整的方法如图 2-2 所示。

第 2 步 当另一个面板中心显示停靠效果时释放鼠标，两个面板将合并在一起，如图 2-3 所示。

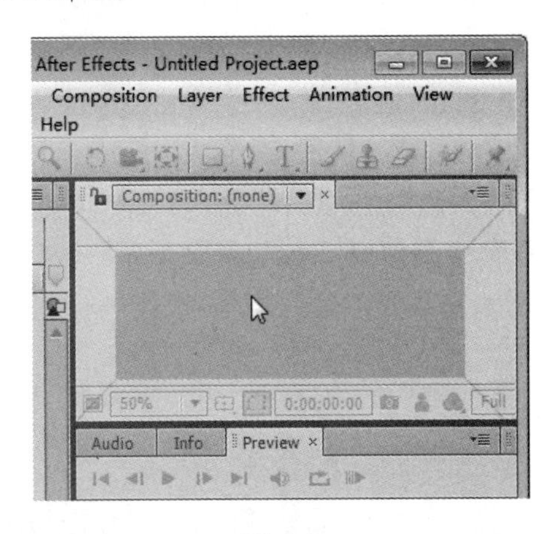

图 2-2

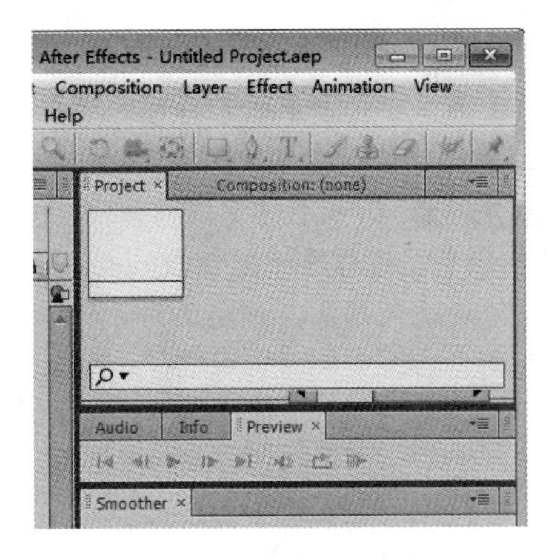

图 2-3

第 3 步 如果想将某个面板单独脱离出来，可以在拖动面板时按住 Ctrl 键，释放鼠标后，就可以将面板单独地脱离出来，脱离的效果如图 2-4 所示。

第 4 步 如果想将单独脱离的面板再次合并到一个面板中，可以应用前面的方法，拖动面板到另一个可停靠的面板中，显示停靠效果时释放鼠标即可，如图 2-5 所示。

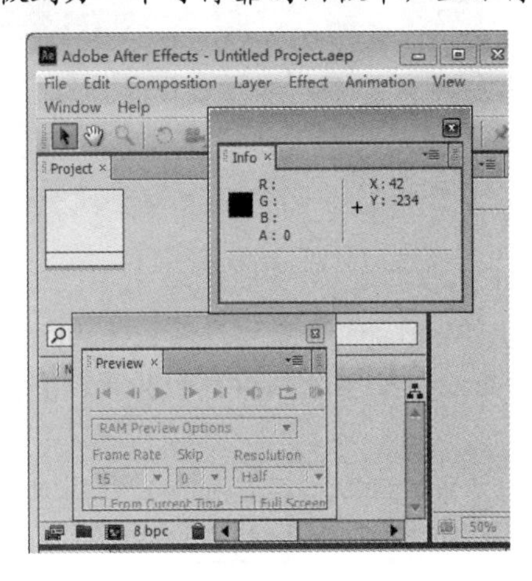

图 2-4

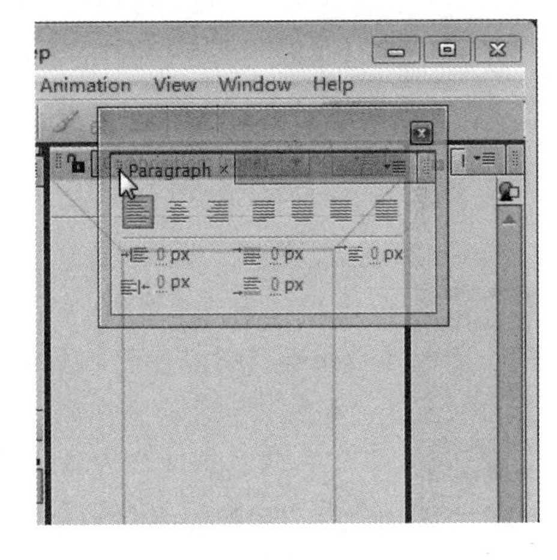

图 2-5

2.1.3 预置与管理工作空间

为了适应不同工作阶段的需求，After Effects CS6 预置了 9 种工作空间，并且用户还可以将自定义的工作空间保存起来，随时调用。下面将详细介绍一些有关预置与管理工作空间的相关知识及操作方法。

1. 选择不同的工作空间

After Effects CS6 在界面上更加合理地分配了各个窗口的位置，根据制作内容的不同，可以将界面设置成不同的模式，如动画、绘图、特效等，下面将详细介绍选择不同工作空间的操作方法。

第 1 步 在菜单栏中依次选择 Window(窗口)→Workspace(工作界面)菜单命令，可以看到其子菜单中包含多种工作模式子选项，包括 All Panels(所有面板)、Animation(动画)、Effects(特效)等模式，如图 2-6 所示。

第 2 步 在菜单栏中依次选择 Window(窗口)→Workspace(工作界面)→Animation(动画)菜单命令，操作界面则切换到动画工作界面中，整个界面以“动画控制窗口”为主，突出显示了动画控制区，如图 2-7 所示。

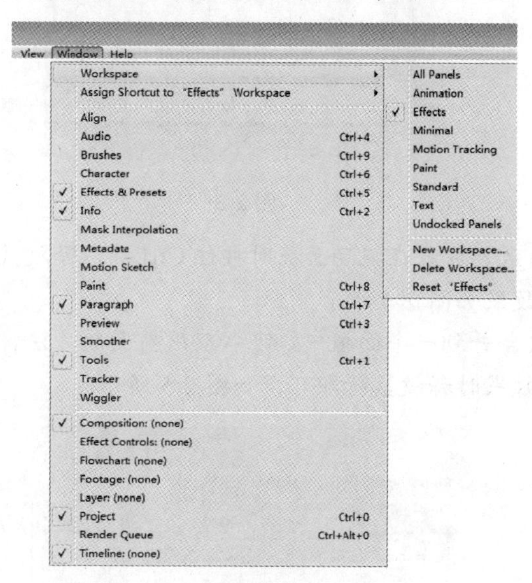

图 2-6

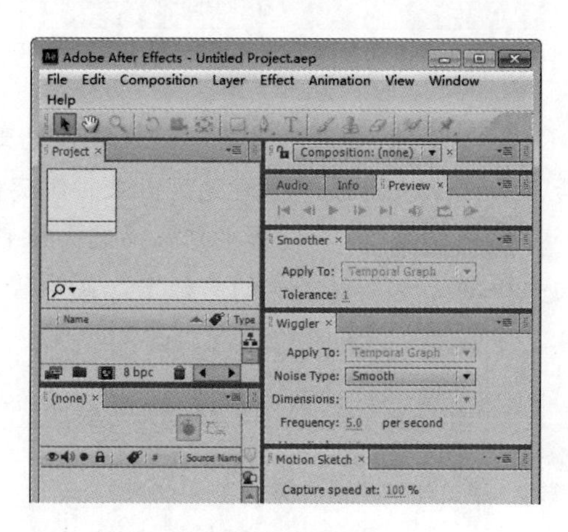

图 2-7

第 3 步 在菜单栏中依次选择 Window(窗口)→Workspace(工作界面)→Paint(绘图)菜单命令，操作界面切换到绘图控制界面中，整个界面以“绘图控制窗口”为主，突出显示了绘图控制区域，如图 2-8 所示。

第 4 步 在菜单栏中依次选择 Window(窗口)→Workspace(工作界面)→Effects(特效)菜单命令，操作界面切换到特效控制界面中，整个界面以“特效控制窗口”为主，突出显示了特效控制区域，如图 2-9 所示。

2. 保存工作界面

After Effects CS6 可以根据个人的习惯来自定义新的工作界面，当界面面板调整满意后，可以将其进行保存，下面将详细介绍保存工作界面的操作方法。

第 1 步 在菜单栏中依次选择 Window(窗口)→Workspace(工作界面)→New Workspace(新建工作界面)菜单命令，如图 2-10 所示。

第 2 步 弹出 New Workspace 对话框，输入一个名称，如输入“我的工作界面”，然后单击 OK 按钮，如图 2-11 所示。

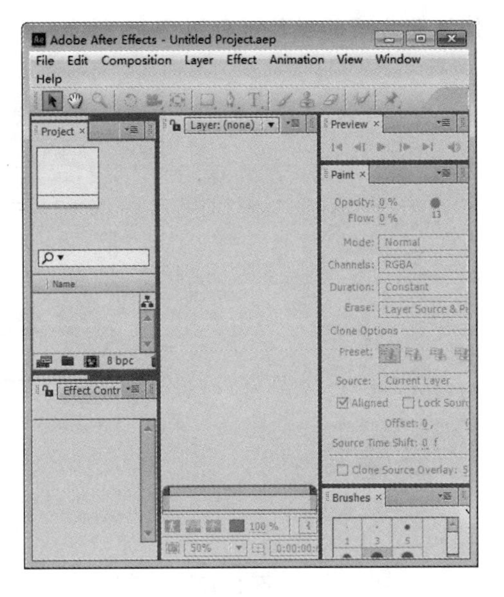

图 2-8

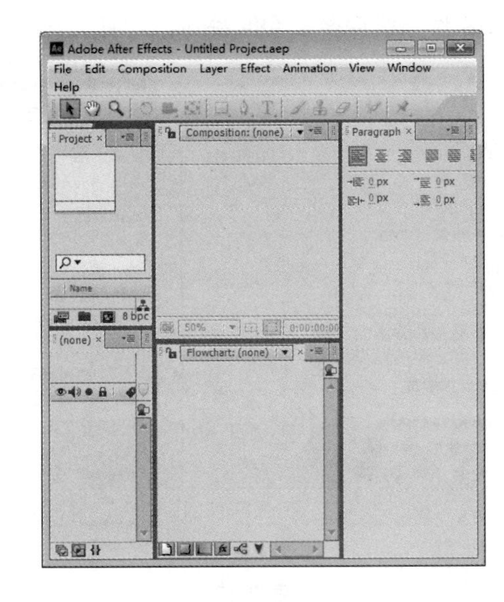

图 2-9

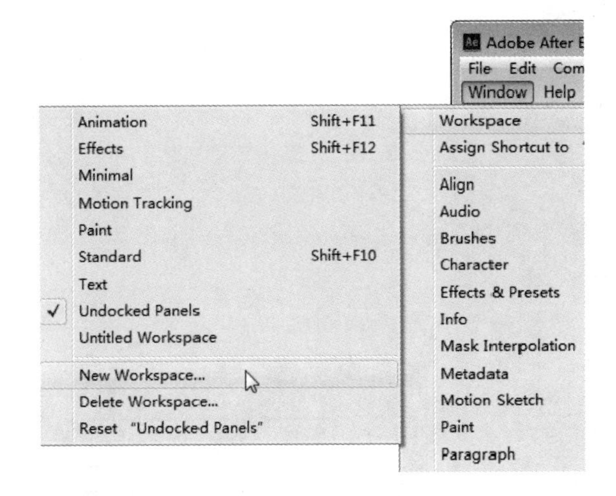

图 2-10

图 2-11

第 3 步 保存后的界面将显示在执行 Window(窗口)→Workspace(工作界面)命令后的子菜单中，这样即可完成保存工作界面的操作，如图 2-12 所示。

第 4 步 如果需要将当前工作空间恢复为默认状态，可以使用菜单命令 Reset ‘我的工作界面’，如图 2-13 所示。

3. 删除工作界面方案

如果对保存的界面方案不满意，可以将其删除，下面将详细介绍删除工作界面方案的操作方法。

第 1 步 在菜单栏中依次选择 Window(窗口)→Workspace(工作界面)→Delete Workspace(删除工作界面)菜单命令，如图 2-14 所示。

第 2 步 系统即可弹出 Delete Workspace(删除工作界面)对话框，在其中选择要删除的界面名称，然后单击 OK 按钮，即可完成删除工作界面方案的操作，如图 2-15 所示。

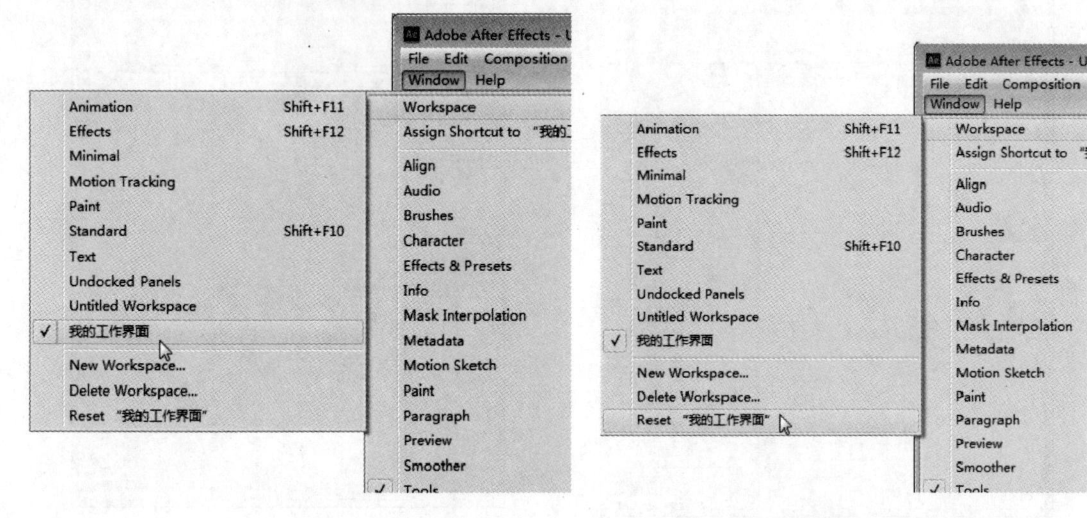

图 2-12　　图 2-13

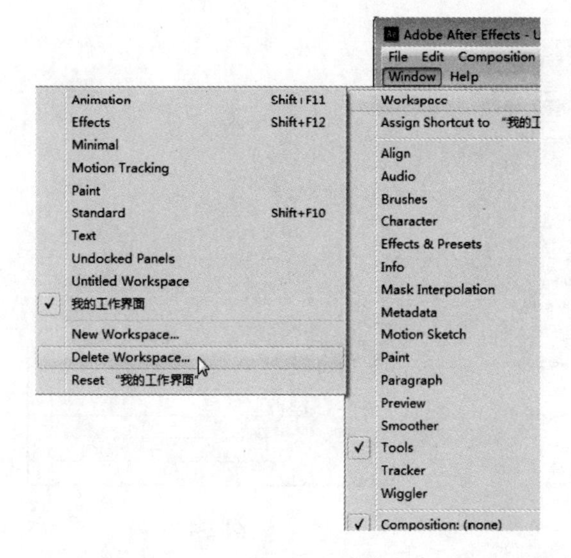

图 2-14

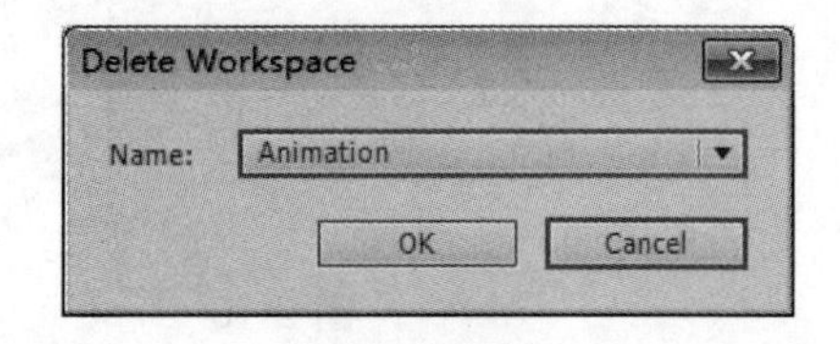

图 2-15

2.2 工作界面

After Effects CS6 允许用户定制工作区的布局，用户可以根据工作的需要移动和重新组合工作区中的工具栏和面板，本节将详细介绍工作界面的相关知识。

2.2.1 菜单栏

菜单栏几乎是所有软件都有的重要界面要素之一，它包含了软件全部功能的命令操作。

After Effects CS6 提供了 9 项菜单，分别为 File(文件)、Edit(编辑)、Composition(图像合成)、Layer(图层)、Effect(效果)、Animation(动画)、View(视图)、Window(窗口)、Help(帮助)，如图 2-16 所示。

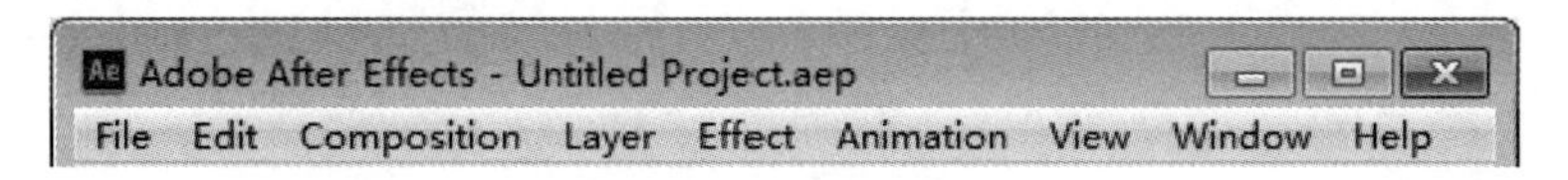

图 2-16

2.2.2　主工具栏

在菜单栏中选择 Window(窗口)→Tool(工具)菜单命令，或者按键盘上的 Ctrl+1 快捷键，即可打开或关闭工具栏，如图 2-17 所示。

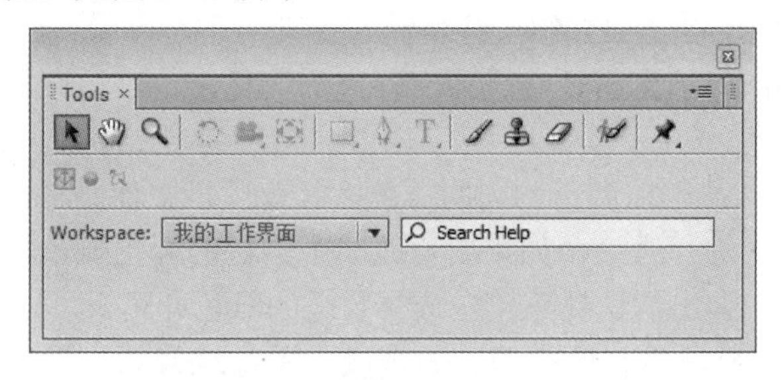

图 2-17

工具栏中包含了常用的编辑工具，使用这些工具可以在合成窗口中对素材进行编辑操作，如移动、缩放、旋转、输入文字、创建遮罩、绘制图形等。

在工具栏中，有些工具按钮的右下角有一个黑色的三角形箭头，表示该工具还包含有其他工具，在该工具上按住鼠标不放，即可显示出其他的工具，如图 2-18 所示。

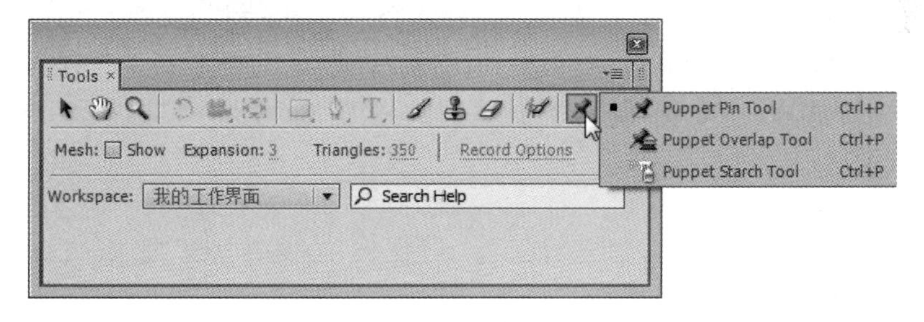

图 2-18

2.2.3　项目窗口(Project)

项目窗口(Project)面板位于界面的左上角，主要用来组织、管理视频节目中所使用的素材，视频制作所使用的素材，都要首先导入到 Project(项目)面板中，在此面板中还可以对素材进行预览。可以通过文件夹的形式来管理 Project(项目)面板，将不同的素材以不同的文件夹分类导入，以便视频编辑时操作的方便，文件夹可以展开也可以折叠，这样更便于 Project(项目)的管理，如图 2-19 所示。

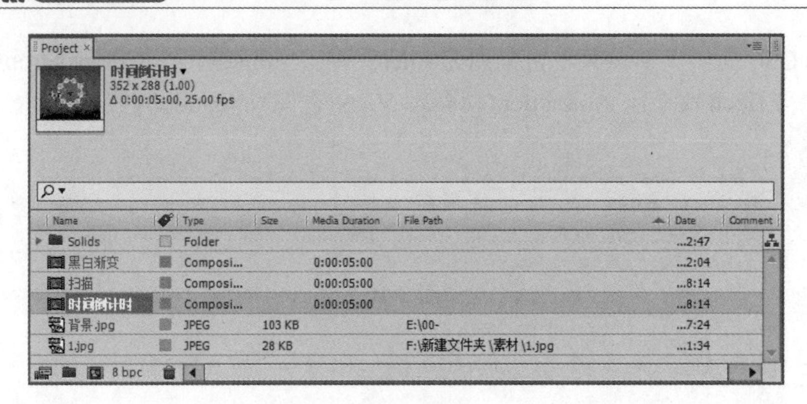

图 2-19

在素材目录区的上方表头，表明了素材、合成或文件夹的属性显示，显示每个素材不同的属性。下面将分别予以详细介绍这些属性的含义。

- Name(名称)：显示素材、合成或文件夹的名称，单击该图标，可以将素材以名称方式进行排序。
- Label(标记)：可以利用不同的颜色来区分项目文件，单击该图标，可以将素材以标记的方式进行排序。如果要修改某个素材的标记颜色，直接单击素材右侧的颜色按钮，在弹出的快捷菜单中选择合适的颜色即可。
- Type(类型)：显示素材的类型，如合成、图像或音频文件。单击该图标，可以将素材以类型的方式进行排序。
- Size(大小)：显示素材文件的大小。单击该图标，可以将素材以大小的方式进行排序。
- Media Duration(持续时间)：显示素材的持续时间。单击该图标，可以将素材以持续时间的方式进行排序。
- File Path(文件路径)：显示素材的存储路径，方便素材的管理、更新与查找。
- Date(日期)：显示素材文件创建的时间及日期，以便更精确地管理素材文件。
- Comment(备注)：单击需要备注的素材的位置，激活文件并输入文字对素材进行备注说明。

智慧锦囊

在属性区域的显示可以自行设定，从项目菜单中的 Columns（列）子菜单中选择打开或关闭属性信息的显示。

2.2.4 合成窗口(Composition)

合成窗口(Composition)是视频效果的预览区，在进行视频项目的安排时，它是最重要的窗口，在该窗口中可以预览到编辑时的每一帧效果。如果要在节目窗口中显示画面，首先要将素材添加到时间线上，并将时间滑块移动到当前素材的有效帧内才可以显示，如图 2-20 所示。

图 2-20

2.2.5 时间线窗口(timeline)

时间线是工作界面的核心部分，在 After Effects 中，动画设置基本都是在时间线面板中完成的，其主要功能是可以拖动时间指示标预览动画，同时可以对动画进行设置和编辑操作，如图 2-21 所示。

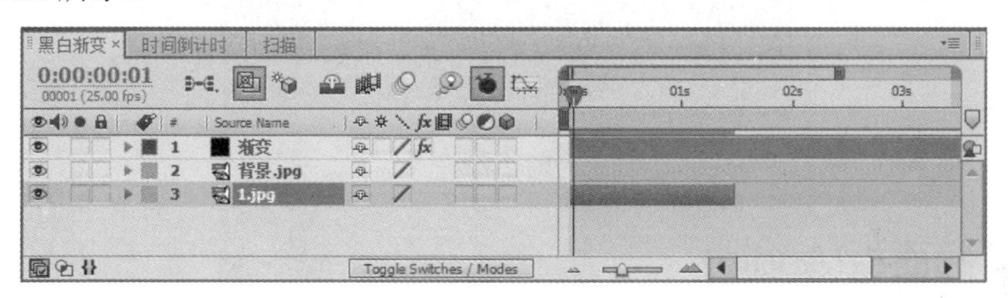

图 2-21

2.3 常用窗口面板

常用窗口面板包括特效控制窗口(Effect Controls)、信息面板(Info)、音频面板(Audio)、预览面板(Preview)、特效&预设面板(Effects & Presets)和图层窗口(Layer)等，本节将详细介绍常用窗口面板的相关知识。

2.3.1 特效控制窗口(Effect Controls)

特效控制窗口(Effect Controls)主要用于对各种特效进行参数设置，当一种特效添加到素材上面时，该面板将显示特效的相关参数设置，可以通过参数的设置对特效进行修改，以便达到所需要的最佳效果，如图 2-22 所示。

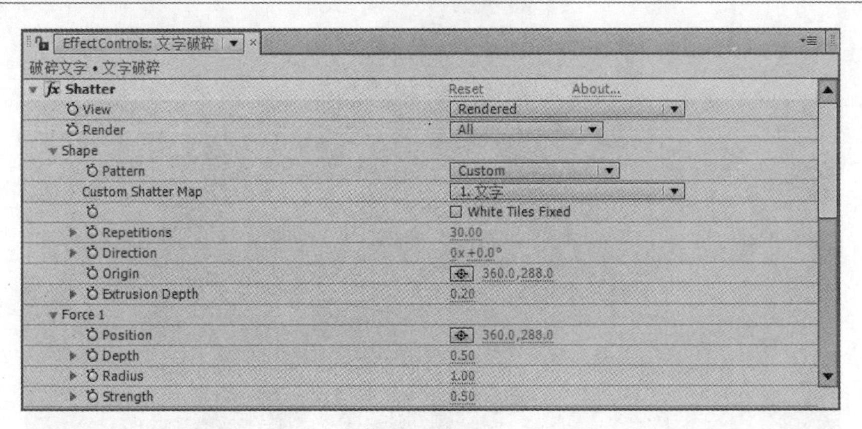

图 2-22

2.3.2 信息面板(Info)

信息面板(Info)可以显示当前鼠标指针所在位置的色彩及位置信息，并可以设置多种显示方式，如图 2-23 所示。

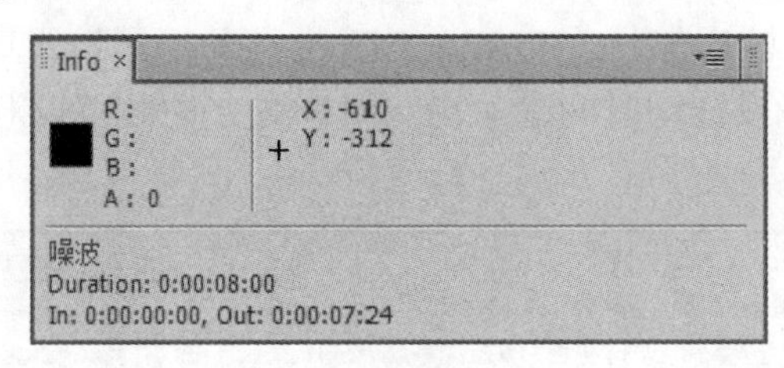

图 2-23

2.3.3 音频面板(Audio)

音频面板(Audio)可以显示当前预览的音频音量信息，并可检测音量是否超标，如图 2-24 所示。

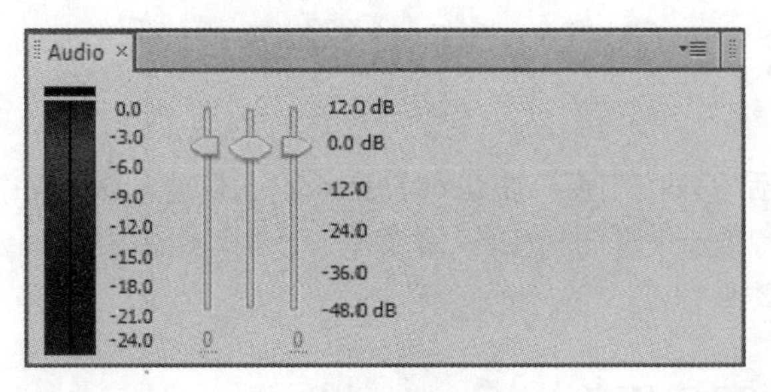

图 2-24

2.3.4 预览面板(Preview)

预览面板(Preview)主要用来控制影片播放，并可以设置多种预览方式，还可以提供高质量或高速度的渲染，如图 2-25 所示。

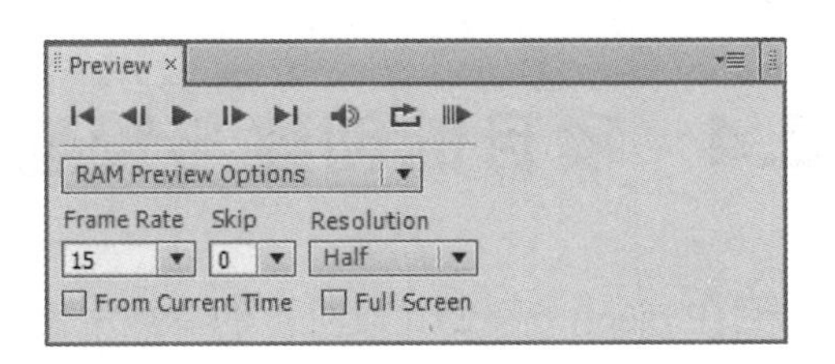

图 2-25

2.3.5　特效&预设面板(Effects & Presets)

该面板中罗列了 After Effects 的特效与设计师们为 Adobe 设计制作的特效效果，并可以直接调用。同时该面板提供了方便的搜索特效功能，可以快捷地查找特效。在 CS6 版本中很多特效的预设在特效控制面板中无法载入，必须在特效与预设面板中才能找到它，如图 2-26 所示。

图 2-26

2.3.6　图层窗口(Layer)

在图层窗口中，默认情况下是不显示图像的，如果要在图层窗口中显示画面，有两种方法可以实现，一种是双击 Project(项目)面板中的素材；另一种是直接在时间线面板中双击该素材层，图层窗口如图 2-27 所示。

图 2-27

2.4 项目的创建与管理

After Effects 的一个项目(Project)是存储在硬盘上的单独文件，其中存储了合成、素材以及所有的动画信息。一个项目可以包含多个素材和多个合成，合成中的许多层是通过导入的素材创建的，还有一些是在 After Effects 中直接创建的图形图像文件。本节将详细介绍项目的创建与管理的相关知识及操作方法。

2.4.1 创建与打开新项目

在编辑视频文件时，首先要做的是创建一个项目文件，规划好项目的名称及用途，根据不同视频的用途来创建不同的项目文件。如果用户需要打开另一个项目，After Effects 会提示是否要保存当前项目的修改，在用户确定后，After Effects 才会将项目关闭。下面将详细介绍创建与打开新项目的操作方法。

第 1 步 启动 After Effects CS6 软件，在菜单栏中依次选择 File(文件)→New(新建)→New Project(新建项目)命令，如图 2-28 所示。

第 2 步 可以看到已经创建一个新项目，在菜单栏中依次选择 File(文件)→Open Project(打开项目)菜单命令，如图 2-29 所示。

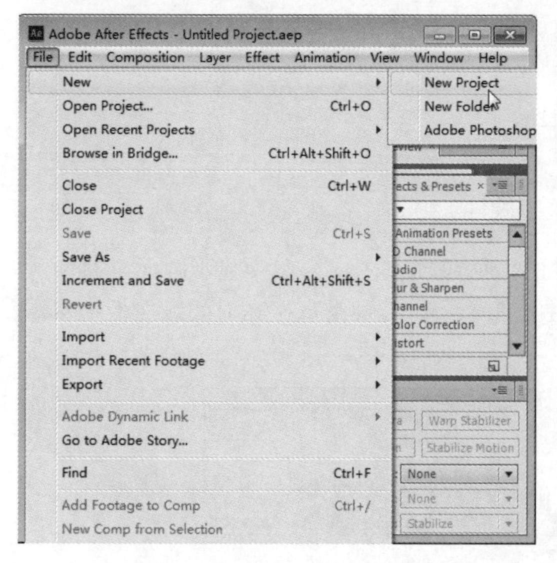

图 2-28

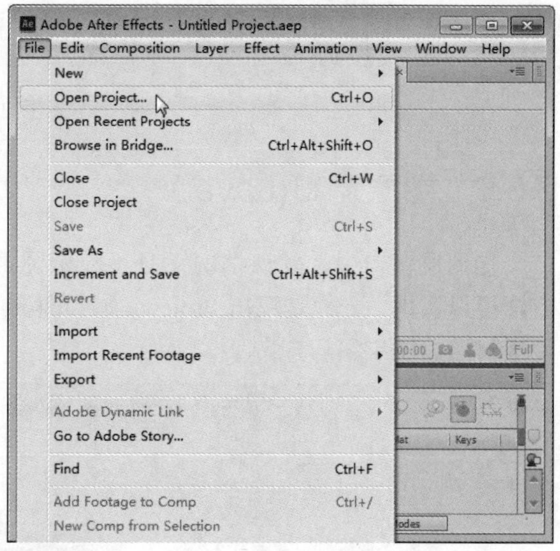

图 2-29

第 3 步 弹出“打开”对话框，选择准备打开新项目的文件，然后单击“打开”按钮，如图 2-30 所示。

第 4 步 可以看到已经打开选择的项目文件，这样即可完成创建与打开新项目的操作，如图 2-31 所示。

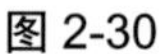
图 2-30

图 2-31

2.4.2　项目模板与示例

项目模板文件是一个存储在硬盘上的单独文件，以.aet 作为文件后缀。用户可以调用许多 After Effects 预置模板项目，例如 DVD 菜单模板。这些模板项目可以作为用户制作项目的基础。用户可以在这些模板的基础上添加自己的设计元素。当然，用户也可以为当前的项目创建一个新模板。

当用户打开一个模板项目时，After Effects 会创建一个新的基于用户选择模板的未命名的项目。用户编辑完毕后，保存这个项目并不会影响到 After Effects 的模板项目。

当用户开启一个 After Effects 模板项目时，如果用户想要了解这个模板文件是如何创建的，这里介绍一个非常好用的方法。

打开一个合成文件并将其时间线激活，使用快捷键 Ctrl+A 将所有的层选中，然后按 U 键可以展开层中所有设置了关键帧的参数或所有修改过的参数。动画参数或修改过的参数可以向用户展示模板设计师究竟做了什么样的工作。

如果有些模板中的层被锁定了，用户可能无法对其进行展开参数或修改操作，这时用户需要单击层左边的锁定按钮将其解锁。

2.4.3　保存与备份项目

在制作完项目及合成文件后，需要及时地将项目文件进行保存与备份，以免电脑出错或突然停电带来不必要的损失，下面将详细介绍保存与备份项目文件的操作方法。

第 1 步　如果是新创建的项目文件，可以在菜单栏中选择 File(文件)→Save(保存)菜单命令，如图 2-32 所示。

第 2 步　弹出 Save As 对话框，选择准备保存文件的位置，并且为其创建文件名和选择保存类型，然后单击“保存”按钮即可，如图 2-33 所示。

第 3 步　如果希望将项目作为 XML 项目的副本，用户可以依次选择菜单命令 File→Save As→Save a Copy As XML 菜单命令，如图 2-34 所示。

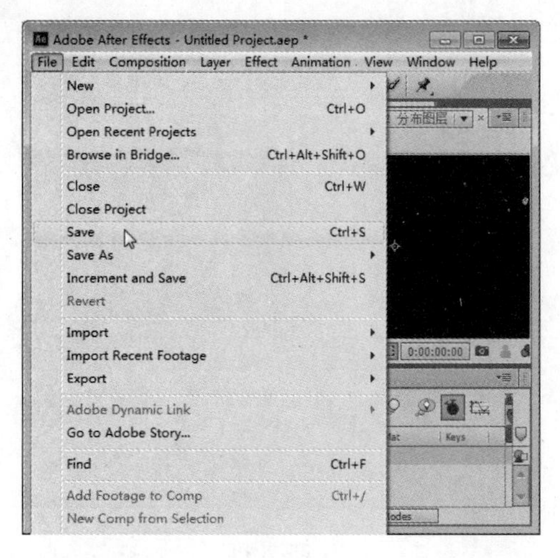

图 2-32

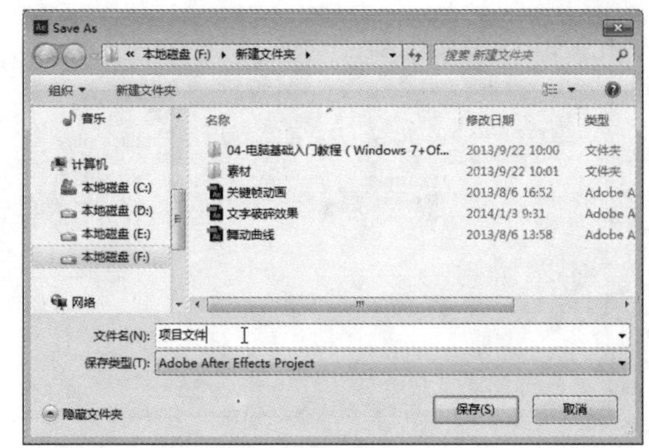

图 2-33

第 4 步 弹出 Save Copy As XML 对话框，选择准备保存文件的位置，并且为其创建文件名和选择保存类型，然后单击“保存”按钮即可，如图 2-35 所示。

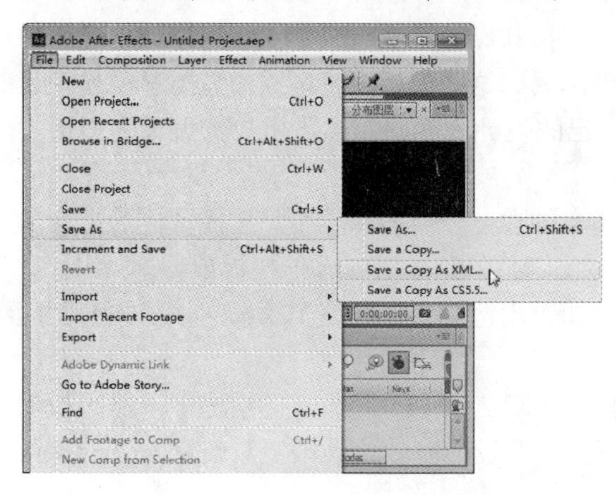

图 2-34

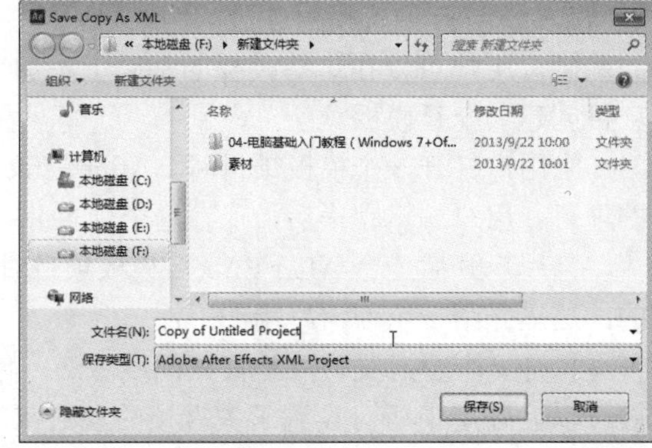

图 2-35

2.4.4 项目时间显示

After Effects 中很多的元素都牵扯到时间单位显示问题，比如层的入/出点、素材或合成时间等。这些时间单位的表示方式可在项目设置中进行设定。

默认情况下，After Effects 以电视中使用的时码(Timecode)方式显示，一个典型的时码表示为 00:00:00:00，分别代表时、分、秒、帧。用户可以将显示系统设置为其他的系统，比如帧或 Feet+Frame 这种 6mm 或 35mm 胶片使用的表示方式。视频编辑工作站经常使用 SMPTE(Society of Motion Picture and Television Engineers)时码作为标准时间表示方式。如果用户为电视创作影像，大部分情况下使用默认的时码显示方式就可以了。

用户有时可能需要选择 Feet+Frame 方式显示时间，例如需要将编辑的影片输出到胶片上；如果用户需要继续在诸如 Flash 这样以帧为单位的动画软件中编辑项目，那么可能需要设置当前项目以帧为单位显示。

改变时间显示方式并不会影响最终影片在输出时的帧速率，只会改变在 After Effects 中的时间显示单位。

按住 Ctrl 键，单击当前合成的时间线左上角的时间显示，可以在时码、帧、Feet+Frame 之间循环切换。通过菜单命令文件(File)→项目设置(Project Settings)打开 Project Settings 对话框，在弹出的对话框中选择需要的显示方式即可，如图 2-36 所示。

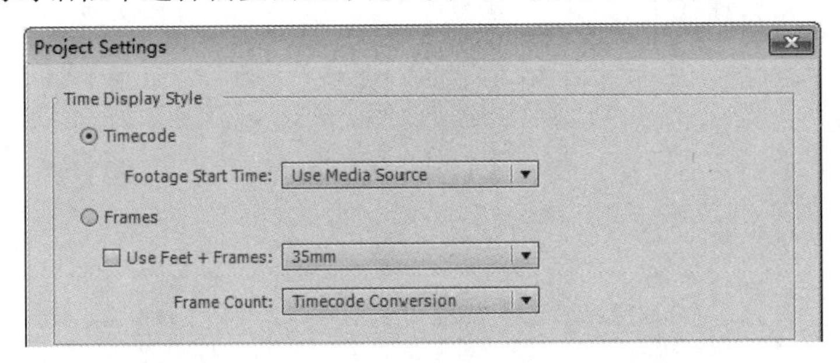

图 2-36

2.5　项目合成

创建项目文件后还不能进行视频的编辑操作，还要创建一个合成文件，这是 After Effects CS6 与其他一般软件不同的地方。本节将详细介绍项目合成的相关知识及方法。

2.5.1　认识合成窗口

合成是影片创作中非常关键的概念。一个典型的合成包含多个层，这些层可以是视频，也可以是音频素材项，还可以包含动画文本或图像，以及静帧图片或光效。

用户可以添加素材到一个合成中，这个素材就称之为“层”。在合成中用户可以对层的状态或空间关系进行操作，或者对层出现的时间进行设置。从一个空合成开始，设计师一层一层地组织层关系，上层会遮挡住下层，最终完成整个影片，如图 2-37 所示为在项目窗口(Project)面板中的合成，如图 2-38 所示为在合成窗口(Composition)面板中预览到的合成效果。

如图 2-39 所示为当前合成中所有的层在时间线面板上的遮挡关系。

当合成创建完毕后，用户可以将该合成通过 After Effects 的输出模块进行输出操作，并可以选择任意需要的格式。

一个简单的项目可能只包含一个合成，而一个复杂的项目可能会包含数以百计的合成，这时用户需要组织大量的素材来完成庞大的特效编辑操作。

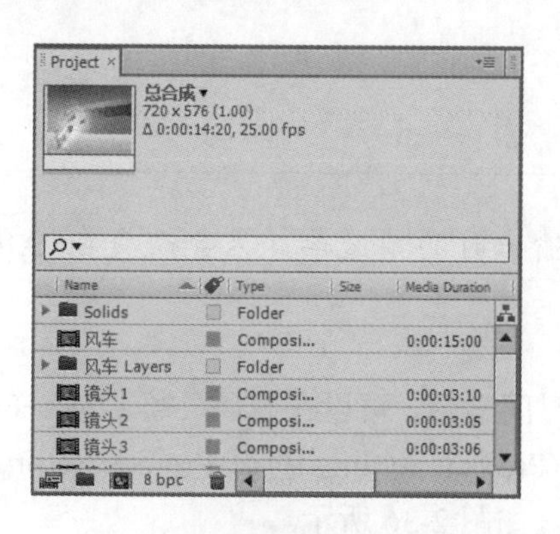

图 2-37

图 2-38

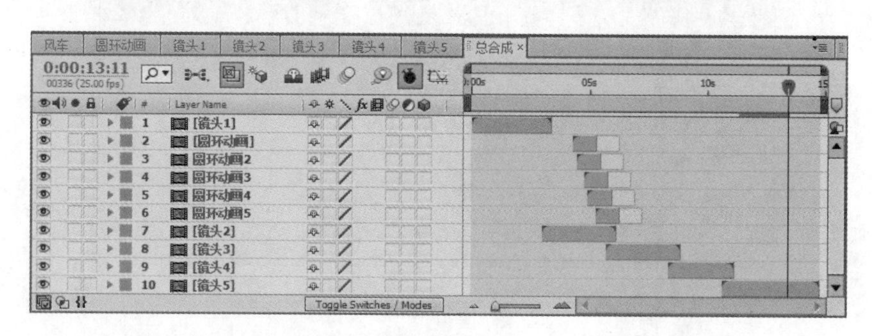

图 2-39

合成和素材一起排列在项目面板中，用户可以双击预览一个素材，也可以双击开启一个合成，开启的合成拥有自己的时间线和层。

2.5.2 建立合成图像

After Effects 启动后会自动建立一个项目，在任何时候用户都可以建立一个新合成。下面将详细介绍几种建立合成的操作方法。

1. 手动创建一个合成

依次选择菜单命令合成(Composition)→新合成(New Composition)，或使用快捷键 Ctrl+N 可以完成手动创建一个合成的操作，如图 2-40 所示。

2. 由一个文件创建新合成

将项目面板中的素材拖曳到项目面板底部的“创建新合成”按钮上，可以根据这个素材的时间长度、大小、像素比等参数建立一个新合成。也可以选择项目面板中的某个素材，通过选择菜单命令 File(文件)→New Comp From Selection(整理素材)建立一个新合成，如图 2-41 所示。

3. 由多个文件创建新合成

首先需要在项目面板中选择多个素材，然后将选择的素材拖动到项目面板底部的“创建新合成”按钮上，或通过使用菜单命令 File→New Comp From Selection，这时会弹出一个对话框，如图 2-42 所示。

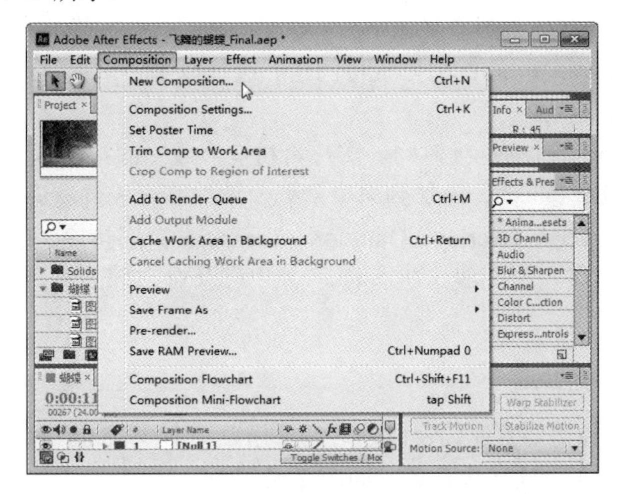

图 2-40

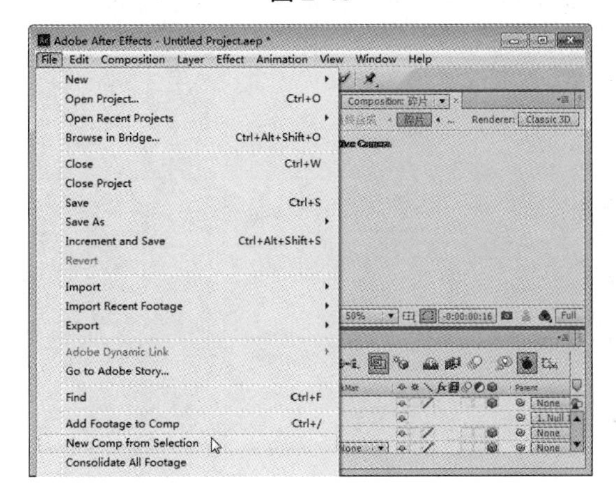

图 2-41

图 2-42

选中 Single Composition 单选项，可以确保建立一个合成，New Composition from Selection”对话框中的其他参数意义如下。

- Use Dimensions From：由何素材创建。选择以哪一个素材的像素比、大小等参数建立合成。
- Still Duration：静帧持续时间。图片素材在合成中的持续时间长度。
- Add to Render Queue：添加到渲染队列。添加新合成到渲染队列。
- Sequence Layers、Overlap、Duration、Transition：层排序、层叠加、长度设置、转场设置。将层在时间线上进行排序，并可以对它们的首尾设置交叠时间与转场效果。

4. 通过复制创建新合成

在项目面板中选择需要复制的合成，然后使用菜单命令 Edit(编辑)→Duplicate(副本)，或使用快捷键 Ctrl+D 来创建一个合成，如图 2-43 所示。

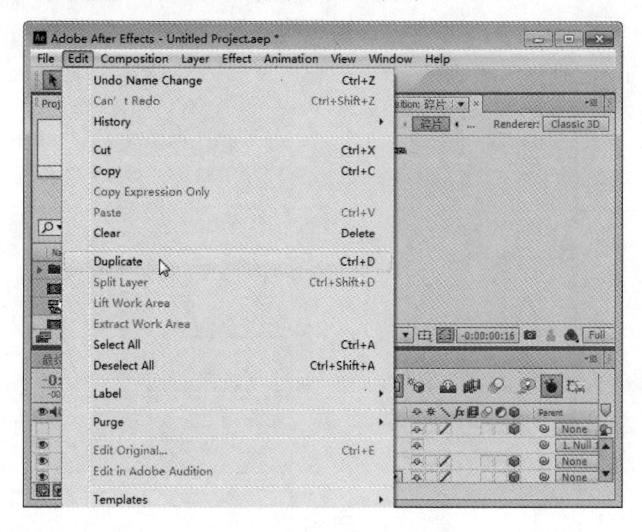

图 2-43

5. 合成参数设置

无论用以上任何一种方法建立合成，或后面章节中提到的合成修改，都在 Composition Settings 对话框中修改合成的参数，各参数的具体说明如下。如图 2-44 所示。

- Preset：系统提供了很多标准的电影、电视或网络视频的尺寸，用户可以根据自己的需要选择视频标准。中国电视使用 PAL 制，如果需要为中国电视制作影片，选择 PAL D1/DV。用户可以单击按钮将自定义的合成规格保存，或者单击按钮将不使用的合成规格删除。
- Width/Height：合成的水平像素数量与垂直像素数量。这个像素数量决定了影片的精度，数量越多，影片越精细。如果勾选 Lock Aspect Ratio 复选框，可以将宽高比例锁定。PAL 制标准文件大小为水平 720 像素、垂直 576 像素。
- Pixel Aspect Ratio：像素比。这个参数可以影响影片的画幅大小。视频与平面图片不一样，尤其是电视规格的视频，基本没有正方形的像素，所以导致画面的大小

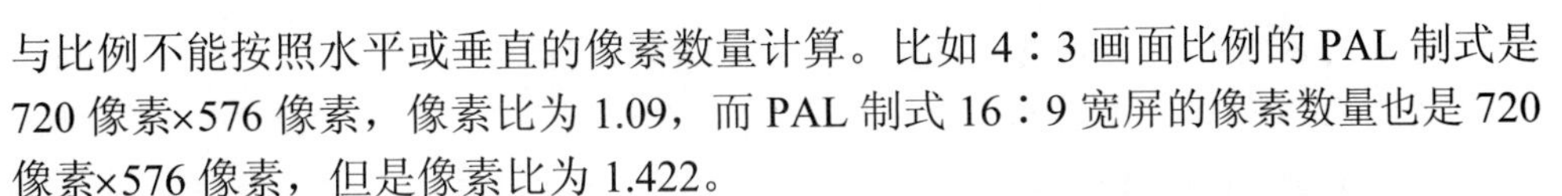

与比例不能按照水平或垂直的像素数量计算。比如 4∶3 画面比例的 PAL 制式是 720 像素×576 像素，像素比为 1.09，而 PAL 制式 16∶9 宽屏的像素数量也是 720 像素×576 像素，但是像素比为 1.422。

- 由于显示器的像素比都是 1.0，所以在预览影片的时候可能会产生变形。在 Composition 面板的底部有一个像素比矫正按钮，启用该按钮可以模拟当前合成在其适合设备上播放的正常显示状态。
- Frame Rate：帧速。视频是由静帧图片快速切换而产生的运动假象，这利用了人眼的视觉暂留特性。每秒切换的帧数越多，画面越流畅。不同的视频帧数都有其特定的规格，PAL 制为 25 帧/s。在设置的时候帧数要在 12 以上，才能保证影片基本流畅。
- Resolution：设置合成的显示精度。Full，最高质量；Half，一半质量；Third，1/3 质量；Quarter，1/4 质量。质量越高，画质越好，渲染速度越慢。
- Start Timecode：开始时间码，一般设置为默认即可，即影片从 0 帧开始计算时间，这样比较符合一般的编辑习惯。
- Duration：设定合成持续时间。

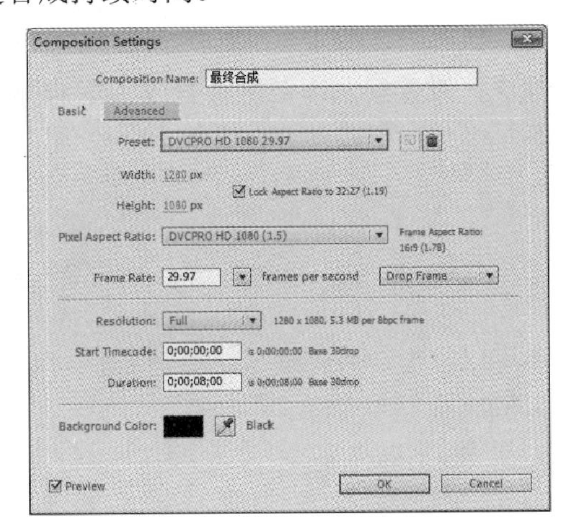

图 2-44

2.5.3　合成设置

用户可以在合成设置对话框中对合成进行手动设置，也可以选择一个自动建立的合成，并根据需要对这个合成的大小、像素比、帧速度等进行单独调整。用户还可以将经常使用的合成类型保存起来作为预设，方便以后调用。

知识精讲

一个合成最长时间不能超过 3 个小时，用户可以在合成中使用超过 3 小时的素材，但是超过 3 小时的部分将不被显示在合成中。After Effects 最大可以建立 30 000 像素×30 000 像素的合成，而一个无损的 30 000 像素×30 000 像素的 8 位图像大约有 3.5GB 的大小，因此，用户最终建立的合成大小往往取决于用户的操作系统或可用内存。

如果需要对打开的合成进行修改，可执行以下操作。

- 在项目面板中选择一个合成(或这个合成已经在合成面板和时间线面板中打开)，通过使用菜单命令 Composition(合成)→Composition Settings(合成设置)或使用快捷键 Ctrl+K。
- 用鼠标右击 Project(项目)面板中的合成，在弹出式菜单中选择 Composition Settings(合成设置)菜单命令。
- 如果希望保存自定义的合成设置，比如修改的宽度、高度、像素比、帧速率等信息，可以在打开的如图 2-44 所示的 Composition Settings(合成设置)对话框中单击“新建”按钮，将自定义的合成保存。
- 如果希望删除一个合成预设，可打开 Composition Settings(合成设置)对话框，选择用户希望删除的合成预设，然后按键盘上的 Delete 键。
- 如果需要使整个合成与层统一缩放，可以使用菜单命令 File(文件)→Scripts(脚本)→Scale Composition.jsx(脚本文件)。

2.5.4 合成预览

用户建立了合成图像并进行设置后，即可进行合成预览的操作，以便更加清楚地认识到所做的项目合成文件，下面将分别予以详细介绍关于合成预览的相关知识及操作。

1. 缩放合成

激活合成面板，选择缩放工具，在合成面板上单击可以放大合成；按住 Alt 键的同时单击可以缩小合成。

- 使用快捷键 Ctrl++可以放大合成；使用快捷键 Ctrl+-可以缩小合成。
- 用鼠标滚轮也可以放大或缩小合成。

2. 移动观察合成

按下键盘上的空格键或激活工具箱上的抓手工具，在 Composition 面板中拖曳可以移动观察合成，如图 2-45 所示。

图 2-45

3. 兴趣框(Region of interest)

兴趣框是合成、层或素材的渲染区域，创建一个小的兴趣框可以让渲染更快速和高效，同时会占用更少的内存和 CPU 资源，还可以增加渲染的总时间。更改兴趣框并不影响最终输出，用户更改的仅仅是渲染区域，而没有对合成进行任何改动，如图 2-46 所示。

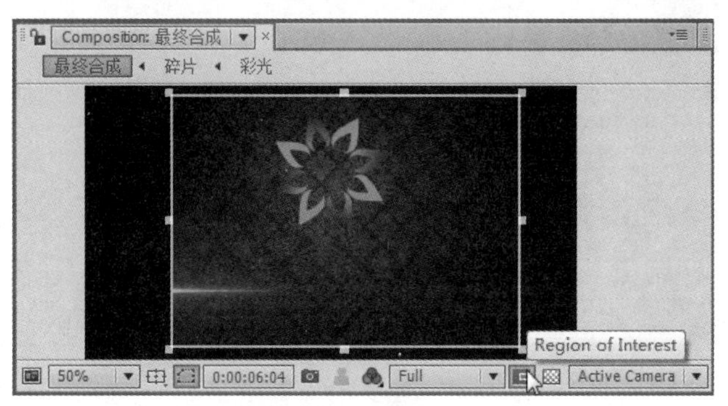

图 2-46

当兴趣框被选中时，信息(Info)面板会显示出兴趣框的顶(T)、左(L)、底(B)和右(R)4 个角点在合成中的位置数据。

- 单击合成面板底部的 Region of Interest 按钮可以绘制兴趣框，在层(Layer)与素材(Footage)面板的底部也有相同的按钮。
- 如果用户需要重新绘制兴趣框，在按住 Alt 键的同时单击 Region of Interest 按钮即可。
- 如果用户需要在兴趣框显示与合成显示之间进行切换，单击 Region of Interest 按钮即可。
- 如果用户需要修改兴趣框大小，拖曳兴趣框边缘即可。按住 Shift 键的同时，拖曳兴趣框角点，可以等比缩放兴趣框。

4. 设置合成的背景色(Set Composition Background Color)

默认情况下，After Effects 会以黑色来表示合成的透明背景，但是用户可以对它进行修改。使用菜单命令 Composition(合成)→Background Color(背景颜色)，在弹出的对话框中单击拾色器可以选择用户需要的颜色。

知识精讲

当用户将一个合成嵌套到另一个合成中的时候，这个合成的背景色会自动变为透明方式显示。如果需要保持当前合成的背景色，可以在当前合成的底部建立一个与合成背景色相同颜色的固态层。

5. 合成缩略图显示

用户可以选择合成中的任何一帧作为合成在项目(Project)面板中的缩略图(Poster Frame)。默认情况下，缩略图显示的是合成的第一帧，如果第一帧透明则会以黑色显示，如图 2-47 所示。

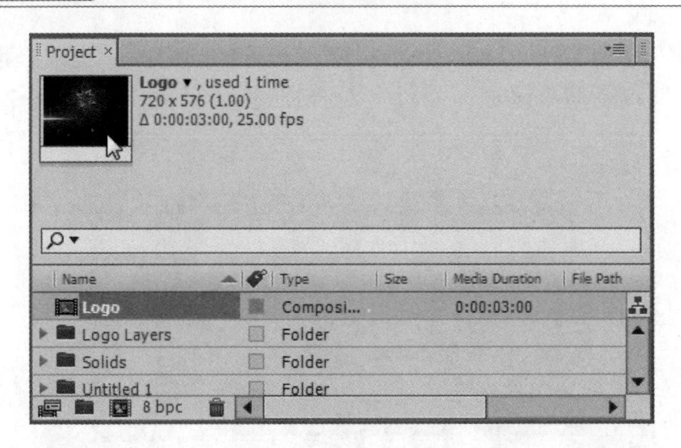

图 2-47

➢ 如果需要对缩略图进行设置，首先双击打开当前合成的时间线面板，并移动时间指示标到用户需要设置的图像，然后使用菜单命令 Composition(合成)→Set Poster Time(设置海报)。

➢ 如果需要添加透明网格到缩略图，可以展开项目面板右上角的弹出式菜单，并使用菜单命令 Thumbnail Transparency Grid(缩略图透明网格)。

➢ 如果需要在项目面板中隐藏缩略图，可以使用菜单命令 Edit(编辑)→Preferences(首选项)→Display(显示)，然后选择 Disable Thumbnails In Project Pane(禁用项目窗格的缩略图)命令。

2.5.5 合成嵌套

一个复杂的项目文件中往往有很多合成，如图 2-48 所示，但在最终输出的时候一般只有一个合成，也就是需要输出的最终合成。

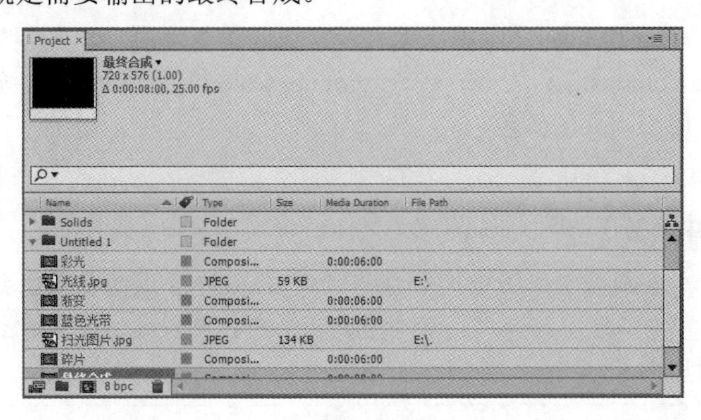

图 2-48

当用户需要组织一个复杂的项目时，会发现通过“嵌套”的方式来组织合成是非常方便和高效的。嵌套就是将一个或多个合成作为素材放置到另外一个合成中。

用户也可以将一个或多个层选中，通过预合成菜单命令创建一个由这些层组成的合成。如果用户已经编辑完成了某些层，可以对这些层进行预合成(Pre-compose)操作，并对这个合成进行预渲染(Pre-composition)，然后将该合成替换为渲染后的文件，以节省渲染时间，提

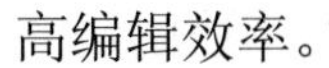

高编辑效率。

预合成后，层会包含在一个新的合成中，这个合成会作为一个层存在于原始合成中，如图 2-49 和图 2-50 所示。

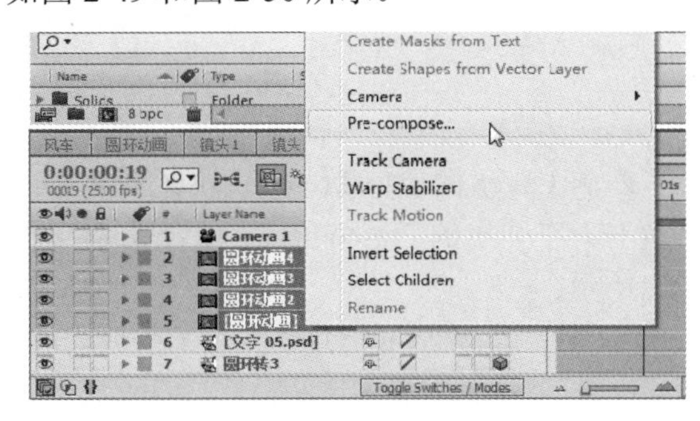

图 2-49

图 2-50

预合成和嵌套在组织复杂项目的时候是非常高效的，在对层进行预合成与嵌套后，用户可以进行以下操作，下面将分别予以详细介绍。

1. 对合成进行整体的编辑操作

- 用户可以创建一个包含多个层的合成，并将其嵌套到一个总合成中，然后对这个嵌套总合成中的合成进行特效和关键帧的操作，这样这个合成中的所有层就可以进行统一的操作。
- 用户可以创建一个包含多个层的合成，并将其拖曳到另外一个总合成中，然后可以对这个包含多层的合成根据需要进行多次复制操作。
- 如果用户对一个合成进行修改操作，那么所有嵌套了这个合成的合成都会受到这个修改的影响。就像改变了源素材，所有使用这个素材的合成都会发生改变一样。
- After Effects 的层级有渲染顺序的区别。对于一个单独的层而言，默认情况下先渲染特效，然后在渲染层变换属性。如果用户需要在渲染特效之前先渲染变化属性(例如，旋转属性)，可以先设置好层的旋转属性，然后对其进行预合成操作，再对这个生成的合成添加特效即可。
- 合成中的层拥有自身的变换属性，这是层自有的属性，例如，旋转(Rotation)、位移(Position)等。如果用户需要对层添加一个新的变化节点，可以采用合成嵌套来完成。
- 用户对一个层进行变换操作后，如果需要对其进行新的变换操作，可以对变换后的层进行预合成(Pre-compose)操作，然后对产生的合成进行新的变换操作。
- 由于执行预合成(Pre-compose)操作后的合成也作为一个层显示在原合成中，用户可以控制是否使用时间线面板上的层开关控制这个合成。通过依次选择菜单命令 Edit(编辑)→Preferences(首选项)→General(生成)，然后选择是否激活 Switches Affect Nested Comp(影响嵌套合成开关)。
- 在 Composition Settings(合成设置)对话框中的 Advaced(高级)选项卡中，选中 Preserve Resolution When Nested(决定嵌套合成图像的分辨率)或 Preserve Frame Rate When Nested(决定嵌套合成图像的帧速率)单选项，可以在合成嵌套的时候保持原合成的分辨率和帧速不发生改变。例如，需要使用一个比较低的帧速创建一个抽帧动画，用户可有通过一个合成设置一个比较低的帧速，然后将其嵌套一个比较高的帧速的合成中来完成这种效果的制作。当然，也可以通过 Posterize Time(抽帧效果)特效来完成这种效果。

2. 创建预合成

选择时间线上需要合成的多个层，选择菜单命令 Layer(图层)→Pre-compose(预合成)或使用组合键 Ctrl+Shift+C，可以对层进行预合成操作，在弹出的 Pre-compose(预合成)对话框中单击 OK 按钮即可完成预合成操作，如图 2-51 所示。

如果选择一个层进行预合成操作，Pre-compose(预合成)对话框中会有多个参数被激活，如图 2-52 所示，各参数分别介绍如下。

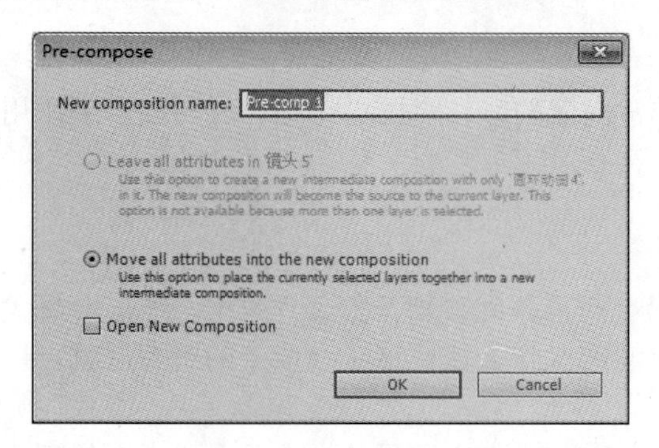

图 2-51

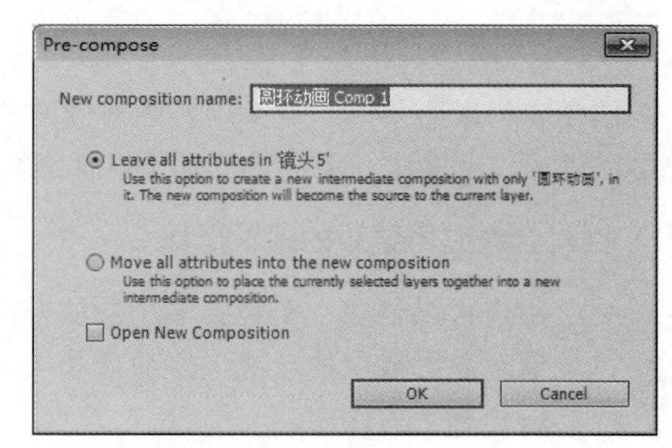

图 2-52

(1) Leave all attributes in。

保留所有属性。可以将层的所有属性或关键帧动画保留在执行预合成操作得到的合成上，合成继承层的属性与动画，如图 2-53 所示。新合成的画幅大小与原始层的画幅大小相同。当用户选择多个层进行合成的时候，这个命令无法激活，因为 After Effects 无法判断将哪个层的属性保留在得到的合成上。

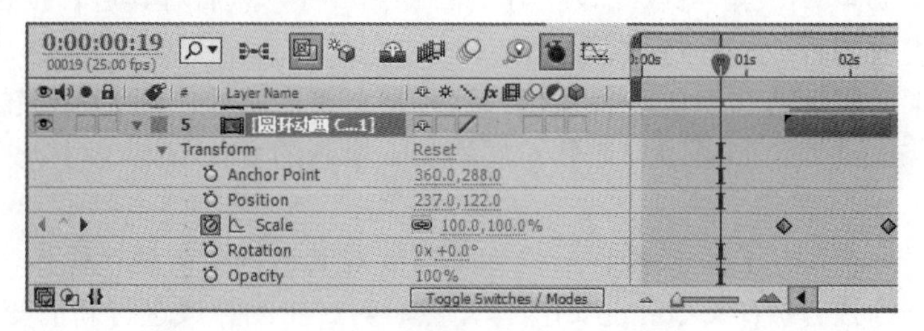

图 2-53

(2) Move all attributes into the new composition。

将所有属性合并到新合成中。将所有层的属性或关键帧动画放置到执行预合成操作得到的新合成中，合成没有任何属性变化，属性和关键帧在合成中的层上，如图 2-54 所示。如果选择这个选项，在合成中可以修改任何一个层的属性或动画。新合成的画幅大小与原始合成的画幅大小相同。

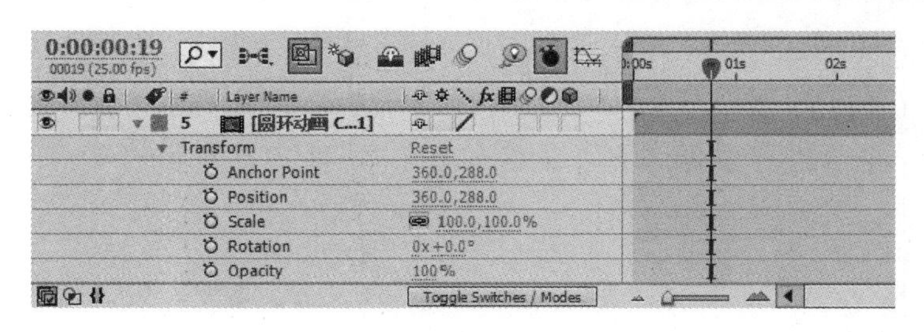

图 2-54

3. 打开或导航合成

一个项目经常是由很多合成嵌套在一起完成的，这些合成具备相互嵌套关系。一个合成可能嵌套在另一个合成中，也可能包含很多合成，这样就牵扯到上游合成(Upstream)与下游合成(Downstream)的概念。

- 双击项目面板中的合成可以将该合成开启。
- 双击时间线面板中嵌套的合成可以将该合成开启。由于嵌套的合成是作为层存在于一个合成中，按住 Alt 键的同时双击嵌套的合成，可以在层面板中将合成开启。
- 如果需要打开最近激活的合成，使用快捷键 Shift+Esc。合成导航在合成面板上部，可以方便地选择进入该合成的上游合成或下游合成，如图 2-55 所示。

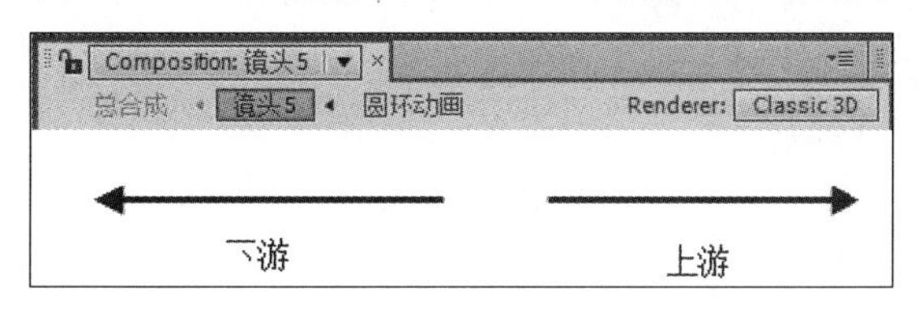

图 2-55

4. 迷你流程图

通过合成的迷你流程图，用户可以比较直观地观察项目中各个元素之间的关联。在 Project(项目)面板中选择某个合成，然后使用菜单命令 Composition(合成)→Comp FlowChart View(计算流程图视图)，或单击合成面板底部的流程图显示按钮。用户开启迷你流程图后，可以看到如图 2-56 所示的状态，可以方便地观察整个项目的数据流。默认激活的是当前开启的合成。

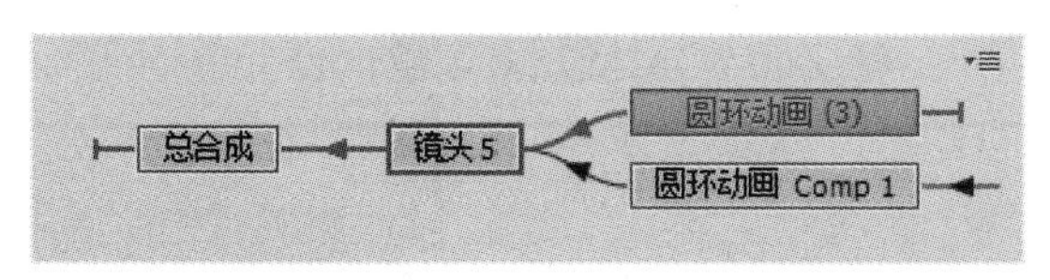

图 2-56

2.5.6　时间线调板

每个合成都有自己的时间线调板，用户可以在时间线调板上播放预览合成，对层的时间顺序进行排列，并设置动画、混合模式等。可以说时间线调板是影片编辑过程中最重要的面板，如图 2-57 所示。

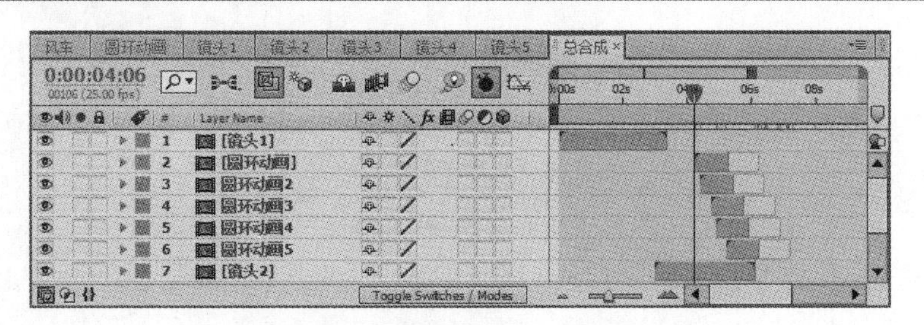

图 2-57

时间线调板最基本的作用是预览合成，合成当前渲染时间就是时间指示标(Current-time indicator)所在的位置，Current-time indicator 在时间线调板中以一条数值红线来表示，Current-time indicator 指向的时间还标注在时间线调板的左上角，这样可以进行更精确的控制。时间线调板的功能模块划分如图 2-58 所示。

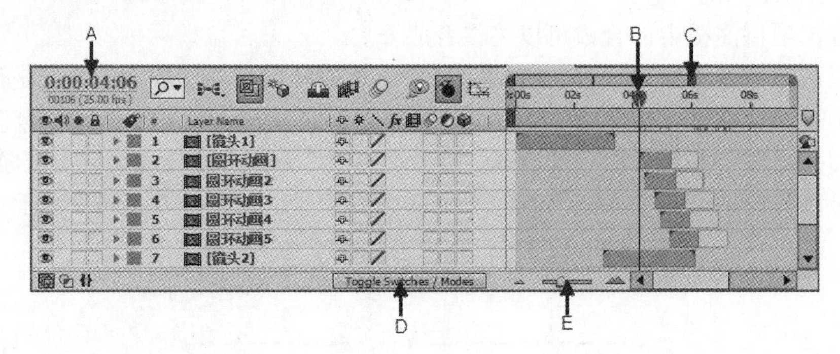

图 2-58

- A：当前预览时间。
- B：时间指示标。
- C：时间码。
- D：层开关。
- E：时间单位缩放。

时间线调板的左边是层的控制栏，右边是时间图表(Time Graph)，其中包含时间标尺、标记、关键帧、表达式和图表编辑器等。按\键可以切换激活当前合成的合成调板和时间线调板。

在时间线调板中，单击(Zoom In)按钮和(Zoom Out)按钮，或拖曳这两个按钮之间的缩放滑块可以缩放时间显示，如图 2-59 和图 2-60 所示。

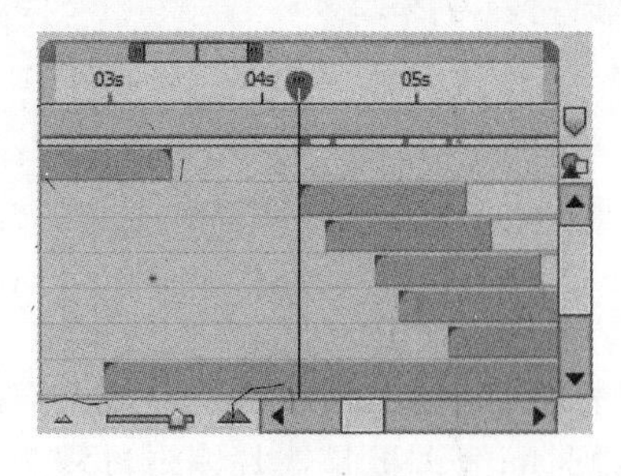

图 2-59

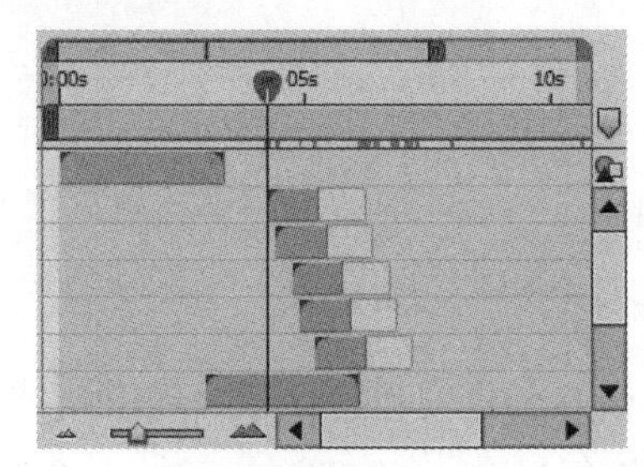

图 2-60

工作区是合成在编辑过程中或最终输出的过程中需要渲染的区域。在时间线调板上，工作区以两灰色滑块显示，如图 2-61 所示。

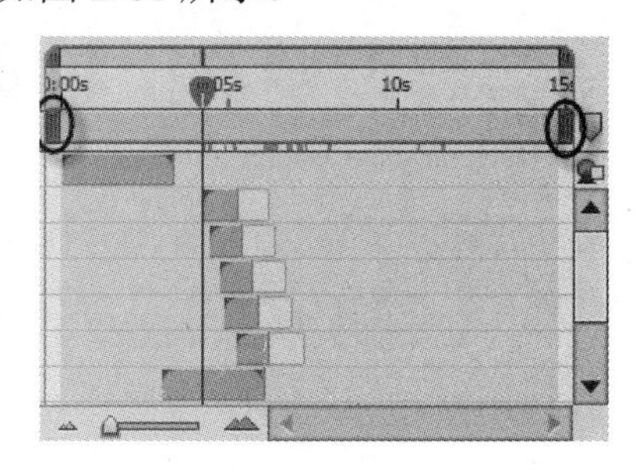

图 2-61

- ➢ 如果需要设置工作区开始和结束的位置，可以将时间指示标拖曳到需要设定的时间上，按下键盘上的 B 键(开始)或 N 键(结束)进行定义。也可以拖曳工作区开始或结束的端点来定义工作区范围。
- ➢ 如果需要整体移动工作区，可以拖曳工作区中间的灰色区域，对工作区进行左右的整体移动。
- ➢ 如需要将工作区的长度设置为整个合成的长度，可双击工作区中间的灰色区域。
- ➢ 时间线调板上游很多功能按钮，其功能分别如下：
    - ◆ Video(可视开关)：设置视频是否启用。
    - ◆ Audio(音频开关)：设置音频是否启用。
    - ◆ Solo(独奏开关)：单击后仅显示当前层，其他所有层全部隐藏；也可以单击打开多层的 Aolo 开关，从而显示指定层。
    - ◆ Lock(锁定开关)：单击可锁定当前层，锁定的层不可以修改，但是可以渲染，该开关主要用来避免错误操作。
    - ◆ Shy(害羞开关)：可将该层在时间线上隐藏，以节省时间线空间。该开关不影响层在合成中预览与渲染；该开关需要开启时间线调板上方的总开关才起作用。
    - ◆ Collapse(卷展开关)：当层为嵌套的合成或适量层时起作用。比如对于 AI 矢量文件，激活该开关可读取矢量信息，放大不失真。
    - ◆ Quality(质量开关)：设置当前层的渲染质量。该开关有两个子开关，分别代表低质量与高质量渲染，单击可在这两个开关之间进行切换。
    - ◆ Effect(特效开关)：激活该开关，层可渲染特效，为激活则层中所有添加的特效都不被渲染。
    - ◆ Frame Blend(帧融合与像素融合开关)：激活后可对慢放的视频进行帧融合处理。单击可在帧融合与像素融合之间切换，像素融合质量越高，渲染速度越慢。该开关需要开启时间线调板上方的总开关才起作用。
    - ◆ Motion Blur(运动模糊开关)：激活后可允许运动模糊，该开关需要开启时间线调板上方的总开关才起作用。
    - ◆ Adjustment Layer(调整层开关)：普通层激活后可转换为调整层使用，调整层取消激活则转换为普通的 Solo 层。

◆ 3D Layer(3D 层开关)：激活后可将普通层转换为 3D 层。

2.6 实践案例与上机指导

通过本章的学习，读者基本可以掌握 After Effects CS6 快速入门的基本知识以及一些常见的操作方法，下面通过练习操作，以达到巩固学习、拓展提高的目的。

2.6.1 网格的使用

在素材编辑过程中，需要对素材精确地定位和对齐，这时就可以借助网格来完成，在默认状态下，网格为绿色的效果。下面将详细介绍有关网格使用的操作方法。

素材文件 配套素材\第 2 章\素材文件\弹跳的文字.aep
效果文件 配套素材\第 2 章\效果文件\使用网格.aep

第 1 步 打开素材文件，在菜单栏中选择 View(视图)→Show Guides(显示网格)菜单命令，如图 2-62 所示。

第 2 步 用户还可以，①单击合成(Composition)窗口下方的按钮，②在弹出的下拉菜单中选择 Grid(网格)菜单命令，如图 2-63 所示。

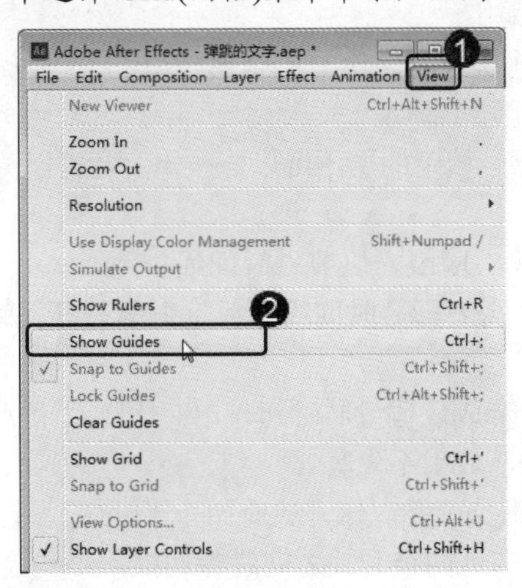

图 2-62

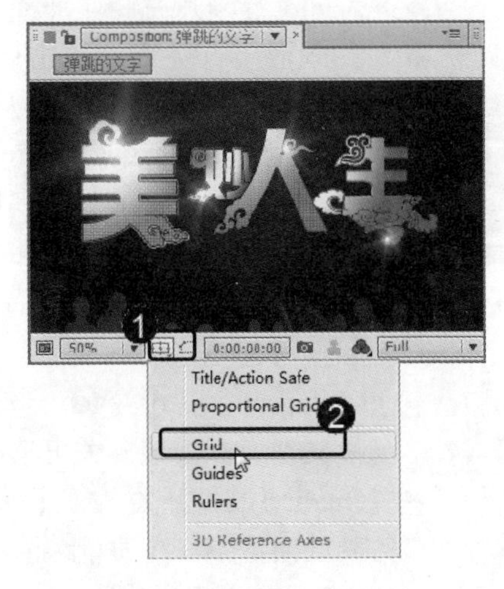

图 2-63

第 3 步 这样即可将网格显示出来，效果如图 2-64 所示。

第 4 步 在菜单栏中依次选择 Edit(编辑)→Preferences(参数设置)→Grids & Guides(网格和参考线)菜单命令，如图 2-65 所示。

第 5 步 弹出 Preferences(参数设置)对话框，在 Guid(网格)选项组中，用户可以对网格的间距与颜色进行详细的设置，如图 2-66 所示。

第 6 步 通过以上步骤即可完成网格的使用操作，效果如图 2-67 所示。

图 2-64

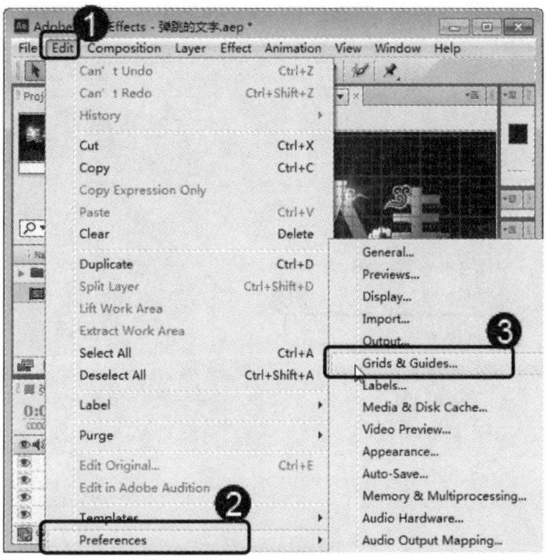

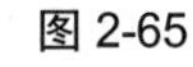

图 2-65

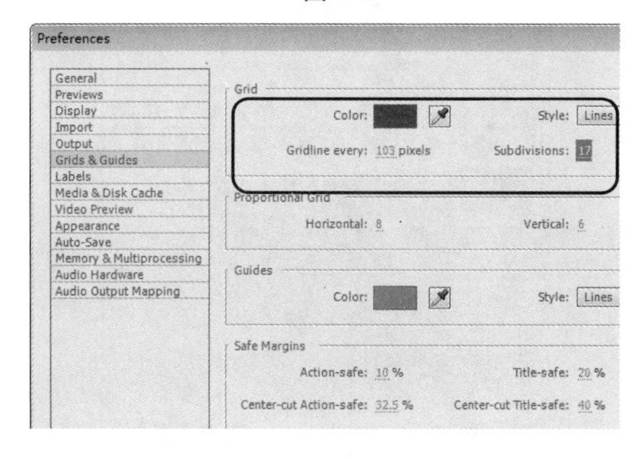

图 2-66

图 2-67

2.6.2　标尺的使用

标尺的用途是用于度量图形的尺寸，同时对图形进行辅助定位，使图形的设计工作更加方便、准确。下面将详细介绍标尺的使用方法。

素材文件　配套素材\第 2 章\素材文件\标尺的使用.aep
效果文件　无

第 1 步　打开素材文件，在菜单栏中选择 View(视图)→Show Rulers(显示标尺)菜单命令，如图 2-68 所示。

第 2 步　标尺内的标记可以显示鼠标光标移动时的位置，可更改标尺原点，从默认左上角标尺上的(0,0)标志位置，拉出十字线到图像上新标尺远点即可，如图 2-69 所示。

第 3 步　当标尺处于显示状态时，在菜单栏中取消选择 View(视图)→Show Rulers(显示标尺)菜单命令，或按键盘上的快捷键 Ctrl+R，如图 2-70 所示。

第 4 步　这样即可关闭标尺的显示，如图 2-71 所示。

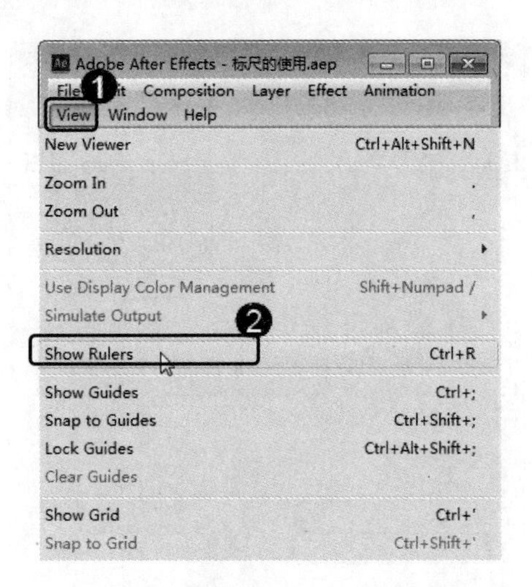

图 2-68

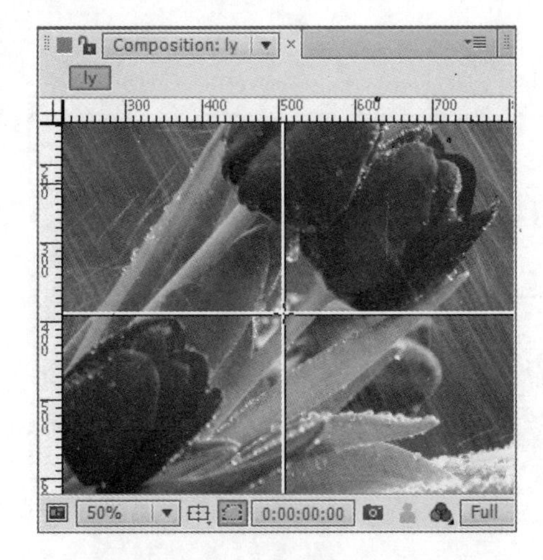

图 2-69

图 2-70

图 2-71

2.6.3 快照的使用

快照其实就是将当前窗口中的画面进行抓图预存，然后在编辑其他画面时，显示快照内容以进行对比，这样可以更全面地把握各个画面的效果，显示快照并不影响当前画面的图像效果。下面将通过一个实例，详细介绍快照的使用方法。

素材文件 配套素材\第 2 章\素材文件\水墨动画.aep

效果文件 无

第 1 步 打开素材文件，单击 Composition(合成)窗口下方的 Take Snapshot(获取快照)按钮，将当前画面以快照形式保存起来，如图 2-72 所示。

第 2 步 将时间滑块拖动到要进行比较的画面帧位置，然后按住 Composition(合成)窗口下方的 Show Last Snapshot(显示最后一个快照)按钮不放，将会显示最后一个快照的效果画面，如图 2-73 所示。

图 2-72

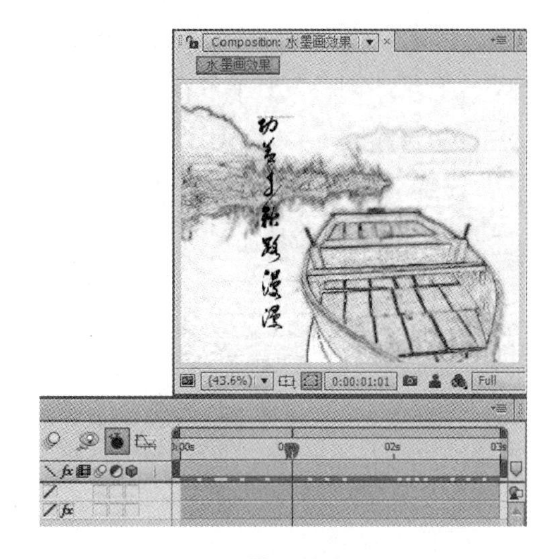

图 2-73

智慧锦囊

用户还可以利用快捷键 Shift+F5、Shift+F6、Shift+F7 和 Shift+F8 来抓拍 4 张快照并将其存储，然后分别按住 F5、F6、F7 和 F8 键来逐个显示快照。

2.7 思考与练习

一、填空题

1. After Effects 的工作空间采用“________”，通过拖放调板的操作，可以自定义工作空间的布局，方便管理，使工作空间的结构更加紧凑，节约空间资源。

2. __________是视频效果的预览区，在进行视频项目的安排时，它是最重要的窗口，在该窗口中可以预览到编辑时的每一帧效果。

3. _______是工作界面的核心部分，在 After Effects 中，动画设置基本都是在_______中完成的，其主要功能是可以拖动时间指示标预览动画，同时可以对动画进行设置和编辑操作。

二、判断题

1. 如果要在节目窗口中显示画面，首先要将素材添加到时间线上，并将时间滑块移动到当前素材的有效帧内才可以显示。 ( )

2. 特效控制窗口(Effect Controls)主要用于对各种特效进行参数设置，当一种特效添加到素材上面时，该面板将显示该特效的相关参数设置，可以通过参数的设置对特效进行修改，以便达到所需要的最佳效果。 ( )

3. 预览面板(Preview)是主要用来控制影片播放的调板，并可以设置多种预览方式，可以提供高质量或低速度的渲染。 ( )

三、思考题

1. 如何选择不同的工作界面？
2. 如何保存工作界面？

第 3 章

导入与组织素材

本章要点

- 导入素材
- 管理素材
- 代理素材

本章主要内容

本章主要介绍导入素材和管理素材方面的知识与技巧，同时还讲解了代理素材的相关知识及方法。通过本章的学习，读者可以掌握导入与组织素材基础操作方面的知识，为深入学习 After Effects CS6 知识奠定基础。

3.1 导 入 素 材

After Effects CS6 提供了多种导入素材的方法，素材导入后会显示在项目面板中。素材的导入非常关键，要想做出丰富多彩的视觉效果，单凭借 After Effects CS6 软件来做效果是不够的，还需要许多其他的软件来辅助设计，这时就要将其他软件做出的不同类型格式的图形、动画效果导入到 After Effects CS6 中来，而对于不同类型的格式，After Effects CS6 又有着不同的导入设置。本节将详细介绍导入素材的相关知识及操作方法。

3.1.1 基本素材导入方式

在进行影片的编辑时，一般首要的任务就是导入要编辑的素材文件，素材的导入主要是将素材导入到项目(Project)面板中或是相关文件夹中，下面将详细介绍基本素材导入的操作方法。

第 1 步 启动 After Effects 软件，在菜单栏中依次选择 File(文件)→Import(导入)→File(文件)菜单命令，如图 3-1 所示。

第 2 步 弹出 Import File(导入文件)对话框，①选择要导入的素材，②单击“打开”按钮，如图 3-2 所示。

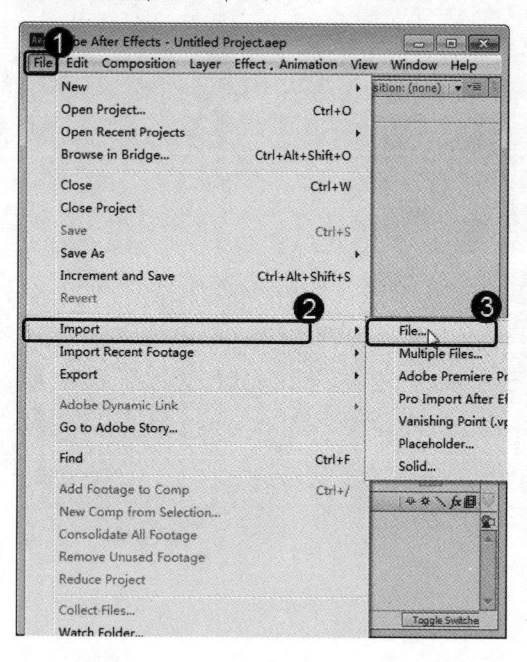

图 3-1

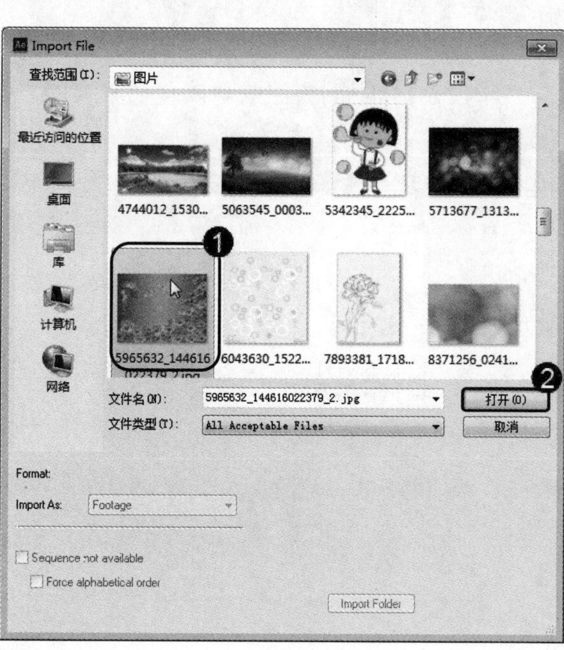

图 3-2

第 3 步 通过以上步骤即可完成基本素材的导入，如图 3-3 所示。

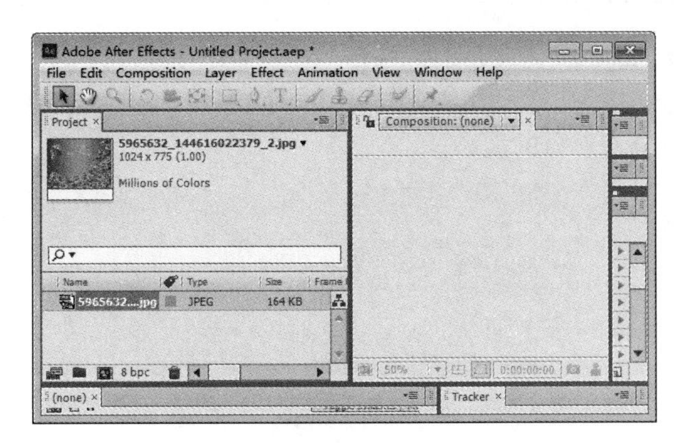

图 3-3

智慧锦囊

依次选择菜单命令 File→Import→Multiple Files 会弹出 Import 对话框，导入素材后对话框不消失，可以继续导入多个素材。

3.1.2　导入 PSD

PSD 文件是由 Photoshop 软件创建的，它与 After Effects 软件同为 Adobe 公司开发的软件，两款软件各有所长。且 After Effects 软件对 Photoshop 文件有着很好的兼容性。

导入 PSD 素材的方法与导入普通素材的方法基本相同，如果该 PSD 文件包含多个图层，会弹出解释 PSD 素材的对话框。Import Kind(导入种类)参数下有 3 种导入方式可选，分别是 Footage、Composition、Composition-Retain Layer Sizes，如图 3-4 所示。

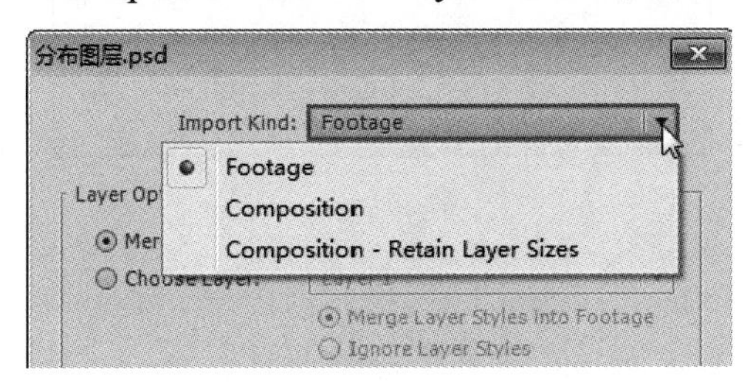

图 3-4

1. Footage

以素材方式导入 PSD 文件，可设置合并 PSD 文件或选择导入 PSD 文件中的某一层，如图 3-5 所示。

- Merged Layers：合并层，选中该选项可将所有层合并，作为一个素材导入。
- Choose Layer：选择层，选中该选项可将指定层导入，每次仅可导入一层。
- Merge Layer Styles into Footage：将 PSD 文件中层的图层样式应用到层，在 After Effects 中不可进行更改。
- Ignore Layer Styles：忽略层样式。

- Footage Dimensions：素材大小解释，可选择 Document Size(文档大小，即 PSD 中的层大小与文档大小相同)，或 Layer Size(层大小，即每个层都以本层有像素区域的边缘作为导入素材的大小)。

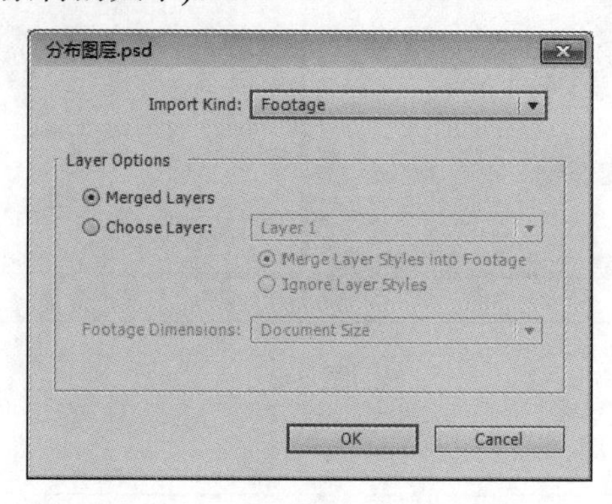

图 3-5

2. Composition

将分层 PSD 文件作为合成导入到 After Effects 中，合成中的层遮挡顺序与 PSD 在 Photoshop 中的相同，如图 3-6 所示。

图 3-6

- Editable Layer Styles：可编辑图层样式，Photoshop 中的图层样式在 After Effects 中可直接进行编辑，即保留样式的原始属性。
- Merge Layer Styles into Footage：将图层样式应用到层，即图层样式不能在 After Effects 中编辑，但可加快层的渲染速度。

3. Composition-Retain Layer Sizes

与 Composition 方式基本相同，只是使用 Composition 方式导入时，PSD 中所有的层大小与文档大小相同，而使用 Composition-Retain Layer Sizes 方式导入时，每个层都以本层有像素区域的边缘作为导入素材的大小。无论用这两种方式中的哪一种导入 PSD 文件，都会在 Project 调板中出现一个以 PSD 文件名称命名的合成和一个同名文件夹，展开该文件夹可以看到 PSD 文件的所有层，如图 3-7 所示。

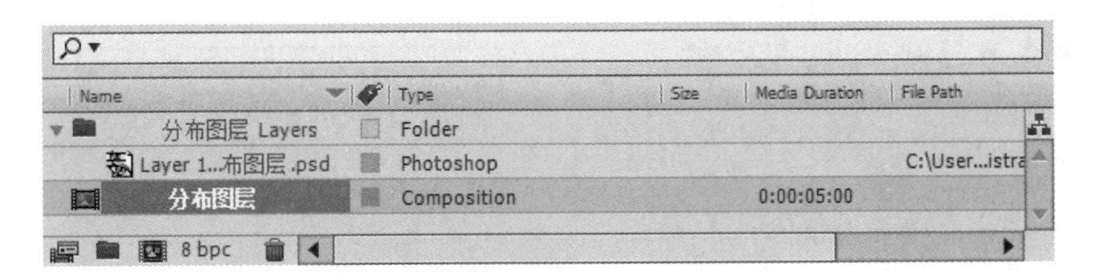

图 3-7

3.1.3　导入带通道的 TGA 序列

序列是一种存储视频的方式。在存储视频的时候，经常将音频和视频分别存储为单独的文件，以便于再次进行组织和编辑。视频文件经常会将每一帧存储为单独的图片文件，需要再次编辑的时候再将其以视频方式导入进来，这些图片称为图像序列。

很多文件格式都可以作为序列来存储，比如 JPEG、BMP 等。一般存储为 TGA 序列，相比其他格式，TGA 是最重要的序列格式，它包含以下优点。

- 高质量：基本可以做到无损输出。
- 高兼容：被大部分软件支持，是跨软件编辑影片最重要的输出格式。
- 支持透明：支持 Alpha 通道信息，可以输出并保存透明区域。

下面将详细介绍导入带通道的 TGA 序列的操作方法。

第 1 步　启动 After Effects 软件，在菜单栏中依次选择 File(文件)→Import(导入)→File(文件)菜单命令，如图 3-8 所示。

第 2 步　弹出 Import File(导入文件)对话框，①在对话框的下面勾选 Targa Sequence(序列图片)复选框，②单击“打开”按钮，如图 3-9 所示。

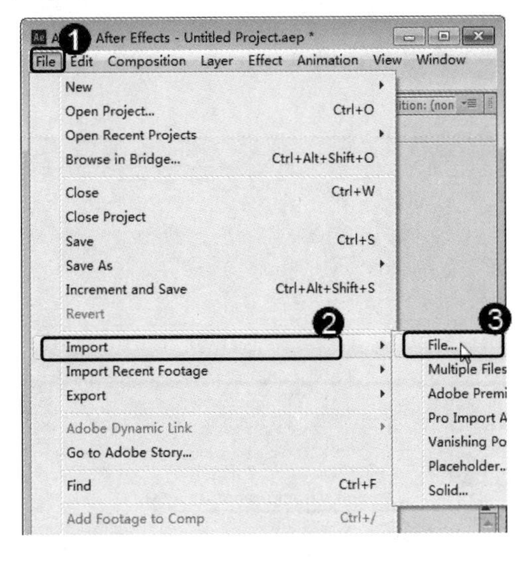

图 3-8

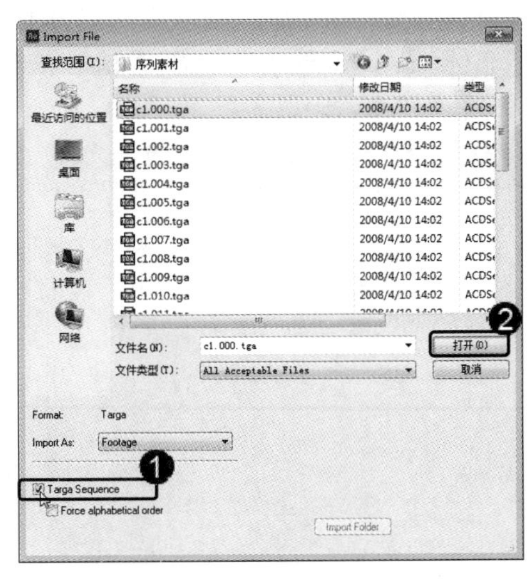

图 3-9

第 3 步　在导入图片时，还将弹出一个 Interpret Footage(解释素材)对话框，在该对话框中可以对导入的素材图片进行通道的设置，主要用于设置通道的透明情况，如图 3-10 所示。

第 4 步　通过以上步骤即可完成导入带通道的 TGA 序列操作，如图 3-11 所示。

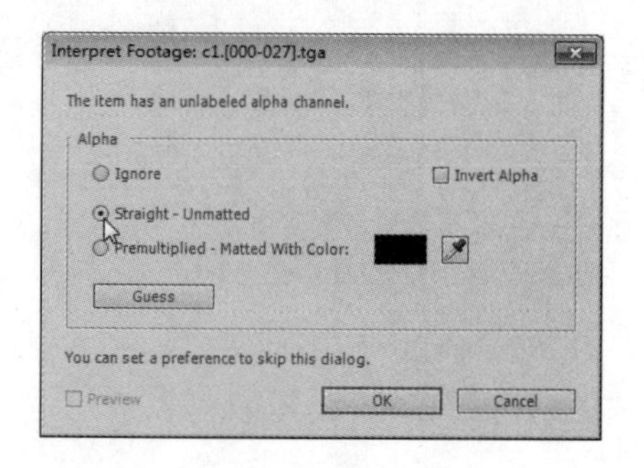

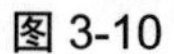
图 3-10

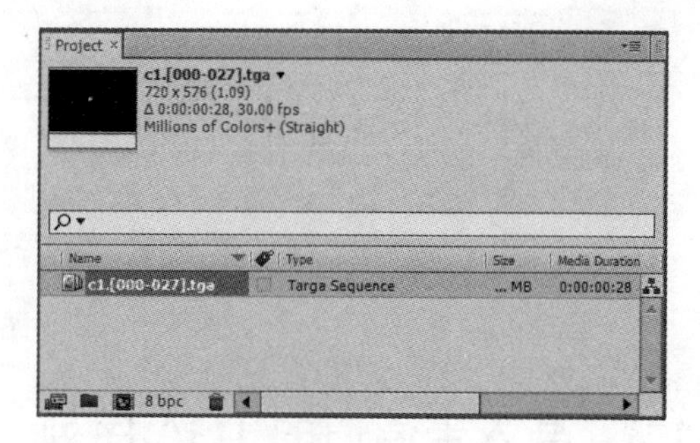

图 3-11

3.2 管 理 素 材

在使用 After Effects 软件进行视频编辑时，由于有时需要大量的素材，而且导入的素材在类型上又各不相同，如果不加以归类，将对以后的操作造成很大的麻烦，这时就需要对素材进行合理的分类与管理，本节将详细介绍管理素材的相关知识及操作方法。

3.2.1 组织素材

Project(项目)面板中提供了素材组织功能，用户可以使用文件夹进行组织素材的操作，下面将详细介绍几种通过创建文件夹组织素材的操作方法。

第 1 步 在菜单栏中依次选择 File(文件)→New(新建)→New Folder(新建文件夹)菜单命令，即可创建一个新的文件夹，如图 3-12 所示。

第 2 步 ①在 Project(项目)面板中右击，②在弹出的快捷菜单中选择 New Folder(新建文件夹)菜单命令，如图 3-13 所示。

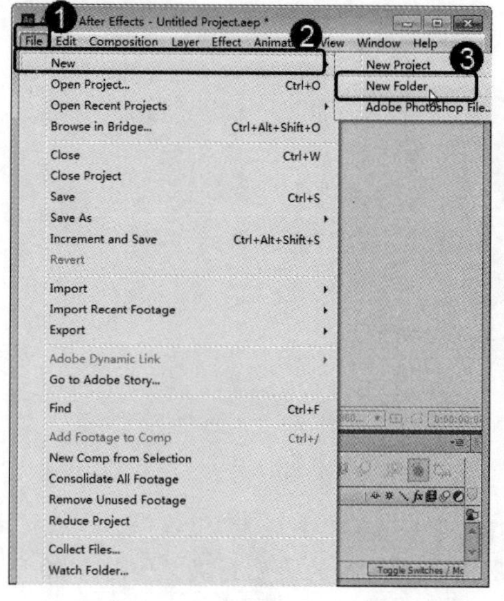

图 3-12

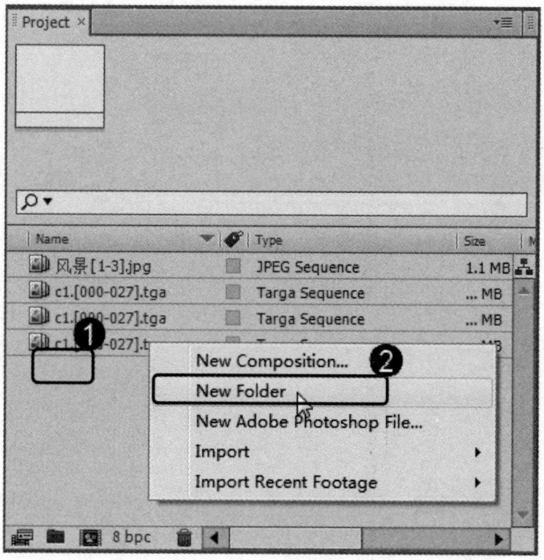

图 3-13

第 3 步 在 Project(项目)面板的下方，单击 Create a new Folder(创建一个新文件夹)按钮，如图 3-14 所示。

第 4 步 通过以上几种方法都可以创建一个文件夹，创建的文件夹效果，如图 3-15 所示。

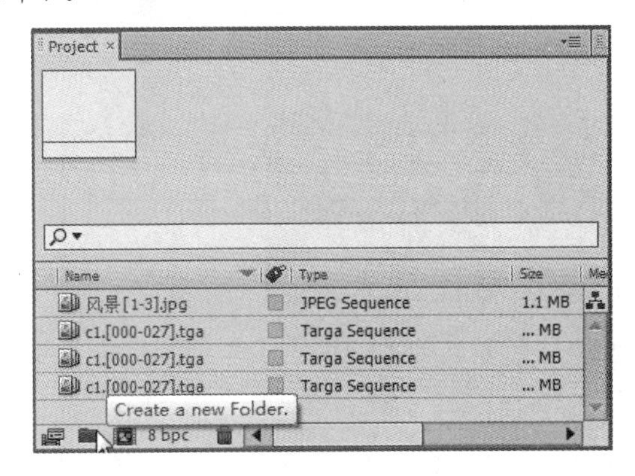

图 3-14

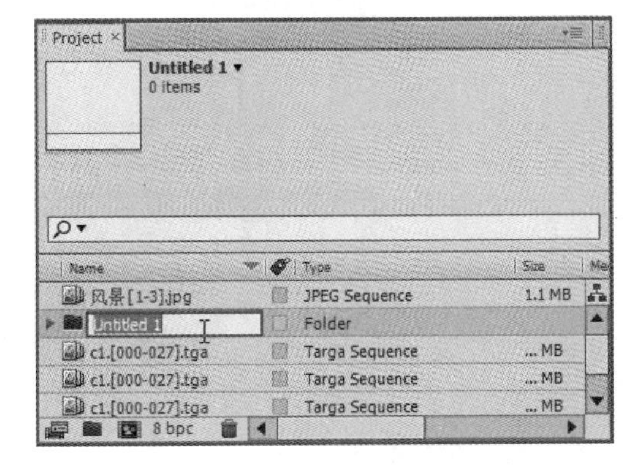

图 3-15

3.2.2　替换素材

在进行视频处理的过程中，如果导入 After Effects CS6 软件中的素材不理想，可以通过替换方式来修改，下面将详细介绍替换素材的操作方法。

第 1 步 在 Project(项目)面板中选择要替换的图片并右击，在弹出的快捷菜单中依次选择 Replace Footage(替换素材)→File(文件)菜单命令，如图 3-16 所示。

第 2 步 弹出 Replace Footage file(替换素材文件)对话框，①选择一个要替换的素材，②单击“打开”按钮，如图 3-17 所示。

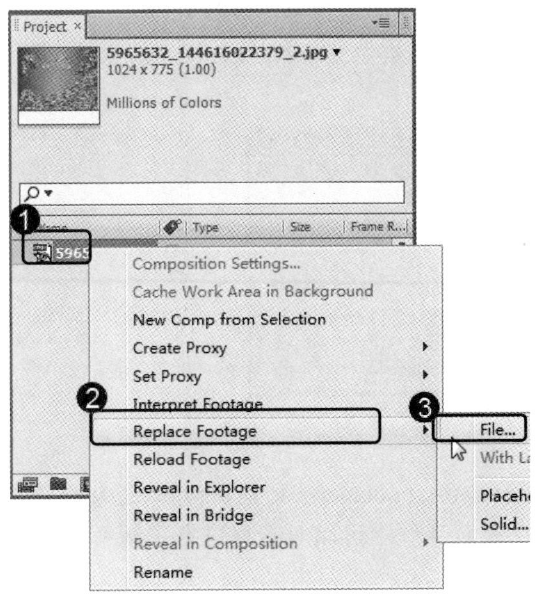

图 3-16

图 3-17

第 3 步 可以看到选择的素材文件已被替换，通过以上步骤即可完成替换素材的操作，如图 3-18 所示。

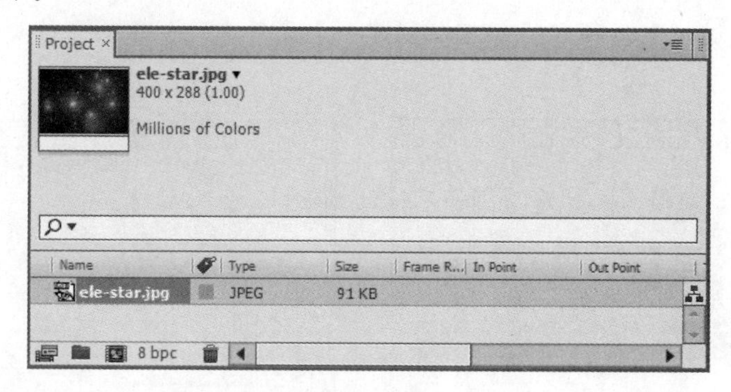

图 3-18

知识精讲

如果导入素材的源素材发生了改变，而只想将当前素材改变成修改后的素材，这时，可以通过选择 File(文件)→Reload Footage(重载入素材)菜单命令，或者在当前素材上右击，在弹出的快捷菜单中选择 Reload Footage(重载入素材)菜单命令，即可将修改后的文件重新载入来替换原文件。

3.2.3 解释素材

由于视频素材有很多种规格参数，如帧速、场、像素比等。如果设置不当，在播放预览时会出现问题，这时需要对这些视频参数进行重新解释处理。在导入素材时一般可进行常规参数指定，比如，解释 PSD 素材；也可以在素材导入后进行重新解释处理。

单击 Project(项目)面板中的素材，可以显示素材的基本信息，如图 3-19 所示。用户可以根据这些信息直接判断素材是否正确解释。

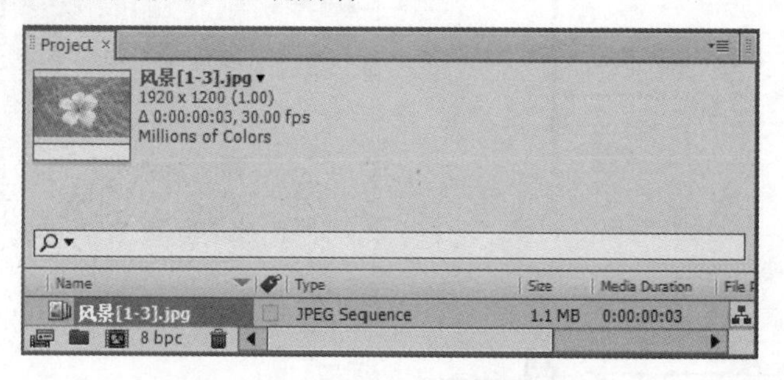

图 3-19

用户可以在菜单栏中依次选择 File(文件)→Interpret Footage(解释素材)菜单命令，系统即可弹出 Interpret Footage(解释素材)对话框，在该对话框中可以对素材进行重新解释，如图 3-20 所示。

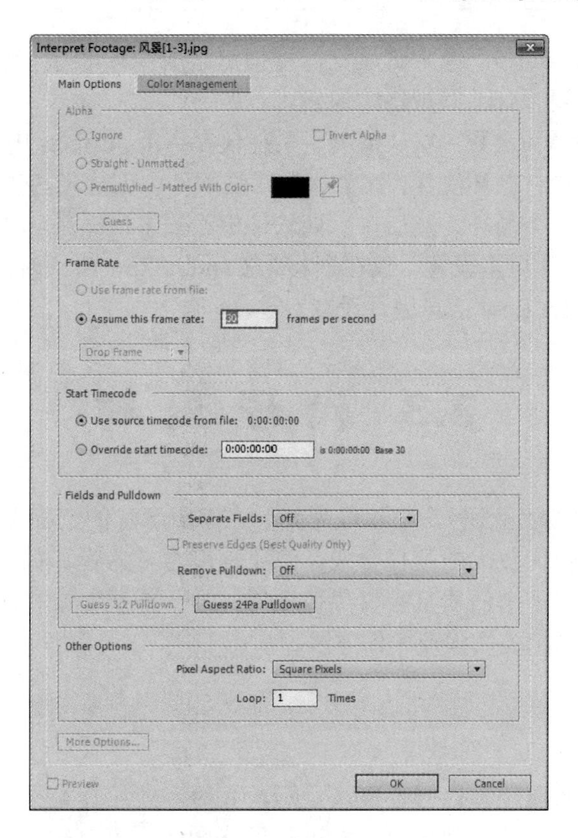

图 3-20

利用该对话框可以对素材的 Alpha 通道、帧速、场、像素比、循环、Camera Raw 等进行重新解释。

- Alpha：如果素材带 Alpha 通道，则该选项被激活。
- Ignore：忽略 Alpha 通道的透明信息，透明部分以黑色填充代替。
- Straight-Unmatted：将通道解释为 Straight 型。
- Premultiplied-Matted With Color：将通道解释为 Premultiplied 型，并可指定 Matted 色彩。
- Guess：让软件自动猜测素材所带的通道类型。
- Frame Rate：仅在素材为序列图像时被激活，用于指定该序列图像的帧速，即每秒播放多少帧，如该参数解释错误，则素材播放速度会发生改变。
- Start Timecode：设置开始时间码。
- Fields and Pulldown：定义场与丢帧处理。
- Separate Fields：解释场处理，可选“Off”(无场，即逐行扫描素材)或“Upper Field First”(隔行扫描，上场优先素材)或“Lower Field First”(隔行扫描，下场优先素材)。
- Preserve Edges：仅在设置素材隔行扫描时有效。可保持边缘像素整齐，以得到更好的渲染结果。
- Remove Pulldown：设置在不同规格的视频格式间进行转换。
- Other Options：其他设置。

➢ Pixel Aspect Ratio：像素比设置，可指定组成视频的每一帧图像的像素的宽高之比，不同的视频有不同规格的像素比。
➢ Loop：视频循环次数。默认情况下素材仅在 After Effects 中播放一次，在 Loop 属性中可设置素材循环次数。比如，在三维软件中创建飞鸟动画，由于渲染比较慢，一般只渲染一个循环，然后在后期软件中设置多次循环。
➢ More Options：更多设置，仅在素材为 Camera Raw 格式时被激活，单击该按钮可重新对 Camera Raw 信息进行设置。

3.3 代 理 素 材

代理是视频编辑中的重要概念与组成元素。在编辑影片的过程中，由于 CPU 与显卡等硬件资源有限，或编辑比较大的项目合成，渲染速度会非常慢。如需要加快渲染显示，提高编辑速度，可以使用一个低质量素材代替编辑，这个低质量素材即为代理(Proxy)。本节将详细介绍代理素材的相关知识及操作方法。

3.3.1 占位符

占位符是一个静帧图片，以彩条方式显示，其原本的用途是标注丢失的素材文件。如果编辑的过程中不清楚应该选用哪个素材进行最终合成，可以暂时使用占位符来代替。在最后输出影片的时候再替换为需要的素材，以提高渲染速度。

占位符可以在以下两种情况下出现。

(1) 若不小心删除了硬盘的素材文件，项目面板中的素材会自动替换为占位符，如图 3-21 所示。

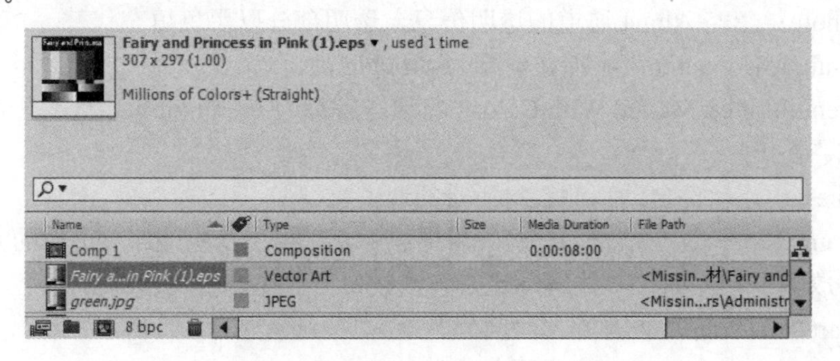

图 3-21

(2) 选择一个素材，依次选择菜单命令 File(文件)→Replace Footage(替换素材)→Placeholder(占位符)，可以将素材替换为占位符。将占位符替换为素材的方法如下。

➢ 双击占位符，在弹出的对话框中指定素材。
➢ 选择一个占位符，依次选择菜单命令 File(文件)→Replace Footage(替换素材)→File(文件)，可以将占位符替换为素材。

3.3.2　设置代理

After Effects 提供了多种创建代理的方式。在影片最终输出时，代理会自动替换为原素材，所有添加在代理商的 Mask(遮罩)、属性、特效或关键帧动画都会原封不动地保留。可以使用以下方法设置代理。

(1) 选择需要设置代理的素材，依次选择菜单命令 File(文件)→Create Proxy(创建代理)或 File(文件)→Create Proxy Movie(创建影片代理)，可以将素材输出为一个静帧图片或一个压缩的低质量影片。如，选择 Still，则输出为静帧图像；如，选择 Movie，则输出 1/4 分辨率的影像。无论选择何种方式输出，都可以在弹出的输出对话框中直接单击 Render 按钮对代理进行渲染，如图 3-22 所示。

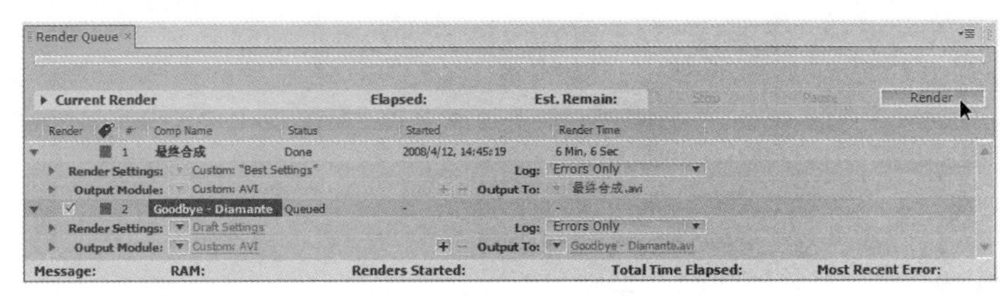

图 3-22

(2) 在输出完毕后代理会自动替换为素材，如图 3-23 所示。

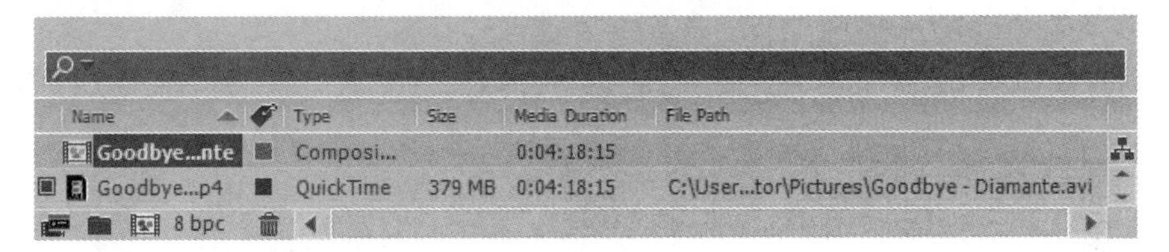

图 3-23

3.4　实践案例与上机指导

通过本章的学习，读者基本可以掌握导入与组织素材的基本知识以及一些常用的操作方法，下面通过练习操作，以达到巩固学习、拓展提高的目的。

3.4.1　添加素材

在进行编辑项目文件的过程中经常需要很多素材文件，常常会需要用户添加一些素材文件，下面将详细介绍添加素材的操作方法。

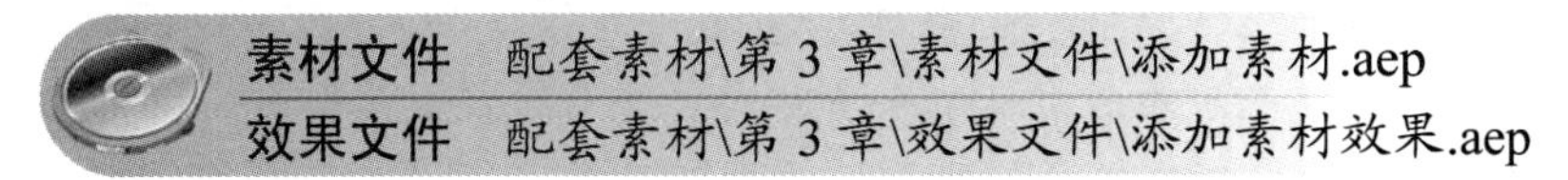

素材文件　配套素材\第 3 章\素材文件\添加素材.aep

效果文件　配套素材\第 3 章\效果文件\添加素材效果.aep

第 1 步　打开素材文件“添加素材素材.aep”，在菜单栏中依次选择 Composition(合成)→New Composition(新建合成)菜单命令，如图 3-24 所示。

第 2 步　弹出 Composition Settings(合成设置)对话框，①在其中进行参数设置，②单击 OK 按钮，如图 3-25 所示。

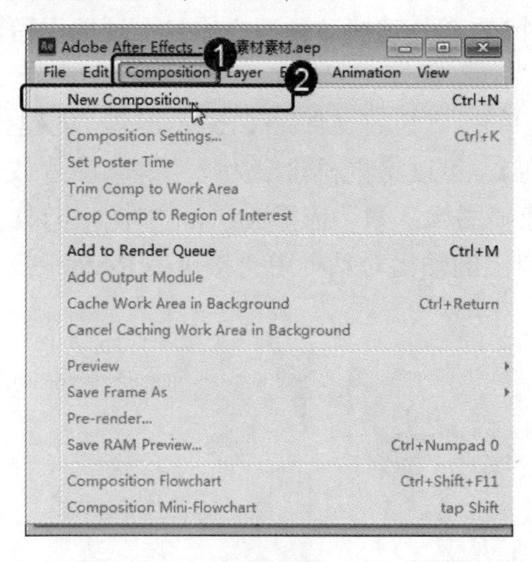

图 3-24

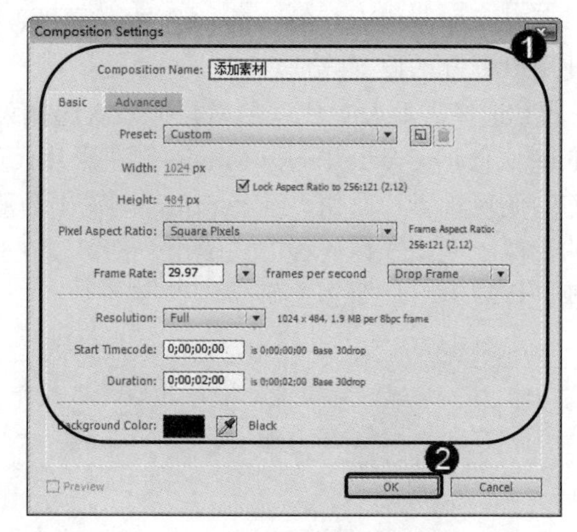

图 3-25

第 3 步　新建合成完成后，在菜单栏中依次选择 File(文件)→Import(导入)→File(文件)菜单命令，如图 3-26 所示。

第 4 步　弹出 Import File(导入文件)对话框，①选择一个合适的图片，②单击“打开”按钮，如图 3-27 所示。

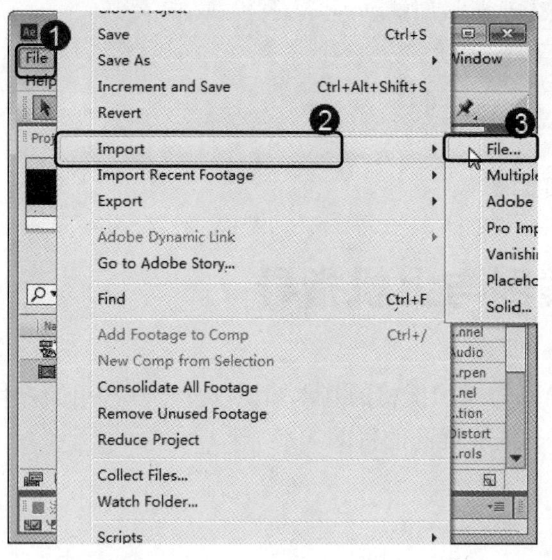

图 3-26

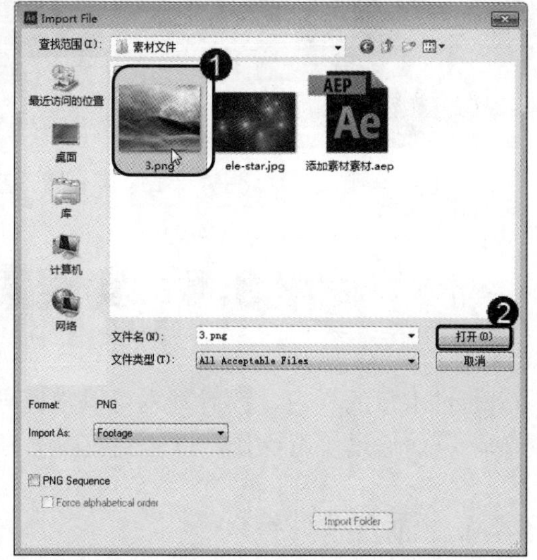

图 3-27

第 5 步　在 Project(项目)面板中选择刚刚导入的素材，然后按住鼠标将其拖动到时间线面板上，如图 3-28 所示。

第 6 步　当素材拖动到时间线面板中时，鼠标会有相应的变化，此时释放鼠标即可将素材添加到时间线面板中，在合成窗口中也将看到素材的预览效果，通过以上步骤即可完成添加素材的操作，如图 3-29 所示。

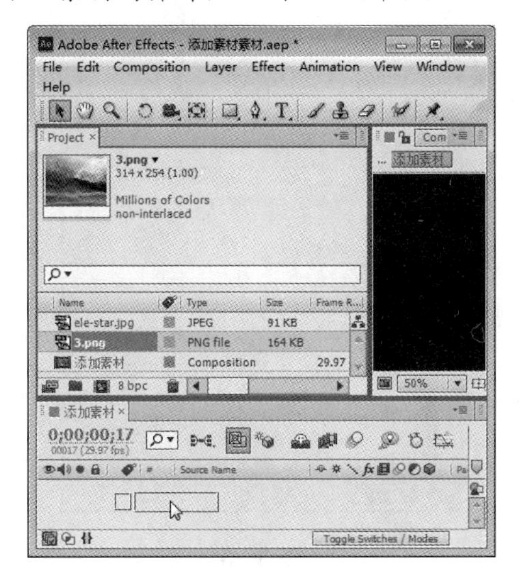

图 3-28

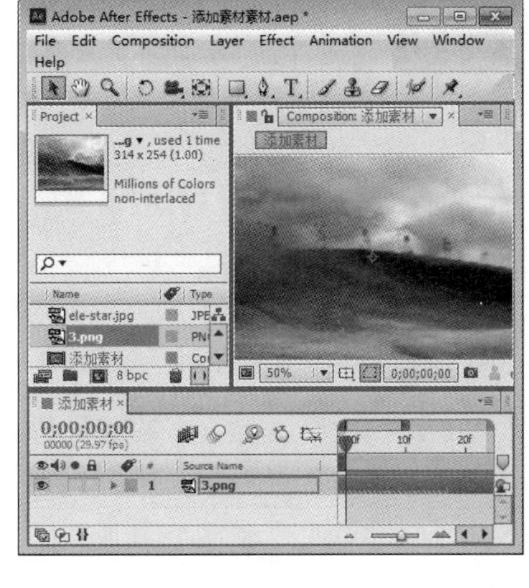

图 3-29

3.4.2　整理素材

在导入一些素材后，有时候大量的素材会出现重复的问题，那么用户就需要对这些重复的素材重新进行整理，下面将通过一个案例详细介绍整理素材的操作方法。

素材文件　配套素材\第 3 章\素材文件\整理素材.aep

效果文件　配套素材\第 3 章\效果文件\整理素材效果.aep

第 1 步　打开素材文件“整理素材.aep”，在项目窗口中可以看到有重复的素材，如图 3-30 所示。

第 2 步　在菜单栏中，依次选择 File(文件)→Consolidate All Footage(整理全部素材)菜单命令，如图 3-31 所示。

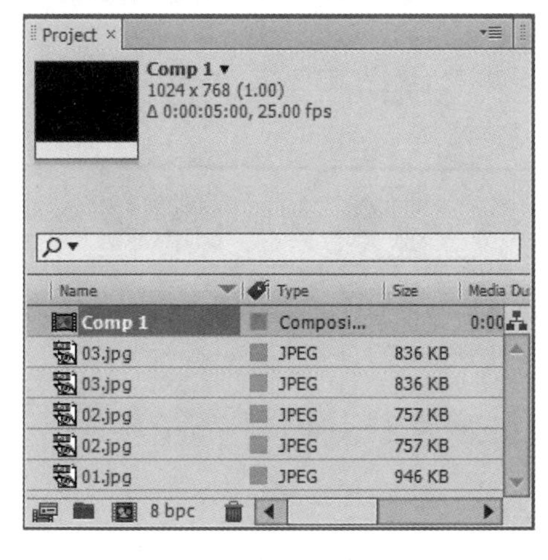

图 3-30

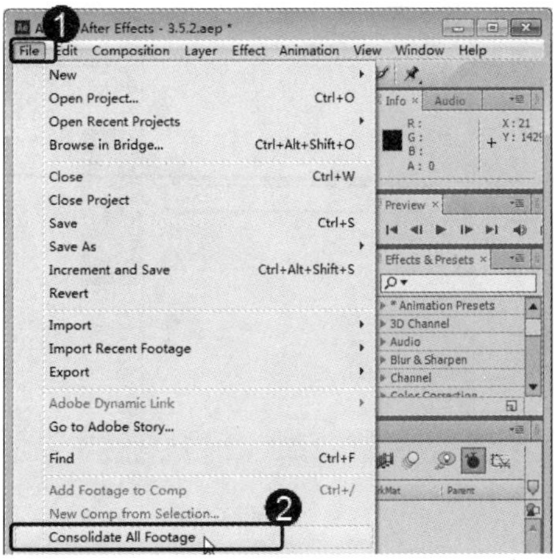

图 3-31

第 3 步 弹出 After Effects 对话框，提示整理素材的结果，单击 OK 按钮，如图 3-32 所示。

第 4 步 通过以上步骤即可完成整理素材的操作，如图 3-33 所示。

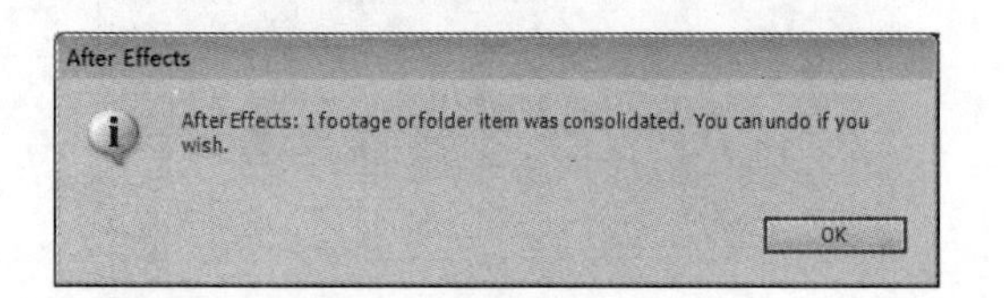

图 3-32

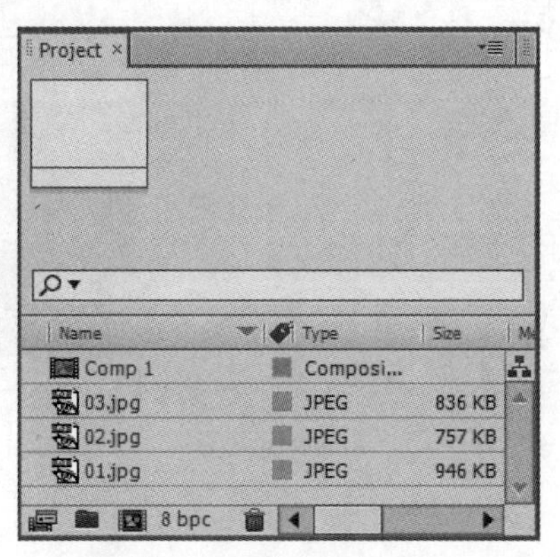

图 3-33

3.4.3 删除素材

对于当前项目中未曾使用的素材用户可以将其删除，从而精简项目中的文件。下面将详细介绍删除素材的操作方法。

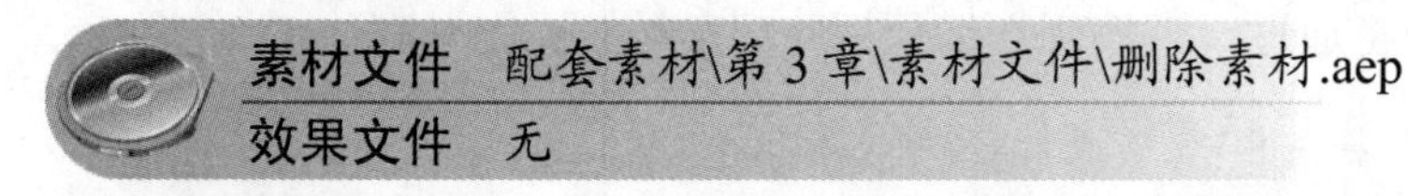

素材文件 配套素材\第 3 章\素材文件\删除素材.aep
效果文件 无

第 1 步 打开素材文件“删除素材.aep”，选择准备删除的素材文件，在菜单栏中依次选择 Edit(编辑)→Clear(清除)菜单命令，或按键盘上的 Delete 键，如图 3-34 所示。

第 2 步 ①选择准备删除的素材文件，②单击 Project(项目)面板底部的“删除所选定的项目分类”按钮，也可以删除素材文件，如图 3-35 所示。

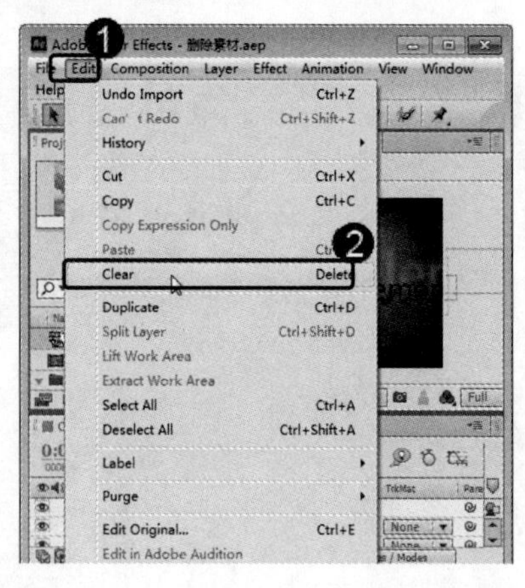

图 3-34

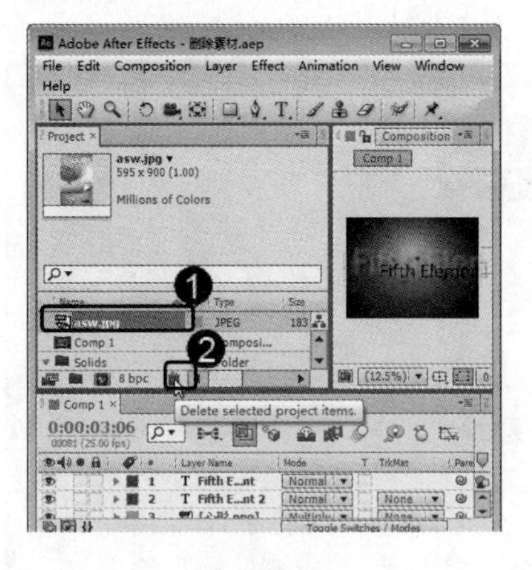

图 3-35

第 3 步 在菜单栏中依次选择 File(文件)→Remove Unused Footage(移除未使用素材)

菜单命令，即可将项目面板中的未使用的素材全部删除，如图 3-36 所示。

第 4 步 ①选择一个合成影像中正在使用的素材文件，②然后单击“删除所选定的项目分类”按钮，如图 3-37 所示。

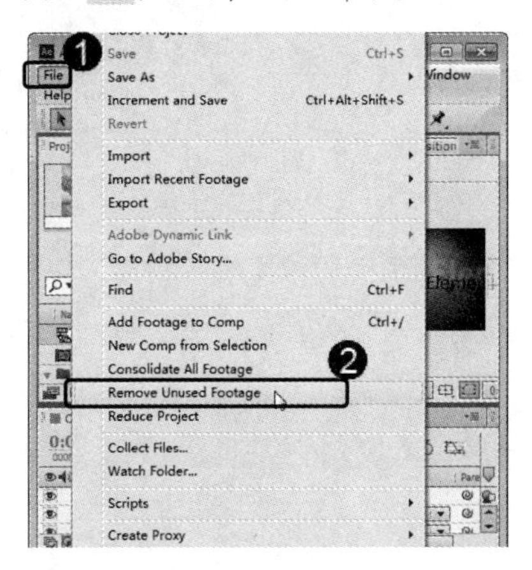

图 3-36

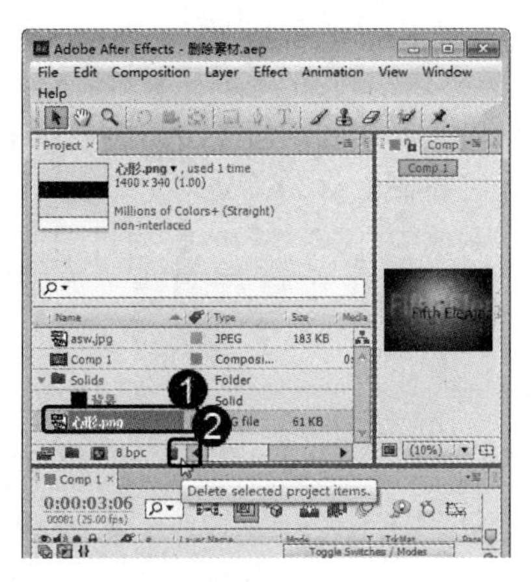

图 3-37

第 5 步 将会弹出一个对话框，系统会提示用户该素材正在被使用，单击 Delete(删除)按钮，将从项目面板中删除该素材，同时该素材也将从合成影像中删除，如图 3-38 所示。

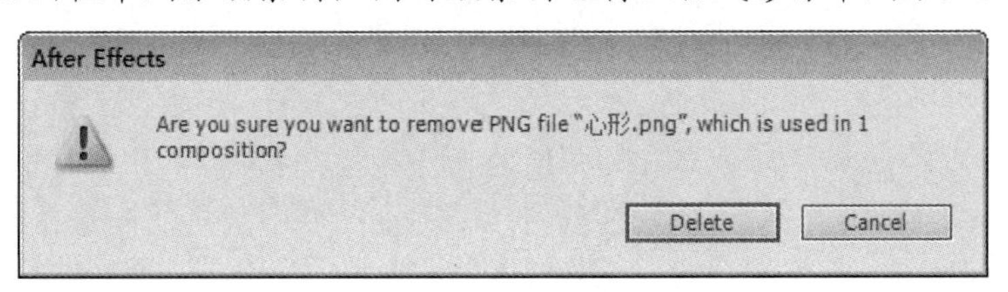

图 3-38

3.5　思考与练习

一、填空题

1. 在进行影片的编辑时，一般首要的任务就是导入要编辑的素材文件，素材的导入主要是将素材导入到____________面板中或是相关文件夹中。

2. ________是一种存储视频的方式。在存储视频的时候，经常将音频和视频分别存储为单独的文件，以便于再次进行组织和编辑。

3. 由于视频素材有很多种规格参数，如帧速、场、像素比等。如果设置不当，在播放预览时会出现问题，这时需要对这些视频参数进行_________处理。

二、判断题

1. PSD 素材是重要的图片素材之一，是由 Photoshop 软件创建的。使用 PSD 文件进行编辑有非常重要的优势：高兼容，支持分层和透明。（　　）

2. 视频文件经常会将每一帧存储为单独的图片文件，需要再次编辑的时候再将其以视

频方式导入进来，这些图片称为序列。 (　　)

3. 在进行视频处理的过程中，如果导入 After Effects CS6 软件中的素材不理想，可以通过替换方式来修改。 (　　)

三、思考题

1. 如何导入带通道的 TGA 序列?

2. 如何替换素材?

第 4 章

图层控制与动画

本章要点

- 层的基本操作
- 图层的叠加模式
- 图层排序
- 图层的栏目属性

本章主要内容

本章主要介绍层的基本操作和图层的叠加模式方面的知识与技巧，同时还讲解了图层排序的相关知识及方法，在本章的最后还针对实际的工作需求，讲解了图层栏目属性的相关知识。通过本章的学习，读者可以掌握图层控制与动画基础操作方面的知识，为深入学习 After Effects CS6 知识奠定基础。

4.1 层的基本操作

使用 After Effects 制作特效和动画时，它的直接操作对象就是图层，无论是创建合成、动画还是特效都离不开图层。本节将详细介绍层的基本操作相关知识。

4.1.1 创建图层

在 After Effects 中进行合成操作时，每个导入合成图像的素材都会以层的形式出现在合成中。当制作一个复杂效果时，往往会应用到大量的层，为使制作过程更顺利，下面将分别予以详细介绍几种创建图层的方法。

1. 由导入的素材创建层

这是一种最基本的创建层的方式。用户可以利用 Project(项目)面板中的素材创建层。按住鼠标左键将素材拖曳到一个合成中，这个素材就称之为“层”，用户可以对这个层进行修改操作或创建动画，如图 4-1 所示。

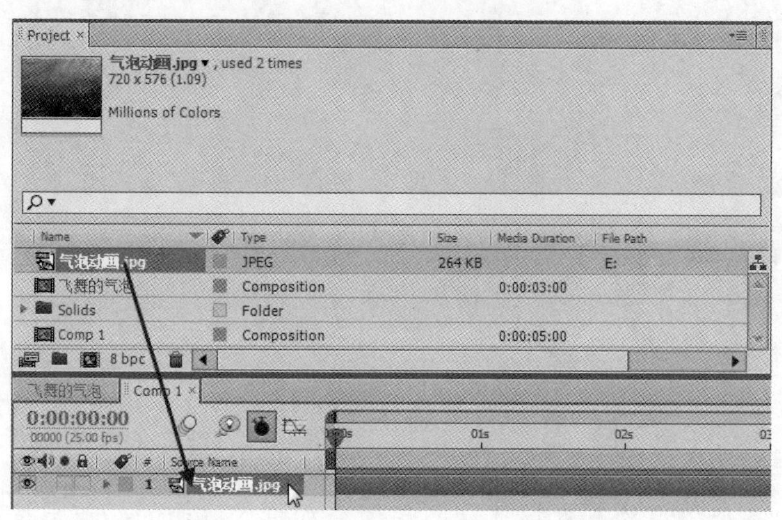

图 4-1

2. 由剪辑的素材创建层

用户可以在 After Effects 的 Footage 素材面板中剪辑一个视频素材，这个操作对于截取某一素材片段非常有用，下面将详细介绍其操作方法。

第 1 步 找到项目面板中需要剪辑的素材，双击即可将该素材在素材面板中开启。如果打开的是素材播放器，按住 Alt 键，双击素材即可，如图 4-2 所示。

第 2 步 素材面板不仅可以预览素材，还可以设置素材的入点和出点，将时间指示标拖曳到需要设置入点的时间位置，单击设置入点按钮，可以看到入点前的素材被剪辑了，如图 4-3 所示。

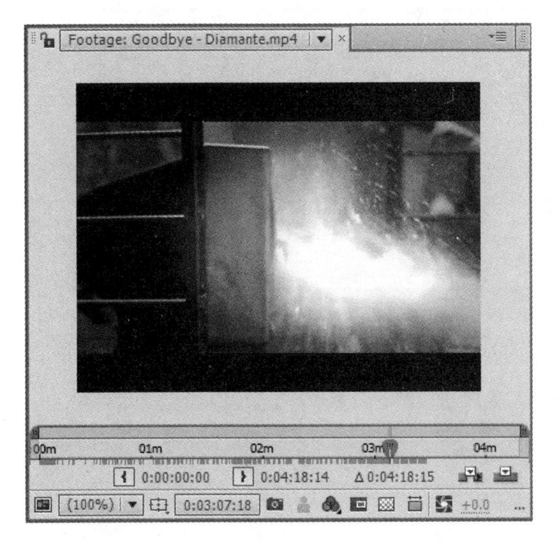

图 4-2

图 4-3

第 3 步 将时间指示标拖曳到需要设置出点的时间位置，单击设置出点按钮，可以看到出点后的素材被剪辑了。入、出点之间的范围就是截取的素材范围，如图 4-4 所示。

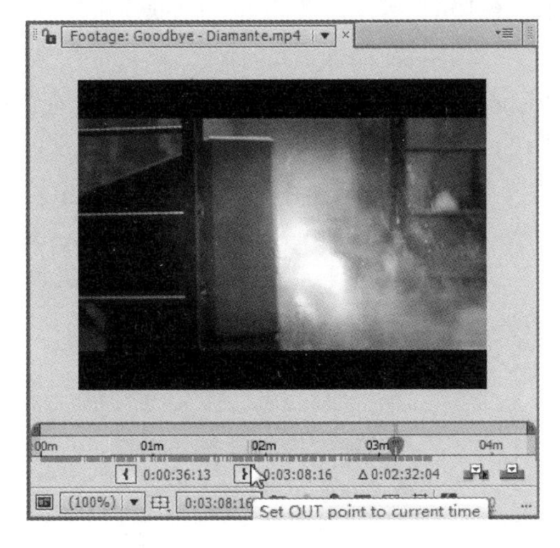

图 4-4

智慧锦囊

如果需要使用剪辑的素材创建一个层，可以单击素材面板底部的 Overlay Edit(覆盖编辑)按钮和 Ripple Insert Edit(插入编辑)按钮。

- Overlay Edit(覆盖编辑)：单击覆盖编辑按钮可在当前合成的时间线顶部创建一个新层，入点对齐到时间线上时间指示标所在的位置，如图 4-5 所示。
- Ripple Insert Edit(插入编辑)：波纹插入编辑。单击插入编辑按钮会在当前合成的时间线顶部创建一个新层，入点对齐到时间线上时间指示标所在的位置，同时会将其余层在入点位置切分，切分后的层对齐到新层的出点位置，如图 4-6 所示。

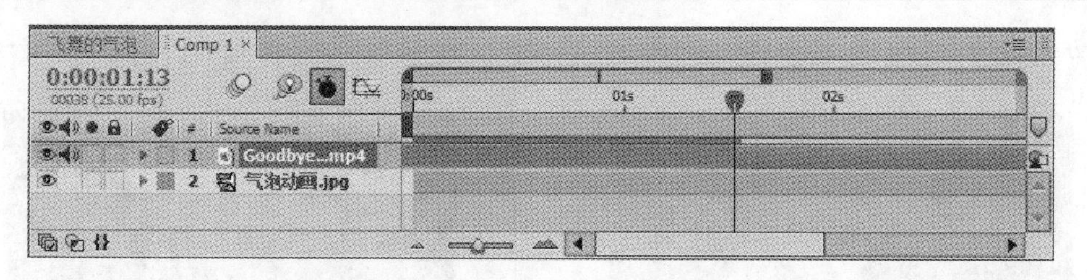

图 4-5

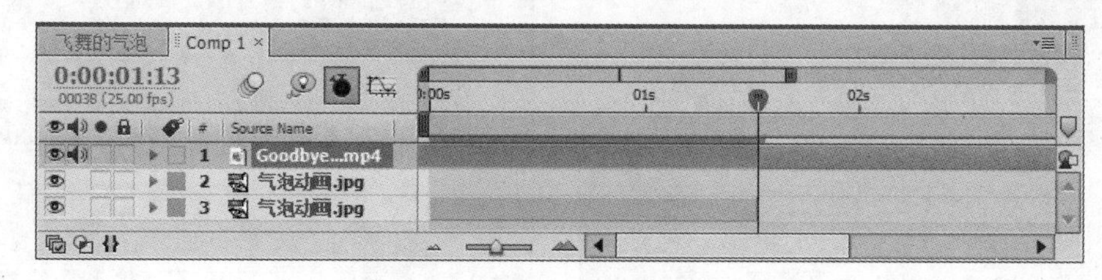

图 4-6

3. 创建一个 Photoshop 层

如果选择创建一个 Photoshop 层，Photoshop 会自动启动并创建一个空文件，这个文件的大小与合成的大小相同，该 PSD 文件的色深也与合成相同，并会显示动作安全框和字幕安全框。

这个自动建立的 Photoshop 层会自动导入到 After Effects 的项目面板中，作为一个素材存在。任何在 Photoshop 中的编辑操作都会在 After Effects 中实时表现出来，相当于两个软件进行实时联合编辑。其操作方法为，使用菜单命令 Layer(图层)→New(新建)→Adobe Photoshop File(Adobe PS 图像处理软件文件)，新建的 Photoshop 层会显示在合成的顶部，如图 4-7 所示。

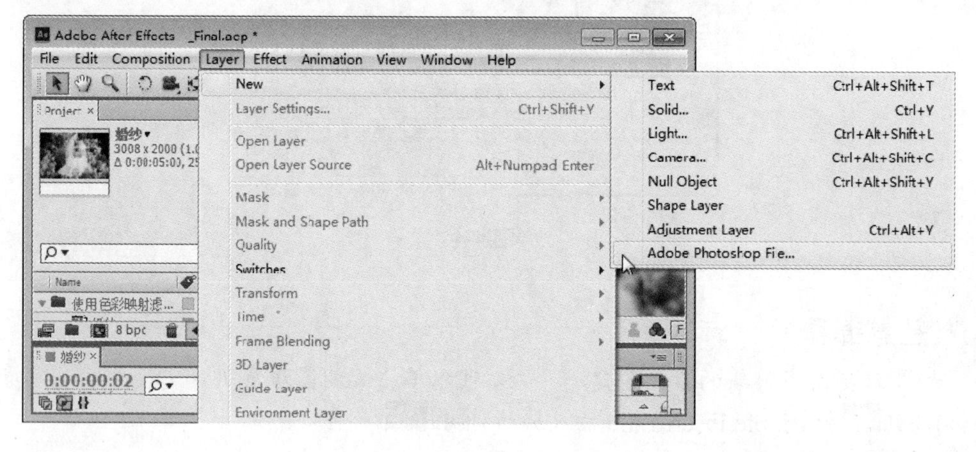

图 4-7

4. 创建空物体

在编辑过程中，经常需要建立空物体以带动其他层运动，在 After Effects 中可以建立空物体，空物体是一个 100(像素)×100(像素)的透明层，既看不到也无法输出，无法像调整层那样添加特效以编辑其他层。空物体主要是其他层父子关系或表达式的载体，即带动其他层运动。选择需要添加空物体的合成，依次选择菜单命令 Layer(图层)→New(新建)→Null Object(空物体)，如图 4-8 所示。默认情况下空物体的轴心点不存在正中心，而是在左上角(轴心点是层旋转与缩放的中心)。

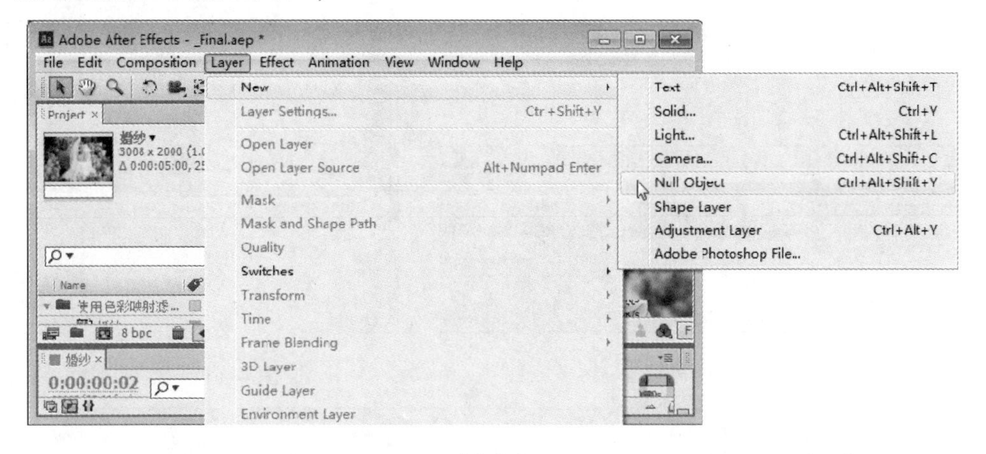

图 4-8

创建的空物体在时间线面板上的效果如图 4-9 所示。

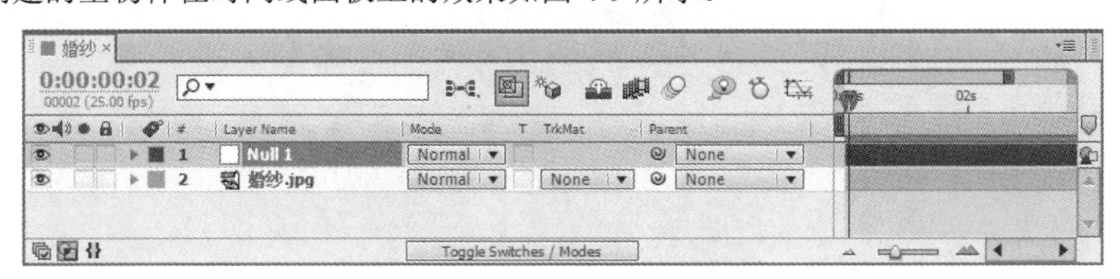

图 4-9

4.1.2 管理图层

完成创建图层后，用户还需要对图层进行管理。例如，提取工作区和抽出工作区等，下面将分别予以详细介绍。

1. 提取工作区

如果需要将层的一段素材删除，并保留该删除区域的素材所占用的时间，可以使用 Lift Work Area(提取工作区)命令。下面将详细介绍提取工作区的操作方法。

第 1 步 定义时间线的工作区，也就是删除区域。可以通过拖曳工作区的端点来设置，也可以按键盘上的 B 键和 N 键来定义工作区的开始和结束，如图 4-10 所示。

第 2 步 在菜单栏中依次选择 Edit(编辑)→Lift Work Area(提取工作区)菜单命令，如图 4-11 所示。

第 3 步 可以看到已经将层分为两层，工作区部分素材被删除而留下时间空白，效果如图 4-12 所示。

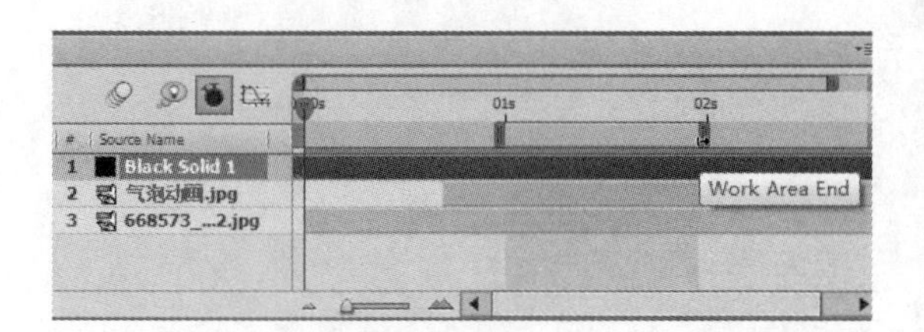

图 4-10

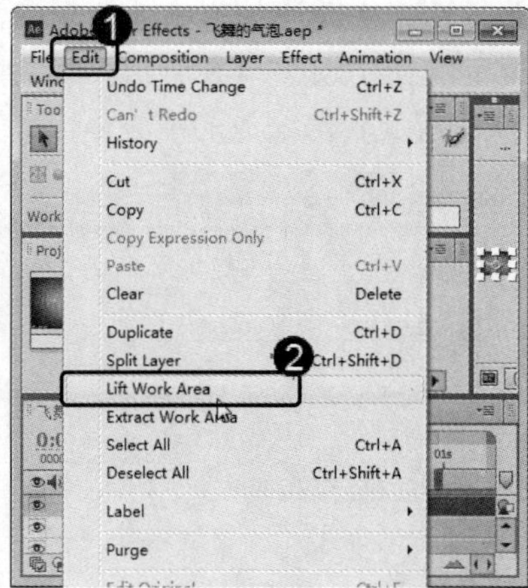

图 4-11

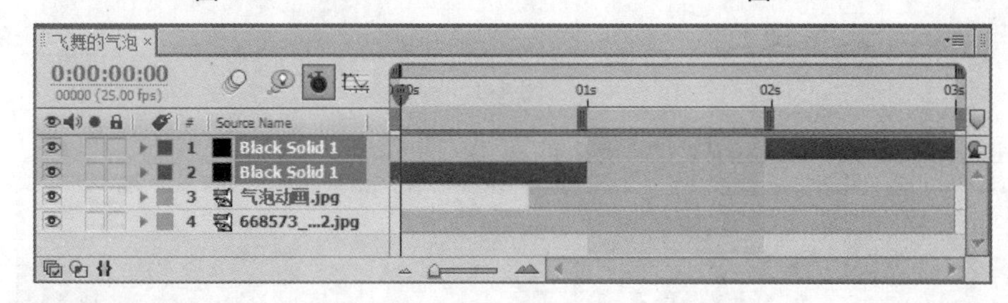

图 4-12

2. 抽出工作区

如果需要将层的一段素材删除，并删除该区域素材占用的时间，可以使用 Extract Work Area(抽出工作区)命令，下面将详细介绍抽出工作区的操作方法。

第 1 步 定义时间线的工作区，可以通过拖曳工作区的端点来设置，也可以按下键盘上的 B 键和 N 键来定义工作区的开始和结束，如图 4-13 所示。

第 2 步 在菜单栏中选择 Edit(编辑)→Extract Work Area(抽出工作区)菜单命令，如图 4-14 所示。

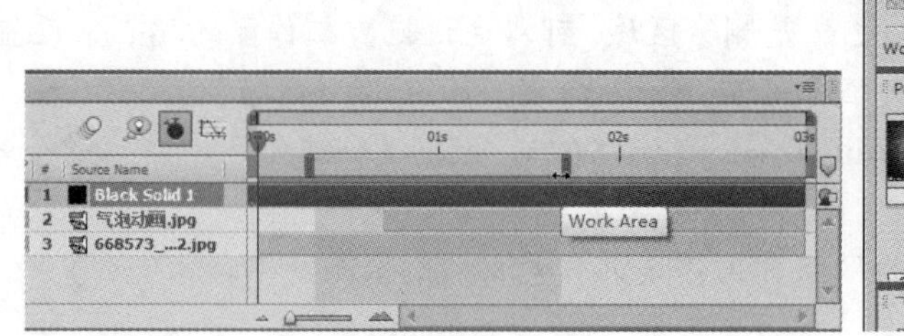

图 4-13

图 4-14

第 3 步 可以看到提取工作区操作可以将层分为两层，工作区部分素材被删除，后面断开的素材自动跟进，与前素材对齐，效果如图 4-15 所示。

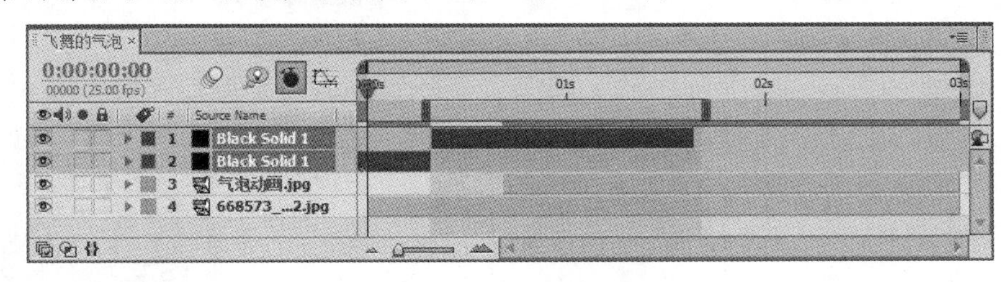

图 4-15

4.1.3 剪辑图层

After Effects 中的图层和 Photoshop 中的图层一样，在“时间线”面板中可以直观地观察到图层的分布。用户可以在其中观察剪辑图层，下面将分别予以详细介绍一些有关剪辑图层的操作方法。

1. 剪辑或扩展层

直接拖曳层的入出点可以对层进行剪辑，经过剪辑的层的长度会产生变化。也可以将时间指示标拖曳到需要定义层入出点的时间位置，通过快捷键 Alt+[与 Alt+]来定义素材的工作区。层入点有两种编辑状态，如图 4-16 所示。

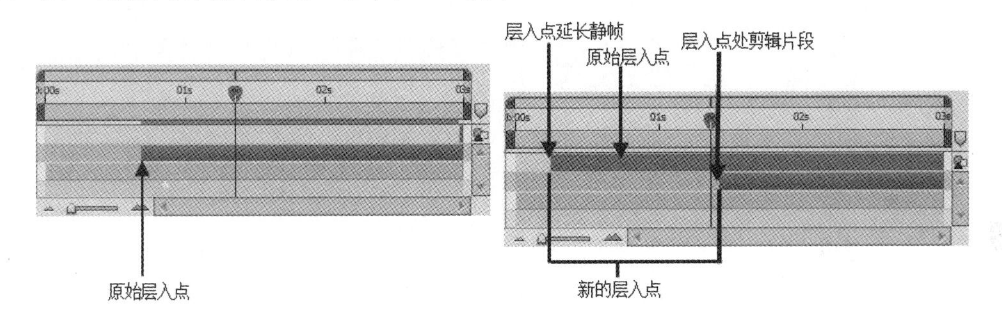

图 4-16

入点和出点基于层与素材无关。如果一个素材被多个层调用，每次修改的是一个层的入点和出点，其他层不会受到影响。也可以双击一个层，将其在层面板中开启，在层面板中也可以设置素材的入点和出点。

图片层可以随意地剪辑或扩展，视频层可以剪辑，但不可以直接扩展，因为视频层中的视频素材的长度限定了层的长度，如果为层添加了时间特效则可以扩展视频层。

2. 分割图层

在编辑的过程中有时候需要将一个层从时间指示标处断开为两个素材，可以使用菜单命令 Edit(编辑)→Split Layer(分割图层)，下面将详细介绍分割图层的操作方法。

第 1 步 将时间线拖曳到 2 秒的位置，然后选择时间线中的全部图层，在菜单栏中选择 Edit(编辑)→Split Layer(分割图层)菜单命令，如图 4-17 所示。

第 2 步 此时时间线中的图层已经被分割，效果如图 4-18 所示。

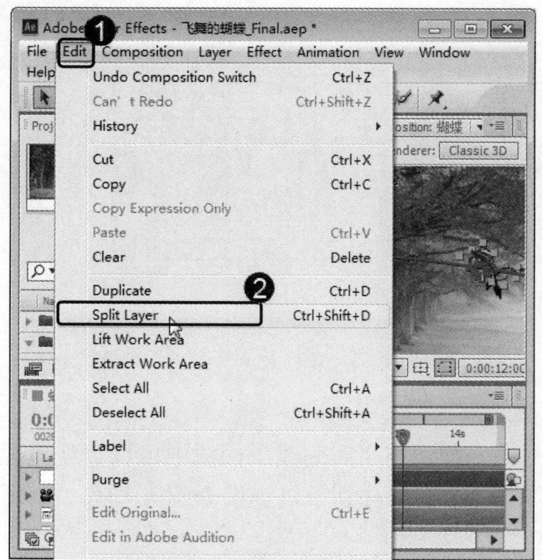

图 4-17

图 4-18

3. 调整图层顺序

在“时间线”面板中选择层，上下拖曳到适当的位置可以改变图层顺序。拖曳时注意观察灰色水平线的位置，如图 4-19 所示。

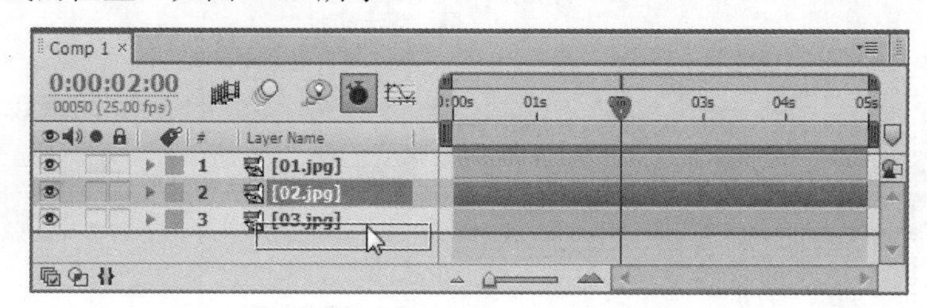

图 4-19

在“时间线”面板中选择层，通过菜单和快捷键移动上下层位置的方法有以下几种。

- 选择 Layer (图层→Bring Layer to Front(移至最上层)菜单命令或按 Ctrl+Shift+] 组合键，将层移到最上方。
- 选择 Layer(图层) →Bring Layer Forward(往上移动一层)菜单命令或按 Ctrl+] 组合键，将层往上移一层。
- 选择 Layer(图层)→Send Layer Backward(往下移动一层)菜单命令或按 Ctrl+[组合键，将层往下移一层。
- 选择 Layer(图层)→Send Layer to Back(移至最低层)菜单命令或按 Ctrl+Shift+ [组合键，将层移到最下方。

4.1.4 选择图层

在图层的操作中，选择图层是最基础的操作，选择图层的操作方法非常简单，在“时间线”面板中使用鼠标单击目标层即可选择该层，如图 4-20 所示。

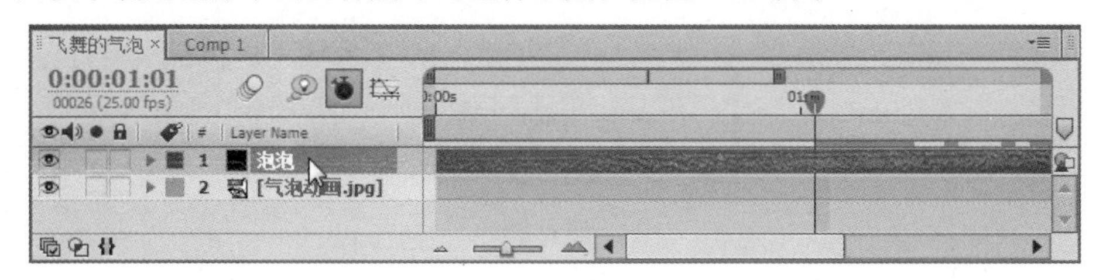

图 4-20

在按住键盘上的 Ctrl 键进行同时选择，可以选择多个图层，也可以按住鼠标左键进行框选，如图 4-21 所示。

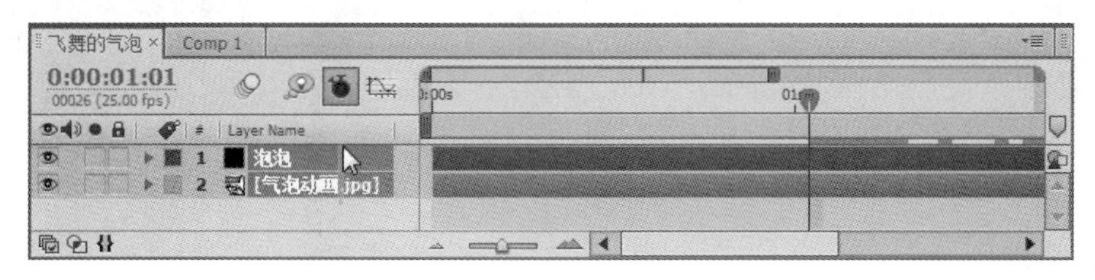

图 4-21

4.2　图层的叠加模式

After Effects CS6 提供了丰富的图层叠加模式，用来定义当前图层与底图的作用模式。所谓图层叠加就是将一个图层与其下面的图层叠加，以产生特殊的效果。本节将详细介绍图层叠加模式的相关知识。

4.2.1　调出图层叠加控制面板

在 After Effects CS6 中，调出“图层叠加”控制面板的方法有以下两种。

第 1 种：单击 Toggle Switches/Modes 按钮进行切换，如图 4-22 所示。

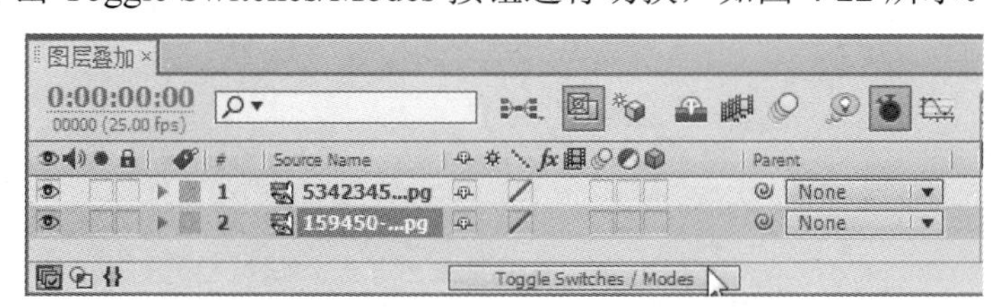

图 4-22

第 2 种：按键盘上的 F4 键即可调出图层的叠加模式面板，如图 4-23 所示。

本小节将用两张素材文件来详细讲解 After Effects CS6 的叠加模式，一张作为底图素材图层，如图 4-24 所示。另一张作为叠加图层的源素材，如图 4-25 所示。

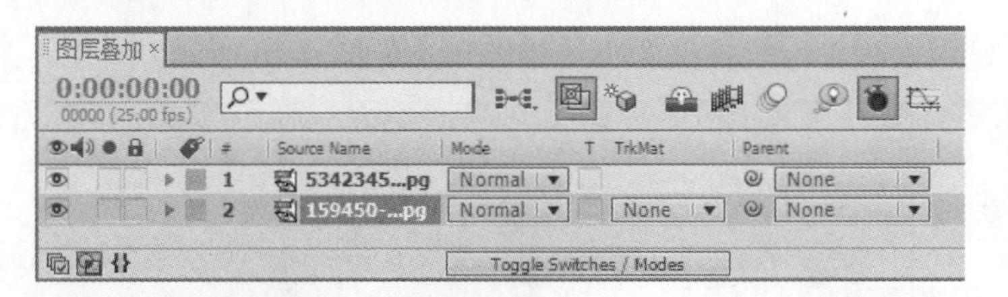

图 4-23

图 4-24

图 4-25

4.2.2 普通模式

普通模式包括 Normal(正常)、Dissolve(溶解)、Dancing Dissolve(动态溶解)3 个叠加模式。在没有透明度影响的前提下，这种类型的叠加模式产生的最终效果的颜色不会受底层像素颜色的影响，除非层像素的不透明度小于源图层。下面将分别予以详细介绍这几种叠加模式。

1. Normal 模式

Normal 模式是 After Effects CS6 的默认模式，当图层的不透明度为 100%时，合成将根据 Alpha 通道正常显示当前图层，并且不受其他图层的影响，如图 4-26 所示。当图层的不透明度小于 100%时，当前图层的每个像素点的颜色将受到其他图层的影响。

图 4-26

2. Dissolve 模式

Dissolve 模式是在图层有羽化边缘或不透明度小于 100%时，Dissolve 模式才起作用。

Dissolve 模式是在上层选取部分像素，然后采用随机颗粒图案的方式用下层像素来取代，上层的不透明度越低溶解效果越明显，如图 4-27 所示。

图 4-27

3. Dancing Dissolve 模式

Dancing Dissolve 模式和 Dissolve 模式的原理相似，只不过 Dancing Dissolve 模式可以随时更新随机值，而 Dissolve 模式的颗粒随机值是不变的。

4.2.3　变暗模式

变暗模式包括 Darken(变暗)模式 、Multiply(正片叠底)模式、 Linear Burn(线性加深)模式、Color Burn(颜色加深)模式、Classic Color Burn(经典颜色加深)模式和 Darken Color(变暗颜色)模式，这种类型的叠加模式都可以使图像的整体颜色变暗。下面将分别予以详细介绍这几种模式。

1. Darken 模式

Darken 模式是通过比较源图层和底图层的颜色亮度来保留较暗的颜色部分。比如一个全黑的图层和任何图层的 Darken 叠加效果都是全黑的，而白色图层和任何颜色图层的 Darken 叠加效果都是透明的，如图 4-28 所示。

图 4-28

2. Multiply 模式

Multiply 模式是一种减色模式，它将基色与叠加色相乘形成一种光线透过两种叠加一起的幻灯片效果。任何颜色与黑色相乘都将产生黑色，与白色相乘都将保持不变，而与中间的亮度颜色相乘，可以得到一种更暗的效果，如图 4-29 所示。

图 4-29

3. Linear Burn 模式

Linear Burn 模式是比较基色和叠加色的颜色信息，通过降低基色的亮度来反映叠加色。与 Multiply 模式相比 Linear Burn 模式可以产生一种更暗的效果，如图 4-30 所示。

图 4-30

4. Color Burn 模式

Color Burn 模式是通过增加对比度来使颜色变暗(如果叠加色为白色，则不产生变化)，以反映叠加色，如图 4-31 所示。

图 4-31

5. Classic Color Burn 模式

Classic Color Burn 模式，是通过增加对比度来使颜色变暗，以反映叠加色，它要优于 Color Burn 模式。

6. Darken Color 模式

Darken Color 模式与 Darken 模式效果相似，略有区别的是该模式不对单独的颜色通道起作用。

4.2.4　变亮模式

变亮模式包括 Add(增加)模式、Lighten(变亮)模式、Screen(屏幕)模式 、Linear Dodge(线性减淡)模式 、Color Dodge(颜色减淡)模式、Classic Color Dodge(经典颜色减淡)模式和 Lighter Color(变亮颜色)模式 7 个叠加模式。这种类型的叠加模式都可以使图像的整体颜色变亮，下面将分别予以详细介绍。

1. Add 模式

Add 模式是将上下层对应的像素进行加法运算，可以使画面变亮，如图 4-32 所示。

图 4-32

2. Lighten 模式

Lighten 模式与 Darken 模式相反，它可以查看每个通道中的颜色信息，并选择基色和叠加色中较亮的颜色作为结果色(被叠加色暗的像素将被替换掉，而被叠加色亮的像素将保持不变)，如图 4-33 所示。

图 4-33

3. Screen 模式

Screen 模式是一种加色叠加模式(与 Multiply 模式相反)，可以将叠加色的互补色与基色相乘以得到一种更亮的效果，如图 4-34 所示。

图 4-34

4. Linear Dodge 模式

Linear Dodge 模式可以查看每个通道的颜色信息，并通过增加亮度来使基色变亮，以反映叠加色(如果与黑色叠加则不发生变化)，如图 4-35 所示。

图 4-35

5. Color Dodge 模式

Color Dodge 模式是通过减小对比度来使颜色变亮，以反映叠加色(如果与黑色叠加，则不发生变化)，如图 4-36 所示。

图 4-36

6. Classic Color Dodge 模式

Classic Color Dodge 是通过减小对比度来使颜色变亮，以反映叠加色，其效果要优于 Color Dodge 模式。

7. Lighter Color 模式

Lighter Color 模式与 Lighten 模式相似，略有区别的是该模式不对单独的颜色通道起作用。

4.2.5　叠加模式

叠加模式包括 Overlay(叠加)模式、 Soft Light(柔光)模式、Hard Light(强光)模式、Liner Light(线性光)模式、Vivid Light(艳光)模式、Pin Light(点光)模式和 Hard Mix(强光混合)模式等 7 个模式。在使用这种类型的叠加模式时，都需要比较源图层颜色和底层颜色的亮度是否低于 50%的灰度，然后根据不同的叠加模式创建不同的叠加效果，下面将分别予以详细介绍。

1. Overlay 模式

Overlay 模式可以增强图像的颜色，并保留底层图像的高光和暗调，如图 4-37 所示。Overlay 模式对中间色调的影响比较明显，对于高亮度区域和暗调区域的影响不大。

图 4-37

2. Soft Light 模式

Soft Light 模式可以使颜色变亮或变暗(具体效果要取决于叠加色)，这种效果与发散聚光灯照在图像上很相似，如图 4-38 所示。

图 4-38

3. Hard Light 模式

使用 Hard Light 模式时，当前图层中比 50%灰色亮的像素会使图像变亮；比 50%灰色的像素会使图像变暗。这种模式产生的效果与耀眼的聚光灯在图像上很相似，如图 4-39 所示。

图 4-39

4. Liner Light 模式

Liner Light 模式可以通过减小或增大亮度来加深或减淡颜色，具体效果要取决于叠加色，如图 4-40 所示。

图 4-40

5. Vivid Light 模式

Vivid Light 模式可以通过增大或减小对比度来加深或减淡颜色，具体效果要取决于叠加色，如图 4-41 所示。

图 4-41

6. Pin Light 模式

Pin Light 模式 可以替换图像的颜色。如果当前图层中的像素比 50%灰色亮，则替换暗的像素；如果当前图层中的像素比 50%灰色暗，则替换亮的像素，这对于为图像中添加特效时非常有用，如图 4-42 所示。

图 4-42

7. Hard Mix 模式

在使用 Hard Mix 模式时，如果当前图层中的像素比 50%灰色亮，会使底层图像变亮；如果当前图层中的像素比 50%灰色暗，则会使底层图像变暗。这种模式通常会使图像产生色调分离的效果，如图 4-43 所示。

图 4-43

4.2.6　差值模式

差值模式包括 Difference(差值)模式、 Classic Difference(经典差值)模式和 Exclusion(排除)模式 3 个叠加模式。这种类型的叠加模式都是基于源图层和底层的颜色值来产生差异效果。下面将分别予以详细介绍这几种差值模式。

1. Difference 模式

Difference 模式可以从基色中减去叠加色或从叠加色中减去基色，具体情况要取决于哪个颜色的亮度值更高，如图 4-44 所示。

图 4-44

2. Classic Difference 模式

Classic Difference 模式可以从基色中减去叠加色或从叠加色中减去基色，其效果要优于 Difference 模式。

3. Exclusion 模式

Exclusion 模式与 Difference 模式比较相似，但是该模式可以创建出对比度更低的叠加效果。

4.2.7 色彩模式

色彩模式包括 Hue(色相)模式、Saturation(饱和度)模式、Color(颜色)模式和 Luminosity(亮度)模式 4 个叠加模式。这种类型的叠加模式会改变颜色的一个或多个色相、饱和度和明度值。下面将分别予以详细介绍这几种色彩模式。

1. Hue 模式

Hue 模式可以将当前图层的色相应用到底层图像的亮度和饱和度中，可以改变底层图像的色相，但不会影响其亮度和饱和度。对于黑色、白色和灰色区域，该模式将不起作用，如图 4-45 所示。

图 4-45

2. Saturation 模式

Saturation 模式可以将当前图层的饱和度应用到底层图像的亮度和饱和度中，可以改变底层图像的饱和度，但不会影响其亮度和色相，如图 4-46 所示。

图 4-46

3. Color 模式

Color 模式可以将当前图层的色相与饱和度应用到底层图像中，但保持底层图像的亮度不变，如图 4-47 所示。

图 4-47

4. Luminosity 模式

Luminosity 模式可以将当前图层的亮度应用到底层图像的颜色中，可以改变底层图像的亮度，但不会对其色相和饱和度产生影响，如图 4-48 所示。

图 4-48

4.2.8　蒙版模式

蒙版模式包括 Stencil Alpha(Alpha 蒙版)模式、Stencil Luma(亮度蒙版)模式、Silhouette Alpha(轮廓 Alpha)模式和 Silhouette Luma(轮廓亮度)模式 4 个叠加模式。这种类型的叠加模式可以将源图层转换为底层的一个遮罩。下面将分别予以详细介绍这几种蒙版模式。

1. Stencil Alpha 模式

Stencil Alpha 模式可以穿过 Stencil(蒙版)层的 Alpha 通道来显示多个图层，如图 4-49 所示。

2. Stencil Luma 模式

Stencil Luma 模式可以穿过 Stencil 层的像素亮度来显示多个图层，如图 4-50 所示。

图 4-49

图 4-50

3. Silhouette Alpha 模式

Silhouette Alpha 模式可以通过源图层的 Alpha 通道来影响底层图像，使受到影响的区域被剪切掉，如图 4-51 所示。

图 4-51

4. Silhouette Luma 模式

Silhouette Luma 模式可以通过源图层上的像素亮度来影响底层图像，使受到影响的像素被部分剪切或被全部剪切掉，如图 4-52 所示。

图 4-52

4.2.9 共享模式

共享模式包括 Alpha Add(Alpha 加法)和 Luminescent Premul(冷光预乘)两个叠加模式。这种类型的叠加模式都可以使底层与源图层的 Alpha 通道或透明区域像素产生相互作用。下面将分别予以详细介绍这两种共享模式。

1. Alpha Add 模式

Alpha Add 模式可以使底层与源图层的 Alpha 通道共同建立一个无痕迹的透明区域，如图 4-53 所示。

图 4-53

2. Luminescent Premul 模式

Luminescent Premul 模式可以使用源图层的透明区域像素与底层相互产生作用，可以使边缘产生透镜和光亮效果，如图 4-54 所示。

图 4-54

4.3 图 层 排 序

图层的排序操作包括图层的空间排序和时间排序，本节将详细介绍图层排序的相关知识及操作方法。

4.3.1 空间排序

如果需要对层在合成面板中的空间关系进行快速对齐操作，除了使用选择工具手动拖曳外，还可以使用 Align(对齐)面板里选择的层进行自动对齐和分布操作。最少选择两个层才能进行对齐(Align)操作，最少选择三个层才可以进行分布(Distribute)操作。

在菜单栏中选择 Window→Align 菜单命令，即可开启 Align(对齐)面板，如图 4-55 所示。

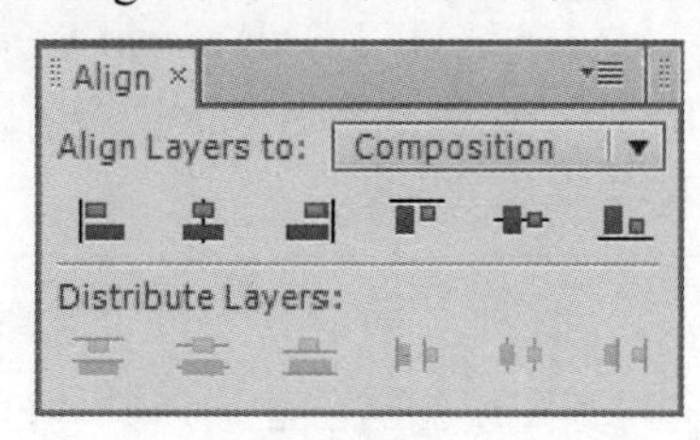

图 4-55

- Align Layers to：对层进行对齐操作，从左至右依次为左对齐、垂直居中对齐、右对齐、顶对齐、水平居中对齐和底对齐。
- Distribute Layers：对层进行分布操作，从左至右依次为垂直居顶分布、垂直居中分布、垂直居底分布、水平居左分布、水平居中分布和水平居右分布。

在进行对齐或分布操作之前，注意要调整好各层之间的位置关系。对齐或分布操作时基于层的位置进行对齐，而不是层在时间线上的先后顺序。

4.3.2 时间排序

如果需要对层进行时间上的精确错位处理，除了使用选择工具手动拖曳以外，还可以通过 After Effects 的时间排序功能自动完成。

首先，选择需要排序的层，然后使用菜单命令 Animation(动画)→Keyframe Assistant→Sequence Layers，即可打开 Sequence Layers(图层序列)对话框，如图 4-56 所示。勾选 Overlap(重叠)复选框，即可将该对话框中的参数激活。

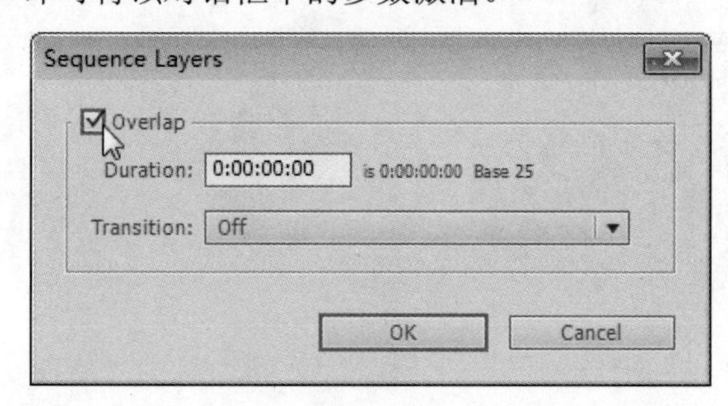

图 4-56

使用该命令的时候，有两个问题需要注意，下面将详细介绍。

(1) Duration 参数指的是层的交叠时间，在进行时间排序之前，最好统一设置层的持续时间长度。可全选需要排序的层，使用快捷键 Alt+[和 Alt+]来定义入点和出点。

(2) 哪个层先出现与选择的顺序有关，第一个选择的层最先出现。如果要在素材交叠的位置设置透明度叠化转场，可以将 Transition 设置为以下任意一种方式，如图 4-57 所示。

- Dissolve Front Layer：只在层入点处叠化。
- Cross Dissolve Front and Back Layers：在层入点和出点处叠化。

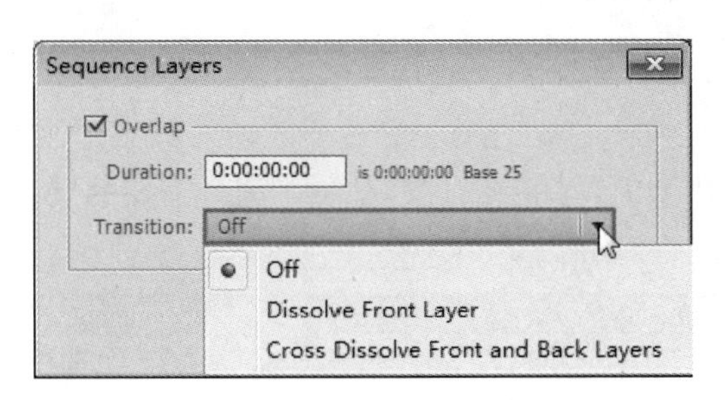

图 4-57

4.4　图层的栏目属性

展开一个层，在没有添加 Mask(遮罩)或任何特效的情况下，只有一个 Transform(变换)属性组，这个属性组包含了一个层最重要的 5 个属性，本节将详细介绍层属性设置的相关知识。

4.4.1　Anchor Point

无论一个层的面积多大，当其位置移动、旋转和缩放时，都是依据一个点来操作的，这个点就是 Anchor Point(轴心点)。选择需要的层，按键盘上的 A 键即可打开 Anchor Point 属性，如图 4-58 所示。

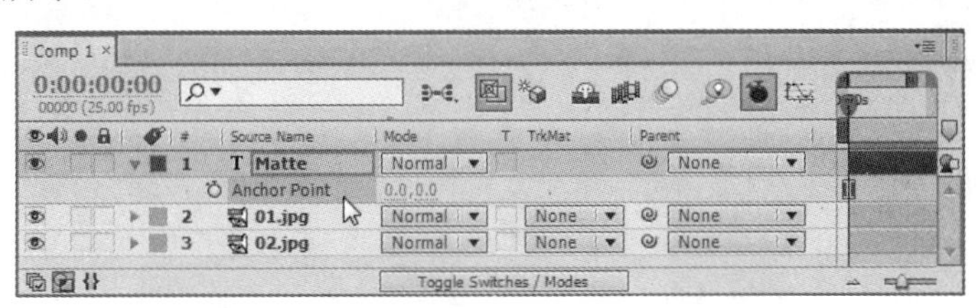

图 4-58

以轴心点为基准可进行旋转或缩放操作，如图 4-59 所示。例如，旋转操作如图 4-60 所示；缩放操作如图 4-61 所示。

图 4-59　　图 4-60　　图 4-61

4.4.2 Position

Position(位移)主要用来制作图层的位移动画，选择需要的层，按键盘上的 P 键，即可打开 Position 属性，如图 4-62 所示。

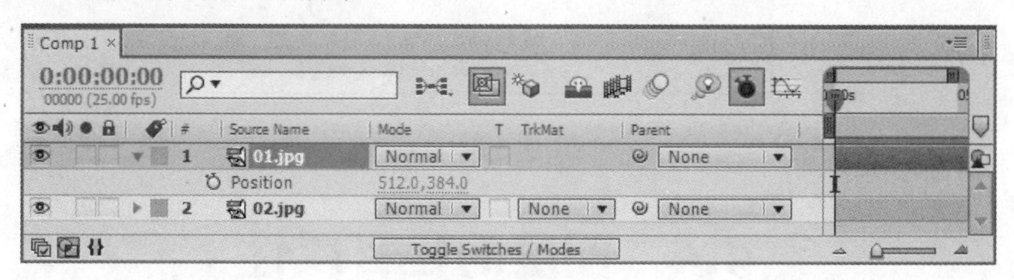

图 4-62

以轴心点为基准，如图 4-63 所示。在层的位置属性后方的数值上拖曳鼠标(或直接输入需要的数值)，如图 4-64 所示。释放鼠标，效果如图 4-65 所示。

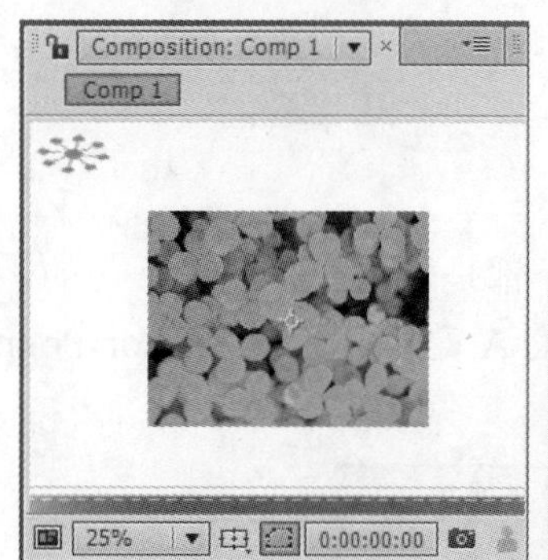

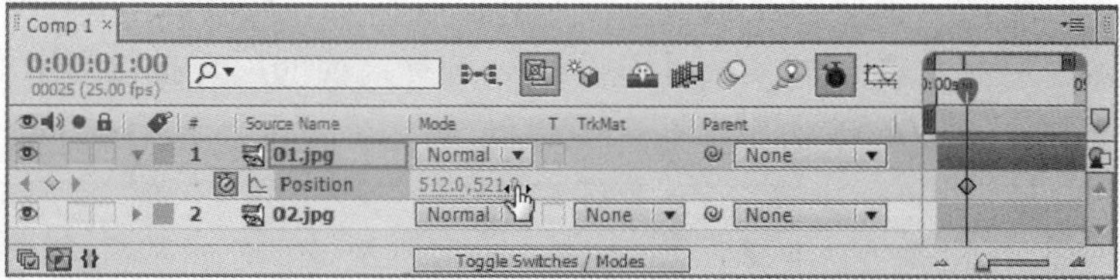

图 4-63　　　　图 4-64

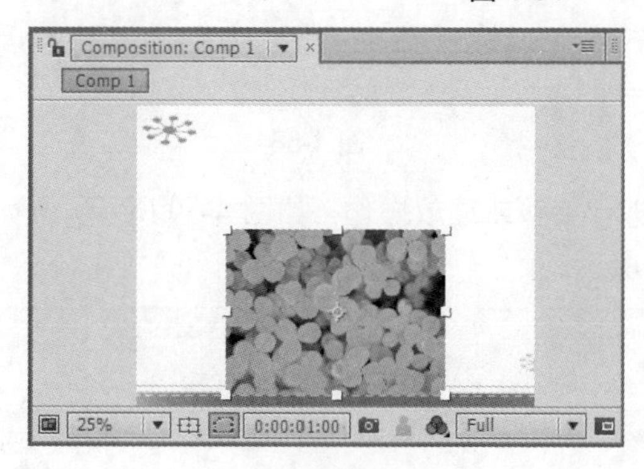

图 4-65

4.4.3 Scale

Scale(缩放)属性可以以轴心点为基准来改变图层的大小。选择需要的层，按键盘上的 S 键，即可打开 Scale 属性，如图 4-66 所示。以轴心点为基准，如图 4-67 所示。

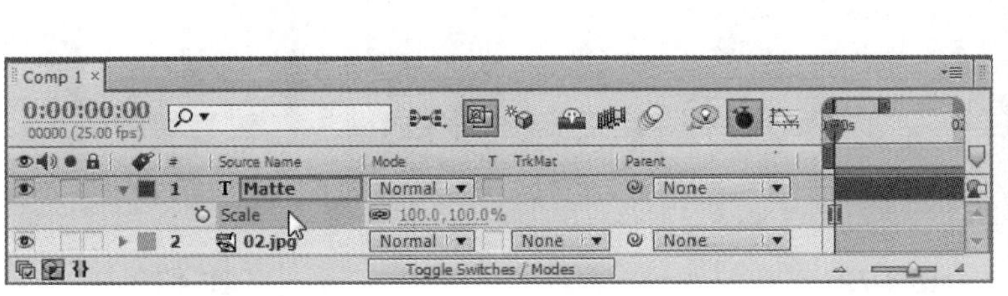

图 4-66　　　　图 4-67

在层的缩放属性后面的数值上拖曳鼠标(或直接输入需要的数值)，如图 4-68 所示。释放鼠标，效果如图 4-69 所示。普通二维层缩放属性由 x 轴向和 y 轴向两个参数组成，如果是三维层则由 x 轴向、y 轴向和 z 轴向 3 个参数组成。

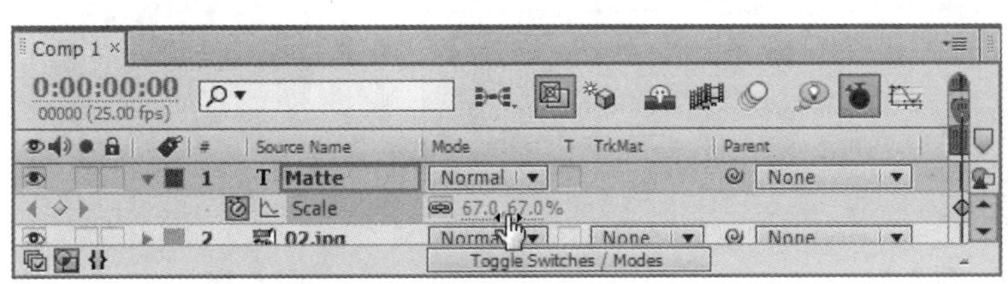

图 4-68　　　　图 4-69

4.4.4　Rotation

Rotation(旋转)属性是以轴心点为基准旋转图层。选择需要的层，按键盘上的 R 键即可打开 Rotation 属性，如图 4-70 所示。以轴心点为基准，如图 4-71 所示。

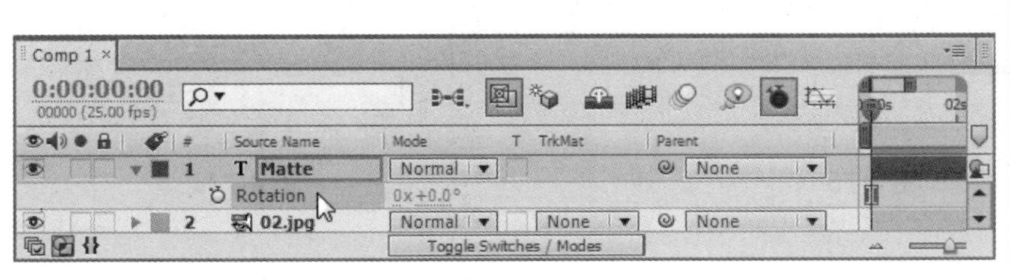

图 4-70　　　　图 4-71

在层的旋转属性后方的数值上拖曳鼠标(或单击输入需要的数值)，如图 4-72 所示。释放鼠标，效果如图 4-73 所示。普通二维层旋转属性由圈数和度数两个参数组成，例如“1x+21°”

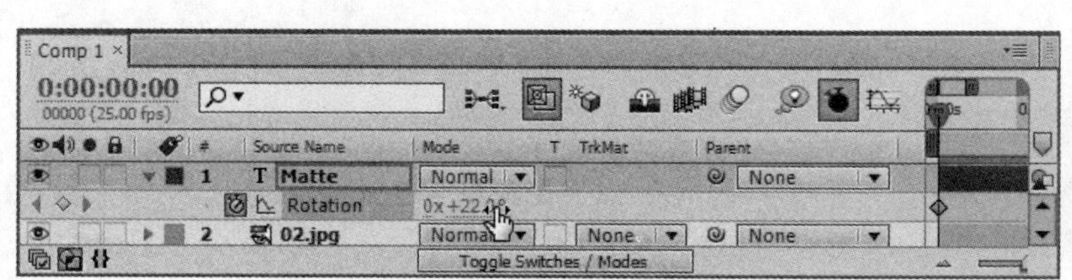

图 4-72

图 4-73

4.4.5 Opacity

Opacity(不透明度)属性是以百分比的方式来调整图层的不透明度。选择需要的层，按键盘上的 T 键即可打开 Opacity 属性，如图 4-74 所示。以轴心点为基准，如图 4-75 所示。

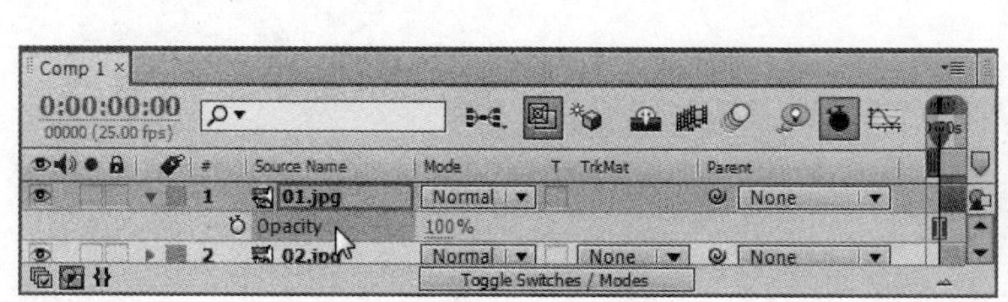

图 4-74

图 4-75

在层的不透明属性后方的数值上拖曳鼠标(或单击输入需要的数值)，如图 4-76 所示。释放鼠标，效果如图 4-77 所示。

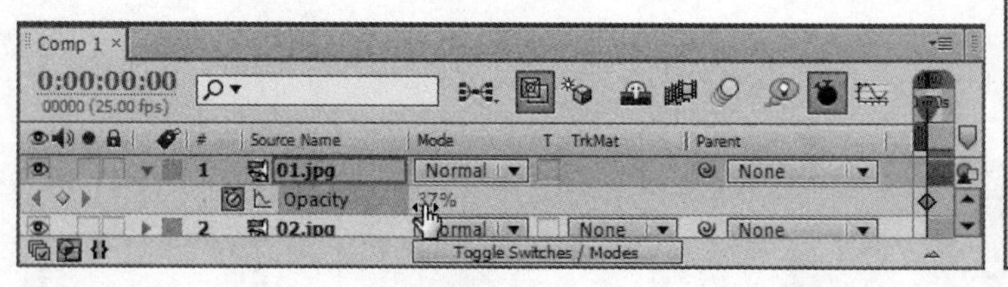

图 4-76

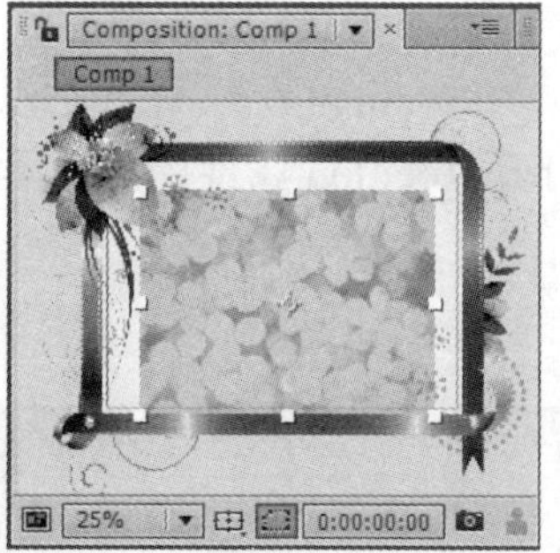

图 4-77

智慧锦囊

在一般情况下，按一次图层属性的快捷键每次只能显示一种属性。如果要一次显示两种以上的图层属性，这时可以在显示一个图层属性的前提下按住 Shift 键，然后按其他图层属性的快捷键，就可以显示出多个图层的属性。

4.5　实践案例与上机指导

通过本章的学习，读者基本可以掌握图层控制与动画的基本知识以及一些常见的操作方法，下面通过练习操作，以达到巩固学习、拓展提高的目的。

4.5.1　利用固态层制作背景

固态层是一种单一颜色的层，颜色可以进行调整，下面将详细介绍利用固态层制作固态背景的操作方法。

素材文件　无

效果文件　配套素材\第 4 章\效果文件\固态层背景.aep

第 1 步　在时间线窗口中单击鼠标右键，在弹出的菜单中依次选择 New(新建)→Soild(固态层)菜单命令，如图 4-78 所示。

第 2 步　弹出 Solid Settings(固体设置)对话框，①设置 Name(名字)为“背景”，②Width(宽度)为 1024，Height(高度)为 768，③“颜色”为(R:3，G:12，B:97)，如图 4-79 所示。

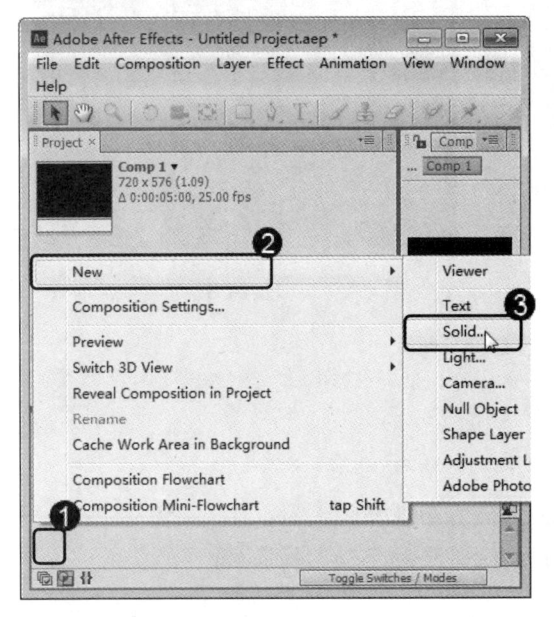

图 4-78

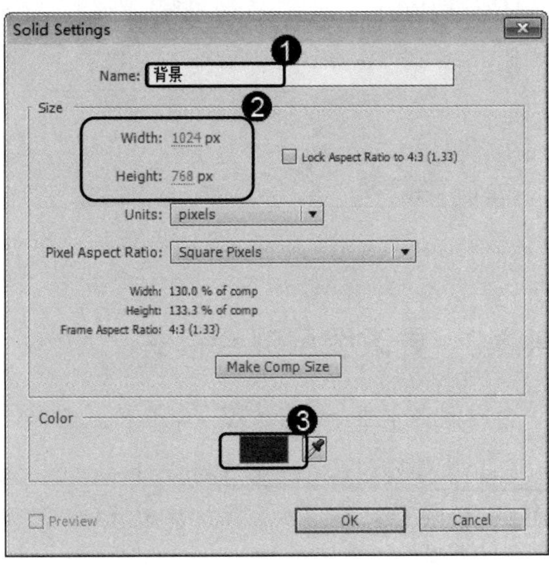

图 4-79

第 3 步　时间线窗口中会出现蓝色固态层，如图 4-80 所示。

第 4 步　单击“椭圆工具”按钮，在固态层上拖曳出一个椭圆遮罩，如图 4-81 所示。

第 5 步　设置遮罩属性。打开固态层下的遮罩效果，设置 Mask Feather(遮罩羽化)为 420，如图 4-82 所示。

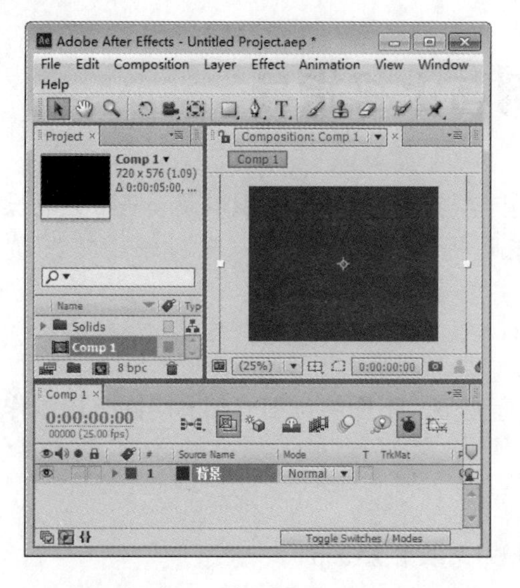

图 4-80

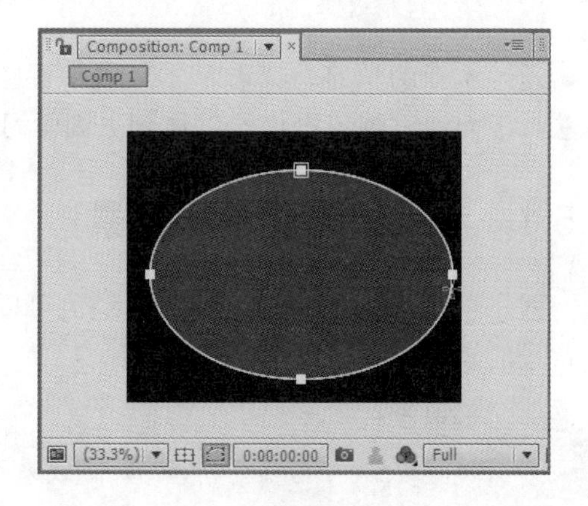

图 4-81

第 6 步 通过以上步骤即可完成制作背景的操作，最终固态背景效果，如图 4-83 所示。

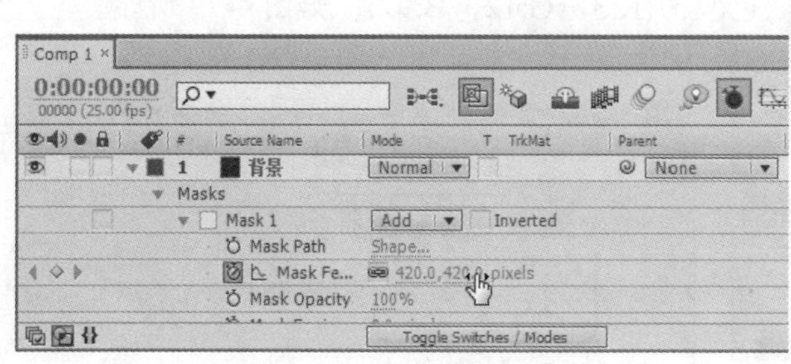

图 4-82

图 4-83

4.5.2 更改图层混合模式

本例将详细介绍更改图层混合模式的操作方法。

素材文件 配套素材\第 4 章\素材文件\更改图层混合模式.aep

效果文件 配套素材\第 4 章\效果文件\更改图层混合模式效果.aep

第 1 步 打开配套素材文件“更改图层混合模式.aep”，如图 4-84 所示。

第 2 步 设置时间线面板中的“02.jpg”图层的 Mode(模式)为 Multiply(正片叠底)，如图 4-85 所示。

第 3 步 此时拖动时间线滑块，即可查看到更改图层混合模式后的效果，如图 4-86 所示。

图 4-84

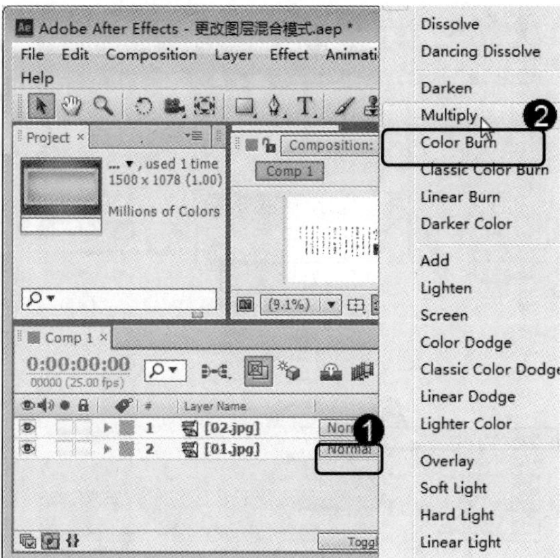

图 4-85

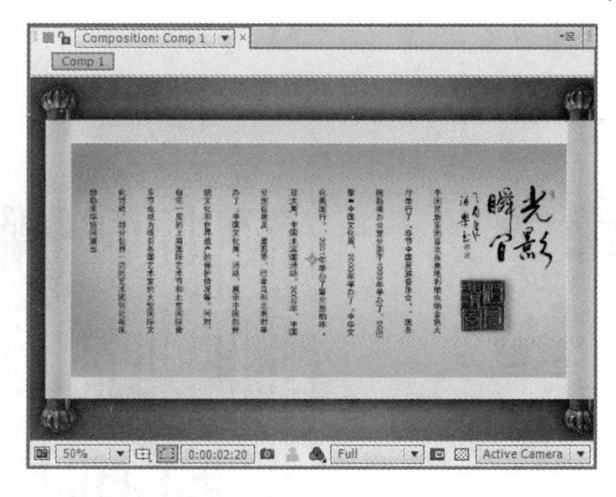

图 4-86

4.5.3　利用调节层制作百叶窗效果

本例将介绍利用调节层和 Venetian Blinds(百叶窗)特效制作百叶窗效果的操作方法。

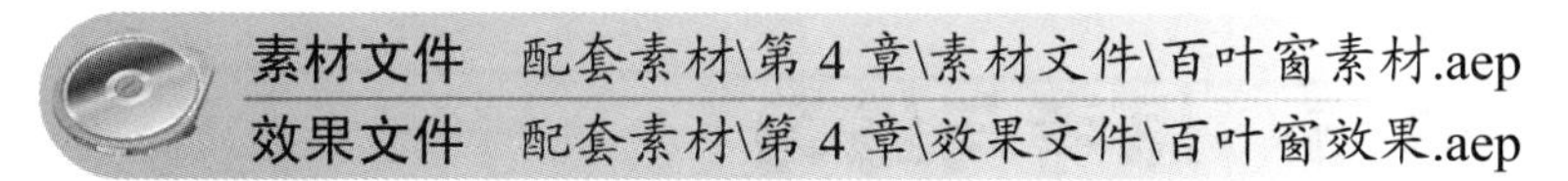

第 1 步 打开配套素材文件“百叶窗素材.aep”，在时间线面板中单击鼠标右键，在弹出的快捷菜单中选择 New(新建)→Adjustment Layer(调节图层)菜单命令，如图 4-87 所示。

第 2 步 将 Venetian Blinds 效果进行拖动，添加到时间线面板中 Adjustment Layer1 图层中，如图 4-88 所示。

第 3 步 进行设置 Transition Completion(过度完成)为 40%，Width(宽)为 23，如图 4-89 所示。

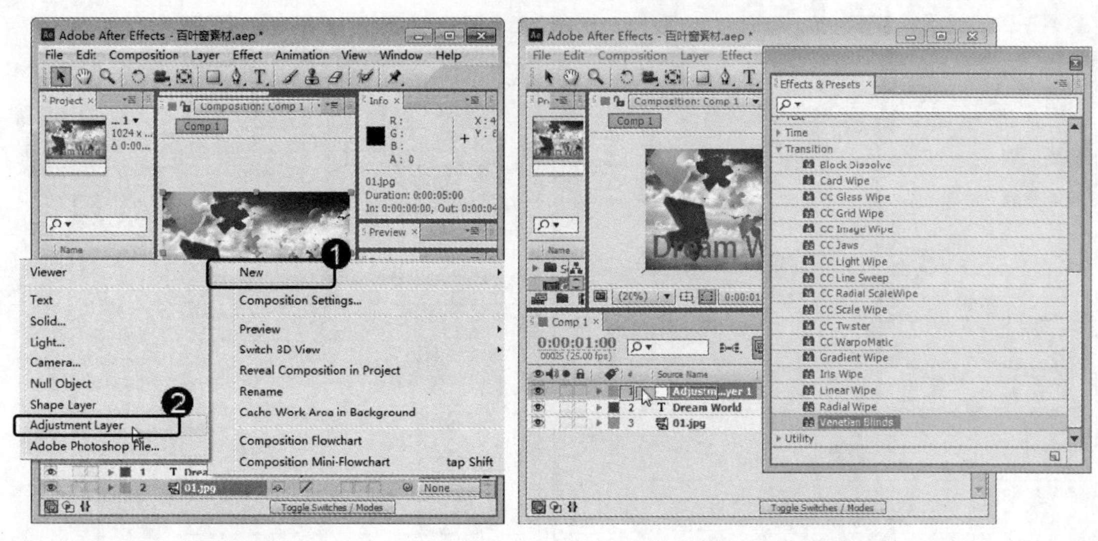

图 4-87　　　　图 4-88

第 4 步　此时调节层上的 Venetian Blinds(百叶窗)特效对下面的所有图层起作用，效果如图 4-90 所示。

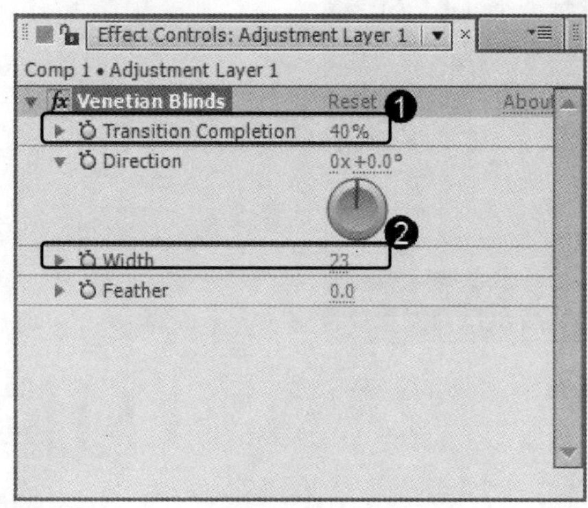

图 4-89

图 4-90

4.6　思考与练习

一、填空题

1. ＿＿＿＿＿＿主要是其他层父子关系或表达式的载体，即带动其他层运动。

2. 无论一个层的面积多大，当其位置移动、旋转和缩放时，都是依据一个点来操作的，这个点就是＿＿＿＿＿＿＿＿。

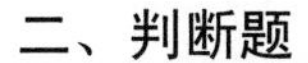

二、判断题

1. 在编辑过程中，经常需要建立空物体以带动其他层运动，在 After Effects 中可以建立空物体，空物体是一个 100 像素×100 像素的透明层，既看不到，也无法输出，无法像调整层那样添加特效以编辑其他层。 (　　)

2. 如果需要将层的一段素材删除，并保留该删除区域的素材所占用的时间，可以使用 Extract Work Area(提取工作区)命令。 (　　)

三、思考题

1. 如何选择图层?
2. 如何提取工作区?

新起点 电脑教程

第 5 章

文本的操作

本章要点

- 创建与编辑文字
- 格式化字符和段落
- 创建文字动画
- 文本动画操作案例

本章主要内容

本章主要介绍创建与编辑文字和格式化字符，以及段落方面的知识与技巧，同时还讲解了创建文字动画的相关知识，在本章的最后还针对实际的工作需求，讲解了文本动画操作案例。通过本章的学习，读者可以掌握文本基础操作方面的知识，为深入学习知识 After Effects CS6 奠定基础。

5.1 创建与编辑文字

利用文字层可以在合成中添加文字，可以对整个文字层施加动画，或对个别字符的属性施加动画，例如颜色、尺寸或位置。本节将详细介绍创建并编辑文字层的相关知识及操作方法。

5.1.1 文字层概述

文字层与 After Effects 中的其他层类似，可为其施加效果和表达式、施加动画、设置为 3D 层，并可以在多种视图中编辑 3D 文字。

文字层是合成层，即文字层不需要源素材，尽管可以将文字信息从一些素材项目转换到文字层。文字层也属于矢量层。像形状层和其他矢量层一样，文字层通常连续栅格化，所以当缩放层或重新定义文字尺寸时，其边缘会保持平滑。不可以在层面板中打开一个文字层，但可以在合成面板中对其进行操作。

After Effects 使用两种方法创建文字：点文字和段落文字。点文字经常用来输入一个单独的词或一行文字，如图 5-1 所示。段落文字经常用来输入和格式化一个或多个段落，如图 5-2 所示。

图 5-1

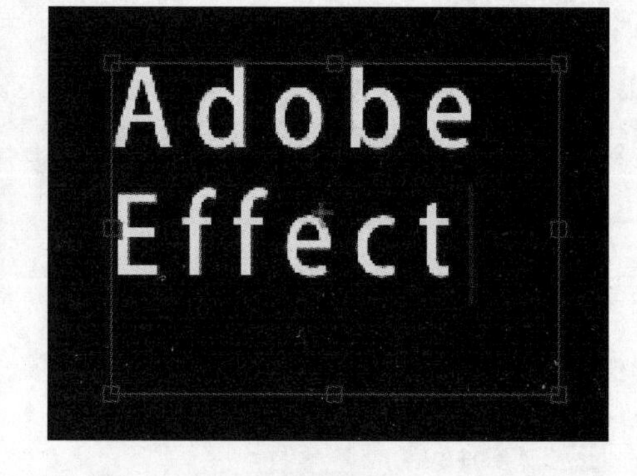

图 5-2

After Effects 可以从其他软件如 Photoshop、Illustrator、InDesign 或任何文字编辑器中复制文字，并粘贴到 After Effects 中。由于 After Effects 也支持统一编码的字符。因此，可以在 After Effects 和其他支持统一编码字符的软件之间复制并粘贴这些字符，包含所有的 Adobe 软件。文字格式包含在源文字属性中，使用源文字属性可以对格式施加动画并改变字符本身。因为可以在文字层中混合并匹配格式，所以能够方便地创建动画，转化每个单词或词组的细节。

5.1.2 输入点文字

输入点文字时，每行文字都是独立的。编辑文字的时候，行的长度会随之变化，但不会影响下一行。文字工具光标“I”上的短线用于标记文字基线。比如横排文字，基线标记文字底部的线；而竖排文字，基线标记文字的中轴。当输入点文字时，会使用字符(Character)面板中当前设置的属性。可以通过选择文字并在字符面板中修改设置的方式改变这些属性。下面将详细介绍输入点文字的操作方法。

第1步 在菜单栏中依次选择 Layer(图层)→New(新建)→Text(文字)菜单命令，创建一个新的文字层，横排文字工具的插入光标出现在合成面板中央，如图5-3所示。

第2步 选择横排文字工具T或竖排文字工具IT，在合成面板中准备输入文字的地方单击，设置一个文字插入点，如图5-4所示。

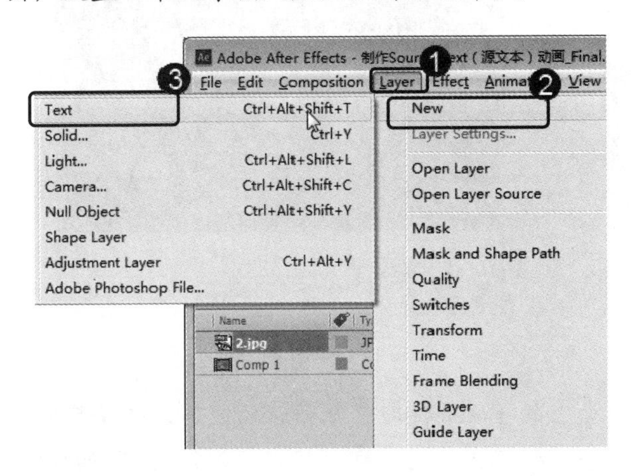

图 5-3

图 5-4

第3步 使用键盘输入文字，按键盘上的Enter键，即可开始新的一行，如图5-5所示。

第4步 选择其他工具或使用快捷键 Ctrl+Enter，都可以结束文字编辑模式，这样即可完成输入点文字的操作，如图5-6所示。

图 5-5

图 5-6

5.1.3 输入段落文字

当输入段落文字时，将文本换行，以适应边框的尺寸，可以输入多个段落并施加段落格式，也可以随时调整边框的尺寸，以调整文本的回流状态，下面将详细介绍输入段落文字的操作方法。

第 1 步 选择横排文字工具T或竖排文字工具IT，如图 5-7 所示。

第 2 步 单击并拖动鼠标不放，从一角开始定义一个文字框，如图 5-8 所示。

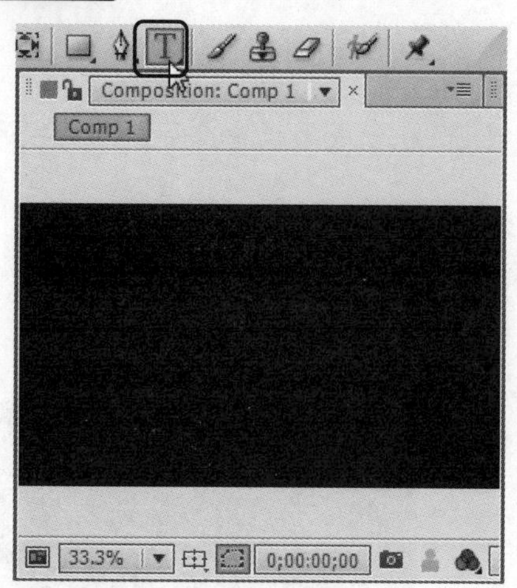

图 5-7

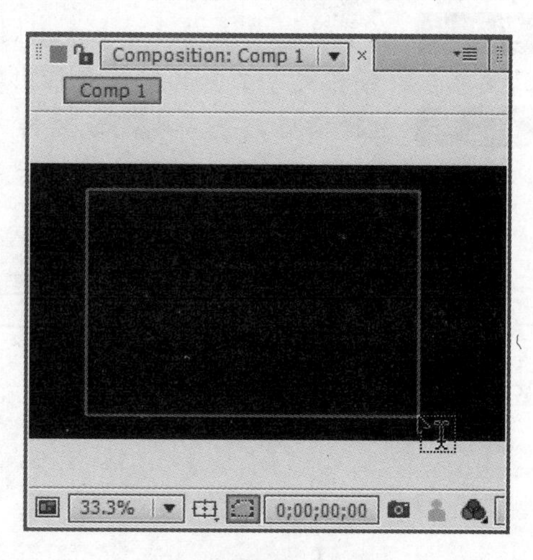

图 5-8

第 3 步 使用键盘输入文字。按键盘上的 Enter 键即可开始新的段落，选择其他工具或使用快捷键 Ctrl+Enter，都可以结束文字编辑模式，这样即可完成输入段落文字的操作，如图 5-9 所示。

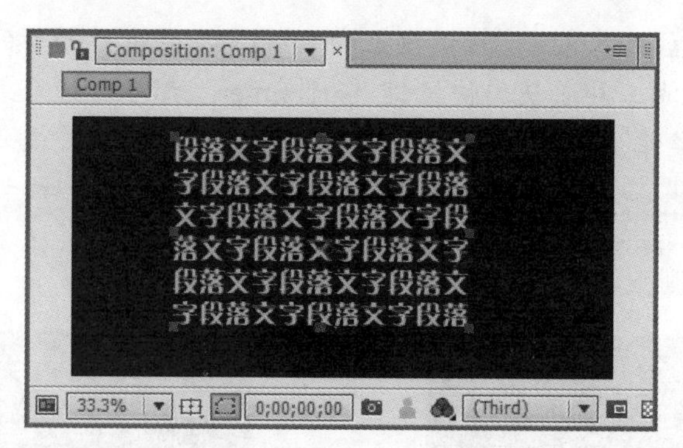

图 5-9

5.1.4 选择与编辑文字

在 After Effects 中，可以在任意时间编辑文字层中的文字。如果设置文字跟随一条路径，可以将其转换为 3D 层，对其进行变化并施加动画，还可以继续编辑，在编辑之前必须将其选中。

在时间线面板中，双击文字层，可以选择文字层中所有的文字，并激活最近使用的文字工具，如图 5-10 所示。

在合成面板中，文字工具光标的改变取决于它是否在文字层上。当光标在文字层上时，表现为编辑文字光标“I”，单击可以在当前文本出插入光标。

图 5-10

用户可以选择下面几种方式使用文字工具选择文字。

➢　在文本上进行拖曳，可以选择一个文本区域。

➢　单击后移动光标，然后按住 Shift 键进行单击，可以选择一个文本区域。

➢　双击鼠标左键可以选择单词，三连击可以选择一行，四连击可以选择整段，五连击可以选择文字层内的所有文字。

➢　按住 Shift 键，按右方向键→或左方向键←，可以使用方向键选择文字。按住 Shift+Ctrl 快捷键，按右方向键→或左方向键←，可以以单词为单位进行选择。

5.1.5　文字形式转换

在 After Effects 中，可以对点文字和段落文字的形式进行相互转换。下面将详细介绍文字形式转换的操作方法。

第 1 步　使用选择工具选择文字层，然后右击，在弹出的快捷菜单中选择 Convert To Point Text(转换为点文字)菜单命令，即可将段落文字转换为点文字，如图 5-11 所示。

第 2 步　使用选择工具选择文字层，然后右击，在弹出的快捷菜单中选择 Convert to Paragraph Text(转换到段落文本)菜单命令，即可将点文字转换为段落文字，如图 5-12 所示。

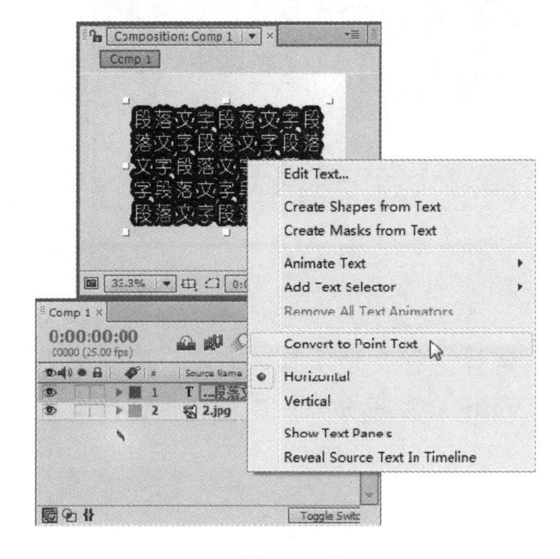

图 5-11

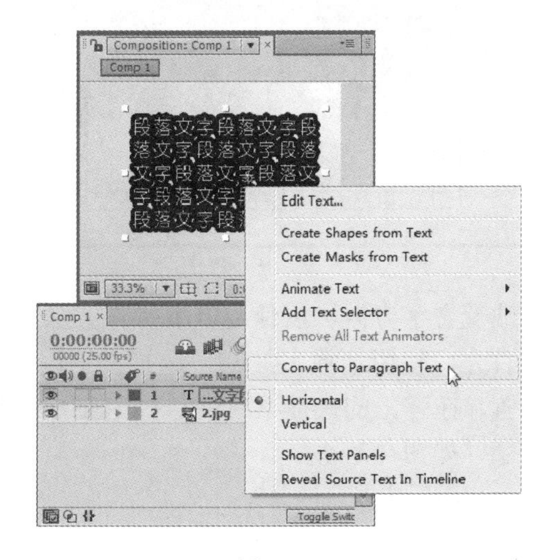

图 5-12

5.1.6 改变文字方向

横排文字是从左到右排列，如图 5-13 所示。多行横排文字是从上到下排列，如图 5-14 所示。

图 5-13

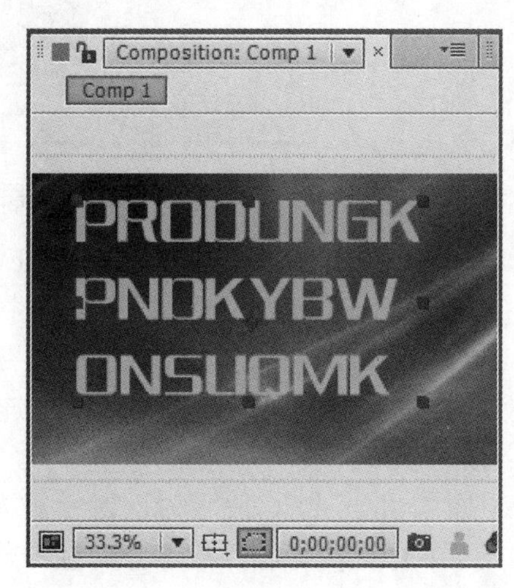

图 5-14

竖排文字从上到下排列，如图 5-15 所示。多列竖排文字从右到左排列，如图 5-16 所示。

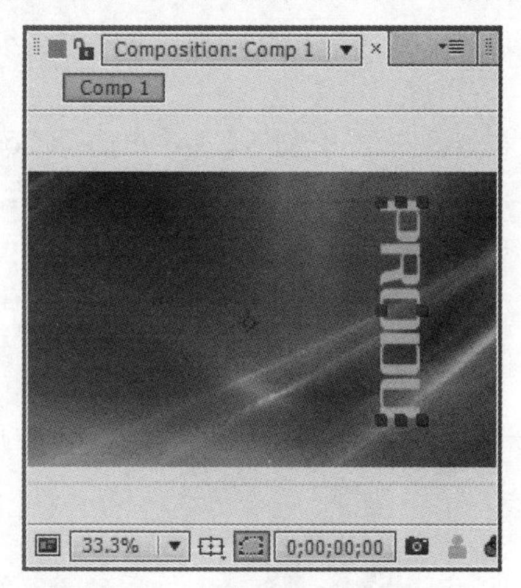

图 5-15

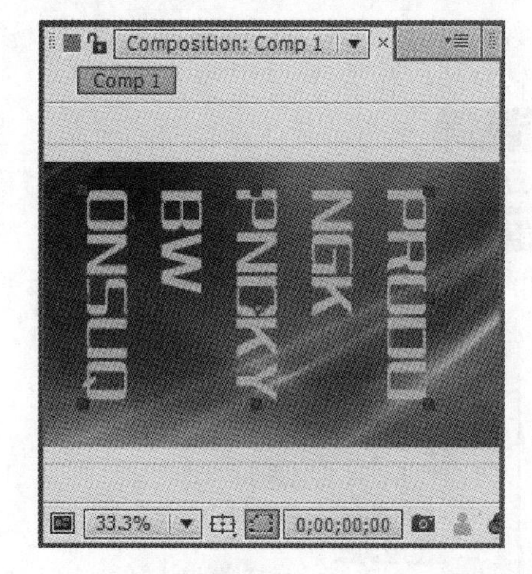

图 5-16

改变文字方向可以使用以下操作方法

首先，使用选择工具，选择文字层，然后选择一种文字工具，右击合成面板中的任意位置，在弹出的快捷菜单中选择 Horizontal 或 Vertical 菜单命令，即可转换横排文字或竖排文字，如图 5-17 所示。

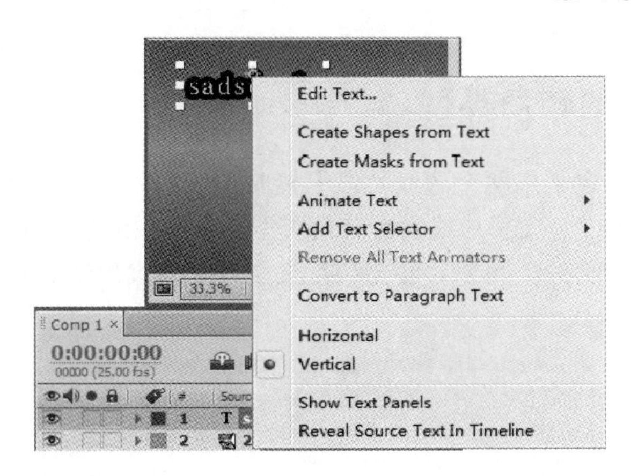

图 5-17

5.2 格式化字符和段落

在 After Effects 中，经常需要对字符和段落进行格式化，以满足文字版式的制作需求。本节将详细介绍格式化字符和段落的相关知识及操作方法。

5.2.1 使用字符调板格式化字符

使用字符(Character)面板可以格式化字符，如图 5-18 所示。如果选择了文字，在字符面板中做出的改变仅影响所选的文字。如果没有选择文字，在字符面板中做出的改变会影响所选文字层和文字层中所选的 Source Text 属性的关键帧。如果既没有选择文字，也没有选择文字层，则在字符面板中做出的改变会作为新输入文字的默认值。

使用菜单命令 Window(窗口)→Character(字符)，可以显示字符面板。选择一种文字工具，在工具面板中单击调板按钮，也可以显示字符面板。

在字符面板中用户可以设置字体、文字尺寸、间距、颜色、描边、比例、基线和各种虚拟设置等。使用面板的快捷菜单 Reset Character(还原字符)，可以重置面板中的设置为默认设置，如图 5-19 所示。

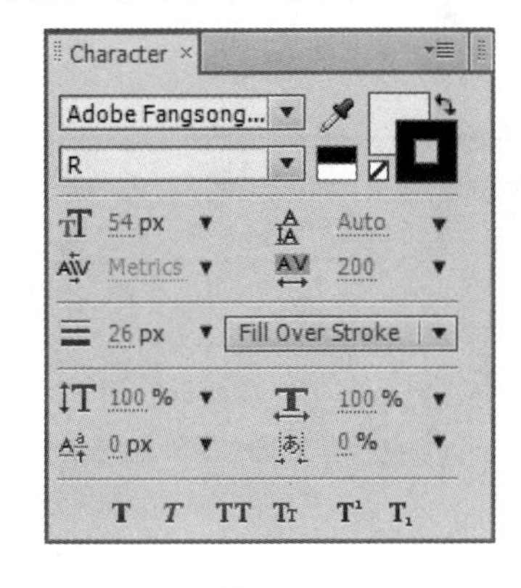

图 5-18

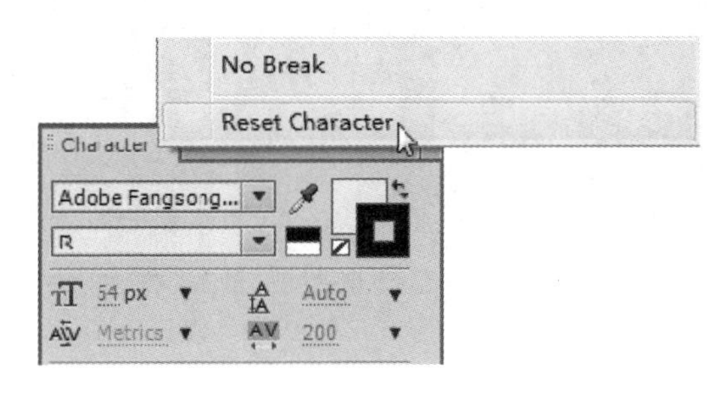

图 5-19

5.2.2 改变文字的转角类型

描边的转角类型决定了当两个边线片段衔接时边线的外边框形状。可以在字符面板的快捷菜单中的转角设置中为文字边线设置转角类型。在面板的快捷菜单中选择 Line Join→Miter/Round/Bevel 菜单命令，可以将转角类型分别设置为尖角(Miter)、圆角(Round)或平角(Bevel)，如图 5-20 所示。

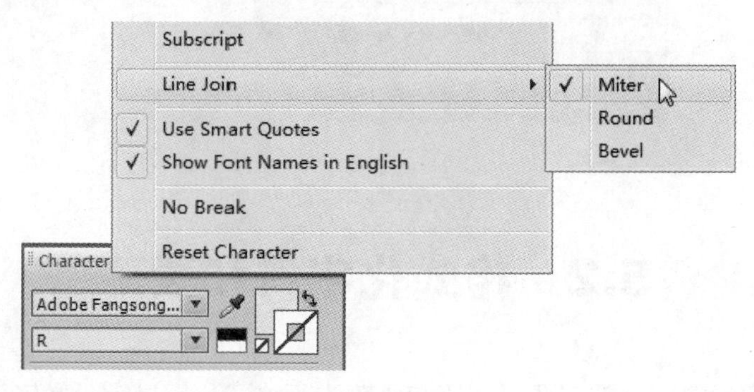

图 5-20

5.2.3 正确使用 Tate-Chuu-Yoko 命令

After Effects 为中文、日文、韩文提供了多个选项。CJK 字体的字符经常被称为双字节字符，因为它们需要比单字节更多的信息，以表达每个字符。其中的 Tate-Chuu-Yoko 用于定义一块竖排文字中的横排文本，下面将详细介绍其操作方法。

第 1 步 使用竖排文字工具输入“14 年 8 月 5 日”字样，如图 5-21 所示。

第 2 步 选中数字部分 14，在字符面板的右键快捷菜单中选择 Tate-Chuu-Yoko 菜单命令，如图 5-22 所示。

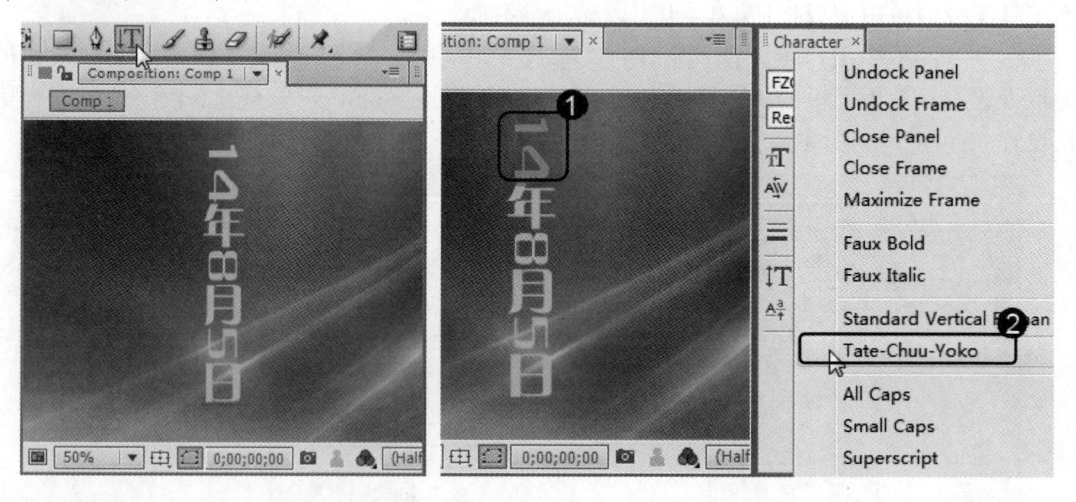

图 5-21　　　　图 5-22

第 3 步 使用相同的方法对剩下的数字部分的方向进行变化，最后得到包含横排数字的文字层效果，如图 5-23 所示。

第 4 步 选中数字部分，在字符面板的快捷菜单中选择 Standard Vertical Roman Alignment(垂直对齐标准罗马)菜单命令，也可以调整竖排中文、日文、韩文中的数字为习惯的横排方式，但与 Tate-Chuu-Yoko 命令不同的是，Standard Vertical Roman Alignment 命令是以所选文字中的单个字符为单位进行竖排调整，而不是以所选文字整体为单位，使用时需要随需选择，如图 5-24 所示。

图 5-23

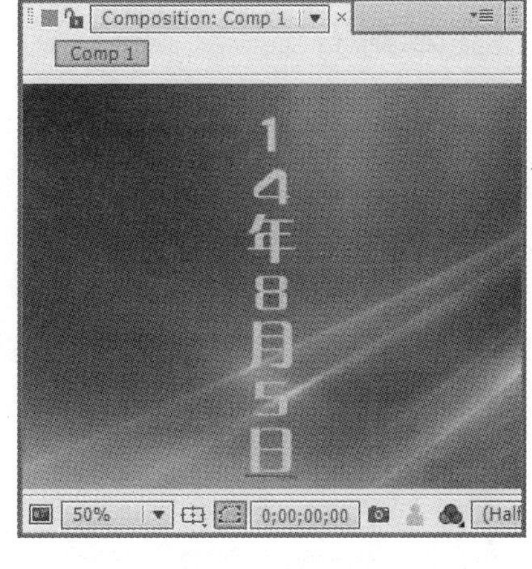

图 5-24

5.2.4　使用段落调板格式化段落

段落就是一个以回车结尾的文字段。使用段落(Paragraph)面板可以为整个段落设置相关选项，例如对齐、缩进和行间距等。如果是点文字，每行都是一个独立的段落；如果是段落文字，每个段落可以拥有多行，这取决于文字框的尺寸，如图 5-25 所示。

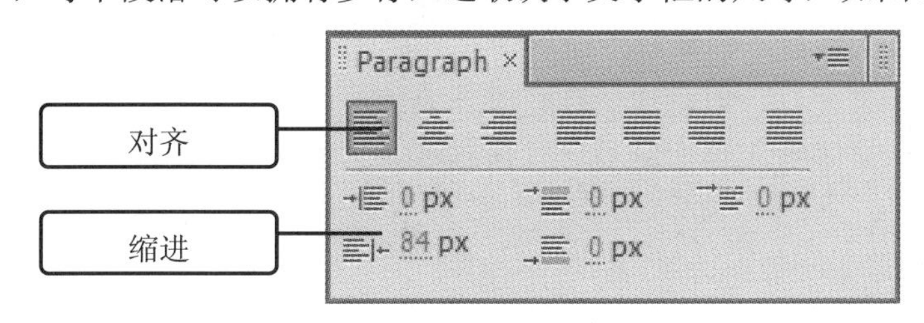

图 5-25

如果插入点在一个被选中的段落或文字中，在段落面板中做出的更改仅影响所选部分。如果没有选中文字，在段落面板中做出的更改会成为下一次输入文字时新的默认值。

- 使用菜单命令 Window(窗口)→Paragraph(段落)，可以显示段落面板。选择一种文字工具，在工具面板中单击调板按钮，也可以显示段落面板。
- 在工具面板中选择 Auto-Open Panels，可以在使用文字工具时自动打开字符面板和段落面板。
- 使用面板的快捷菜单命令 Reset Paragraph(还原段落)，可以重置面板中的设置为默认设置。

智慧锦囊

Character(字符)和 Paragraph(段落)面板是进行文字修改的地方。利用 Character(字符)面板，可以对文字的字体、字形、字号、颜色等进行修改；利用 Paragraph(段落)面板可以对文字进行对齐、缩进等操作。

5.2.5 文本对齐

文本对齐既可以按照一边对齐文字，也可以对齐段落的两边。对于点文字和段落文字，对齐选项都适用；两端对齐选项仅对段落文字有效。

在段落面板中，通过单击以下对齐选项，可以设置对齐。

- ▤：左对齐横排文字，右边缘不齐。
- ▤：居中对齐横排文字，左右边缘均不齐。
- ▤：右对齐横排文字，左边缘不齐。
- ▥：上对齐竖排文字，下边缘不齐。
- ▥：居中对齐竖排文字，上下边缘均不齐。
- ▥：下对齐竖排文字，上边缘不齐。

在段落面板中，通过单击以下对齐选项，可以设置端对齐。

- ▤：两端对齐横排文字行，但最后一行左对齐。
- ▤：两端对齐横排文字行，但最后一行居中对齐。
- ▤：两端对齐横排文字行，但最后一行右对齐。
- ▤：两端对齐横排文字行，但最后一行强制对齐。
- ▥：两端对齐竖排文字行，但最后一行顶对齐。
- ▥：两端对齐竖排文字行，但最后一行居中对齐。
- ▥：两端对齐竖排文字行，但最后一行底对齐。
- ▥：两端对齐竖排文字行，包括最后一行强制对齐。

5.2.6 缩进与段间距

缩进用于指定文字和文本框或包含文字的行之间的距离，仅影响所选段落，所以可以为段落设置不同的缩进量。

在段落面板上的缩进选项部分输入数值，可以为段落设置缩进。

- Indent Left Margin：缩进左边距，从文字的左边界进行缩进；对于竖排文字，这个选项控制从段落顶端进行缩进。
- Indent Right Margin：缩进右边距，从文字的右边界进行缩进；对于竖排文字，这个选项控制从段落底端进行缩进。
- Indent First Line：缩进首行。对于横排文字，首行缩进是相对于左缩进；对于竖排文字，首行缩进是相对于顶缩进。要创建首行悬挂缩进，可输入一个负值。

➢ 在段落面板中的段前距和段后距中分别输入数值，以改变段落前和段落后的空间。

5.3 创建文字动画

在 After Effects 中，可以通过多种方式施加文字动画。它可以像对其他层一样，为文字层整体施加位移、缩放和旋转灯变换属性的动画；使用文字动画预置，为文本源(Text Source)施加动画；使用 Animator Groups(动画组)中的 Animator(动画)和 Selector(选择器)，为指定的字符区域施加多种属性的动画。本节将详细介绍创建文字动画的相关知识及方法。

5.3.1 使用预置文字动画

在 After Effects CS6 中，系统提供了更多、更加丰富的 Effects & Presets(特效预置)来创建文字动画。此外，用户还可以借助 Adobe Bridge 软件可视化地预览这些文字动画预置。

在时间线面板中，选择需要应用文字动画的文字图层，将时间指针放到动画开始的时间点上，如图 5-26 所示。

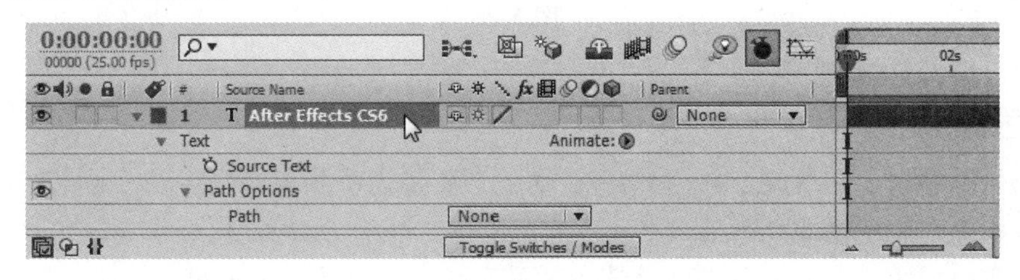

图 5-26

在菜单栏中选择 Window(窗口)→Effects & Presets(特效预置)菜单命令，打开特效预置面板，如图 5-27 所示。在特效预置面板中找到合适的文字动画，直接拖曳到第一步选择的文字图层上即可。

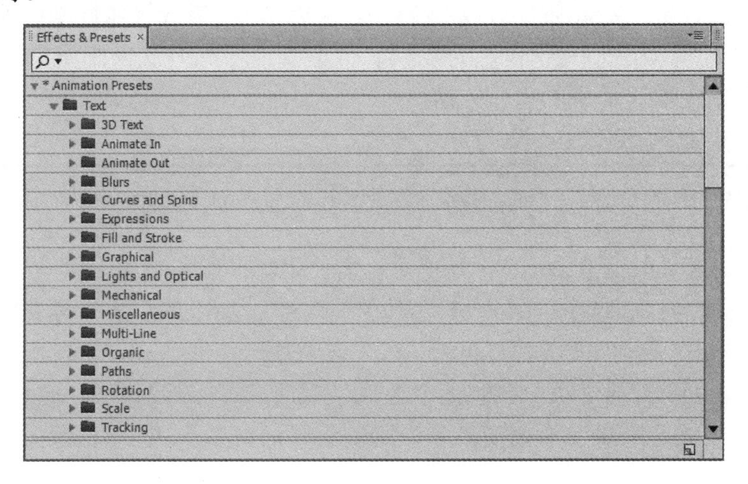

图 5-27

如果用户想要更加直观和方便地看到预置的文字动画效果，可以通过选择 Animation(动画)→Browse Presets(浏览预置)菜单命令，打开 Adobe Bridge 软件就可以动态地浏览各种文字动画的效果了。最后在合适的文字动画效果上双击鼠标左键，就可以将动画添加到选择的文字图层上，如图 5-28 所示。

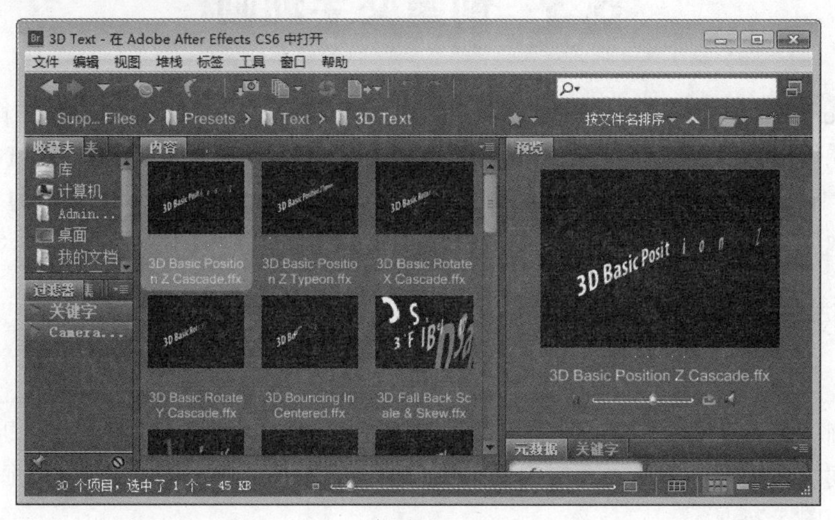

图 5-28

智慧锦囊

在效果和预置(Effect & Presets)面板中，预置了大量精彩的文字动画效果。效果和预置面板中的文字动画效果存储的是 Animator Groups(动画组)中的信息，用户可以将认为满意的文字动画效果存储到效果和预置面板中，以便随需使用。

5.3.2 创建文本动画

使用 Source Text(源文字)属性可以对文字的内容、段落格式等属性制作动画，不过这种动画只能是突变性的动画。片长较短的视频字幕可以使用此方法来制作。下面将详细介绍制作 Source Text(源文字)动画的操作方法。

素材文件 配套素材\第 5 章\素材文件\制作文本动画.aep
效果文件 配套素材\第 5 章\效果文件\文本动画效果.aep

第 1 步 使用 After Effects CS6 打开素材文件“制作文本动画.aep”，如图 5-29 所示。

第 2 步 在时间线面板中选择“蓝色的梦”文字图层，然后展开其 Text(文字)属性，再单击 Source Text(源文字)选项前面的“码表”按钮，如图 5-30 所示。

第 3 步 将当前时间滑块拖曳到一个合适的时间点，然后改变文字的内容、大小、颜色和段落等，使其产生一种文字渐变效果，这里提供的效果如图 5-31 所示。

图 5-29

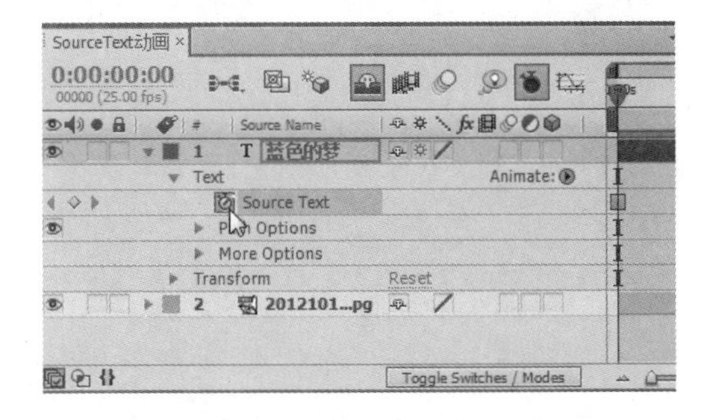

图 5-30

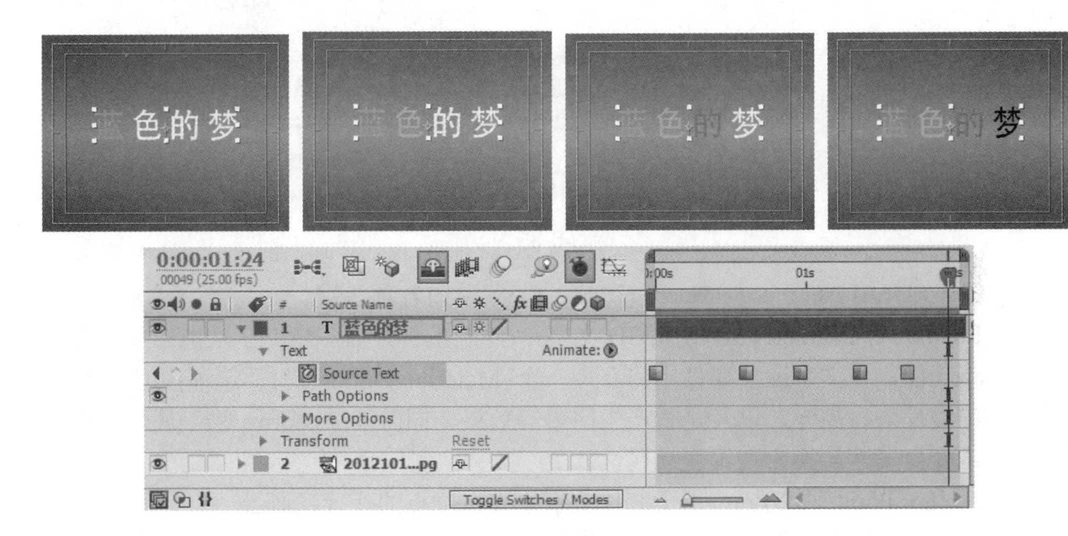

图 5-31

5.3.3　Animator(动画器)文字动画

创建一个文字图层以后，可以使用 Animator 功能方便快速地创建出复杂的动画效果，一个 Animator 组中可以包含一个或多个动画选择器以及动画属性，如图 5-32 所示。

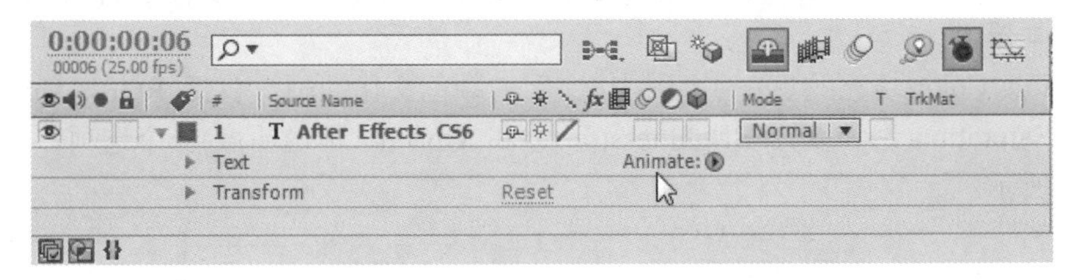

图 5-32

1. Animator Property(动画属性)

单击 Animate(动画)选项后面的按钮，即可打开 Animator Property 菜单，Animator Property 主要用来设置文字动画的主要参数(所有的动画属性都可以单独对文字产生动画效果)，如图 5-33 所示。

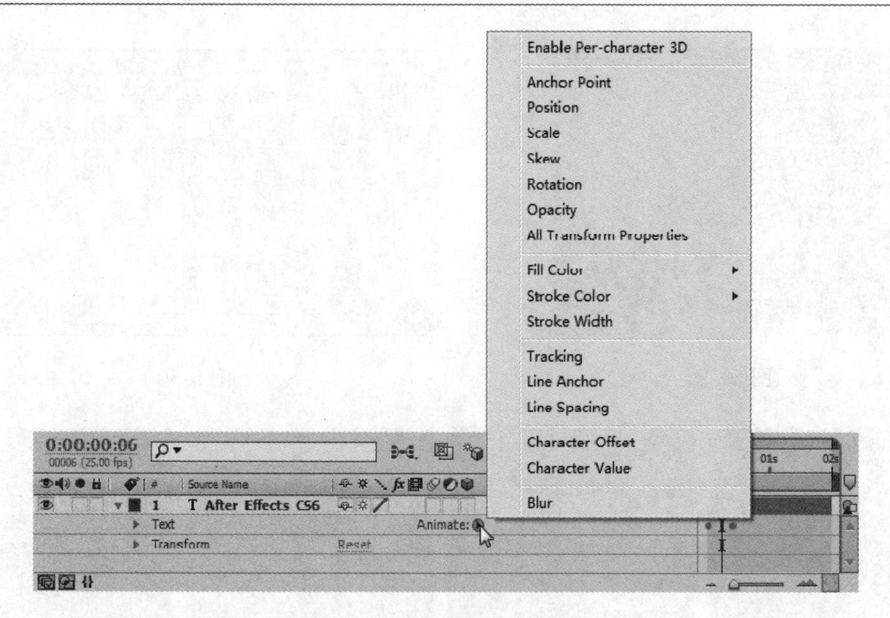

图 5-33

下面将详细介绍 Animator Property(动画属性)菜单的各项参数。

- Enable Per-character 3D(使用 3D 文字)：控制是否开启三维文字功能。如果开启了该功能，在文字图层属性中将新增一个 Material Options(材质选项)用来设置文字的漫反射、高光，以及是否产生阴影等效果，同时 Transform(变换)属性也会从二维变换属性转换为三维变换属性。
- Anchor Point(轴心点)：用于制作文字中心定位点的变换动画。
- Position(位置)：用于制作文字的位移动画。
- Scale(缩放)：用于制作文字的缩放动画。
- Skew(倾斜)：用于制作文字的倾斜动画。
- Rotation(旋转)：用于制作文字的旋转动画。
- Opacity(不透明度)：用于制作文字的不透明度变化动画。
- All Transform Properties(所有变换属性)：将所有的属性一次性添加到 Animator(动画器)中。
- Fill Color(填充颜色)：用于制作文字的颜色变化动画，包括 RGB、Hue(色相)、Saturation(饱和度)、Brightness(亮度)和 Opacity(不透明度)5 个选项。如图 5-34 所示。

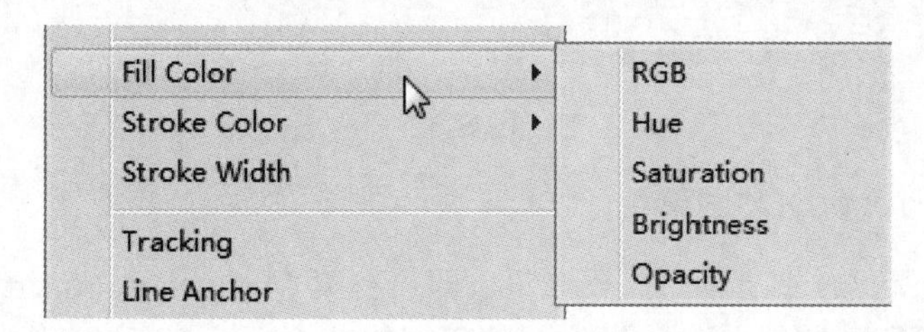

图 5-34

- Stroke Width(描边宽度)：用于制作文字描边粗细的变化动画。

- Tracking(跟踪)：用于制作文字之间的间距变化动画。
- Line Anchor(行轴心)：用于制作文字的对齐动画。值为 0%时，表示左对齐；值为 50%时，表示居中对齐；值为 100%时，表示右对齐。
- Line Spacing(行间距)：用于制作多行文字的行距变化动画。
- Character Offset(字符偏移)：按照统一的字符编码标准(即 Unicode 标准)为选择的文字制作偏移动画。比如设置英文 Bathell 的 Character Offset(字符偏移)为 5，那么最终显示的英文就是 gfymjqq(按字母表顺序从 b 往后数，第 5 个字母是 g；从字母 a 往后数，第 5 个字母是 f，以此类推)，如图 5-35 所示。

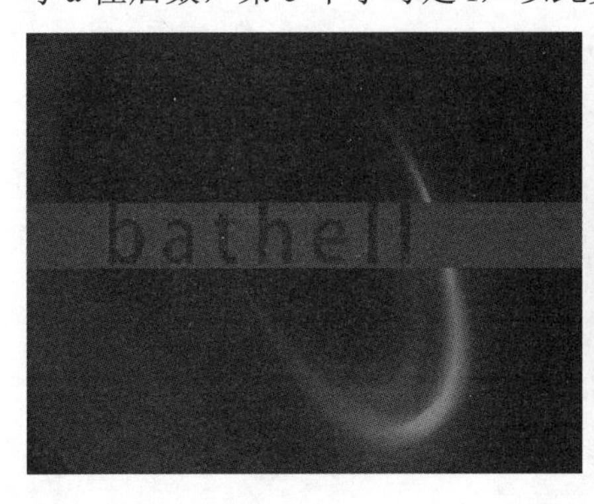

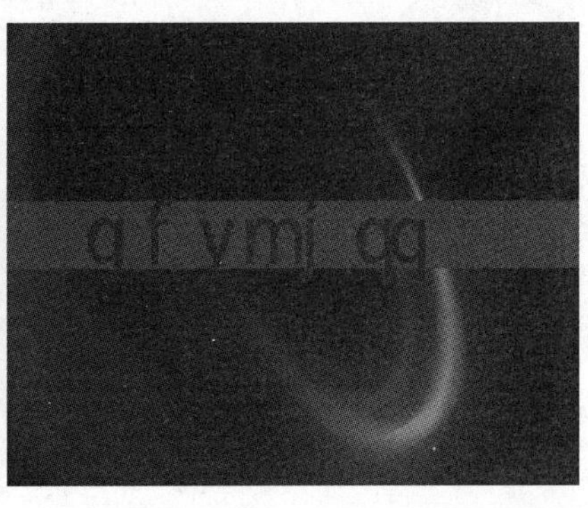

图 5-35

- Character Value(字符数值)：按照 Unicode 文字编码形式将设置的 Character Value(字符数值)所代表的字符统一将原来的文字进行替换。比如设置 Character Value(字符数值)为 100，那么使用文字工具输入的文字都将以字母 d 进行替换，如图 5-36 所示。

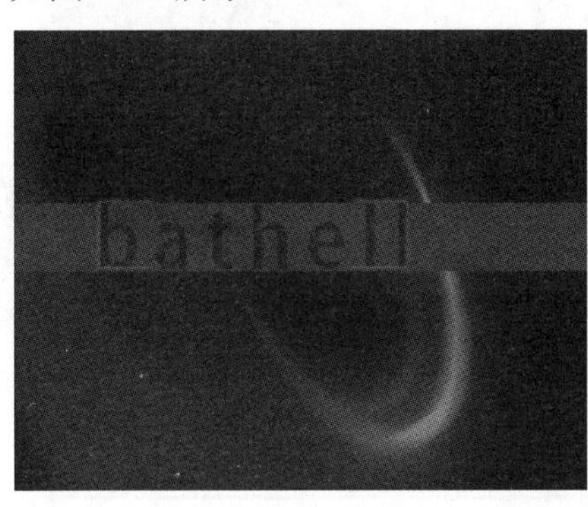

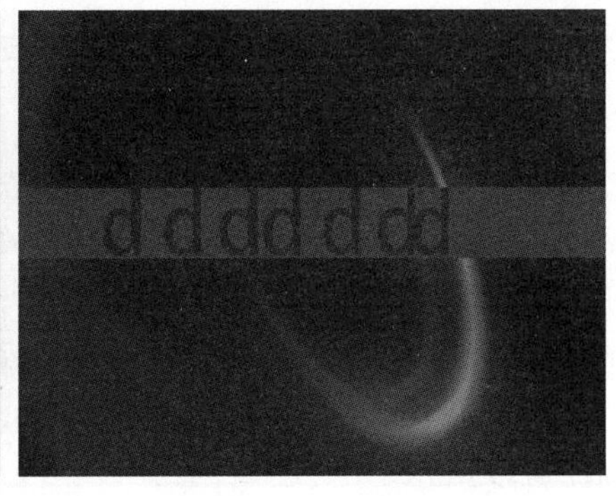

图 5-36

- Blur(模糊)：用于制作文字的模糊动画，可以单独设置文字在水平和垂直方向的模糊数值。

2. Animator Selector(动画选择器)

每个 Animator(动画器)组中都包含一个 Range Selector(范围选择器)，可以在一个 Animator 组中继续添加 Selector(选择器)，或者在一个 Selector 中添加多个动画属性。如果在一个 Animator 组中添加了多个 Selector，那么可以在这个动画器中对各个选择器进行调节，这样可以控制各个选择器之间相互作用的方式。

添加选择器的方法是在时间线面板中选择一个 Animator 组，然后在其右边的 Add(添加)选项后面单击按钮，接着在弹出的菜单中选择需要添加的选择器，包括 Range(范围)选择器、Wiggly(摇摆)选择器和 Expression(表达式)选择器 3 种，如图 5-37 所示。

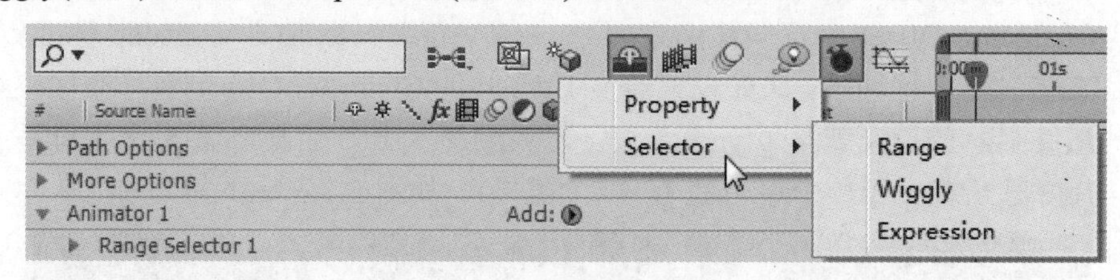

图 5-37

3. Range Selector(范围选择器)

Range Selector 可以使文字按照特定的顺序进行移动和缩放，如图 5-38 所示。

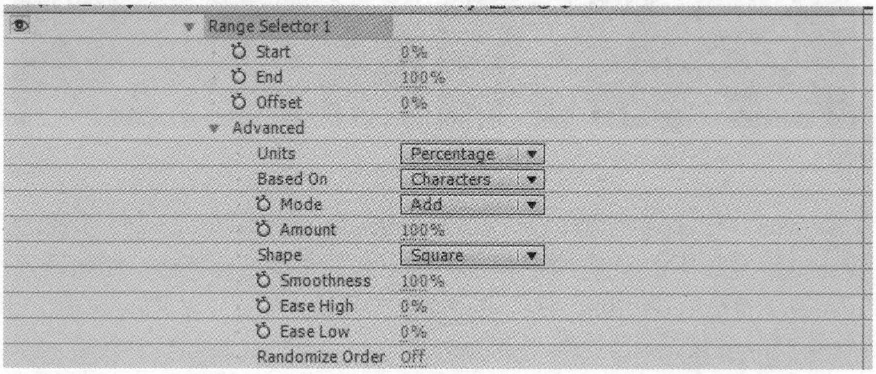

Range Selector 1
Start 0%
End 100%
Offset 0%
Advanced
Units Percentage
Based On Characters
Mode Add
Amount 100%
Shape Square
Smoothness 100%
Ease High 0%
Ease Low 0%
Randomize Order Off

图 5-38

下面将详细介绍 Range Selector 中的各项参数。

- Start(开始)：设置选择器的开始位置，与字符、单词或文字行的数量以及 Unit(单位)、Based On(基于)选项的设置有关。
- End(结束)：设置选择器的结束位置。
- Offset(偏移)：设置选择器的整体偏移量。
- Units(单位)：设置选择范围的单位，有 Percentage(百分比)和 Index(指数)两种，如图 5-39 所示。

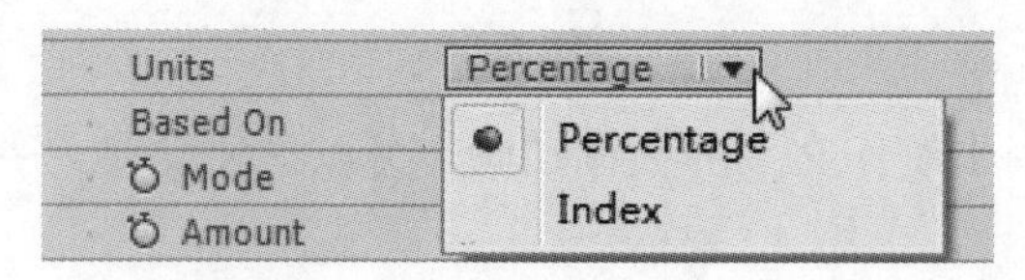

图 5-39

- Based On(基于)：设置选择器动画的基于模式，包含 Characters(字符)、Characters Excluding Spaces(排除空格字符)、Words(单词)和 Lines(行)4 种，如图 5-40 所示。

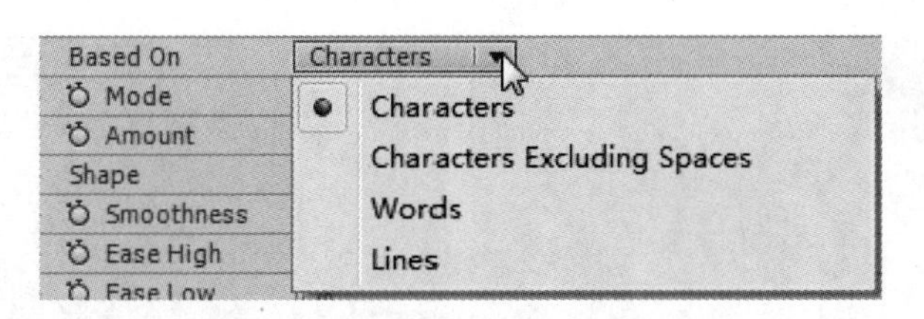

图 5-40

- Mode(模式)：设置多个选择器范围的混合模式，包括 Add(加法)、Subtract(减法)、Intersect(相交)、Min(最小)、Max(最大)和 Difference(差值)6 种模式，如图 5-41 所示。

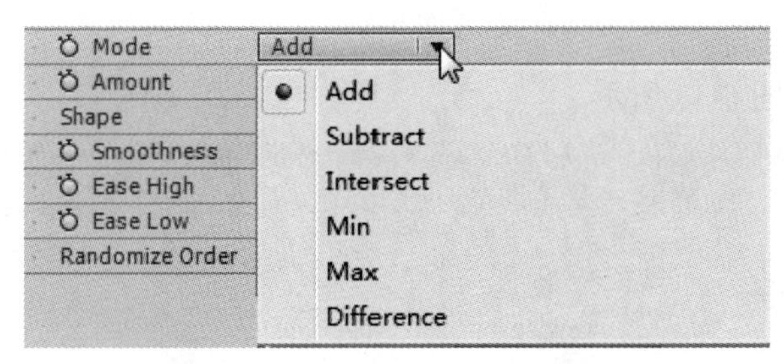

图 5-41

- Amount(数量)：设置 Property(属性)动画参数对选择器文字的影响程度。0%表示动画参数对选择器文字没有任何作用，50%表示动画参数只能对选择器文字产生一半的影响。
- Shape(形状)：设置选择器边缘的过渡方式，包括 Square(方形)、Ramp Up(斜上渐变)、Ramp Down(斜下渐变)、Triangle(三角形)、Round(圆角)和 Smooth(平滑)6 种方式。
- Smoothness(平滑度)：在设置 Shape(形状)类型为 Square(方形)方式时，该选项才起作用，它决定了一个字符到另一个字符过渡的动画时间。
- Ease High(柔缓高)：特效缓入设置。例如，当设置 Ease High 值为 100%时，文字特效从完全选择状态进入部分选择状态的过程就很平稳；当设置 Ease High 值为-100%时，文字特效从完全选择状态到部分选择状态的过程就会很快。
- Ease Low(柔缓低)：原始状态缓出设置。例如，当设置 Ease Low 值为 100%时，文字从部分选择状态进入完全不选择状态的过程就很平缓；当设置 Ease Low 值为-100%时，文字从部分选择状态进入完全不选择状态的过程就会很快。
- Randomize Order(速记顺序)：决定是否启用随机设置。

4. Wiggly Selector(摇摆选择器)

使用 Wiggly Selector 可以让选择器在指定的时间段产生摇摆动画，如图 5-42 所示。

图 5-42

其参数选项，如图 5-43 所示。

Source Name	Mode	TrkMat
▼ Wiggly Selector 1		
Mode	Intersect	
Max Amount	100%	
Min Amount	-100%	
Based On	Characters	
Wiggles/Second	2.0	
Correlation	50%	
Temporal Phase	0x+0.0°	
Spatial Phase	0x+0.0°	
Lock Dimensions	Off	
Random Seed	0	

图 5-43

下面将详细介绍 Wiggly Selector 的各项参数。

➢ Mode(模式)：设置 Wiggly Selector 与其上层 Selector(选择器)之间的混合模式，类似于多重 Mask(遮罩)的混合设置。
➢ Max/Min Amount(最大/最小数量)：设定选择器的最大/最小变化幅度。
➢ Based On(基于)：选择文字摇摆动画的基于模式，包括 Characters(字符)、Characters Excluding Spaces(排除空格字符)、Words(单词)和 Lines(行)4 种模式。
➢ Wiggles/Second(摇摆/秒)：设置文字摇摆的变化频率。
➢ Correlation(关联)：设置每个字符变化的关联性。当其值为 100%时，所有字符在相同时间内的摆动幅度都是一致的；当其值为 0%时，所有字符在相同时间内的摆动幅度都互不影响。
➢ Temporal/Spatial Phase(时间/空间相位)：设置字符基于时间还是基于空间的相位大小。
➢ Lock Dimensions(锁定维度)：设置是否让不同维度的摆动幅度拥有相同的数值。
➢ Random Seed(随机变数)：设置随机的变数。

5. Expression Selector(表达式选择器)

在使用表达式时，表达式选择器可以很方便地使用动态方法来设置动画属性对文本的影响范围。可以在一个 Animator(动画器)组中使用多个 Expression Selector，并且每个选择器也可以包含多个动画属性，如图 5-44 所示。

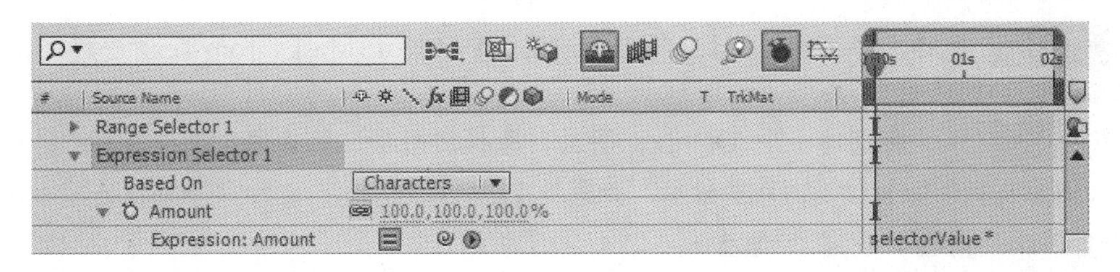

图 5-44

下面将详细介绍 Expression Selector 中的各项参数。

- Based On(基于)：设置选择器的基于方式，包括 Characters(字符)、Characters Excluding Spaces(排除空格字符)、Words(单词)和 Lines(行)4 种模式。
- Amount(数量)：设定动画属性对表达式选择器的影响范围。0%表示动画属性对选择器文字没有任何影响；50%表示动画属性对选择器文字有一半的影响。
- TextIndex(文本序号)：返回 Characters(字符)、Words(单词)或 Lines(行)的序号值。
- TextTotal(文本总数值)：返回 Characters(字符)、Words(单词)或 Lines(行)的总数值。
- Selector Value(选择器数值)：返回先前选择器的值。

5.3.4 操作文本遮罩

在时间线面板中选择文字图层，然后在菜单栏中选择 Layer(图层)→Create Masks From Text(创建文字遮罩)菜单命令，系统即可自动生成一个新的白色的固态图层，并将 Mask(遮罩)创建到这个图层上，同时原始的文字图层将自动关闭显示，如图 5-45 和图 5-46 所示。

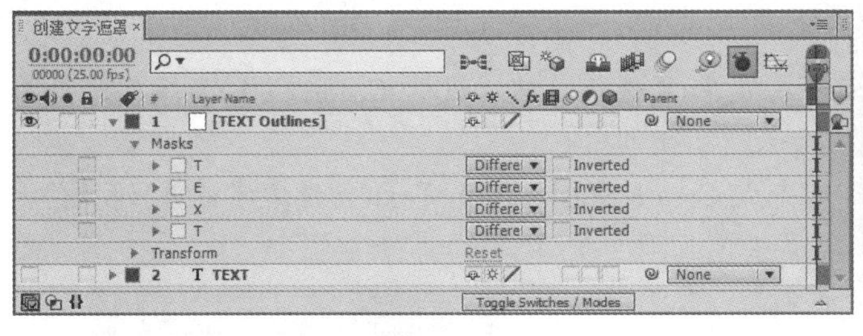

图 5-45　　图 5-46

下面将通过一个案例，详细介绍 Create Masks from Text(创建文字遮罩)的操作方法，本案例的效果图，如图 5-47 所示。

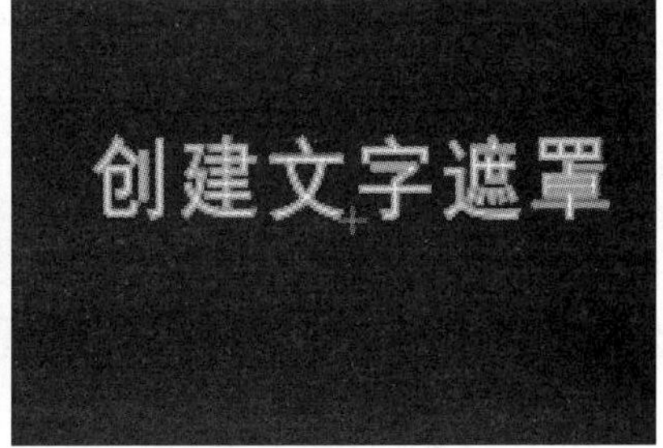

图 5-47

第 1 步　选择文字图层，然后选择 Layer(图层)→Create Masks from Text(创建文字遮罩)菜单命令，如图 5-48 所示。

第 2 步　系统会创建一个 Outlines 图层，选择该图层，然后依次选择 Effect(特效)→Generate(生成)→Stroke(描边)菜单命令，如图 5-49 所示。

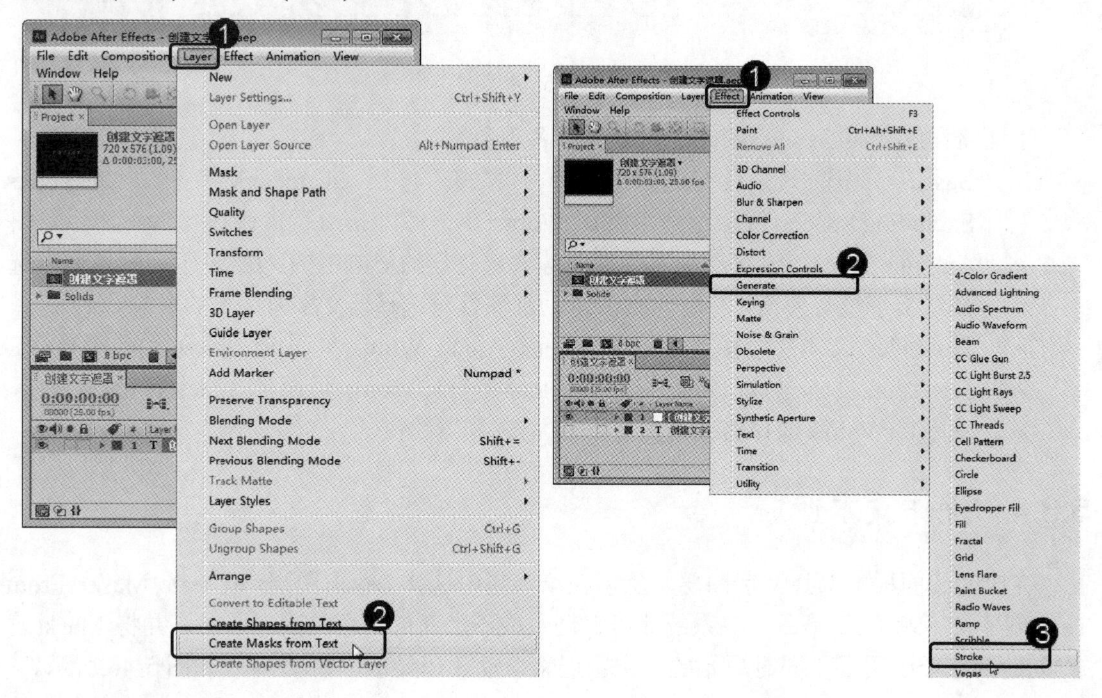

图 5-48　　　　图 5-49

第 3 步　勾选 All Masks(所有遮罩)复选框，然后设置 Color(颜色)为绿色，如图 5-50 所示。

第 4 步　通过以上步骤即可完成 Create Masks from Text(创建文字遮罩)的操作，最终效果如图 5-51 所示。

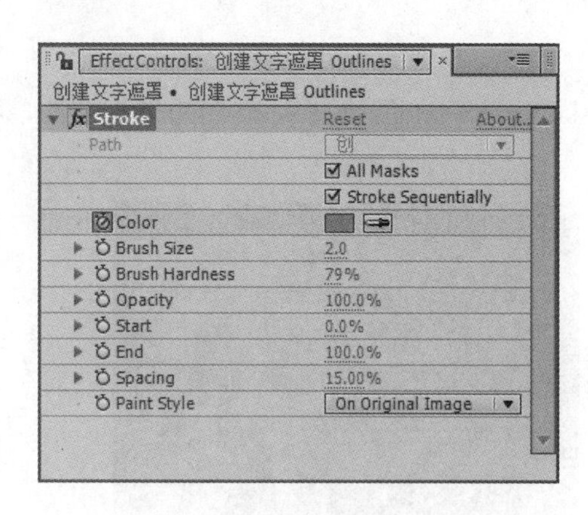

图 5-50

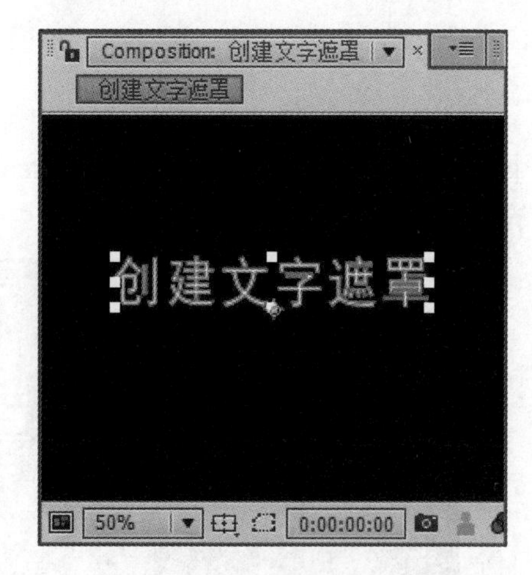

图 5-51

5.4　文本动画操作案例

本节将通过几个案例进一步理解在实际应用领域中使用文字工具和 Animator Groups(动画组)系统创建文字动画的相关知识及操作方法。

5.4.1　文字渐隐的效果

使用 Animator Groups 配合文字工具是创建文字动画最主要的方式。通过设置 Animator Groups 中的 Opacity(不透明度)属性以及 Range Selector(距离选择器)的 End(结束)属性来制作文字渐隐的动画效果，下面将详细介绍制作文字渐隐效果的操作方法。

素材文件　配套素材\第 5 章\素材文件\制作文字渐隐素材.aep
效果文件　配套素材\第 5 章\效果文件\制作文字渐隐效果.aep

第 1 步 打开素材文件“制作文字渐隐素材.aep”，首先使用文字工具T，输入“文字渐隐效果”字样，如图 5-52 所示。

第 2 步 单击 Animate(动画)按钮，然后在弹出的快捷菜单中选择 Opacity(不透明度)菜单命令，如图 5-53 所示。

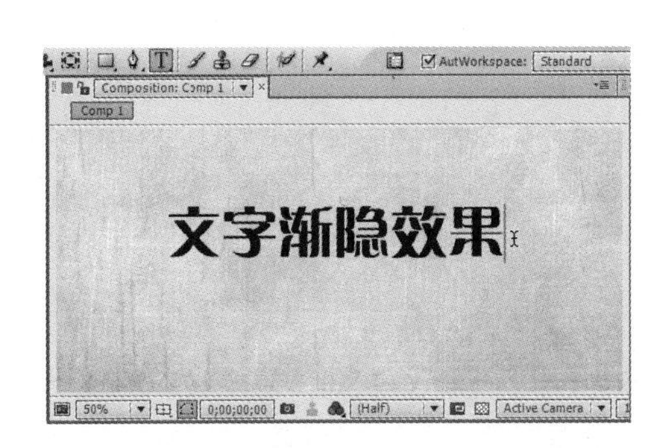

图 5-52

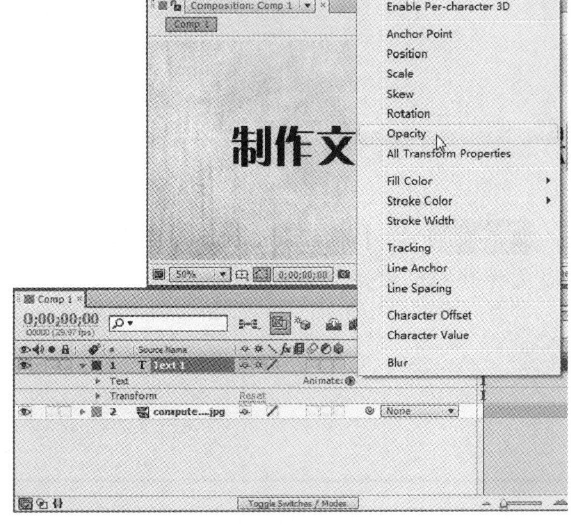

图 5-53

第 3 步 将 Animator Groups(动画组)中的 Opacity(不透明度)属性设置为 0%，使文字层完全透明，如图 5-54 所示。

第 4 步 在准备添加渐隐效果的开始位置，将 Range Selector(距离选择器)的 End(结束)属性设置为 0%，并为其记录为关键帧，如图 5-55 所示。

第 5 步 向右拖动时间指示标，在渐隐效果的结束位置将 End(结束)属性设置为 100%，会自动生成关键帧，如图 5-56 所示。

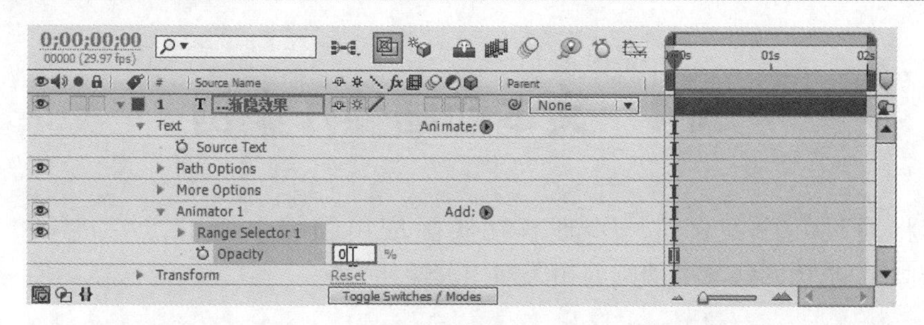

图 5-54

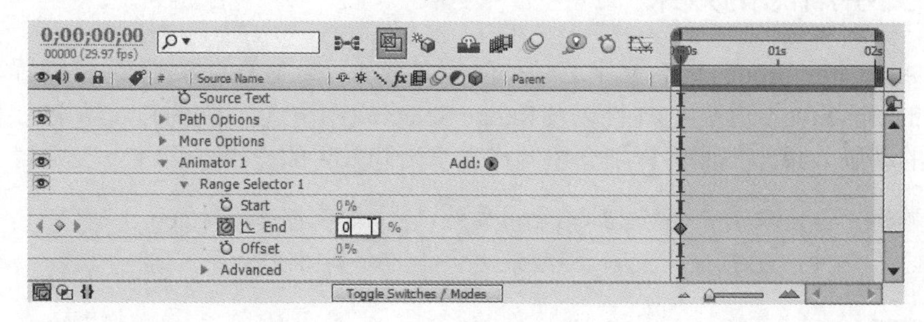

图 5-55

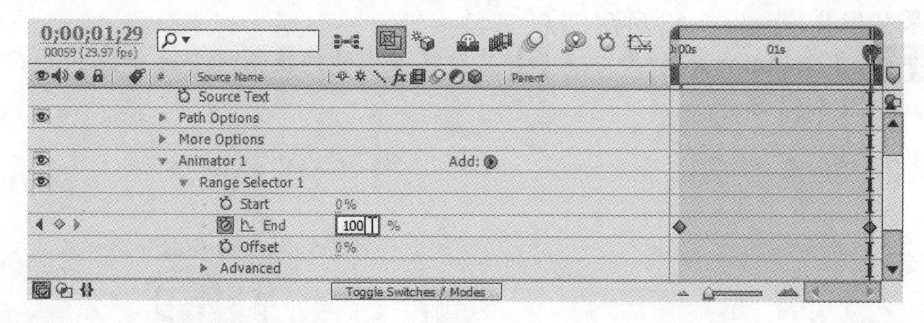

图 5-56

第 6 步 此时，拖动时间线滑块即可观察制作好的文字渐隐效果，通过以上步骤即可完成文字渐隐的效果，如图 5-57 所示。

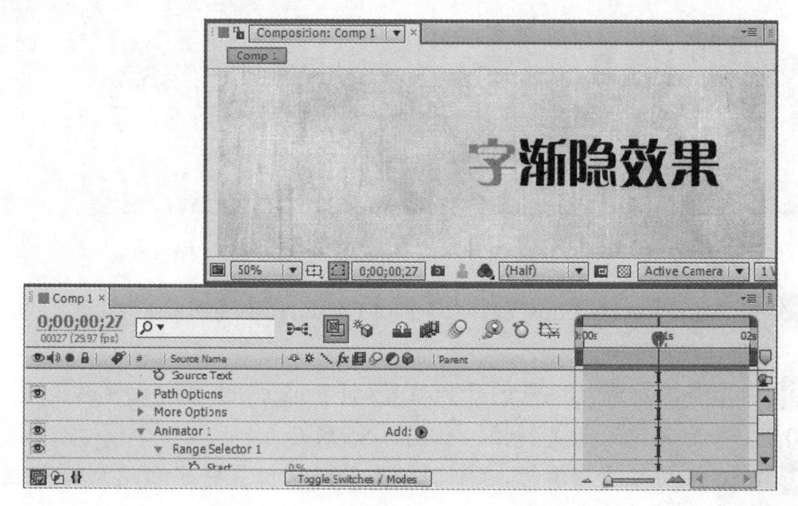

图 5-57

5.4.2　制作风景文字

本章学习了文本操作的相关知识，本例将详细介绍制作风景文字的效果，以此来巩固和提高本章学习的内容。

素材文件　配套素材\第 5 章\素材文件\ 01.jpg
效果文件　配套素材\第 5 章\效果文件\制作风景文字.aep

第 1 步　在项目面板空白处中双击鼠标左键，在弹出的对话框中选择本节的素材文件“01.jpg”，然后单击“打开”按钮，如图 5-58 所示。

第 2 步　在项目面板中将“01.jpg”素材文件拖曳到时间线中，并设置 Scale(缩放)为 66，如图 5-59 所示。

图 5-58

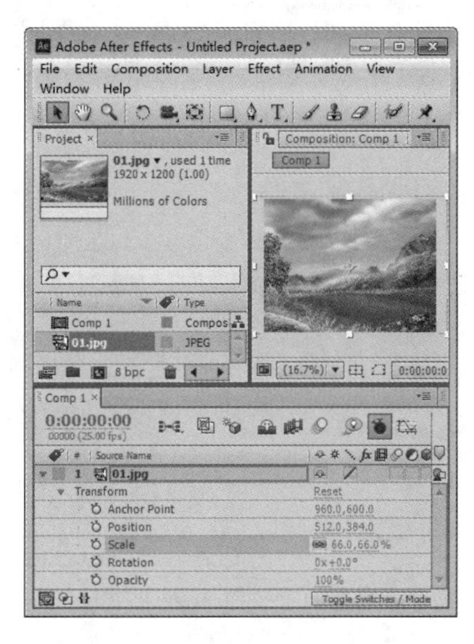

图 5-59

第 3 步　在时间线面板中右击，在弹出的快捷菜单中选择 New(新建)→Text(文字)菜单命令，如图 5-60 所示。

第 4 步　在合成面板中输入文字 find 设置字体为 Segoe UI，字体风格为 Bold(粗体)，字体大小为“400”，如图 5-61 所示。

第 5 步　设置时间线面板中的“01.jpg”图层的 Track Matte(遮罩轨道)为 Alpha Matte "find"，如图 5-62 所示。

第 6 步　选择时间线面板中的“find”和“01.jpg”图层并复制一份，将复制的两个图层放置到“find”和“01.jpg”的图层下方，如图 5-63 所示。

第 7 步　为“find2”图层下的“01.jpg”添加 Brightness & Contrast(亮度&对比度)效果，设置 Brightness(亮度)为-65，如图 5-64 所示。

第 8 步　选择时间线面板中的“find2”图层。设置“描边类型”为 Fill Over Stroke(填充描边上)，“描边大小”为 66，如图 5-65 所示。

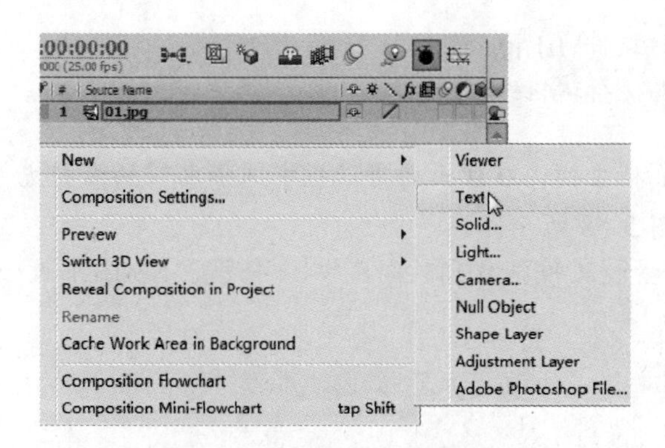

图 5-60

图 5-61

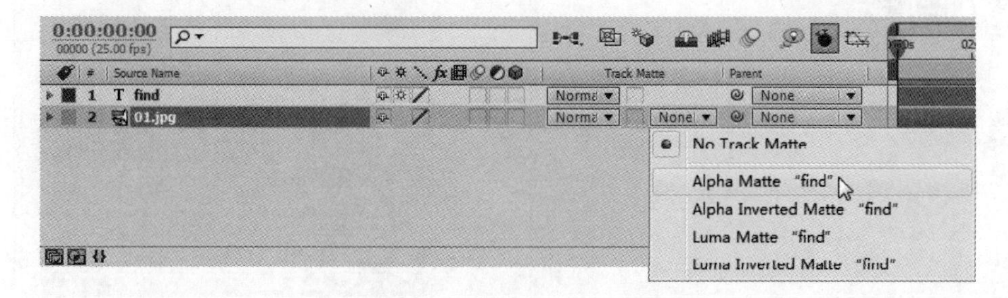

图 5-62

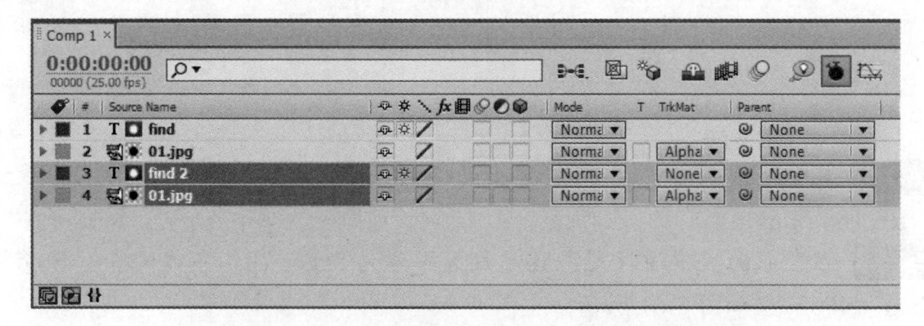

图 5-63

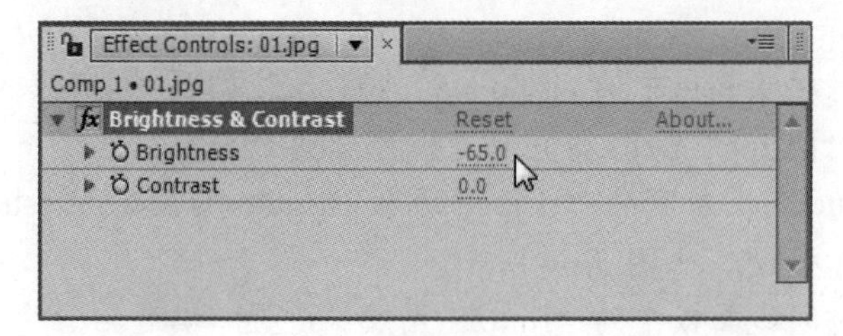

图 5-64

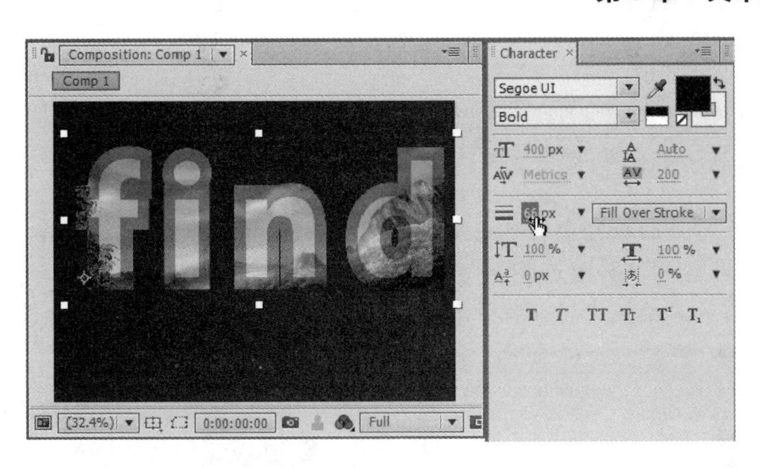

图 5-65

第 9 步 选择时间线面板中的“01.jpg”并复制一份，然后拖曳到最底层，如图 5-66 所示。

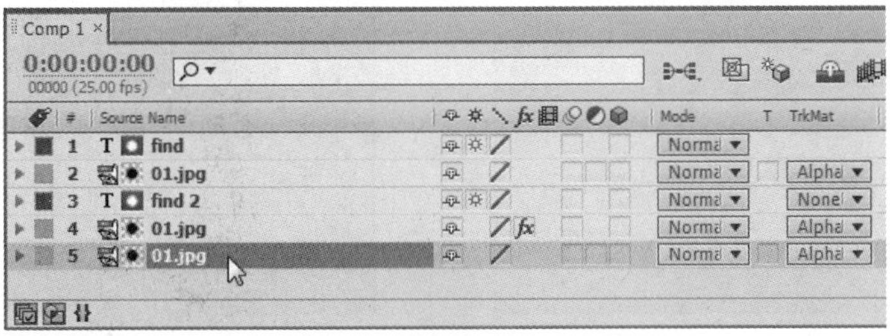

图 5-66

第 10 步 此时拖动时间线滑块可以查看到最终制作的风景文字效果，如图 5-67 所示。

图 5-67

5.4.3　制作文字扫光效果

本章学习了文本操作的相关知识，本例将详细介绍制作文字扫光效果，以此来巩固和提高本章学习的内容。

素材文件	配套素材\第 5 章\素材文件\背景.jpg
效果文件	配套素材\第 5 章\效果文件\制作文字扫光.aep

第 1 步 在项目面板空白处双击鼠标左键，在弹出的对话框中选择本节的素材文件，然后单击“打开”按钮，如图 5-68 所示。

第 2 步 在项目面板中将“背景.jpg”素材文件拖曳到时间线中，如图 5-69 所示。

图 5-68

图 5-69

第 3 步 在时间线面板中右击，在弹出的快捷菜单中选择 New(新建)→Text(文字)菜单命令，如图 5-70 所示。

第 4 步 在合成面板中输入文字，设置字体为 Adobe Gothic Std，字体大小为“114”，字体颜色为“黑色”并单击粗体按钮 T，如图 5-71 所示。

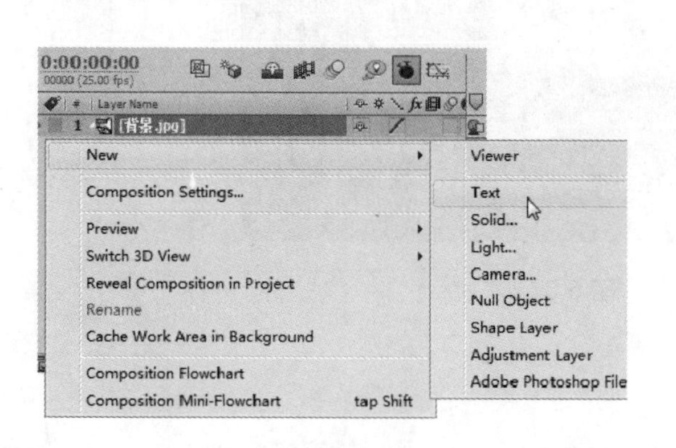

图 5-70

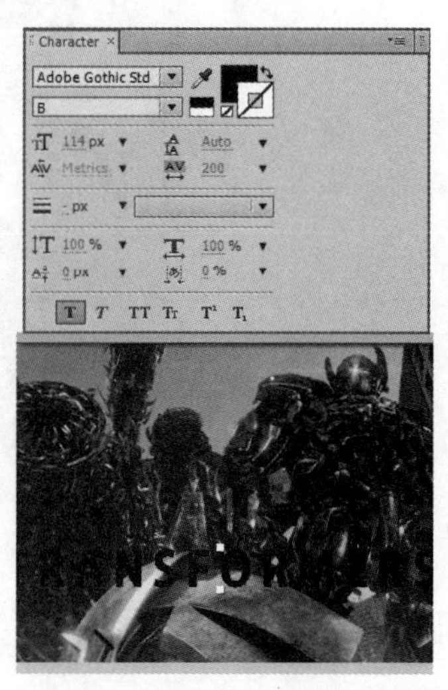

图 5-71

第 5 步 在合成面板中输入文字，设置字体为 Adobe Gothic Std，字体大小为“114”，字体颜色为“黑色”，并单击粗体按钮T，如图 5-72 所示。

第 6 步 新建固态层，在弹出的对话框中，设置名称为“光晕”，Width(宽)为 1024，Height(高)为 768，Color(颜色)为“黑色”，最后单击 OK 按钮，如图 5-73 所示。

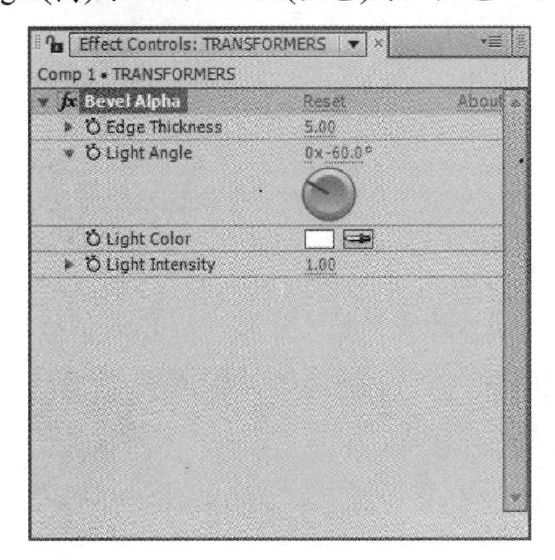

图 5-72

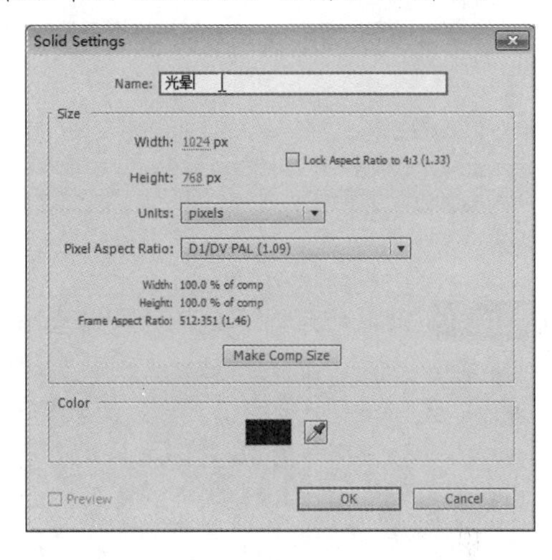

图 5-73

第 7 步 为光晕图层添加 Lens Flare(镜头光晕)效果，设置“光晕”图层 Mode(模式)为 Screen(屏幕)，设置 Lens Type(镜头类型)为 105mm Prime，如图 5-74 所示。

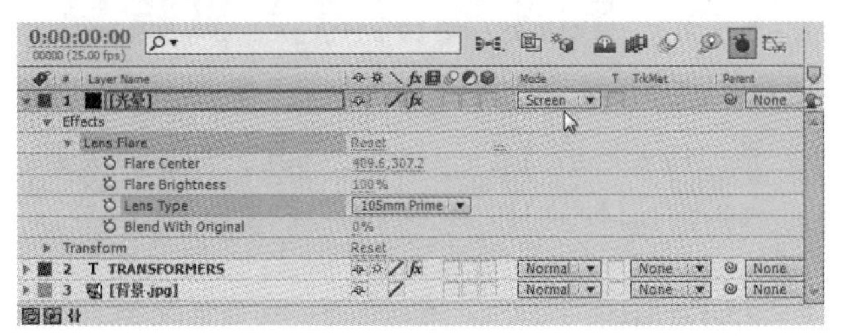

图 5-74

第 8 步 将时间线拖到起始帧的位置，开启 Flare Center(光晕中心)的自动关键帧，设置 Flare Center(光晕中心)为(−1030,622)。将时间拖到第 4 秒的位置，设置 Flare Center(光晕中心)为(1030,622)，如图 5-75 所示。

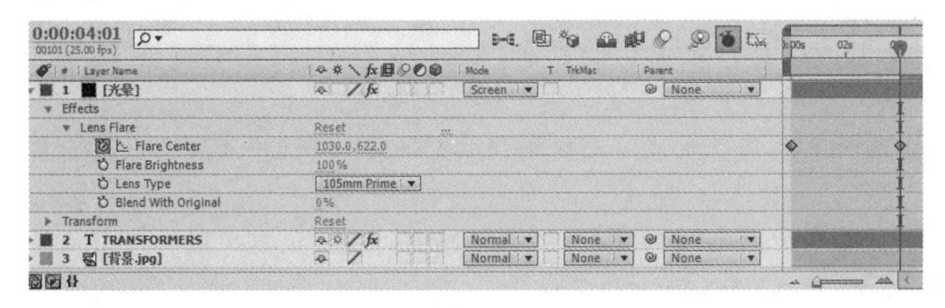

图 5-75

第 9 步 将时间线拖到起始帧的位置，开启文字图层下 Light Angle(灯光角度)的自动关键帧，设置 Light Angle(灯光角度)为 60°，将时间线拖到第 4 秒的位置，设置 Light Angle(灯光角度)为-60°，如图 5-76 所示。

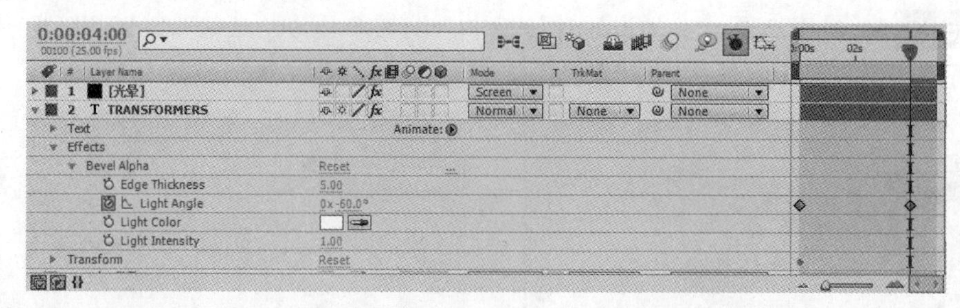

图 5-76

第 10 步 此时拖动时间线滑块即可查看最终制作的文字扫光效果，如图 5-77 所示。

图 5-77

5.5 实践案例与上机指导

通过本章的学习，读者基本可以掌握文本操作的基本知识以及一些常见的操作方法，下面通过练习操作，以达到巩固学习和拓展提高的目的。

5.5.1 制作文字随机动画

在制作文字随机动画方面，Wiggly Selector(摇摆选择器)比 Range Selector(距离选择器)要方便得多，只需要设置其各个参数，通过运算随机选择文字，无须设置关键帧。下面将详细介绍其操作方法。

素材文件 配套素材\第 5 章\素材文件\文字随机动画素材.aep

效果文件 配套素材\第 5 章\效果文件\制作文字随机动画.aep

第 1 步 打开素材文件“文字随机动画素材.aep”，使用文字工具T，输入“GO GO GO ！！！”字样，如图 5-78 所示。

第 2 步 单击 Animate 按钮▶，然后在弹出的快捷菜单中选择 Fill Color(填充色)→RGB 菜单命令，如图 5-79 所示。

第 3 步 此时可以在合成面板中看到添加后的文字效果，如图 5-80 所示。

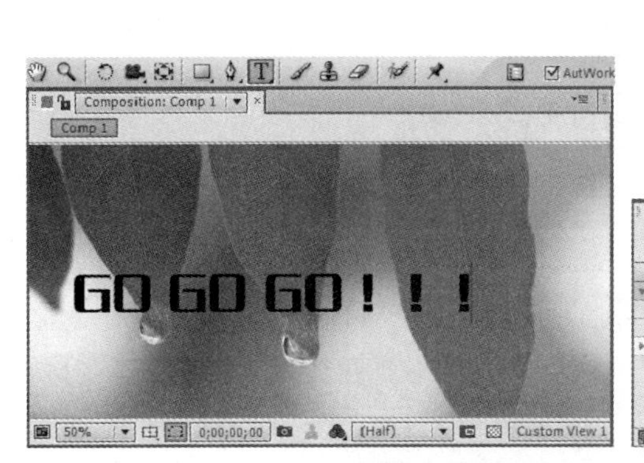

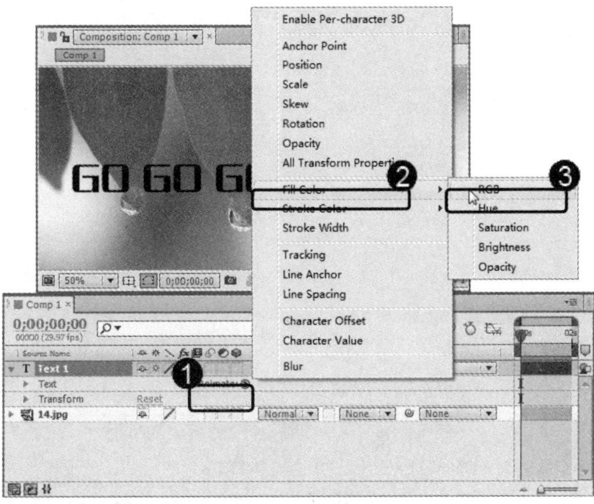

图 5-78　　　　图 5-79

图 5-80

第 4 步 通过 Add 弹出的快捷菜单命令，添加一个 Position(位移)属性，如图 5-81 所示。

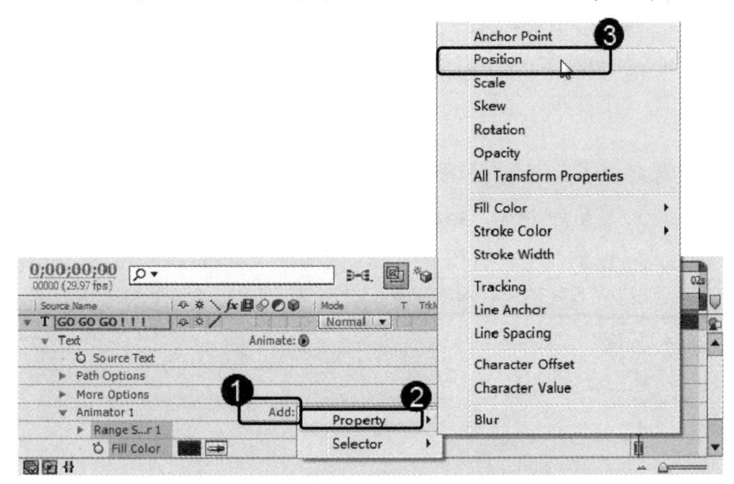

图 5-81

第 5 步 同时，为了让动画更为活泼柔和，可以为其添加 Opacity(填充不透明度)属性，如图 5-82 所示。

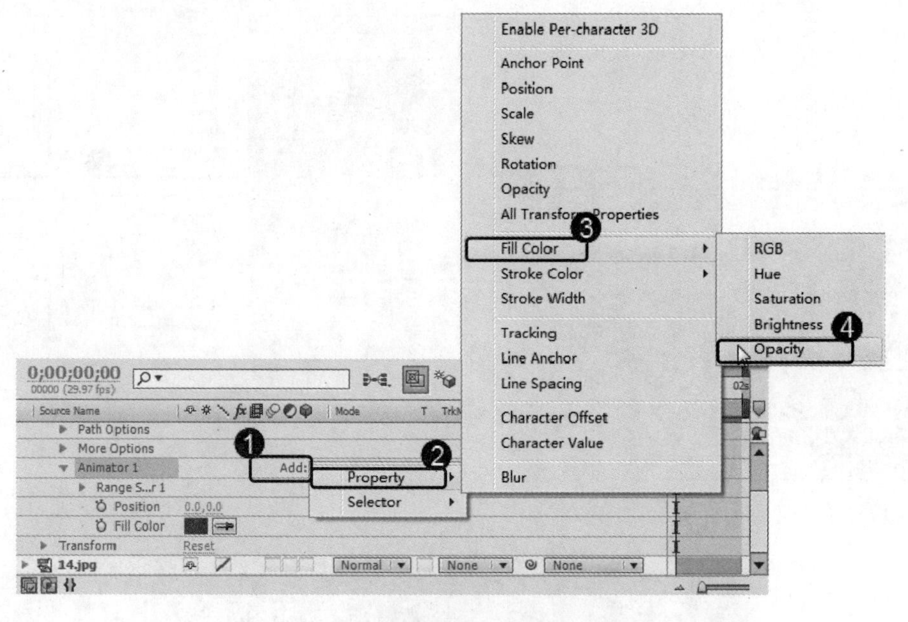

图 5-82

第 6 步 默认状态下，Animator Groups(动画组)的默认 Selector(选择器)为 Range Selector(距离选择器)，所以要通过菜单命令手动为 Animator Groups 增加一个 Wiggly Selector(摇摆选择器)，如图 5-83 所示。

图 5-83

第 7 步 根据需要将 Position(位移)属性的纵轴数值设置为正值，同时将 Fill Opacity(填充不透明度)属性的数值设置为 0%，如图 5-84 所示。

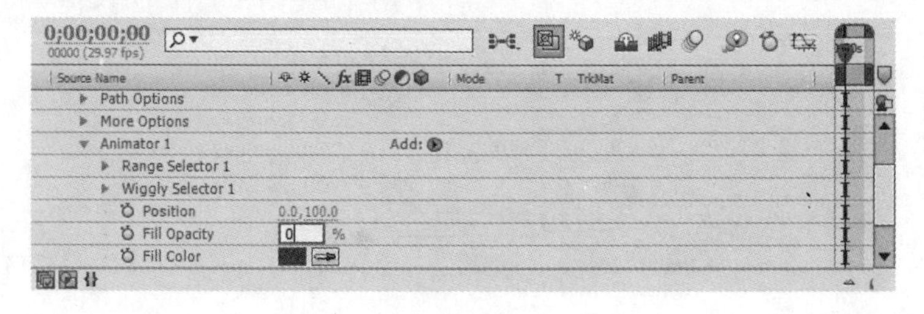

图 5-84

第 8 步 配合 Wiggly Selector(摇摆选择器)的选择作用，可以生成文字随机跳动并随机缺隐的效果，如图 5-85 所示。

图 5-85

第 9 步 效果已经基本制作完成，用户还可以继续设置 Wiggly Selector(摇摆选择器)的各项属性参数，通过调节 Wiggly Selector 的各项参数，可以设置 Wiggly Selector 选取文字区域的叠加模式、选取单位、随机选取速率，以及时空相位等多个属性，使随机选择的方式更符合文字动画效果的需求，如图 5-86 所示。

0;00;00;00
00000 (29.97 fps)

Source Name	Mode
▼ Wiggly Selector 1	
Mode	Intersect
Max Amount	100%
Min Amount	-100%
Based On	Characters
Wiggles...ond	2.0
Correlation	50%
Temporal Phase	0x+0.0°
Spatial Phase	0x+0.0°
Lock Di...ions	Off
Random Seed	0

图 5-86

第 10 步 由于 Wiggly Selector 无须设置关键帧，所以已经生成文字随机变色的效果，这样即可完成制作文字随机动画的操作，如图 5-87 所示。

图 5-87

5.5.2　制作文字波动的效果

在前面的案例中，只对其 End(结束)属性设置了关键帧，还可以用 Start 开始和 End 结束两个属性确定一个区域，再为其 Offset 属性设置关键帧，这样可以制作放大镜掠过文字层的文字波动效果。如果需要，还可以为 Start、End 和 Offset 属性设置关键帧，从而制作更为复杂的文字动画，本例将讲解如何使用 Scale 制作文字波动的效果，练习 Rang Selector(距离选择器)的综合使用方法。

素材文件　配套素材\第 5 章\素材文件\ wenzibodong.aep
效果文件　配套素材\第 5 章\效果文件\文字波动效果.aep

第 1 步 打开素材文件，使用文字工具T，输入“文字波动效果”字样，如图 5-88 所示。

第 2 步 单击 Animate 按钮，然后在弹出的快捷菜单中选择 Scale 菜单命令，如图 5-89 所示。

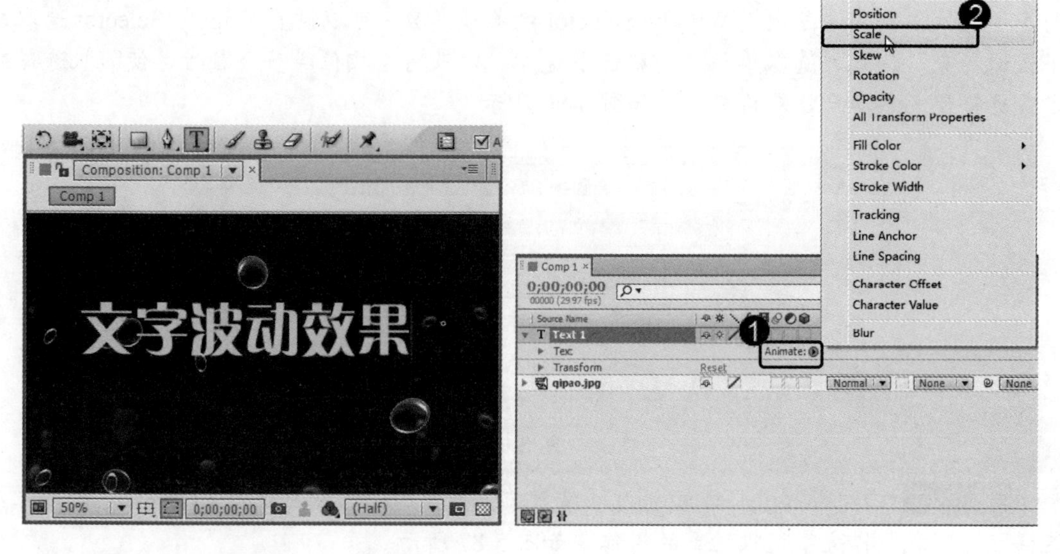

图 5-88　　　　图 5-89

第 3 步 将 Animator Groups 中的 Scale 属性调整为 140%，或按实际需求将所有字符放大，如图 5-90 所示。

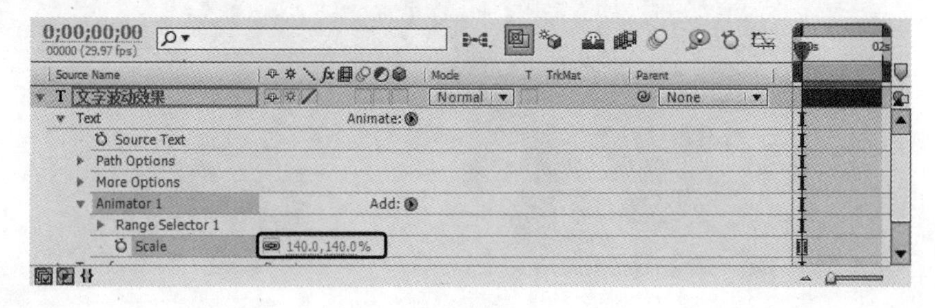

图 5-90

第 4 步 为了不使文字过于拥挤，用户可以添加 Tracking 属性，依次选择 Add→Property→Tracking 菜单命令，如图 5-91 所示。

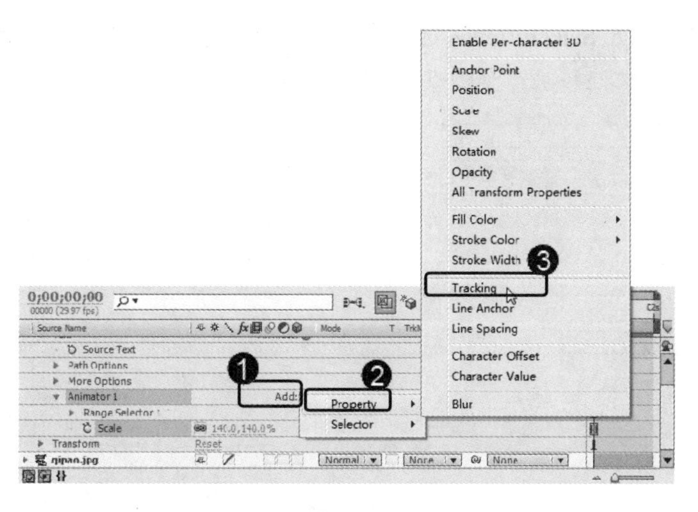

图 5-91

第 5 步　调整 Tracking Amount 数值，使字间距合适，如图 5-92 所示。

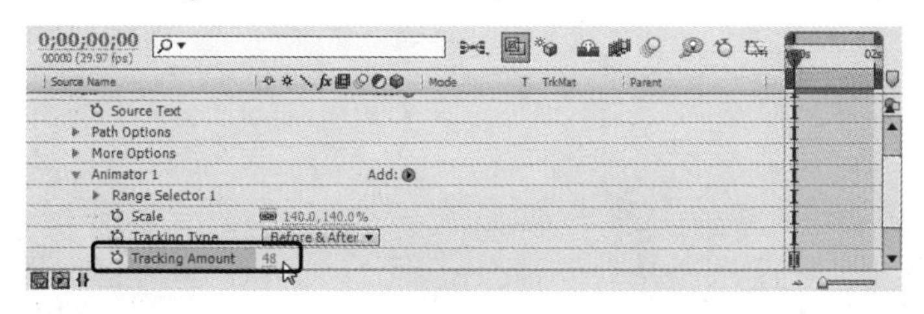

图 5-92

第 6 步　通过调整 Range Selector 的始末位置即 Start 和 End 属性，将放大镜效果影响的区域集中在放大镜范围内，并考虑使文字的缩放随放大镜的运动显得尽量自然。还可以使用鼠标对表示 Range Selector 始末位置的标记进行拖曳，从而更自由地设定动画范围，如图 5-93 所示。

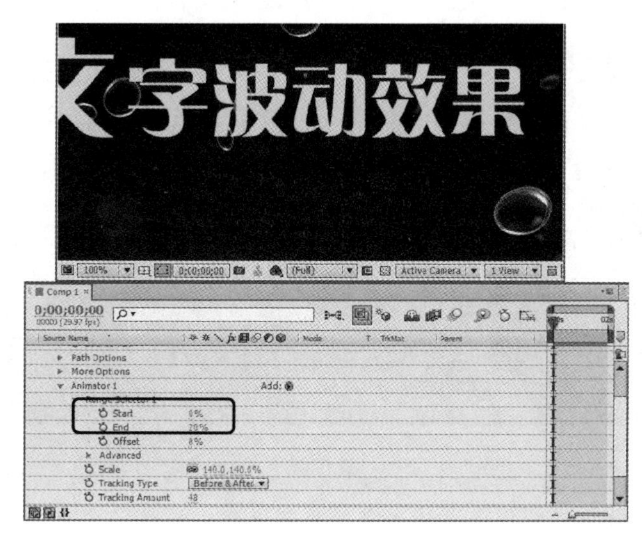

图 5-93

第 7 步 为 Range Selector(距离选择器)的 Offset 属性设置关键帧，使放大效果的影响区域随放大镜的运动轨迹移动，如图 5-94 所示。

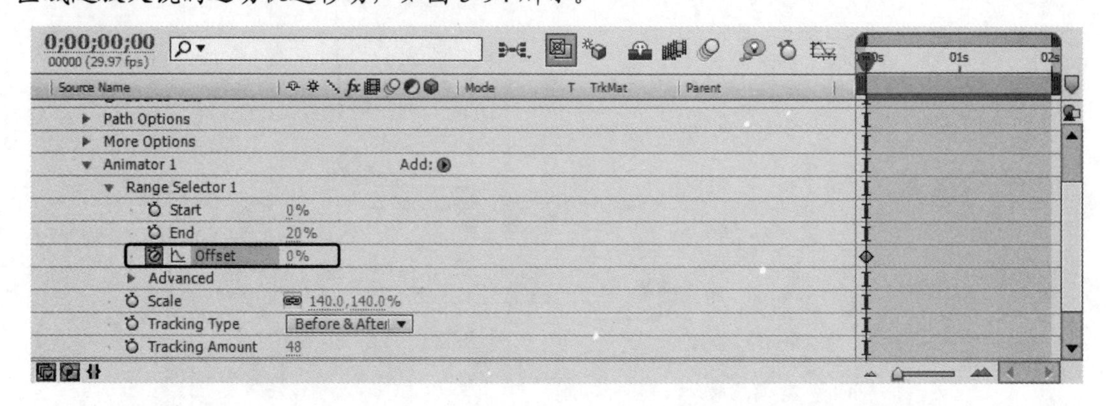

图 5-94

第 8 步 拖动时间线滑块到结束位置，设置 Offset 属性的结束关键帧，如图 5-95 所示。

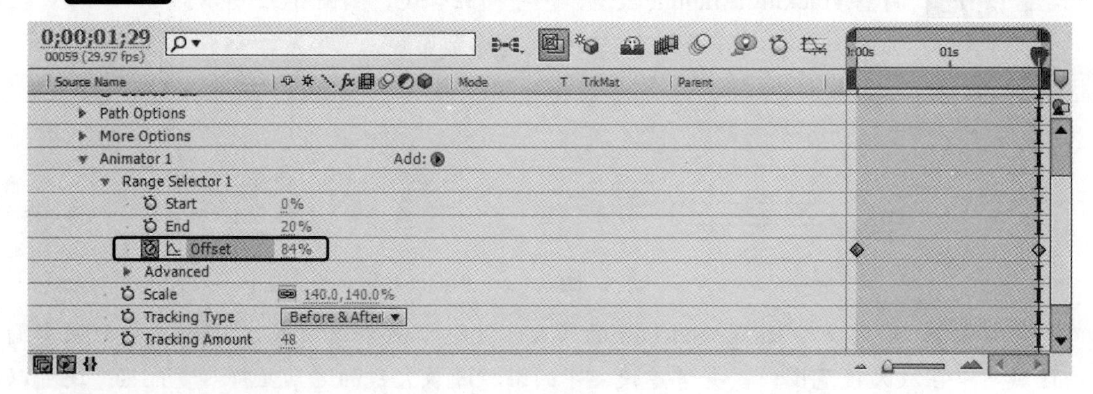

图 5-95

第 9 步 通过以上方法即可完成文字波动效果的制作，如图 5-96 所示。

图 5-96

第 10 步 如果对初步制作出来的文字动画不满意，觉得动画有些生硬，不够自然或想改变选择的文字的单位和选择范围的叠加模式，用户还可以展开 Range Selector 的 Advanced

高级属性组，进一步设置其中的各个参数，在 Range Selector 的 Advanced 高级属性组中，可以设置制作更为复杂的文字动画效果，还可以为文字制作随机动画。如图 5-97 所示。

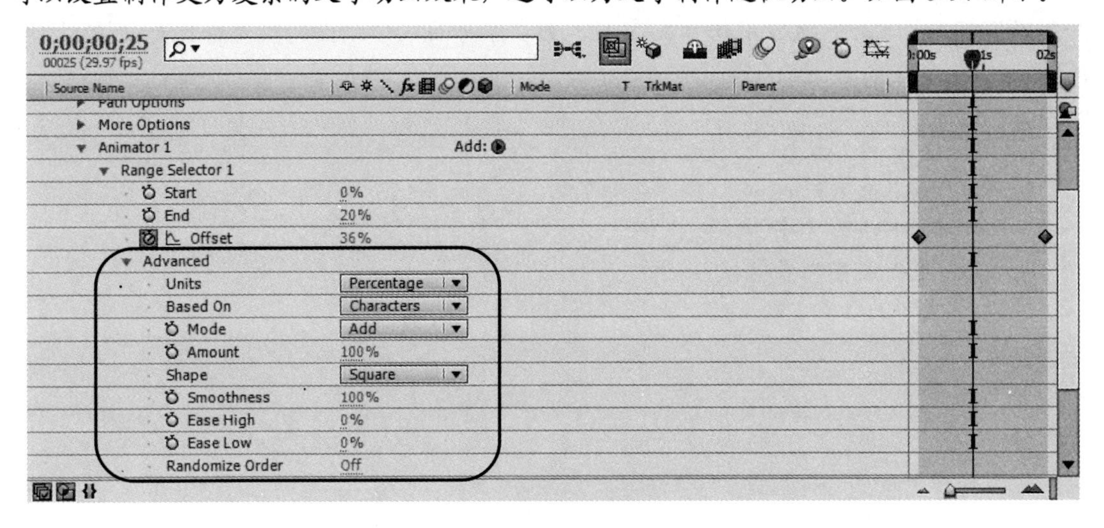

图 5-97

5.6　思考与练习

一、填空题

1. ________用于指定文字和文本框或包含文字的行之间的距离，仅影响所选段落，所以，可以为段落设置不同的____________。

2. 创建一个文字图层以后，可以使用_______功能方便快速地创建出复杂的动画效果。

3. 当输入段落文字时，文本换行，以适应边框的尺寸，可以输入多个_____并施加段落格式，也可以随时调整边框的______，以调整文本的回流状态。

4. 可以在任意时间编辑文字层中的文字。如果设置文字跟随一条路径。可以将其转换为____，对其进行变化并施加动画，还可以继续编辑，在编辑之前，必须将其____。

5. 描边的_______类型决定了当两个边线片段衔接时边线的外边框形状。可以在_______的快捷菜单中的转角设置中为文字边线设置转角类型。

6. After Effects 为中文、日文、韩文提供了多个选项。CJK 字体的字符经常被称为______，因为它们需要比单字节更多的信息，以表达每个字符。其中的 Tate-Chuu-Yoko 用于定义一块______中的横排文本。

二、判断题

1. 文字层也属于矢量层。像形状层和其他矢量层一样，文字层通常连续栅格化，所以当缩放层或重新定义文字尺寸时，其边缘会保持平滑。（　）

2. 可以在层面板中打开一个文字层，但不可以在合成面板中对其进行操作。（　）

3. 在时间线面板中，双击文字层，可以选择文字层中所有的文字，并激活最近使用的文字工具。（　）

4. 如果选择了文字，在字符面板中做出的改变仅影响所选文字。如果没有选择文字，在字符面板中做出的改变会影响所选文字层和文字层中所选的Source Text属性的关键帧。如果既没有选择文字，也没有选择文字层，则在字符面板中做出的改变会作为新输入文字的默认值。 ( )

三、思考题

1. 如何输入点文字?
2. 如何输入段落文字?
3. 如何进行文字形式转换?

第 6 章

绘画与形状的应用

本章要点

- 绘画的应用
- 形状的应用

本章主要内容

本章主要介绍绘画应用方面的知识与技巧，同时还讲解了形状应用的方法。通过本章的学习，读者可以掌握绘画与形状基础操作方面的知识，为深入学习 After Effects CS6 知识奠定基础。

6.1 绘画的应用

使用绘画工具和形状工具可以创建出光栅图案和矢量图案，如果加入一些新元素，还可以制作出一些独特的、变化多端的纹理和图案，本节将详细介绍绘画工具的相关知识及操作方法。

6.1.1 绘画面板与笔刷面板

Paint(绘画)与 Brushes(笔刷)面板是进行绘制时必须用到的面板，要打开 Paint 面板，必须先在工具栏中选择相应的绘画工具，如图 6-1 所示。

图 6-1

下面将分别予以详细介绍 Paint 与 Brushes 面板的相关知识。

1. Paint(绘画)面板

每个绘画工具的 Paint 面板都具有一些共同的特征。Paint 面板主要用来设置各个绘画工具的笔触不透明度、流量、混合模式、通道以及持续方式等，如图 6-2 所示。

下面将分别予以详细介绍 Paint 面板中的各项参数。

- Opacity(不透明度)：对于 Brush Tool(画笔工具)和 Clone Stamp Tool(仿制图章工具)，Opacity 属性主要是用来设置画笔笔触和仿制笔画的最大不透明度。对于 Eraser Tool(橡皮擦工具)，Opacity 属性主要是用来设置擦除图层颜色的最大量。
- Flow(流量)：对于 Brush Tool 和 Clone Stamp Tool，Flow 属性主要用来设置画笔的流量；对于 Eraser Tool，Flow 属性主要是用来设置擦除像素的速度。
- Mode(模式)：设置画笔或仿制笔触的混合模式，这与图层中的混合模式是相同的。
- Channels(通道)：设置绘画工具影响的图层通道，如果选择 Alpha 通道，那么绘画工具只影响图层的透明区域。

智慧锦囊

如果使用纯黑色的 Brush Tool 在 Alpha 通道中绘画，相当于使用 Eraser Tool，擦除图像。

- Duration(持续时间长度)：设置笔触的持续时间，共有以下 4 个选项，如图 6-3 所示。
  - Constant(恒定)：使笔触在整个笔触时间段都能显示出来。
  - Write On(写在)：根据手写时的速度再现手写动画的过程。其原理是自动产生 Start(开始)和 End(结束)关键帧，可以在 Timeline(时间线)窗口中对图层绘画属性的 Start 和 End 关键帧进行设置。

◆ Single Frame(单独帧)：仅显示当前帧的笔触。

◆ Custom(自定义)：自定义笔触的持续时间。

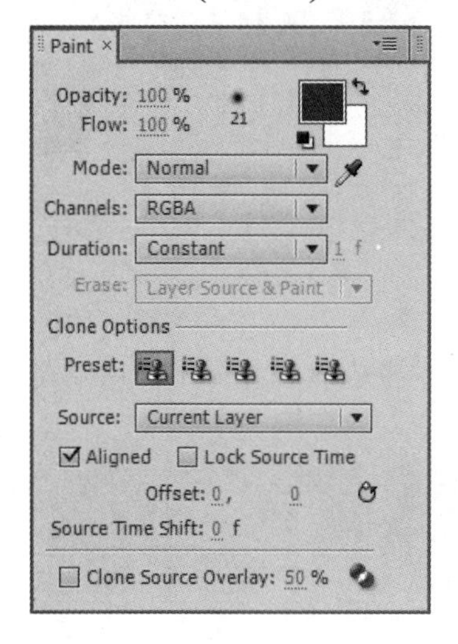

图 6-2

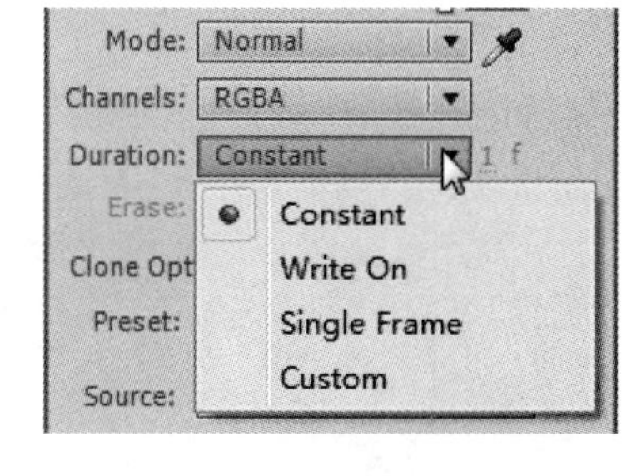

图 6-3

2. Brushes(笔刷)面板

在 Brushes 面板中可以选择绘画工具预设的一些笔触效果，如果对预设的笔触不是很满意，还可以自定义笔触的形状，通过修改笔触的参数值，可以方便快捷地设置笔触的尺寸、角度和边缘羽化等属性，如图 6-4 所示。

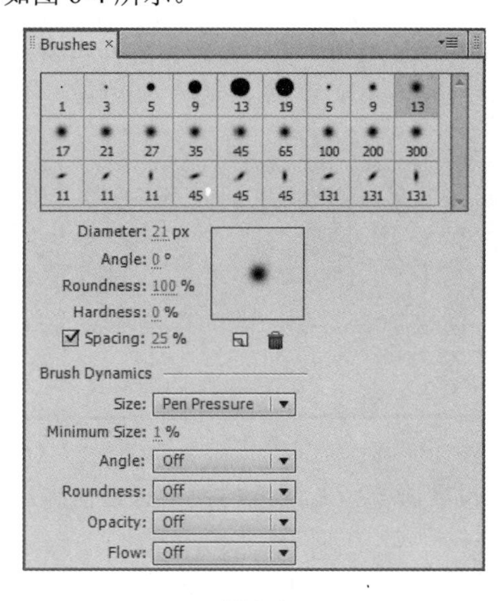

图 6-4

下面将分别予以详细介绍 Brushes 面板中的各项参数。

➢ Diameter(直径)：设置笔触的直径，单位为像素，如图 6-5 所示的是使用不同直径的绘画效果。

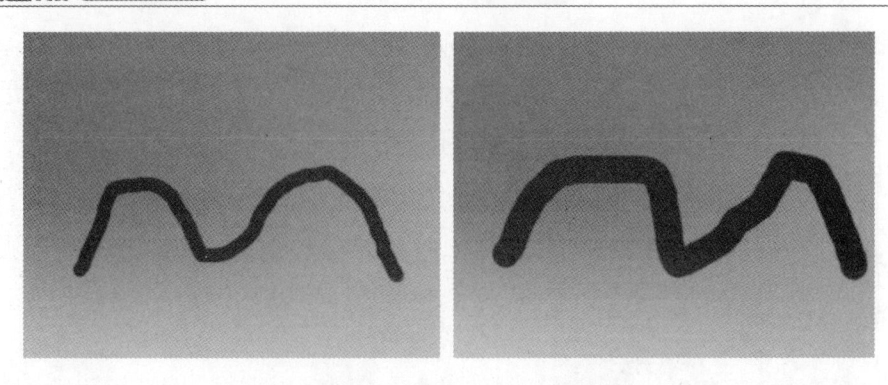

图 6-5

➢ Angle(角度)：设置椭圆形笔刷的旋转角度，单位为度，如图 6-6 所示是笔刷旋转角度为 45° 和−45° 时的绘画效果。

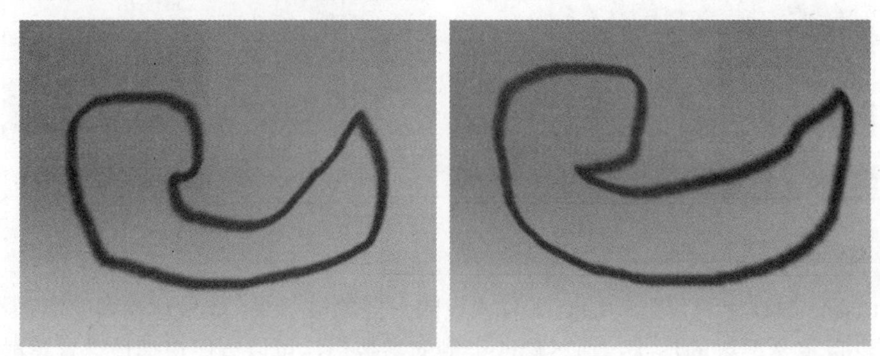

图 6-6

➢ Roundness(圆滑度)：设置笔刷形状的长轴和短轴比例。其中正圆笔刷为 100%，线形笔刷为 0%，介于 0%～100%之间的笔刷为椭圆形笔刷，如图 6-7 所示。

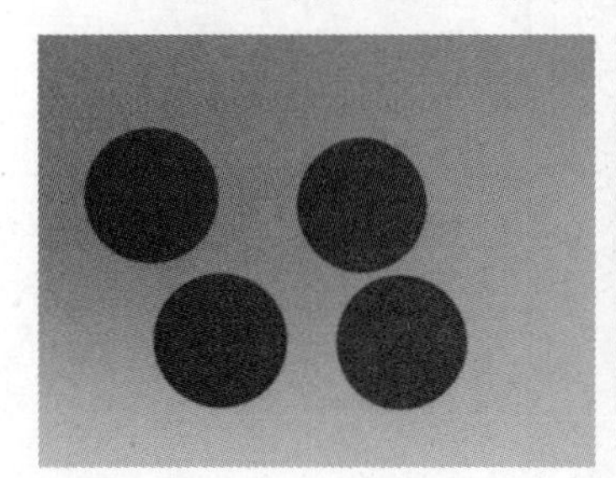

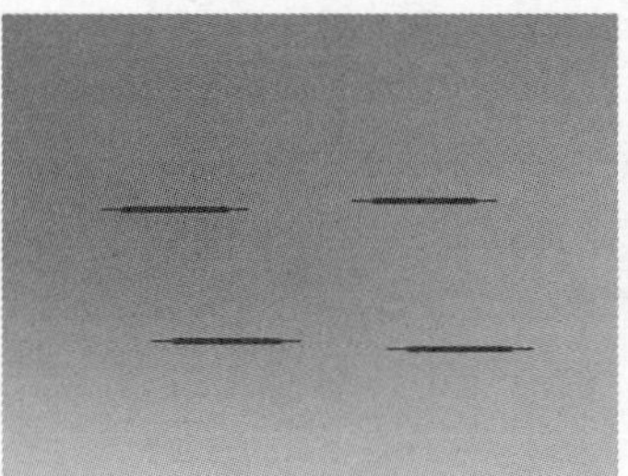

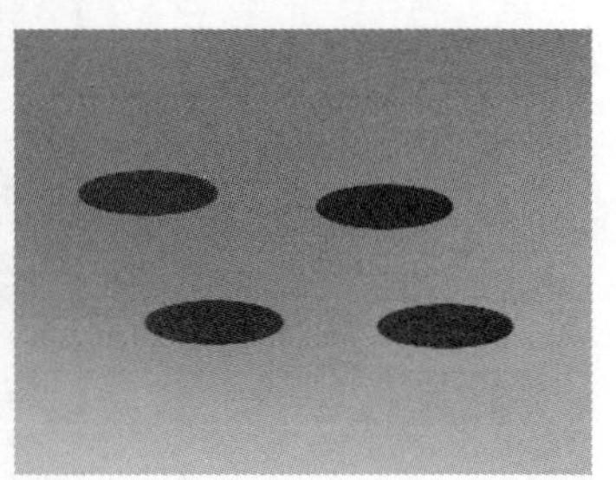

图 6-7

➢ Hardness(硬度)：设置画笔中心硬度的大小。该值越小，画笔的边缘越柔和，如图 6-8 所示。

➢ Spacing(间距)：设置笔触的间隔距离(鼠标的绘图速度也会影响笔触的间距大小)，如图 6-9 所示。

➢ Brush Dynamics(笔刷动态)：当使用手绘板进行绘画时，Dynamics(动态)属性可以用来设置对手绘板的压笔感应。

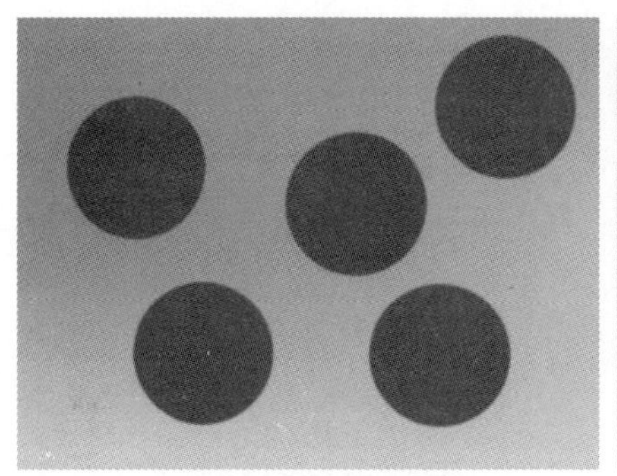
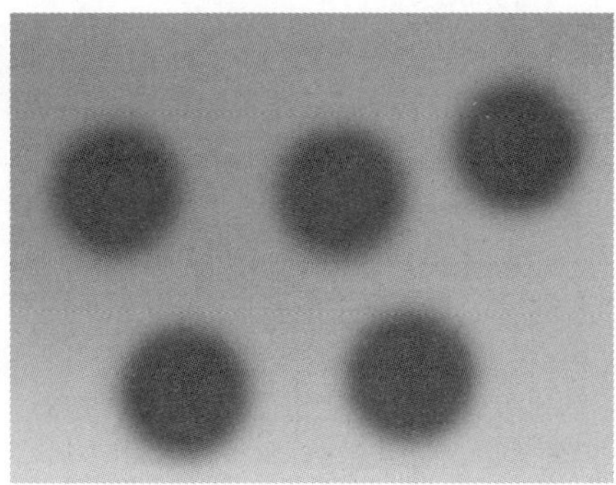

图 6-8

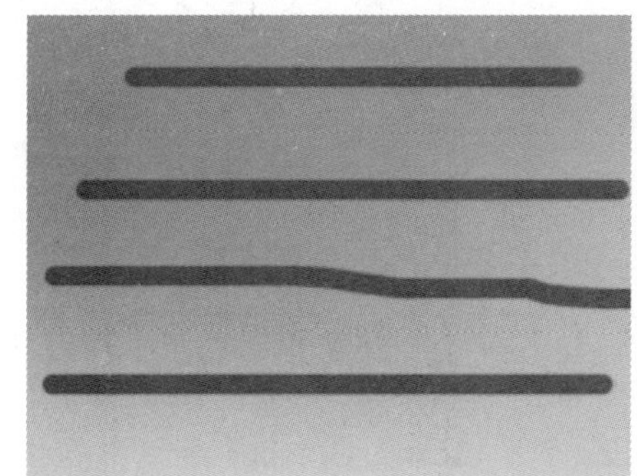
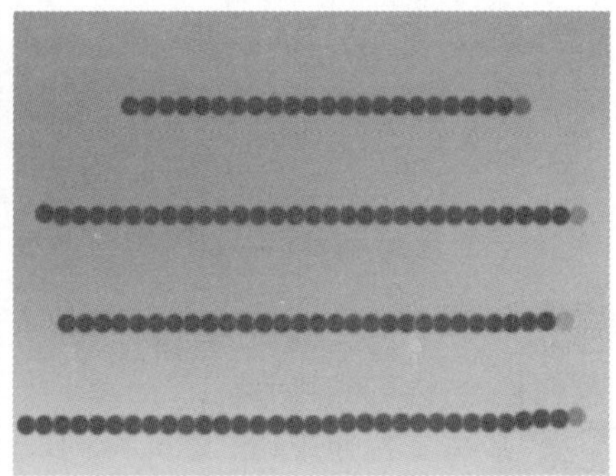

图 6-9

6.1.2　画笔工具

使用 Brush Tool(画笔工具)可以在当前图层的 Layer(图层)预览窗口中以 Paint(绘画)面板中设置的前景颜色进行绘画，如图 6-10 所示。

图 6-10

1. 使用 Brush Tool(画笔工具)进行绘画的流程

下面将详细介绍使用 Brush Tool进行绘画的操作方法。

第 1 步 在时间线面板中双击要进行绘画的图层，如图 6-11 所示。

第 2 步 将该图层在 Layer(图层)窗口中打开，如图 6-12 所示。

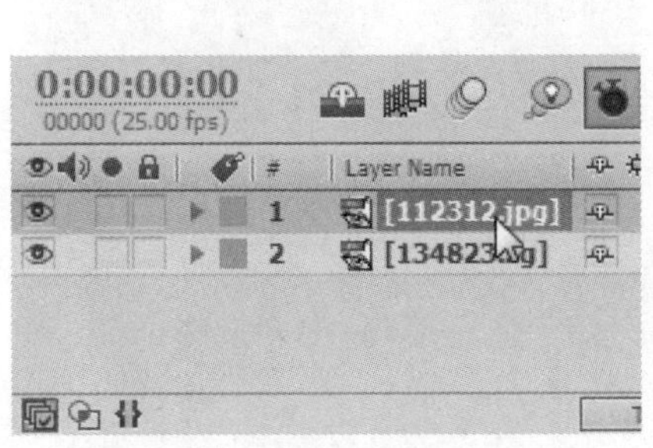

图 6-11

图 6-12

第 3 步 在工具栏中选择 Brush Tool(画笔工具)，然后单击工具栏右侧的 Toggle the Paint panels(切换绘画面板)按钮，如图 6-13 所示。

第 4 步 系统会打开 Paint(绘画)和 Brushes(笔刷)面板。Brushes 面板中选择预设的笔触或是自定义笔触的形状，如图 6-14 所示。

图 6-13

图 6-14

第 5 步 在 Paint(绘画)面板中设置好画笔的颜色、不透明度、流量，以及混合模式等参数，如图 6-15 所示。

第 6 步 使用 Brush Tool(画笔工具)在 Layer(图层)窗口中进行绘制，每次松开鼠标左键即可完成一个笔触效果，如图 6-16 所示。

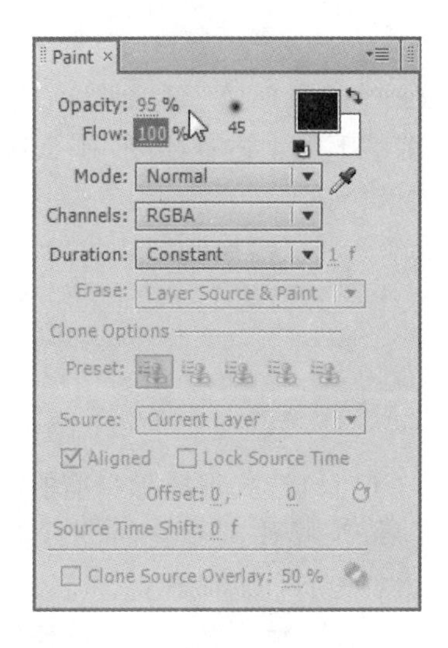

图 6-15

图 6-16

第 7 步 每次绘制的笔触效果都会在图层的绘画属性栏下以列表的形式显示出来(连续按两次 P 键即可展开笔触列表)，如图 6-17 所示。

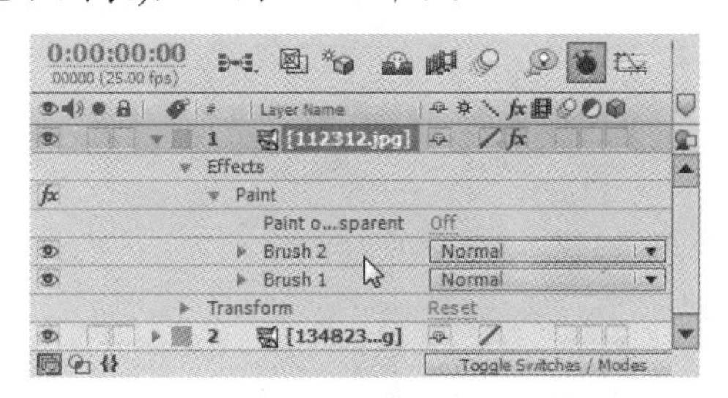

图 6-17

智慧锦囊

如果在工具栏中选择了 Auto-Open Panels(自动打开面板)选项，那么在工具栏中选择 Brush Tool(画笔工具)时，系统就可以自动打开 Paint(绘画)面板和 Brushes(笔刷)面板。

2. 使用 Brush Tool(画笔工具)注意事项

在使用绘画工具进行绘画时，用户需要注意以下 6 点。

- 第 1 点：在绘制好笔触效果后，可以在时间线面板中对笔触效果进行修改或是对笔触设置动画。
- 第 2 点：如果要改变笔刷的直径，可以在 Layer(图层)窗口中按住 Ctrl 键的同时拖曳鼠标左键。
- 第 3 点：如果要设置画笔的颜色，可以在 Paint(绘画)面板中单击 Set Foreground Color(设置前景色)或 Set Background Color(设置背景色)图标，然后在弹出的对话框中设置颜色。当然也可以使用吸管工具吸取界面中的颜色作为前景色或背景色。

➢ 第 4 点：按住 Shift 键的同时使用 Brush Tool(画笔工具)，可以继续在之前绘制的笔触效果上进行绘制。注意，如果没有在之前的笔触上进行绘制，那么按住 Shift 键可以绘制出直线笔触效果。
➢ 第 5 点：连续按两次 P 键，可以在时间线面板中展开已经绘制好的各种笔触列表。
➢ 第 6 点：连续按两次 S 键，可以在时间线面板中展开当前正在绘制的笔触列表。

6.1.3 Eraser Tool(橡皮擦工具)

使用 Eraser Tool 可以擦除图层上的图像或笔触，还可以选择仅擦除当前的笔触。如果设置为擦除源图层像素或是笔触，那么擦除像素的每个操作都会在时间线面板中的 Paint(绘画)属性下留下擦除记录，这些擦除记录对擦除素材没有任何破坏性，可以对其进行删除、修改或是改变擦除顺序等操作；如果设置为擦除当前笔触，那么擦除操作仅针对当前笔触，并且不会在时间线面板中的 Paint(绘画)属性下记录擦除记录。

选择 Eraser Tool(橡皮擦工具)后，在 Paint(绘画)面板中可以设置擦除图像的模式，如图 6-18 所示。

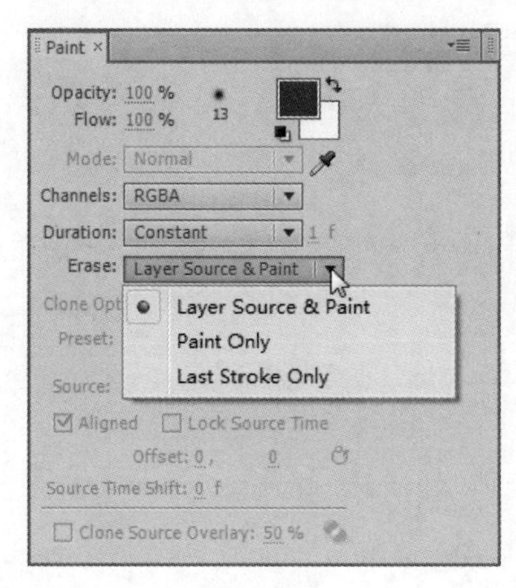

图 6-18

下面将详细介绍其参数说明。

➢ Layer Source & Paint(源图层和绘画)：擦除源图层中的像素和绘画笔触效果。
➢ Paint Only(仅绘画)：仅擦除绘画笔触效果。
➢ Last Stroke Only(仅上一个描边)：仅擦除之前的绘画笔触效果。

智慧锦囊

如果当前正在使用 Brush Tool(画笔工具)进行绘画，要将当前的操作切换为 Eraser Tool(橡皮擦工具)的 Last Stroke Only(仅上一个描边)擦除模式，可以按住 Ctrl+Shift 快捷键进行切换。

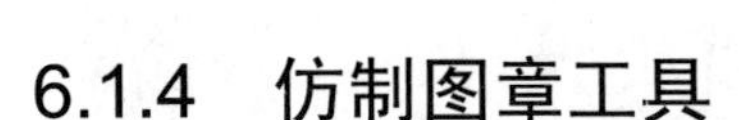

6.1.4　仿制图章工具

使用 Clone Stamp Tool(仿制图章工具)可以将某一时间某一位置的像素复制并应用到另一时间的另一位置中。Clone Stamp Tool拥有笔刷一样的属性，如笔触形状和持续时间等，在使用 Clone Stamp Tool前也需要设置 Paint(绘画)参数和 Brushes(笔刷)参数，在仿制操作完成后，也可以在时间线面板中的 Clone(仿制)属性中制作动画，如图 6-19 所示的是 Clone Stamp Tool的特有参数。

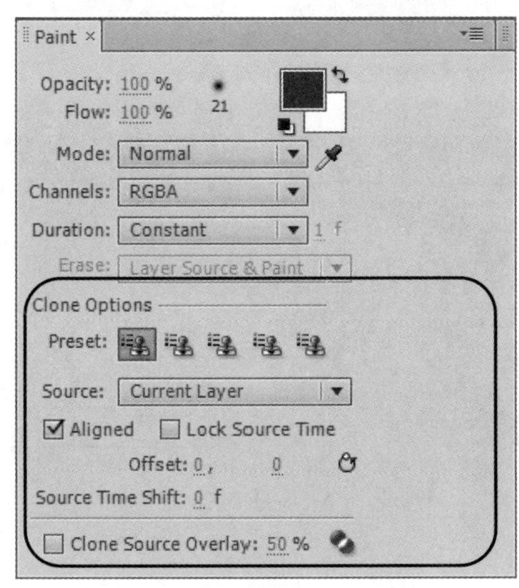

图 6-19

下面将详细介绍 Clone Stamp Tool(仿制图章工具)中的参数说明。

➢ Preset(预设)：仿制图像的预设选项共有 5 种，如图 6-20 所示。

图 6-20

➢ Source(源)：选择仿制的源图层。
➢ Aligned(对齐)：设置不同笔画采样点的仿制位置的对齐方式，选择该复选框与未选择该复选框时的对比效果，如图 6-21 所示。
➢ Lock Source Time(锁定源时间)：控制是否只复制单帧画面。
➢ Source Position(源位置)：设置取样点的位置。
➢ Source Time Shift(源时间移动)：设置源图层的时间偏移量。
➢ Clone Source Overlay(仿制源叠加)：设置源画面与目标画面的叠加混合程度。

选择 Aligned(对齐)复选框

未选择 Aligned(对齐)复选框

图 6-21

下面将详细介绍在使用 Clone Stamp Tool(仿制图章工具)时，需要注意的相关事项及操作技巧。

(1) Clone Stamp Tool是通过取样源图层中的像素，然后将取样的像素值复制应用到目标图层中，目标图层可以是同一个合成中的其他图层，也可以是源图层自身。

(2) 在工具栏中选择 Clone Stamp Tool，然后在 Layer(图层)窗口中按住 Alt 键对采样点进行取样，设置好的采样点会自动显示在 Source Position(源位置)中。Clone Stamp Tool作为绘画工具中的一员，使用它仿制图像时，也只能在 Layer(图层)窗口中进行操作，并且使用该工具制作的效果也是非破坏性的，因为它是以滤镜的方式在图层上进行操作的。如果对仿制效果不满意，还可以修改图层滤镜属性下的仿制参数。

(3) 如果仿制的源图层和目标图层在同一个合成中，这时为了工作方便，就需要将目标图层和源图层在整个工作界面中同时显示出来。选择好两个或多个图层后，按组合键 Ctrl+Shift+Alt+N 就可以将这些图层在不同的 Layer(图层)窗口同时显示在操作界面中。

6.1.5 墨水划像动画

在这一节中学习了绘画应用的相关知识，本例将详细介绍制作墨水划像动画，以此来巩固和提高本小节学习的内容。

素材文件 配套素材\第 6 章\素材文件\水墨 1.jpg、水墨 2.jpg
效果文件 配套素材\第 6 章\效果文件\墨水划像动画.aep

第 1 步 按键盘上的快捷键 Ctrl+N 新建一个名称为“墨水”的合成，具体参数设置如图 6-22 所示。

第 2 步 新建一个白色的固态层(尺寸与合成大小一致)，然后在时间线面板中双击该固态层，打开该图层的预览窗口，接着在工具栏中单击 Brush Tool(画笔工具)按钮，再打开 Paint(绘画)与 Brushes(笔刷)面板，具体参数设置如图 6-23 所示。

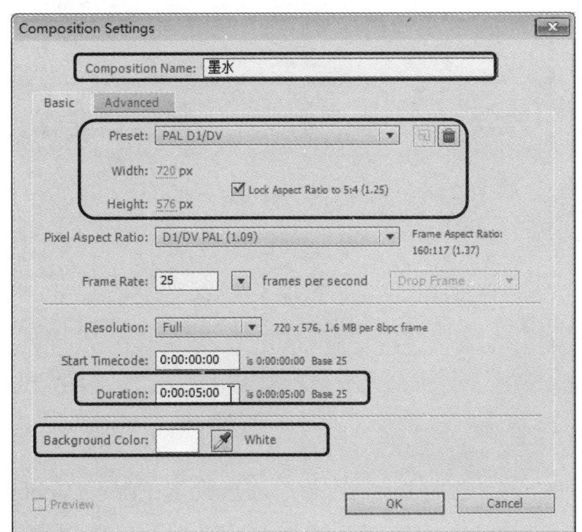

图 6-22

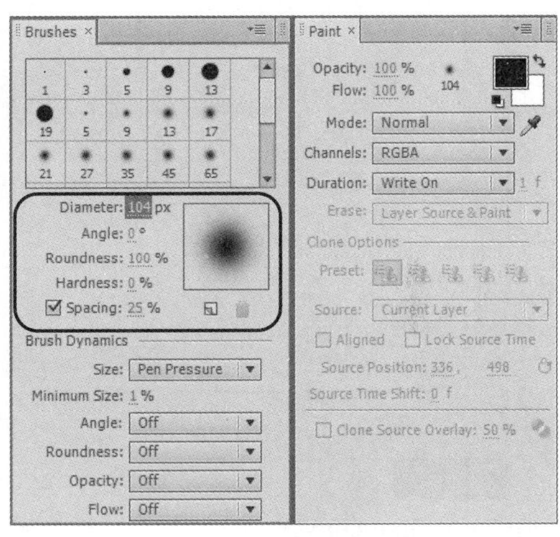

图 6-23

第 3 步 使用 Brush Tool(画笔工具)按钮，在“图层”窗口中绘制出图案，第一次拖曳笔刷绘制水墨线条，第二次绘制水墨圆点，在“滤镜控制”面板中选择 Paint(绘画)滤镜下的 Paint Transparent(在透明上绘画)选项，最终的水墨效果如图 6-24 所示。

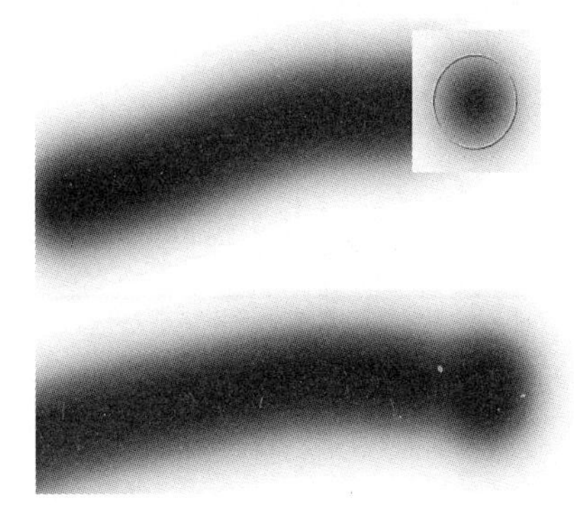

图 6-24

第 4 步 在时间线面板中，连续按两次 P 键，展开画笔的 Paint(绘画)属性，然后在第 0:00:00:00 秒时间位置设置 Brush1(笔刷 1)的 End(结束)关键帧数值为 0%；在第 0:00:00:17 秒时间位置 Brush1(笔刷 1)的 End(结束)关键帧数值为 100%；在第 0:00:00:17 秒时间位置设置 Brush2(笔刷 2)的 End(结束)关键帧数值为 0%; 然后在第 0:00:01:13 秒时间设置 Brush2(笔刷 2)的 End(结束)关键帧数值为 100%，如图 6-25 所示。

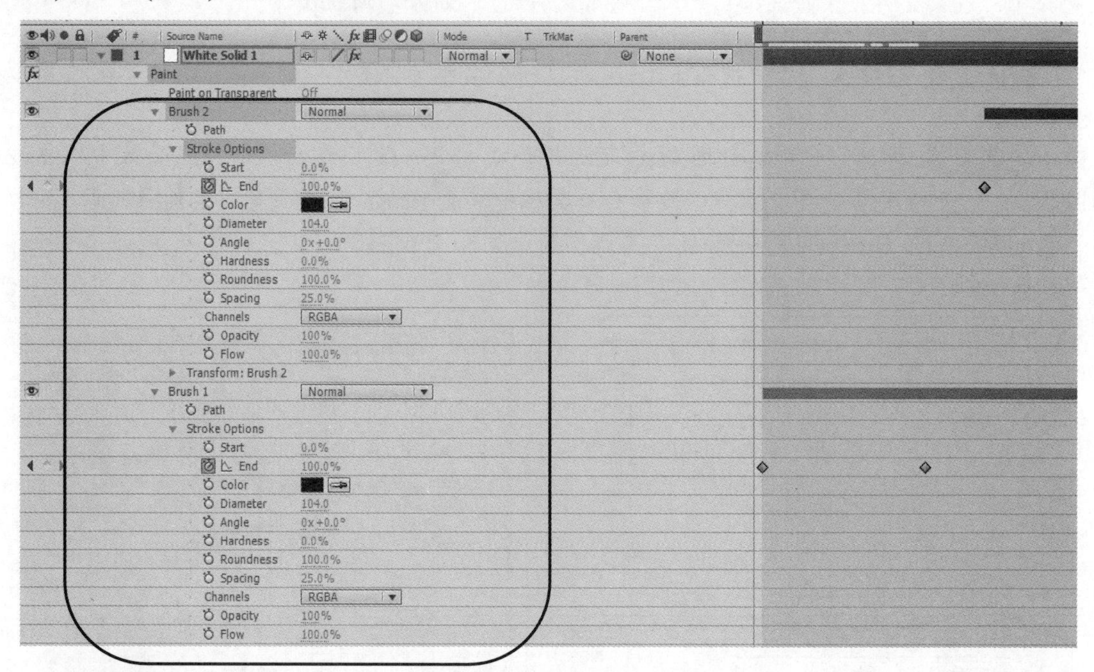

图 6-25

第 5 步 为固态图层添加一个 Roughen Edges(粗糙边缘)滤镜，然后设置 Edge Type(边缘类型)为 Photocopy(影印)模式，接着在第 0:00:00:00 秒时间位置设置 Evolution(演变)属性关键帧数值为 0 x +0°，最后在第 0:00:04:24 秒时间位置设置 Evolution(演变)属性关键帧数值为 1 x +0°，具体参数设置如图 6-26 所示。

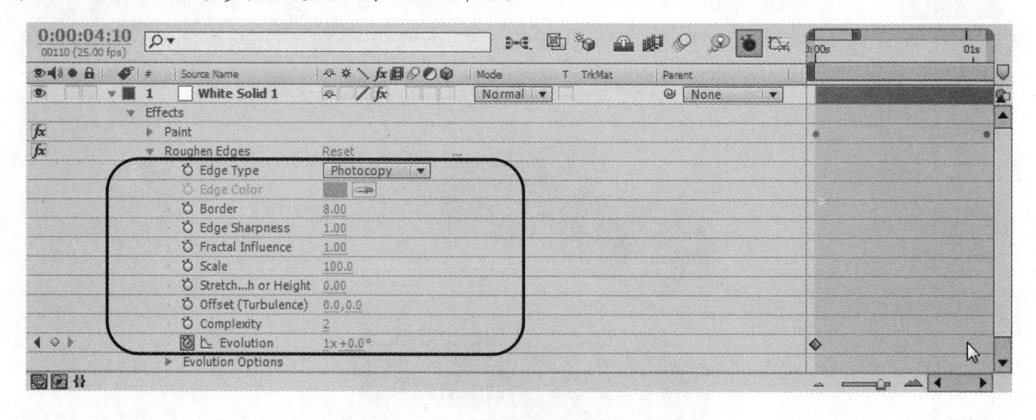

图 6-26

第 6 步 按键盘上的快捷键 Ctrl+D 复制一个固态图层，修改 Edge Type(边缘类型)为 Roughen(粗糙)，将 Border(腐蚀强度)值修改为 7.5，Edge Sharpness(边缘锐化)值修改为 0.58，Scale(缩放)值修改为 873，Offset(Turbulence) “偏移(扰乱)” 值设置为 0，17，Complexity(复杂性)值修改为 3，最后删除 Evolution(演变)属性的关键帧，将 Evolution(演变)属性的值设置为 0 x + 15° 即可，如图 6-27 所示。

第 7 步 选择 Roughen Edges(粗糙边缘)滤镜，按快捷键 Ctrl+D 复制。接着修改 Roughen Edges(粗糙边缘)滤镜的参数，具体参数设置如图 6-28 所示。

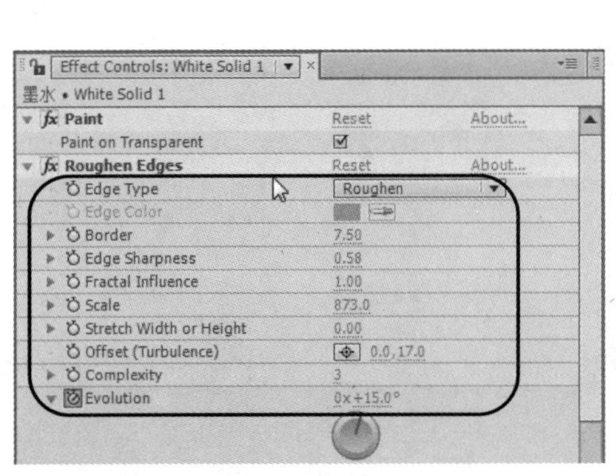

图 6-27

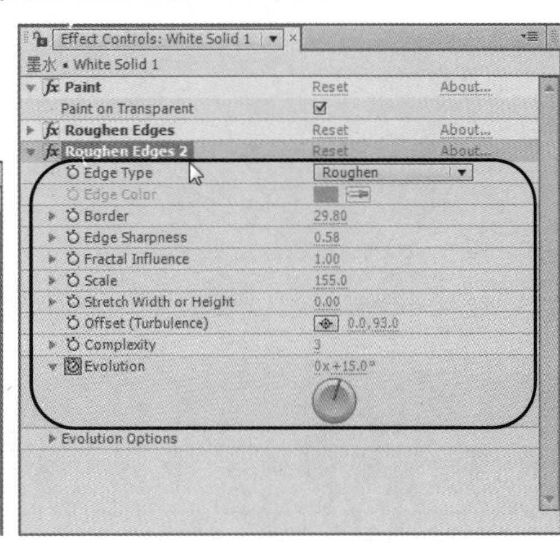

图 6-28

第 8 步 选择第二次复制的固态图层，按键盘上的快捷键 Ctrl+D 再复制一次，保留一个 Roughen Edges(粗糙边缘)滤镜，然后修改相关的参数，具体参数设置如图 6-29 所示。

第 9 步 按键盘上的快捷键 Ctrl+N 新建一个名称为“墨水划像”的合成，具体参数设置如图 6-30 所示。

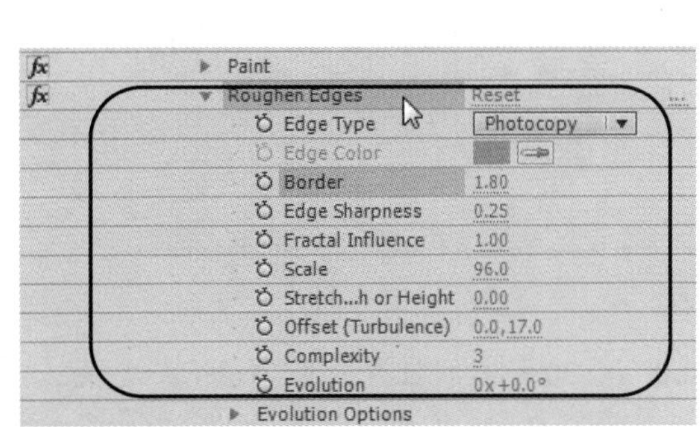

图 6-29

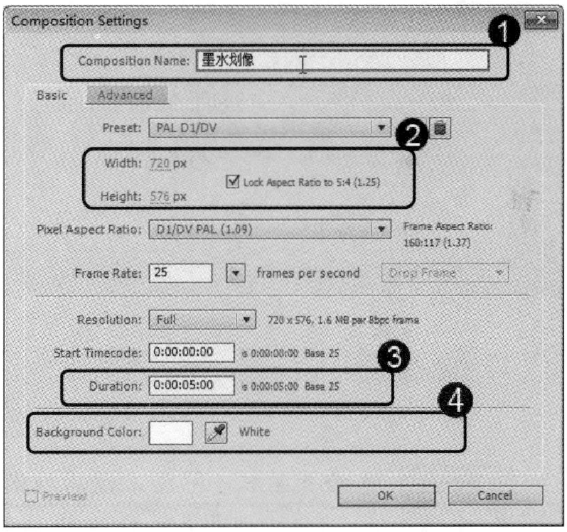

图 6-30

第 10 步 导入本书素材“水墨 1.jpg”和“水墨 2.jpg”文件，然后将其拖曳到“墨水划像”合成中，并将“水墨 2.jpg”图层放置在“水墨 1.jpg”图层的下一层，如图 6-31 所示。

第 11 步 选择“水墨 1.jpg”图层，然后为其添加一个 Hue/Saturation(色相/饱和度)滤镜，并将图像调整成橘黄色，接着在第 0:00:00:12 秒时间位置设置 Colorize Lightness(彩色化亮度)关键帧数值为-100，最后在第 0:00: 01:00 秒时间位置设置 Colorize Lightness 关键帧数值为 0，具体参数设置如图 6-32 所示。

图 6-31

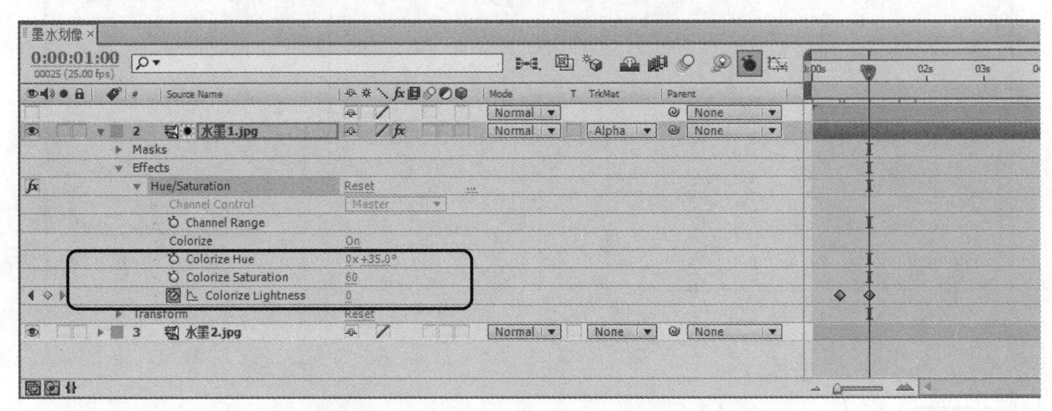

图 6-32

第 12 步 将“墨水”合成拖曳到“墨水划像”合成中，然后将其放置在最上层，接着将“墨水”图层设置为“水墨 1”图层的 Alpha 通道蒙版，并关闭“墨水”图层的显示，如图 6-33 所示。

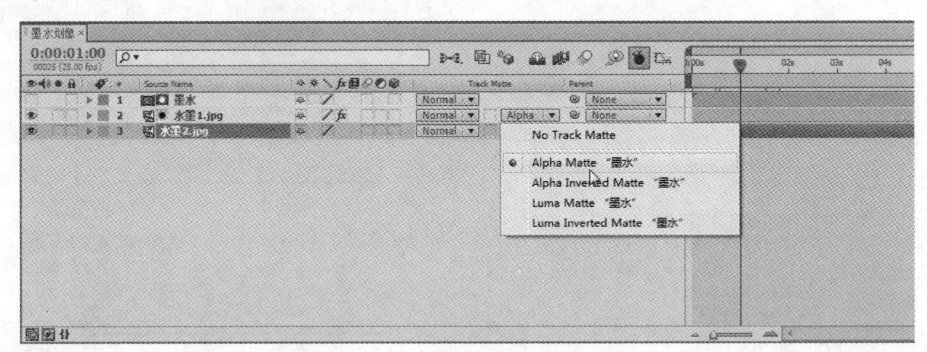

图 6-33

第 13 步 选择“墨水”图层，然后在第 0:00:00:20 秒时间位置设置 Scale(缩放)关键帧数值为(100,100)，接着在第 0:00:01:00 秒时间位置设置 Scale 关键帧数值为(509,509)最后渲染并输出动画，最终效果如图 6-34 所示。

图 6-34

6.2　形状的应用

使用 After Effects 的形状工具可以很容易地绘制出矢量形状图形，并且可以为这些形状制作动画，本节将详细介绍形状的相关知识。

6.2.1　形状概述

形状包括矢量图形、光栅图像和路径等相关知识概念，下面将分别予以详细介绍。

1. 矢量图形

构成矢量图形的直线或曲线都是由计算机中的数学算法来定义的，数学算法采用几何学的特征来描述这些形状。After Effects 的路径、文字以及形状都是矢量图形，将这些图形放大 N 倍，仍然可以清楚地观察到图形的边缘是光滑平整的，如图 6-35 所示。

图 6-35

2. 光栅图像

光栅图像是由许多带有不同颜色信息的像素点构成，其图像质量取决于图像的分辨率。图像的分辨率越高，图像看起来就越清晰，图像文件需要的存储空间也越大，所以当放大光栅图像时，图像的边缘会出现锯齿现象，如图 6-36 所示。

图 6-36

智慧锦囊

After Effects 可以导入其他软件生成的矢量图形文件，在导入这些文件后，After Effects 会自动将这些矢量图形光栅化。

3. 路径

After Effects 中的 Mask(遮罩)和 Shapes(形状)都是基于 Path(路径)的概念。一条路径是由点和线构成的，线可以是直线也可以是曲线，由线来连接点，而点则定义了线的起点和终点。

在 After Effects 中，可以使用形状工具来绘制标准的集合形状路径，也可以使用“钢笔工具”来绘制复杂的形状路径，通过调节路径上的点或调节点的控制手柄可以改变路径的形状，如图 6-37 所示。

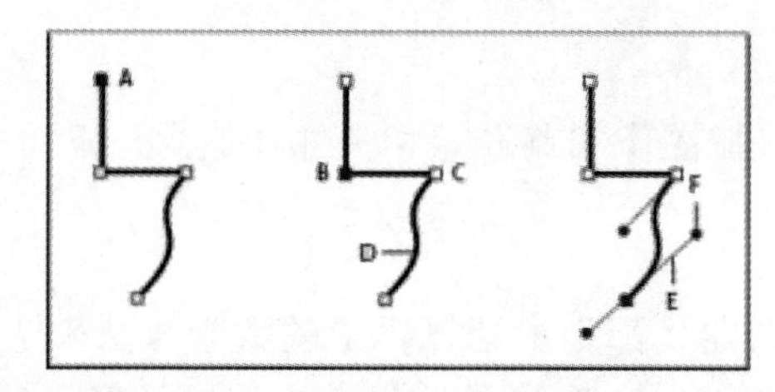

图 6-37

在图 6-37 所示中：A. 选定的顶点；B. 选定的顶点；C. 未选定的顶点；D. 曲线路径段；E. 方向线(切线)；F. 方向手柄。

路径有两种顶点：边角点和平滑点。在平滑点上，路径段被连接成一条光滑曲线；传入和传出方向线在同一直线上。在边角点上，路径突然更改方向；传入和传出方向线在不同直线上。用户可以使用边角点和平滑点的任意组合绘制路径。如果绘制了错误种类的边角点，以后可进行更改，如图 6-38 所示。

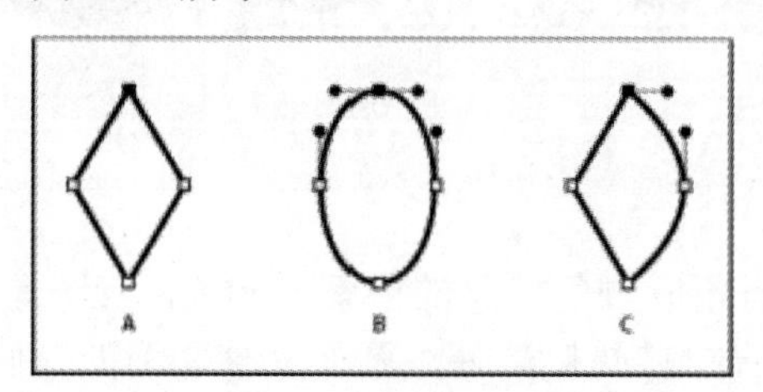

图 6-38

在图 6-38 所示中：A. 四个边角点；B. 四个平滑点；C. 边角点和平滑点的组合。

当移动平滑点的方向线时，点两边上的曲线会同时调整。相反，当移动边角点的方向线时，只调整与方向线在该点的相同边上的曲线，如图 6-39 所示。

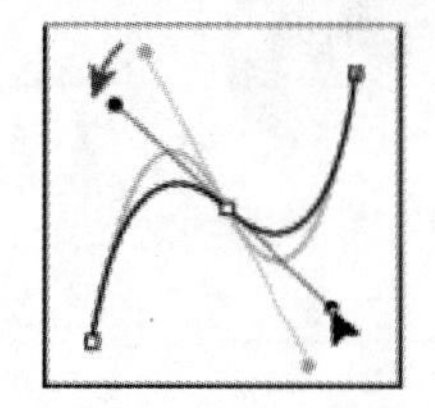

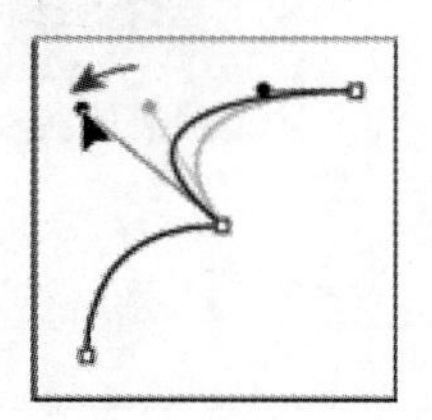

调整平滑点(左)和边角点(右)的方向线

图 6-39

6.2.2　形状工具

在 After Effects 中，使用形状工具既可以创建形状图层，也可以创建形状路径遮罩。形状工具包括 Rectangle Tool(矩形工具)、Rounded Rectangle Tool(圆角矩形工具)、Ellipse Tool(椭圆工具)、Polygon Tool(多边形工具)和 Star Tool(星形工具)，如图 6-40 所示。

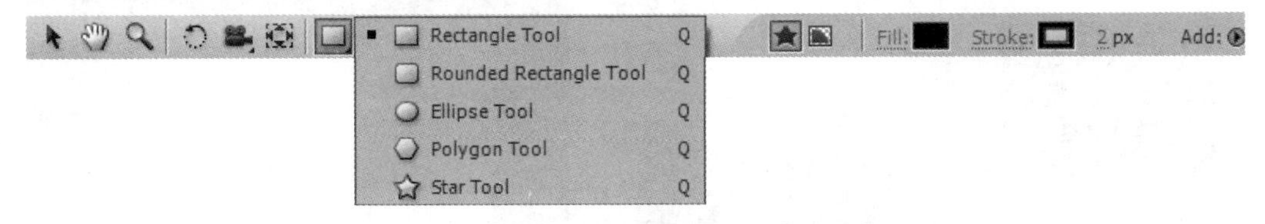

图 6-40

选择一个形状工具后，在工具栏中会出现创建形状或遮罩的选择按钮，分别是 Tool Creates Shape(工具创建形状)按钮和 Tool Creates Mask(工具创建遮罩)按钮。在未选择任何图层的情况下，使用形状工具创建出来的是形状图层，而不是遮罩；如果选择图层是形状图层，那么可以继续使用形状工具创建图形，或是为当前图层创建遮罩；如果选择的图层是素材图层或是固态图层，没使用形状工具则只能创建遮罩。

智慧锦囊

形状图层与文字图层一样，在时间线面板中都是以图层的形式显示出来的，但是形状图层不在 Layer(图层)窗口中进行预览，同时它也不会显示在 Project(项目)面板的素材文件夹中，所以也不能直接在其上面进行绘画操作。

当使用形状工具创建形状图层时，还可以在工具栏右侧设置图形的 Fill(填充)颜色、Stroke(描边)颜色，以及 Stroke Width(描边宽度)，如图 6-41 所示。

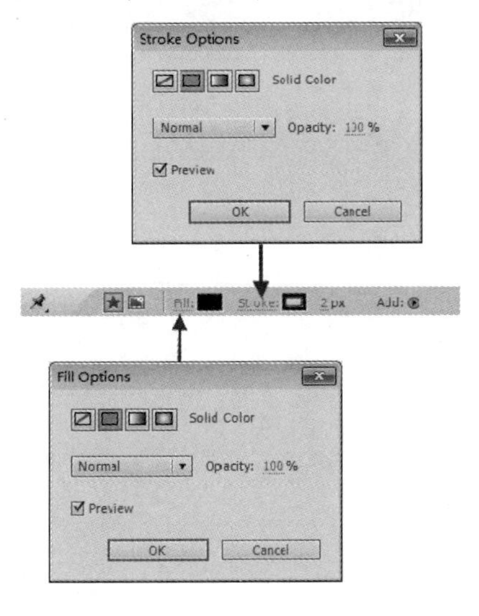

图 6-41

下面将分别予以详细介绍这几种形状工具的相关知识。

1. Rectangle Tool(矩形工具)

使用 Rectangle Tool可以绘制出矩形和正方形，如图 6-42 所示，同时也可以为图层绘制遮罩，如图 6-43 所示。

图 6-42

图 6-43

2. Rounded Rectangle Tool(圆角矩形工具)

使用 Rounded Rectangle Tool可以绘制出圆角矩形和圆角正方形，如图 6-44 所示，同时也可以为图层绘制遮罩，如图 6-45 所示。

图 6-44

图 6-45

如果要设置圆角的半径大小，可以在形状图层的矩形路径选项下修改 Roundness(圆角量)参数来实现，如图 6-46 所示。

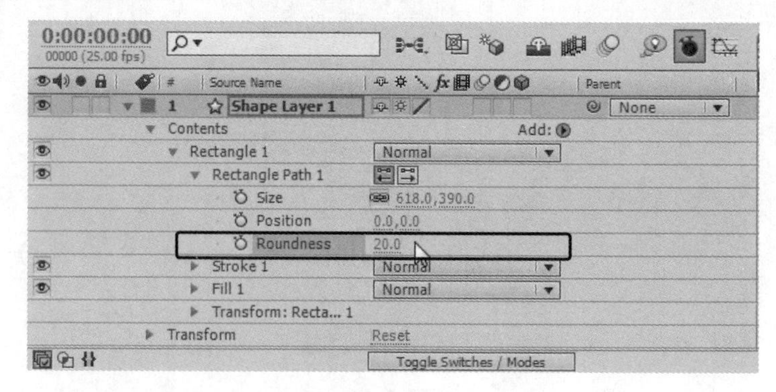

图 6-46

3. Ellipse Tool(椭圆工具)

使用 Ellipse Tool 可以绘制出椭圆和圆形，如图 6-47 所示。同时也可以为图层绘制椭圆和圆形遮罩，如图 6-48 所示。

图 6-47

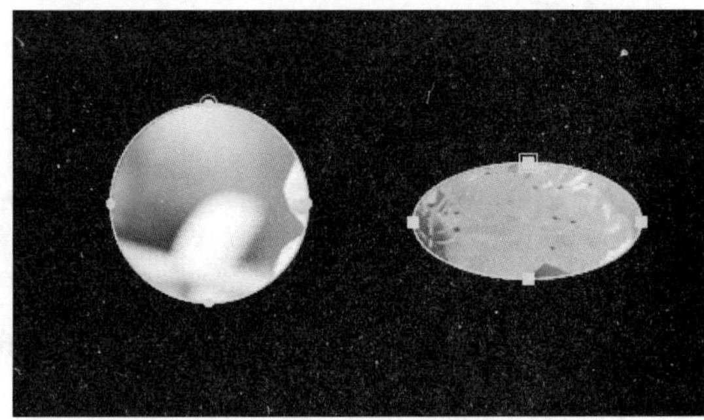

图 6-48

智慧锦囊

如果要绘制圆形路径或圆形图形，可以在按住 Shift 键的同时使用 Ellipse Tool(椭圆工具)进行绘制。

4. Polygon Tool(多边形工具)

使用 Polygon Tool 可以绘制出边数至少为 5 边的多边形路径和图形，如图 6-49 所示。同时也可以为图层绘制多边形遮罩，如图 6-50 所示。

图 6-49

图 6-50

如果要设置多边形的边数，可以在形状图层的 Polystar Path(多边星形路径)选项组下修改 Points(点)参数来实现，如图 6-51 所示。

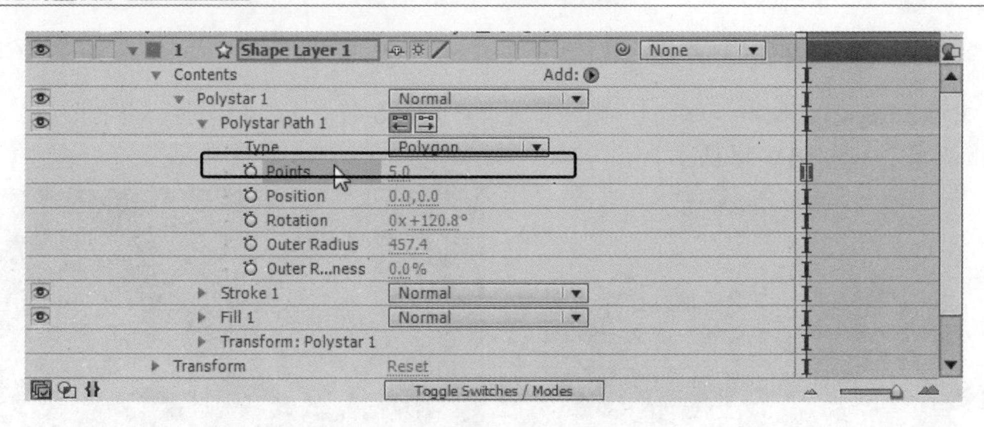

图 6-51

5. Star Tool(星形工具)

使用 Star Tool可以绘制出边数至少为 3 边的星形路径和图形，如图 6-52 所示。同时也可以为图层绘制星形遮罩，如图 6-53 所示。

图 6-52

图 6-53

6.2.3 钢笔工具

使用 Pen Tool(钢笔工具)可以在 Composition(合成)窗口或 Layer(图层)窗口中绘制出各种路径。Pen Tool(钢笔工具)包含 3 个辅助工具，分别是 Add Vertex Tool(添加顶点工具)、Delete Vertex Tool(删除顶点工具)和 Convert Vertex Tool(转换顶点工具)。

在工具栏中选择 Pen Tool(钢笔工具)后，在工具栏的右侧会出现一个 RotoBezier(平滑贝塞尔)选项，如图 6-54 所示。

图 6-54

在默认情况下，RotoBezier(平滑贝塞尔)选项处于关闭状态，这时使用 Pen Tool(钢笔工具)绘制的贝塞尔曲线的顶点包含有控制手柄，可以通过调整控制手柄的位置来调节贝塞尔曲线的形状；如果选择 RotoBezier 选项，那么绘制出来的贝塞尔曲线将不包含控制手柄，曲线的顶点曲率是 After Effects 自动计算的。如果要将非平滑贝塞尔曲线转换成平滑贝塞尔曲线，可以通过执行 Layer(图层)→Mask and Shape Path(遮罩和形状路径)→RotoBezier(平滑贝塞尔)菜单命令来完成，如图 6-55 所示。

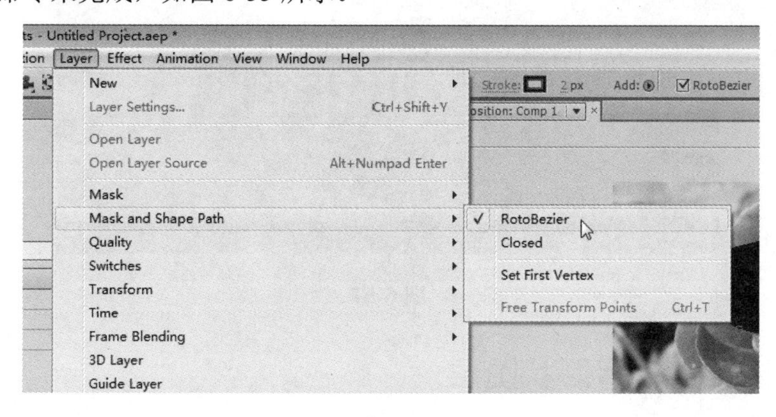

图 6-55

下面将详细介绍使用 Pen Tool(钢笔工具)时需要注意的一些问题。

1. 改变顶点位置

在创建顶点时，如果想在未松开鼠标左键之前改变顶点的位置，可以按住空格键，然后拖曳光标即可重新定位顶点的位置。

2. 封闭开放的曲线

如果在绘制好曲线形状后，想要将开放的曲线设置为封闭的曲线，这时可以通过执行 Layer(图层)→Mask and Shape Path(遮罩和形状路径)→Closed(封闭)菜单命令来完成，如图 6-56 所示。

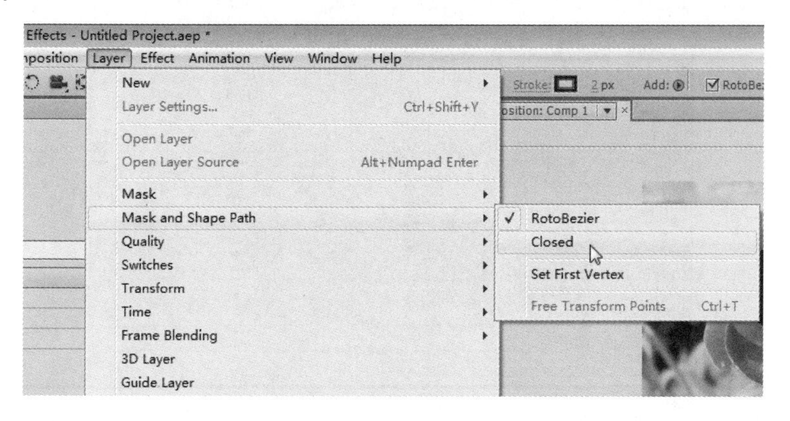

图 6-56

另外也可以将光标放置在第 1 个顶点处，当光标变成形状时，单击鼠标左键即可封闭曲线，如图 6-57 所示。

3. 结束选择曲线

如果在绘制好曲线后想要结束对该曲线的选择，可以激活工具栏中的其他工具或按键盘上的 F2 键来实现操作。

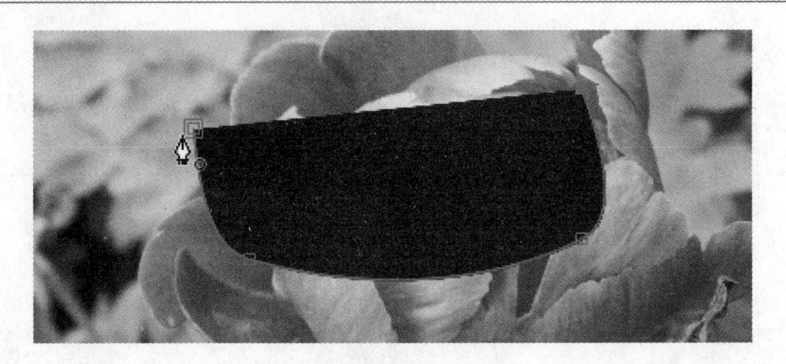

图 6-57

6.2.4 创建文字轮廓形状图层

在 After Effects 中，可以将文字的外形轮廓提取出来，形状路径将作为一个新图层出现在时间线面板中。新生产的轮廓图层会继承源文字图层的变换属性、图层样式、滤镜和表达式等。

如果要将一个文字图层的文字轮廓提取出来，可以先选择该文字图层，然后在菜单栏中选择 Layer(图层)→Create Shapes from Text(从文字创建形状)菜单命令即可，如图 6-58 所示。

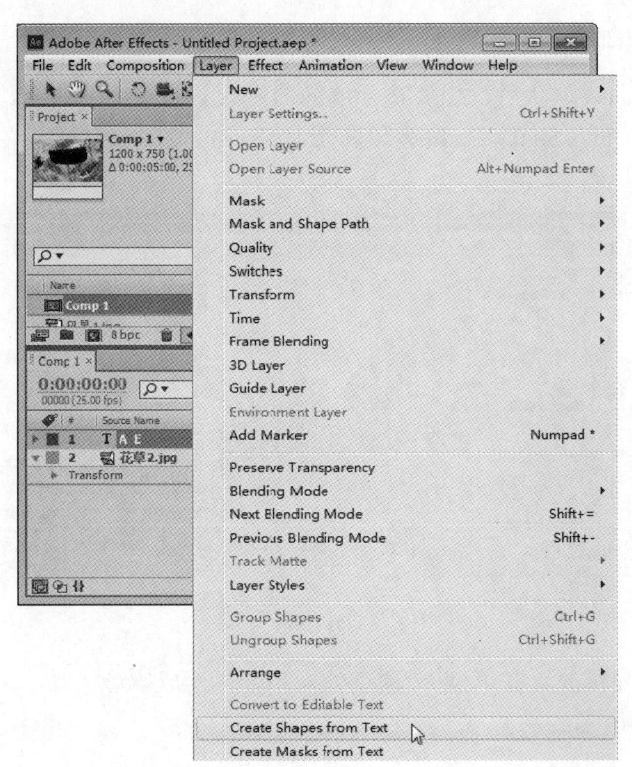

图 6-58

其创建的前、后效果如图 6-59 所示。

图 6-59

6.2.5　形状组

在 After Effects 中，每条路径都是一个形状，而每个形状都包含有一个单独的 Fill(填充)属性和一个 Stroke(描边)属性，这些属性都在形状图层的 Contents(内容)选项组下，如图 6-60 所示。

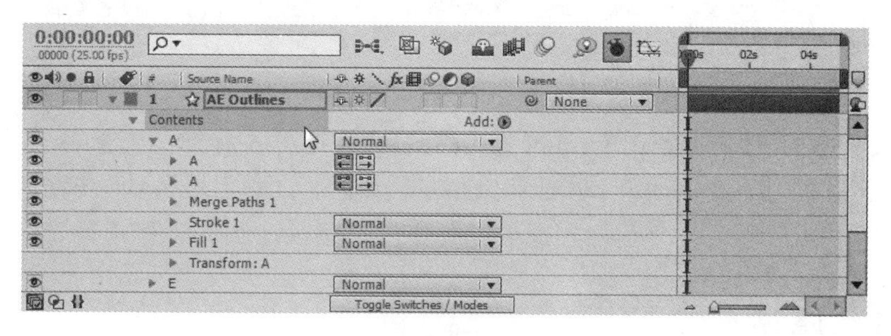

图 6-60

在实际工作中，有时需要绘制比较复杂的路径，比如在绘制字母 i 时，至少需要绘制两条路径才能完成操作，而一般制作形状动画都是针对整个形状来进行的。因此，如果要为单独的路径制作动画是相当困难的，这时就需要使用到 Group(组)功能。

如果要为路径创建组，可以先选择相应的路径，然后按快捷键 Ctrl+G 将其进行群组操作(解散组的快捷键为 Ctrl+Shift+G)，当然也可以通过在菜单栏中选择 Layer(图层)→Group Shapes(群组形状)菜单命令来完成。完成群组操作后，被群组的路径就会被归入到相应的组中，另外还会增加一个 Transform：Group(变换：组)属性，如图 6-61 所示。

图 6-61

群组路径形状还有另外一种操作方法。先单击 Add(添加)选项后面的按钮，然后在弹出的快捷菜单中选择 Group(empty)菜单命令，这时创建的组是一个空组，里面不包含任何对象，接着将需要群组的形状路径拖曳到控组中即可，如图 6-62 所示。

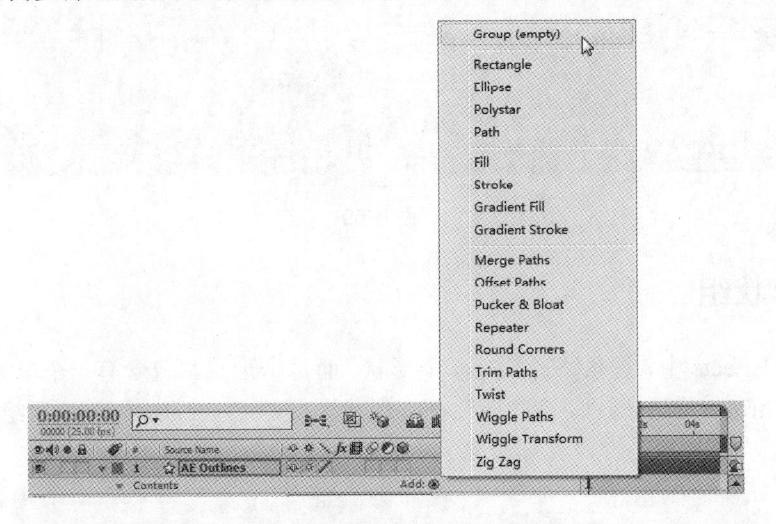

图 6-62

从图 6-61 中的 Transform：Group(变换：组)属性中可以看到，处于组里面的所有形状路径都拥有一些相同的变换属性，如果对这些属性制作动画，那么处于该组中的所有形状路径都将拥有动画属性，这样就大大减少了制作形状路径动画的工作量。

6.2.6 形状属性

创建完一个形状后，可以在时间线面板中或工具栏中使用 Add(添加)选项后面的按钮为形状或形状组添加属性，如图 6-63 所示。

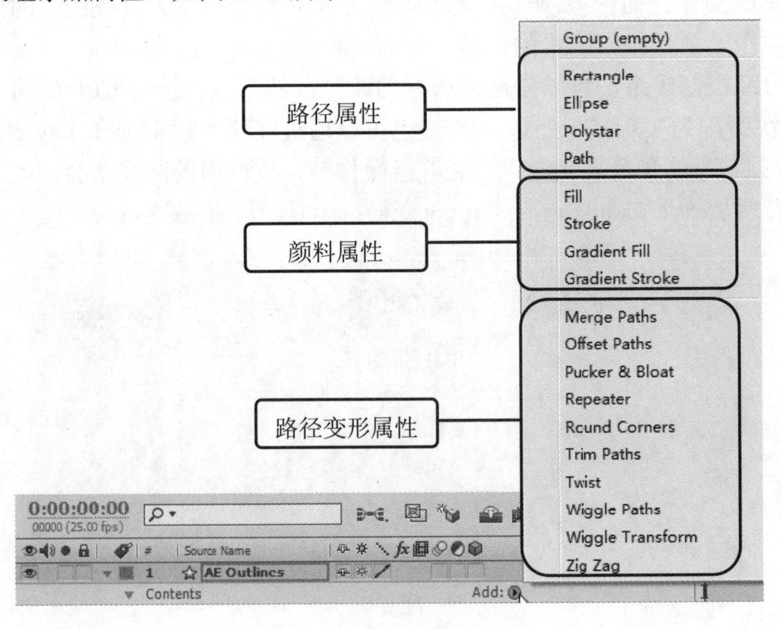

图 6-63

路径属性在前面的内容中已经涉及，在这里就不再进行讲解了，下面只针对颜料属性和路径变形属性进行详解。

1. 颜料属性

颜料属性包含 Fill(填充)、Stroke(描边)、Gradient Fill(渐变填充)、Gradient Stroke(渐变描边)4 种。其中，Fill(填充)属性主要用来设置图形内部的固态填充颜色；Stroke(描边)属性主要用来为路径进行描边；Gradient Fill(渐变填充)属性主要用来为图形内部填充渐变颜色；Gradient Stroke(渐变描边)属性主要用来为路径设置渐变描边色，如图 6-64 所示。

图 6-64

2. 路径变形属性

在同一群组中，路径变形属性可以对位于其上的所有路径起作用，另外可以对路径变形属性进行复制、剪切、粘贴等操作。下面将分别予以详细介绍其属性的参数说明。

(1) Merge Paths(合并路径)。

该属性主要针对群组形状，为一个路径添加该属性后，可以运用特定的运算方法将群组里面的路径合并起来。为群组添加 Merge Paths 属性后，可以为群组设置 4 种不同的 Mode(模式)，如图 6-65 所示：A 图所示为 Add(加)模式，B 图所示为 Subtract(减)模式，C 图所示为 Intersect(相交)模式，D 图所示为 Exclude Intersection(排除相交)模式。

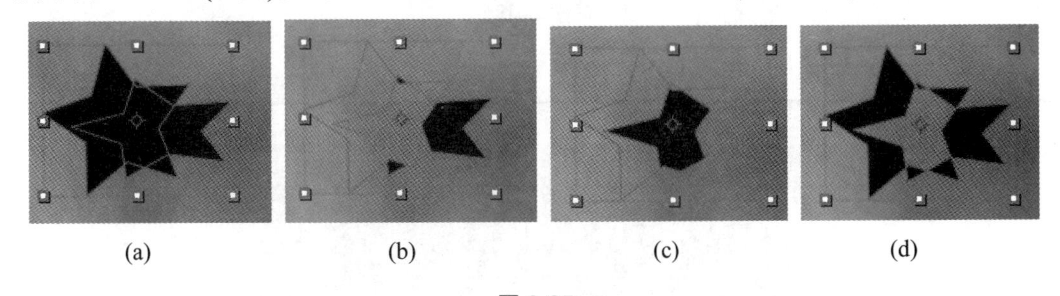

(a)　(b)　(c)　(d)

图 6-65

(2) Offset Paths(偏移路径)。

使用该属性可以对原始路径进行缩放操作，如图 6-66 所示。

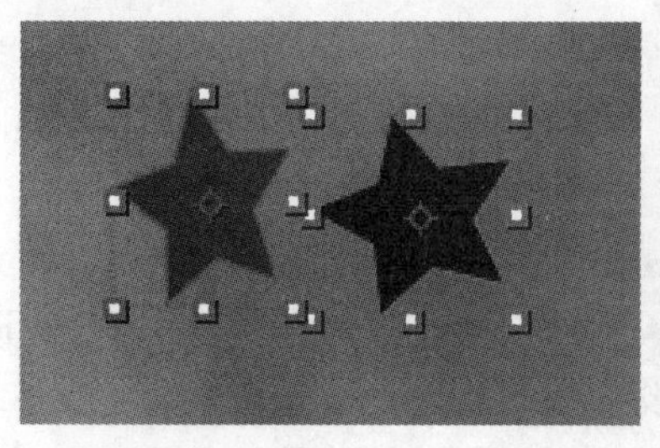
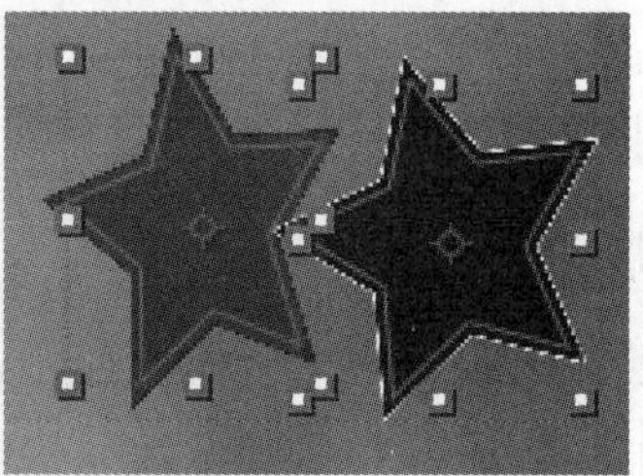

图 6-66

(3) Pucker & Bloat(内陷和膨胀)。

使用该属性可以将源曲线中向外凸起的部分往内塌陷，向外凹陷的部分往外凸出，如图 6-67 所示。

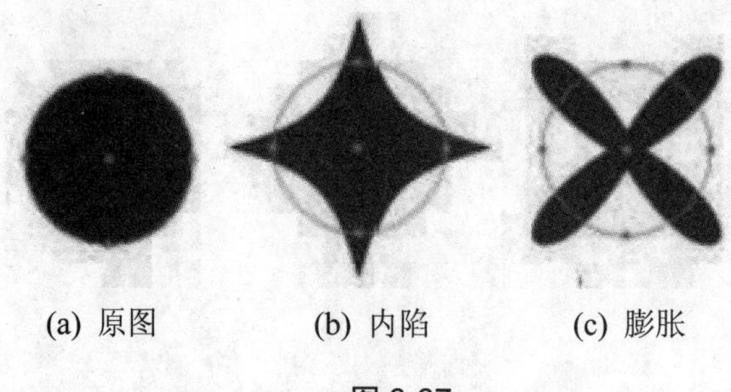

(a) 原图　(b) 内陷　(c) 膨胀

图 6-67

(4) Repeater(重复)。

使用该属性可以复制一个形状，然后为每个复制对象应用指定的变换属性，如图 6-68 所示。

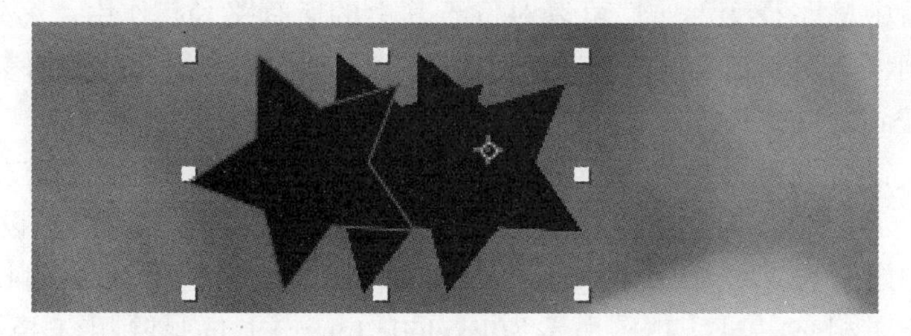

图 6-68

(5) Round Corners(圆滑角点)。

使用该属性可以对图形中尖锐的拐角点进行圆滑处理，如图 6-69 所示。

图 6-69

(6) Trim Paths(剪切路径)。

使用该属性可以为路径制作生长动画。

(7) Twist(扭曲)。

使用该属性可以以形状中心为圆心来对图形进行扭曲操作。正值可以使形状按照顺时针方向进行扭曲，负值可以使形状按照逆时针方向进行扭曲，如图 6-70 所示。

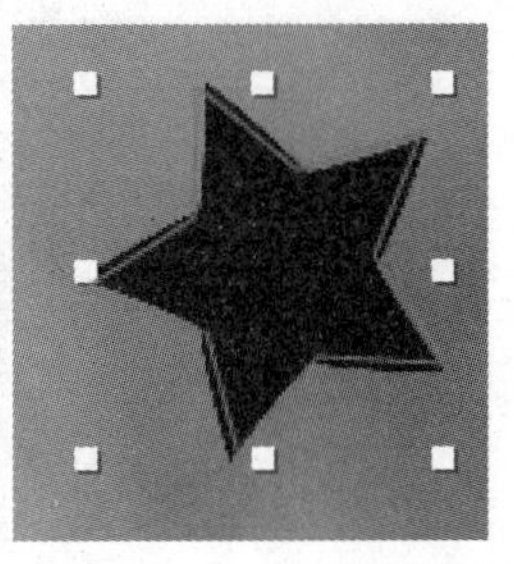

图 6-70

(8) Wiggle Paths(摇摆路径)。

使用该属性可以将路径形状变成各种效果的锯齿形状路径，并且该属性会自动记录下动画。

(9) Zig Zag(锯齿形)。

使用该属性可以将路径变成具有统一规律的锯齿形状路径，如图 6-71 所示。

图 6-71

6.3　实践案例与上机指导

通过本章的学习，读者基本可以掌握绘画与形状的基本知识，以及一些常见的操作方法，下面通过练习操作，以达到巩固学习、拓展提高的目的。

6.3.1　手写字动画

本章学习了绘画与形状的相关知识，本例将详细介绍制作手写字动画的操作方法。

素材文件　配套素材\第 6 章\素材文件\文字.png、江南人家.psd

效果文件　配套素材\第 6 章\效果文件\手写字动画.aep

第 1 步 按键盘上的快捷键 Ctrl+N 新建一个名称为“手写字动画”的合成，具体参数设置如图 6-72 所示。

第 2 步 导入本书素材文件“文字.png”、“江南人家.psd”，然后将其拖曳到“手写字动画”合成中，如图 6-73 所示。

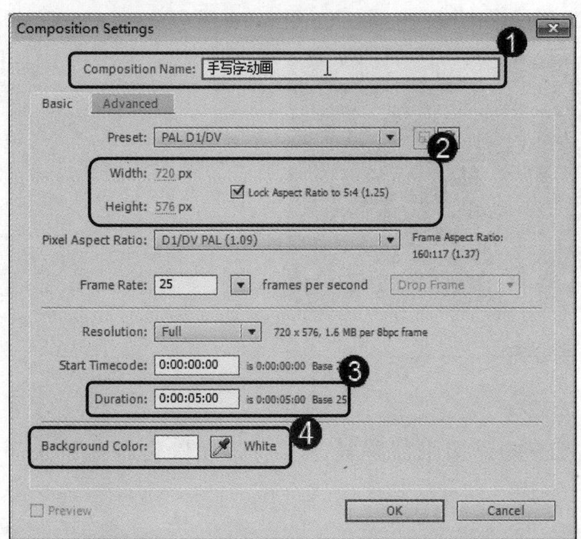

图 6-72

图 6-73

第 3 步 双击“文字.png”图层，打开其图层预览窗口，然后在工具栏中单击 Brush Tool(画笔工具)按钮，接着在 Paint(绘画)与 Brushes(笔刷)面板中进行如图 6-74 所示的设置。

第 4 步 使用 Brush Tool(画笔工具)，按照“江”字的笔画顺序将其勾勒出来(这里共用了 4 个笔触)。然后每隔 6 帧为每个笔画的 End(结束)属性设置关键帧动画(数值分别为 0%和 100%)，这样可以控制勾勒笔画的速度和节奏(本例设定的是一秒写完一个文字)，如图 6-75 所示。

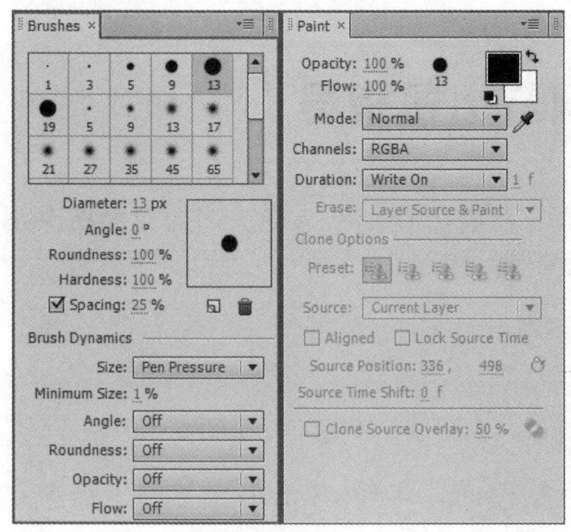

图 6-74

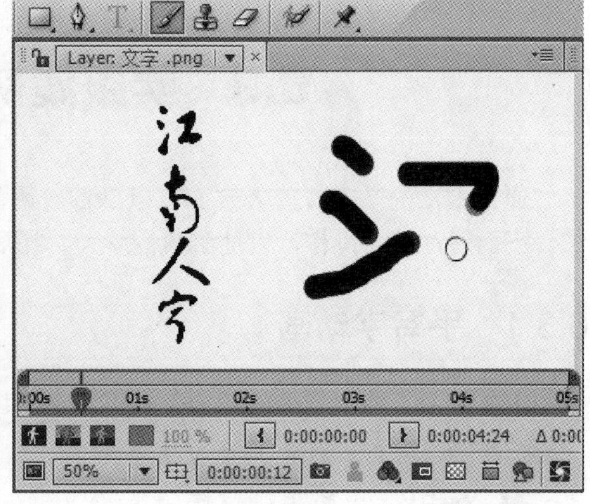

图 6-75

第 5 步 采用第 4 步的方法写完剩下的 3 个字，如图 6-76 所示。

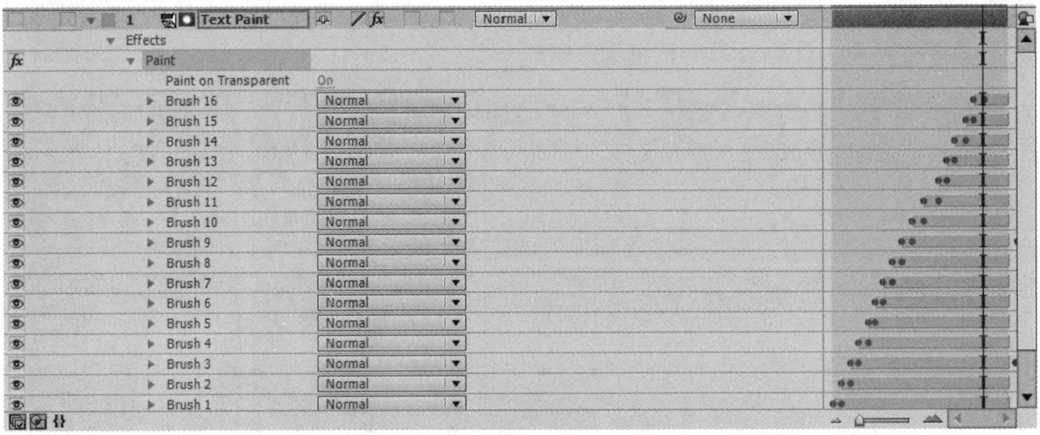

图 6-76

第 6 步 选择“文字.png”图层，按键盘上的快捷键 Ctrl+D 复制。将复制后的图层命名为 Text Paint，在“滤镜控制”面板中选择 Paint(绘画)滤镜的 Paint On Transparent(在透明上绘画)选项。重新命名“文字.png”图层为“Text”，并删除该图层上的 Paint(绘画)滤镜，最后为该图层添加一个 Roughen Edges(粗糙边缘)滤镜，并设置 Border(边框)为 2.5，如图 6-77 所示。

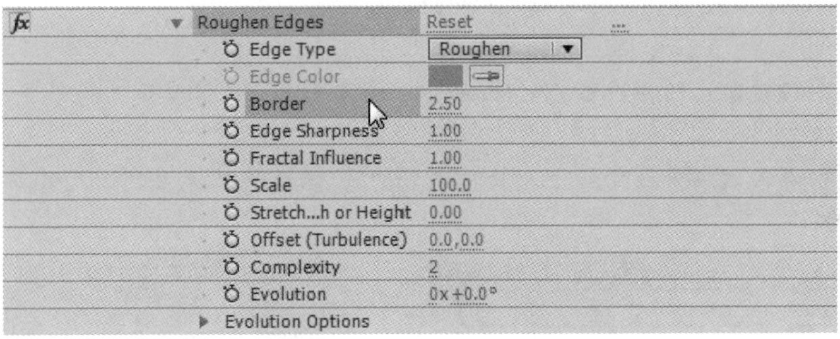

图 6-77

第 7 步 将“Text Paint”图层设置为 Text 图层的 Alpha 蒙版，如图 6-78 所示。

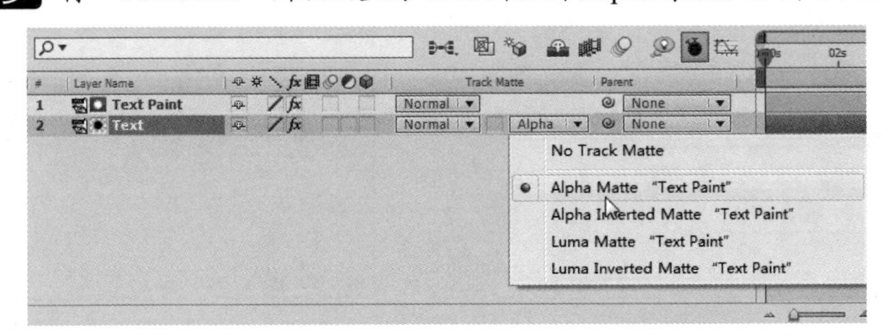

图 6-78

第 8 步 选择“Text Paint”图层和“Text”图层，然后按组合键 Ctrl+Shift+C 进行预

合层，如图 6-79 所示。

第 9 步 为“文字”图层设置一个简单的 Scale(缩放)和 Position(位置)关键帧动画，然后渲染并输出动画，最终效果如图 6-80 所示。

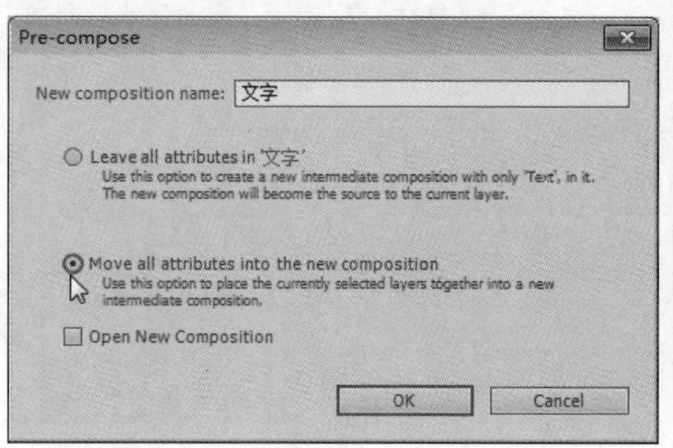

图 6-79

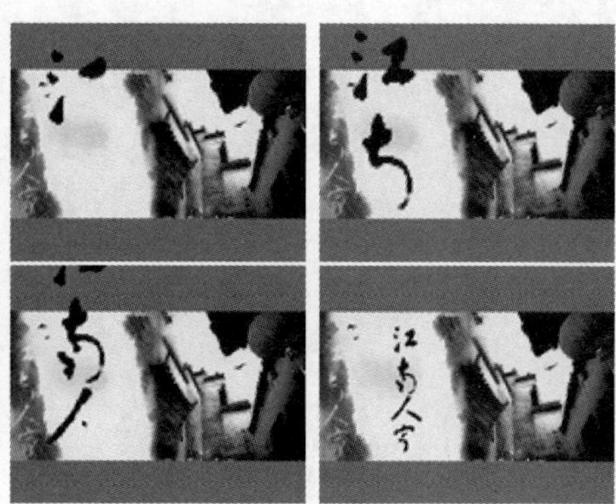

图 6-80

6.3.2 人像阵列动画

本章学习了绘画与形状的相关知识，本例将详细介绍制作人像阵列动画的操作方法。

素材文件 配套素材\第 6 章\素材文件\人物跑动.jpg、背景.jpg

效果文件 配套素材\第 6 章\效果文件\人像阵列动画.aep

第 1 步 按键盘上的快捷键 Ctrl+N 新建一个名称为“人像阵列”的合成，具体参数设置如图 6-81 所示。

第 2 步 导入本书素材文件“人物跑动.jpg”，然后将其拖曳到“人像阵列”合成中，如图 6-82 所示。

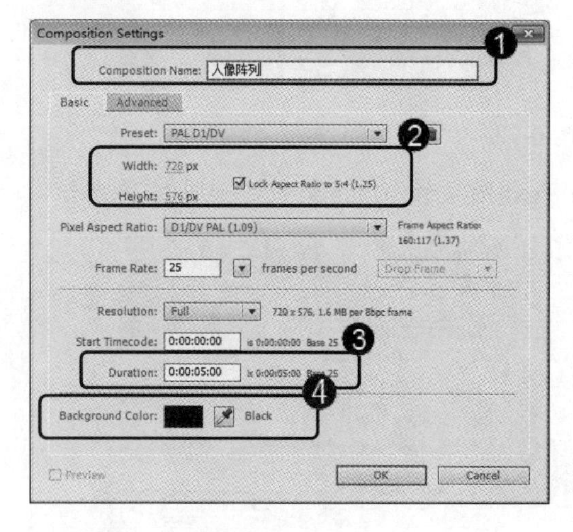

图 6-81

图 6-82

第 3 步 在工具栏中选择钢笔工具，然后关闭 Fill(填充)颜色选项，并设置 Stroke Width(描边宽度)为 2 像素，如图 6-83 所示的设置。

第 4 步 在时间线面板中，按组合键 Ctrl+Shift+A，然后使用钢笔工具将人物的边缘轮廓勾勒出来，如图 6-84 所示。

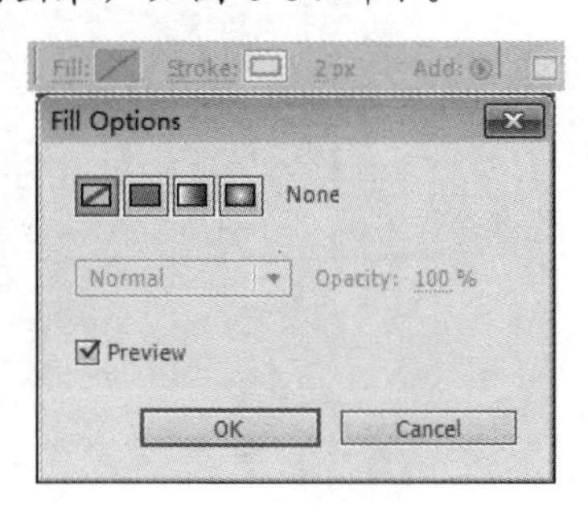

图 6-83

图 6-84

第 5 步 在时间线面板中，展开形状图层的 Stroke(描边)和 Fill(填充)属性，具体参数设置如图 6-85 所示。

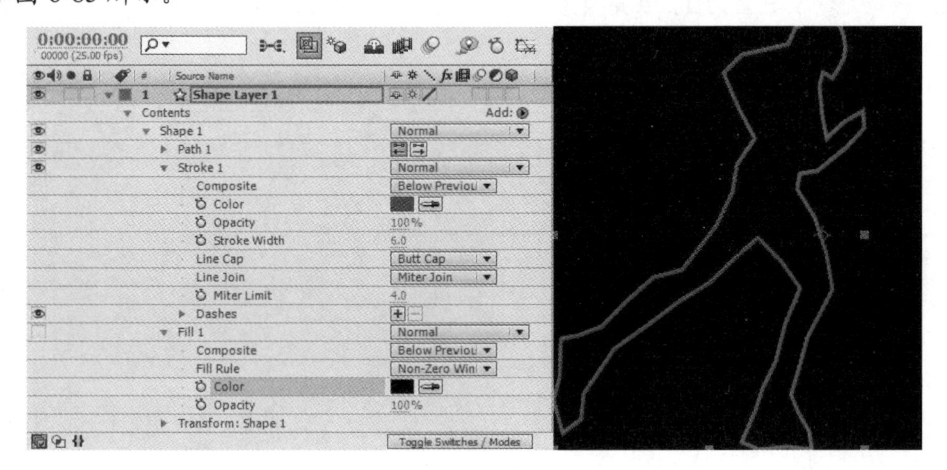

图 6-85

第 6 步 选择形状图层，①单击工具栏右侧的 Add(添加)按钮，②在弹出的快捷菜单中选择 Repeater(重复)菜单命令，如图 6-86 所示。

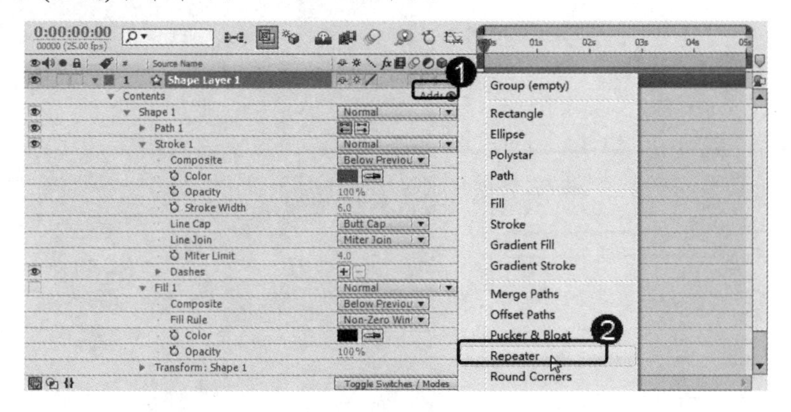

图 6-86

第 7 步 为形状图层添加一个 Repeater(重复)属性，详细的参数设置如图 6-87 所示。

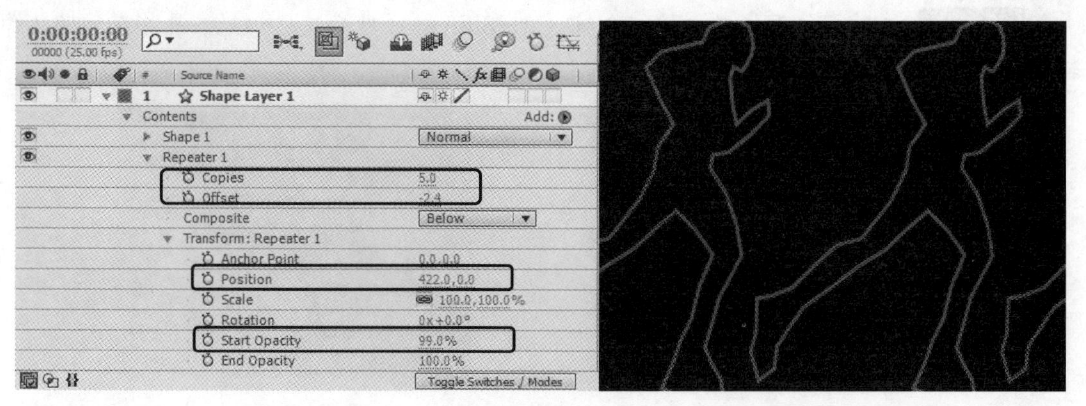

图 6-87

第 8 步 再次为形状图层添加一个 Repeater(重复)属性，然后在 0 秒时间位置设置 Copies(复制)关键帧数值为 1，在第 4 秒时间位置设置 Copies(复制)关键帧数值为 8，详细的参数设置如图 6-88 所示。

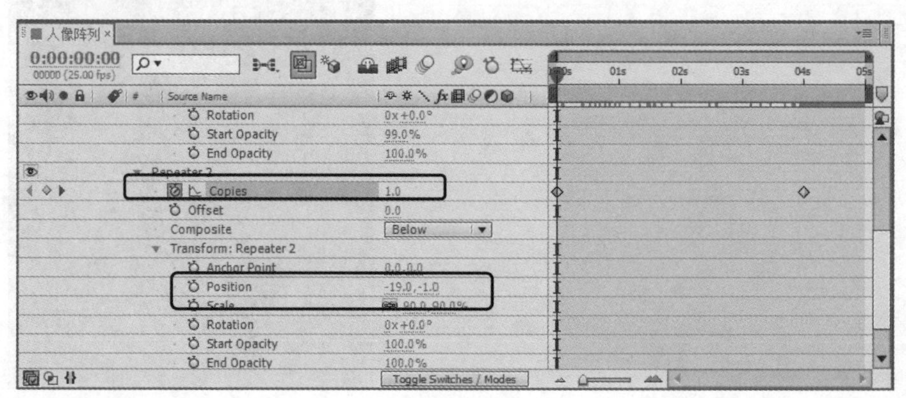

图 6-88

第 9 步 复制一个形状图层，并将其更名为 Reflect，详细的参数设置如图 6-89 所示。

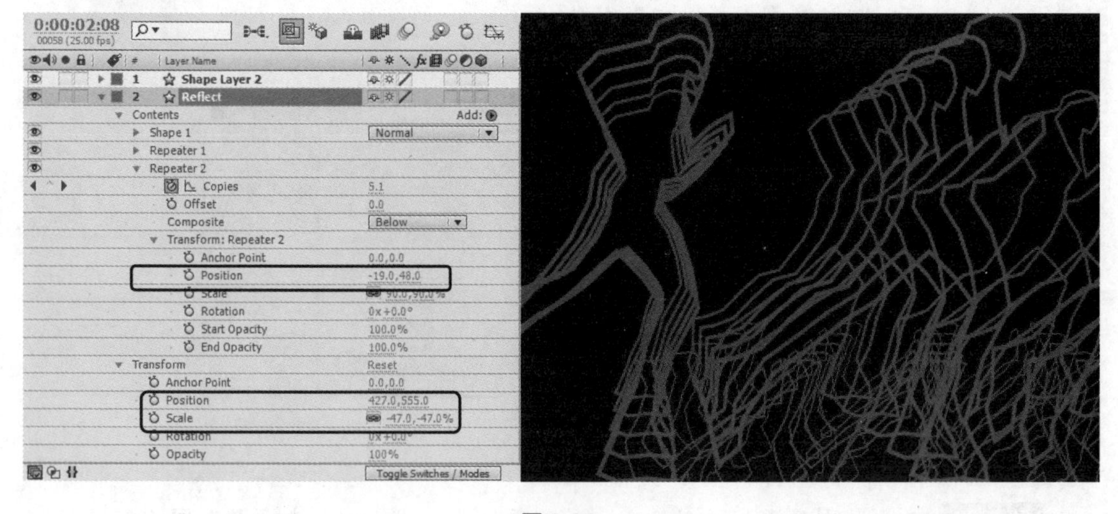

图 6-89

第 10 步 导入本书配套素材“背景.jpg”文件，然后将其拖曳到“人像阵列”合成中的最下方，即可完成本例的操作，最终效果如图 6-90 所示。

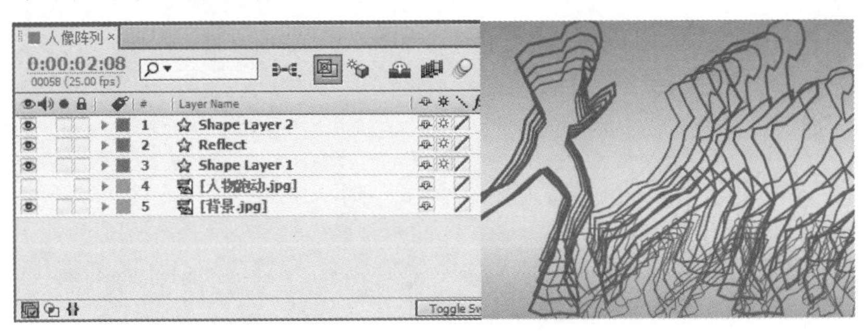

图 6-90

6.4　思考与练习

一、填空题

1. 使用 Brush Tool(画笔工具)可以在当前图层的 Layer(图层)预览窗口中以________面板中设置的前景颜色进行绘画。

2. ________是由许多带有不同颜色信息的像素点构成，其图像质量取决于图像的分辨率。

二、判断题

1. Paint(绘画)与 Brushes(笔刷)面板是进行绘制时必须用到的面板，要打开 Paint(绘画)面板，必须先在工具栏中选择相应的绘画工具。（　）

2. 每个绘画工具的 Paint(绘画)面板都具有一些共同的特征。（　）

3. 如果设置为擦除源图层像素或是笔触，那么擦除像素的每个操作都不会在时间线面板中的 Paint(绘画)属性下留下擦除记录，这些擦除记录对擦除素材没有任何破坏性，可以对其进行删除、修改或是改变擦除顺序等操作。（　）

4. 如果设置为擦除当前笔触，那么擦除操作仅针对当前笔触，并且会在时间线面板中的 Paint(绘画)属性下记录擦除记录。（　）

三、思考题

1. 如何创建文字轮廓形状图层？

2. 如何使用 Brush Tool(画笔工具)进行绘画？

第 7 章

创建三维空间合成

本章要点

- 认识三维空间
- 三维空间合成的工作环境
- 3D 图层
- 灯光的应用
- 摄像机的应用

本章主要内容

本章主要介绍了认识三维空间、三维空间合成的工作环境和 3D 图层方面的知识与技巧，同时还讲解了灯光的应用方法，在本章的最后还针对实际的工作需求，讲解了摄像机的应用方法。通过本章的学习，读者可以掌握创建三维空间合成基础操作方面的知识，为深入学习 After Effects CS6 知识奠定基础。

7.1 认识三维空间

三维的概念是建立在二维的基础上的，平时所看到的图像画面都是在二维空间中形成的。二维图层只有一个定义长度的 X 轴和一个定义宽度的 Y 轴。X 轴与 Y 轴形成一个面，虽然有时看到的图像呈现出三维立体的效果，但那只是视觉上的错觉。

在三维空间中除了表示长、宽的 X、Y 轴之外，还有一个体现三维空间的关键——Z 轴。在三维空间中，Z 轴用来定义深度，也就是通常所说的远、近。在三维空间中，通过 X、Y、Z 轴三个不同方向的坐标，可调整物体的位置、旋转等。如图 7-1 所示为三维空间的图层。

图 7-1

7.2 三维空间合成的工作环境

在三维空间中合成对象为我们提供了更广阔的想象空间，同时也产生了更炫、更酷的效果。在制作影视片头和广告特效时，三维空间的合成尤其重要。After Effects 和诸多三维软件不同，虽然 After Effects 也具有三维空间合成功能，但它只是一个特效合成软件，并不具备建模能力，所有的层都像是一张纸，只是可以改变其位置、角度而已。本节将详细介绍认识三维空间的相关知识及操作方法。

7.2.1 三维视图

在 After Effects 的三维空间中，用 4 种视图观察摆放在三维空间中的合成对象，分别为：有效摄像机视图、摄像机视图、六视图、自定义视图等，如图 7-2 所示。下面分别进行详细的介绍。

➢ 有效摄像机视图：在这个视图中对所有的 3D 对象进行操作，相当于是所有摄像机的总控制台。

- 摄像机视图：在默认的情况下是没有这个视图的，当在合成图像中创建一个摄像机后，就可以在 Camera 视图中对其进行调整。通常情况下，若需要在三维空间中合成的话，最后输出的影片都是 Camera 视图所显示的影片，就像我们扛着一架摄像机进行拍摄一样。
- 六视图：配合调整，分为前、左、顶、后、右、底视图。
- 自定义视图：通常用于对象的空间调整。它不使用任何透视，在该视图中可以直观地看到物体在三维空间的位置，而不受透视的影响。

图 7-2

7.2.2　坐标系

三维空间工作需要一个坐标系，After Effects 提供了 3 种坐标系工作方式，分别是当前坐标系、世界坐标系和视图坐标系。下面将分别予以详细介绍。

- 当前坐标系：它是最常用的坐标系，可以通过工具面板直接选择。
- 世界坐标系：这是一个绝对坐标系。当对合成图像中的层旋转时，可以发现坐标系没有任何改变。实际上，当监理一个摄像机并调节其视角时，即可直接看到世界坐标系的变化。
- 视图坐标系：使用当前视图定位坐标系，与前面讲的视角有关。

7.3　3D 图 层

After Effects 不但能以二维的方式对图像进行合成，还可以进行三维合成，这就大大拓展了合成空间；可以将除了调节层以外的所有层设置为 3D 层，还可以建立动态的摄像机和灯光，从任何角度对 3D 层进行观看或投射；同时，还支持导入带有 3D 信息的文件作为素材。本节将详细介绍 3D 图层的相关知识及操作方法。

7.3.1 3D 图层概述

在 After Effects CS6 中，除了音频图层外，其他的图层都能转换为 3D 图层。注意，使用文字工具创建的文字图层在激活了 Enable Per-character 3D(启用预 3D 字符)属性之后，就可以对单个文字制作三维动画了。

在 3D 图层中，对图层应用的滤镜或遮罩都是基于该图层的 2D 空间之上，比如对二维图层使用扭曲效果，图层发生了扭曲现象，但是当将该图层转换为 3D 图层之后，就会发现该图层仍然是二维的，对三维空间没有任何影响。

智慧锦囊

在 After Effects CS6 的三维坐标系中，最原始的坐标系统的起点是在左上角，x 轴从左向右不断增加，y 轴从上到下不断增加，而 z 轴是从近到远不断增加，这与其他三维软件中的坐标系统有着比较大的差别。

7.3.2 转换并创建 3D 层

在时间线面板中，单击图层的 3D 层开关，或使用菜单命令 Layer(图层)→3D Layer(3D 图层)，可以将选中的 2D 层转换为 3D 层。再次单击其 3D 层开关，或使用菜单命令取消选择 Layer(图层)→3D Layer(3D 图层)，都可以取消层的 3D 属性，如图 7-3 所示。

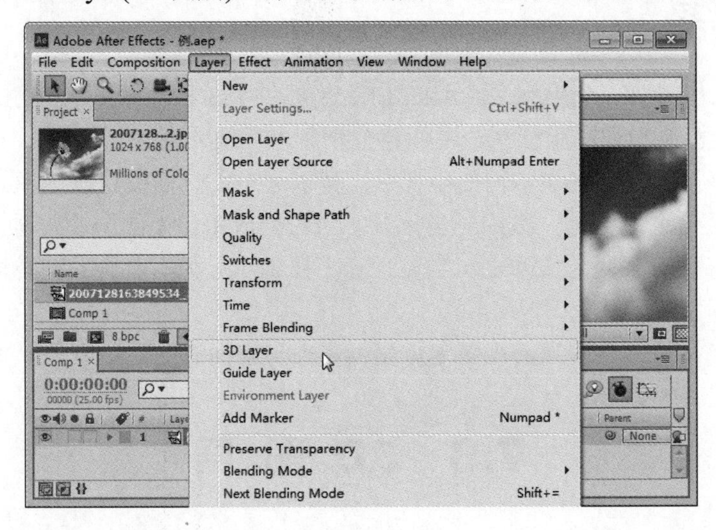

图 7-3

2D 层转换为 3D 层后，在原有 x 轴和 y 轴的二维基础上增加了一个 z 轴，如图 7-4 所示，层的属性也相应增加，如图 7-5 所示，可以在 3D 空间对其进行位移或旋转操作。

同时，3D 层会增加材质属性，这些属性决定了灯光和阴影对 3D 层的影响，它是 3D 层的重要属性，如图 7-6 所示。

图 7-4

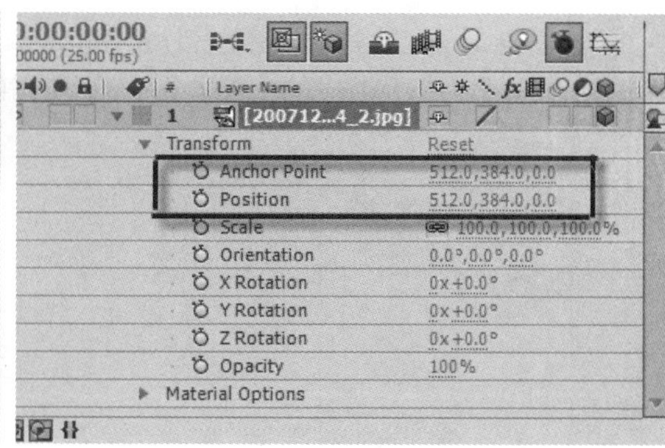

图 7-5

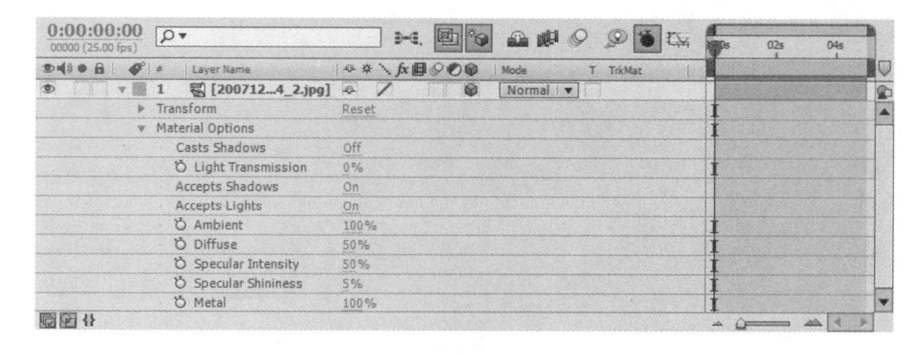

图 7-6

7.3.3　移动 3D 层

与普通层类似，用户也可以对 3D 层施加位移动画，以制作三维空间的位置动画效果。下面将详细介绍移动 3D 层的相关操作方法。

选择准备进行操作的 3D 层，在合成面板中，使用选择工具拖曳与移动方向相应的层的 3D 坐标控制箭头，可以在箭头的方向上移动 3D 层，如图 7-7 所示。按住键盘上的 Shift 键进行操作，可以更快地进行移动。在时间线面板中，通过修改 Position 属性的数值，也可以对 3D 层进行移动。

图 7-7

使用菜单命令 Layer(图层)→Transform(变换)→Center In View(视图中心)或快捷键 Ctrl+Home，可以将所选层的中心点和当前视图的中心对齐，如图 7-8 所示。

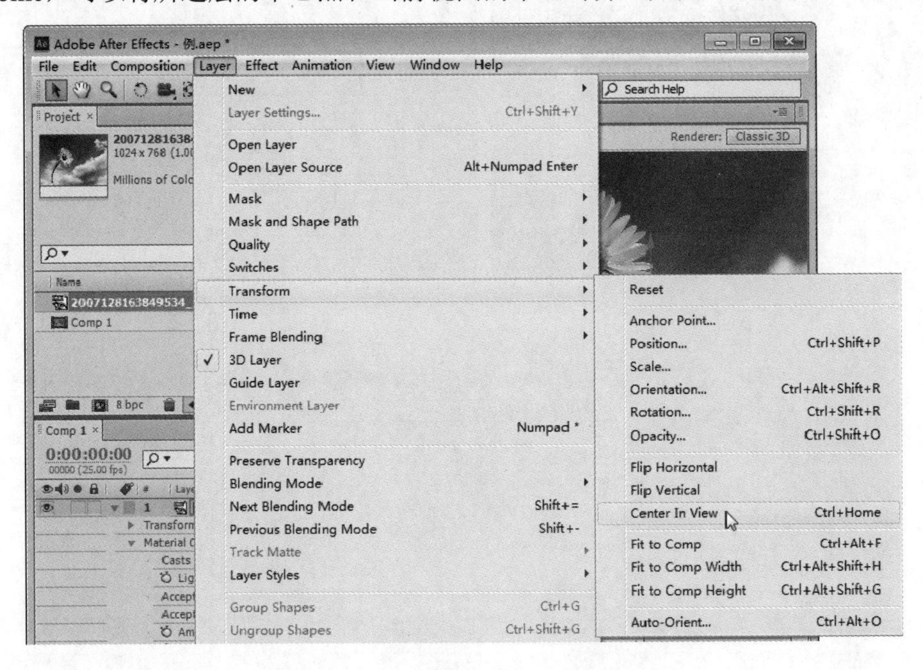

图 7-8

7.3.4 旋转 3D 层

通过改变层的 Orientation(方向)或 Rotation(旋转)属性值，都可以旋转 3D 层。无论改变哪一种操作方式，层都会围绕其中心点进行旋转。这两种方式的区别是施加动画时，层如何运动。当为 3D 层的 Orientation 属性施加动画时，层会尽可能直接旋转到指定的方向值。当为 x、y 或 z 轴的 Rotation 属性施加动画时，层会按照独立的属性值，沿着每个独立的轴运动。换句话说，Orientation 属性值设定一个角度距离，而 Rotation 数值设定一个角度路径。为 Rotation 属性添加动画可以使层旋转多次。

对 Orientation(方向)属性施加动画比较适合自然而平滑的运动，而为 Rotation(旋转)属性施加动画可以提供更精确的控制。

选择准备进行旋转的 3D 层，选择旋转工具，并在工具栏右侧的设置菜单中选择 Orientation 或 Rotation，以决定这个工具影响哪个属性。在合成面板中，拖曳与旋转方向相应层的 3D 坐标控制箭头，可以在围绕箭头的方向上旋转 3D 层，如图 7-9 所示。拖曳层的 4 个控制角点可以使层围绕 z 轴进行旋转；拖曳层的左、右两个控制点，可以使层围绕 y 轴进行旋转；拖曳层的上、下两个控制点，可以使层围绕 x 轴进行旋转。直接拖曳层可以任意旋转。按住 Shift 键进行操作，可以以 45° 的增量进行旋转。在时间线面板中，通过修改 Rotation 或 Orientation 属性的数值，也可以对 3D 层进行旋转。

图 7-9

7.3.5　坐标模式

坐标模式用于设定 3D 层的那一组坐标轴是经过变换的，可在工具面板中选择一种模式。

- Local Axis mode：坐标和 3D 层表面对齐。
- World Axis mode：与合成的绝对坐标对齐。忽略施加给层的旋转，坐标轴始终代表 3D 世界的三维空间。
- View Axis mode：坐标和所选择的视图对齐。例如，假设一个层进行了旋转，且视图更改为一个自定义视图，其后的变化操作都会与观看层的一个视图轴系统同步。

智慧锦囊

摄像机工具经常会沿着视图本身的坐标轴进行调节，所以摄像机工具的动作在各种坐标模式中均不受影响。

7.3.6　影响 3D 层的属性

特定层在时间线面板中堆叠的位置可以防止成组的 3D 层在交叉或阴影的状态下被统一处理。3D 层的投影不影响 2D 层或在层堆叠顺序中处于 2D 层另一侧的任意层。同样，一个 3D 层不与一个 2D 层或在层堆叠顺序中处于 2D 层另一侧的任意层交叉。灯光不存在这样的限制。

就像 2D 层，以下类型的层也会保护每一边的 3D 层不受投影和交叉的影响。

- 调整层。
- 施加了层风格的 3D 层。
- 施加了效果、封闭路径或轨道蒙版的 3D 预合成层。
- 没有开启卷展的 3D 预合成层。

开启了卷展属性的预合成，不会受到任何一边的3D层的影响，只要预合成中所有的层本身为3D层。卷展可以显示出其中层的3D属性。从本质上讲，卷展在这种情况下，允许每个主合成中的3D层独立出来，而不是为预合成层建立一个独立的二维合成，从而在主合成中进行合成。但这个设置却去除了将预合成作为一个整体进行统一设置的能力，比如混合模式、精度和运动模糊等。

7.4 灯光的应用

在After Effects中，可以用一种虚拟的灯光来模拟三维空间中真实的光线效果，用来渲染影片的气氛，从而产生更加真实的合成效果，本节将详细介绍灯光应用的相关知识。

7.4.1 创建并设置灯光

在After Effects中灯光是一个层，它可以用来照亮其他的图像层。默认状态下，在合成影像中是不会产生灯光层的，所有的层都可以完成显示，即使是3D层也不会产生阴影，反射等效果，它们必须借助灯光的照射才可以产生真实的三维效果。

用户可以在一个场景中创建多个灯光，并且有 4 种不同的灯光类型可供选择，分别为平行光(Parallel)、聚光灯(Spot)、点光源(Point)和环境光(Ambient)。下面将分别予以详细介绍。

1. 平行光

从一个点发射一束光线到目标点。平行光提供一个无限远的光照范围，它可以照亮场景中处于目标点上的所有对象。光线不会因为距离而衰减，如图7-10所示。

图 7-10

2. 聚光灯

从一个点向前方以圆锥形发射光线。聚光灯会根据圆锥角度确定照射的面积，用户可以在圆锥角中进行角度的调节，如图7-11所示。

图 7-11

3. 点光源

从一个点向四周发射光线。随着对象离光源距离的不同，受光程度也有所不同，距离越近光照越强，反之亦然，如图 7-12 所示。

图 7-12

4. 环境光

没有光线的发射点。可以照亮场景中所有的对象，但无法产生投影，如图 7-13 所示。

图 7-13

如果准备在合成影像中创建一个照明用的灯光来模拟现实世界中的光照效果，可以执行以下操作。

➢　使用菜单命令 Layer(图层)→New(新建)→Light(灯光)，如图 7-14 所示。

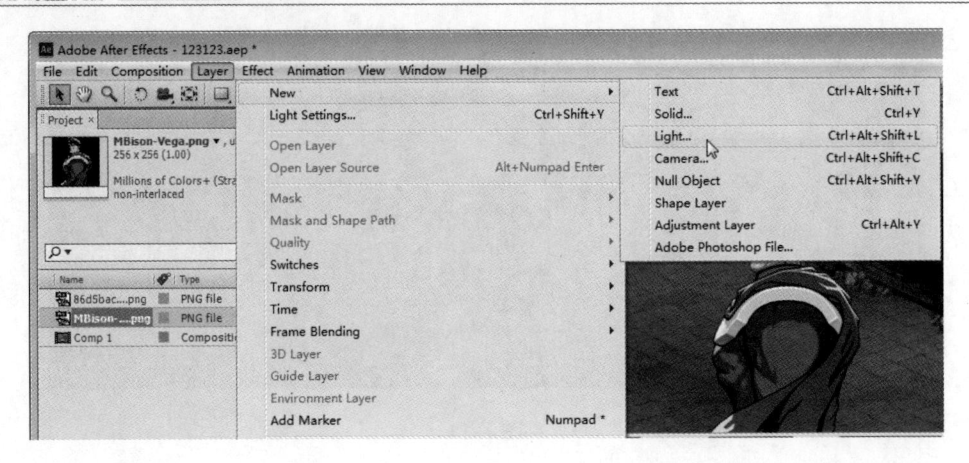

图 7-14

➢ 在合成面板或时间线面板中单击鼠标右键，在弹出的快捷菜单中依次选择 New(新建)→Light(灯光)，如图 7-15 所示。

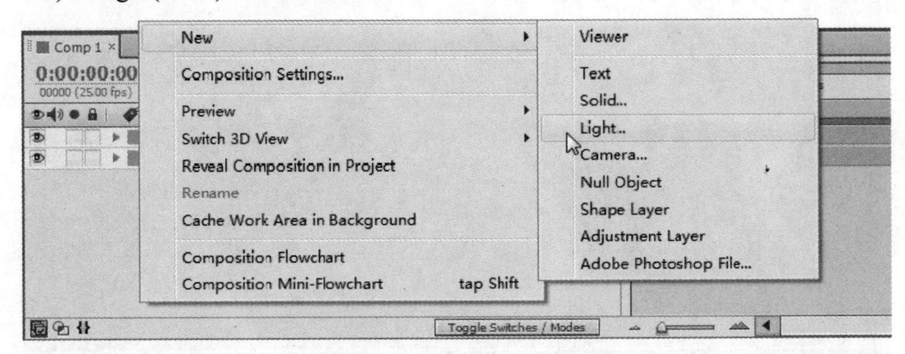

图 7-15

➢ 使用键盘上的组合键 Ctrl+Alt+Shift+L。

7.4.2 灯光属性及其设置

在 After Effects 中应用灯光，用户可以在创建灯光时对灯光进行设置，也可以在创建灯光之后，利用灯光层的属性设置选项对其进行修改和设置动画。

在菜单栏中依次选择 Layer(图层)→New(新建)→Light(灯光)菜单命令或者使用快捷键 Ctrl+Alt+Shift+L，即可弹出灯光设置对话框，用户可以在该对话框中对灯光的各项属性进行设置，如图 7-16 所示。

下面将分别予以详细介绍该对话框中各项参数的作用。

➢ Light Type：灯光类型，可在平行光(Parallel)、聚光灯(Spot)、点光源(Point)和环境光(Ambient)4 种灯光类型中进行选择，如图 7-17 所示。

➢ Intensity：灯光强度。负的值创建负光，负光会从层中减去相应的色彩。例如，如果一个层已经被灯光所影响，则创建一个方向性的负值灯光并投射到这个层上，会创建一个暗部区域。

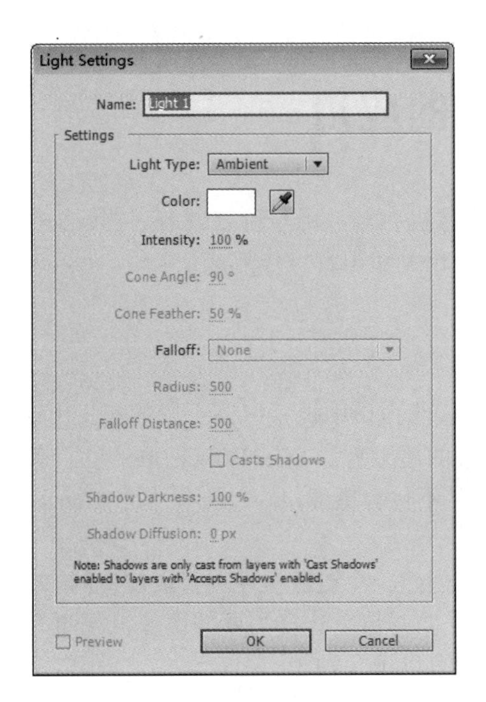

图 7-16

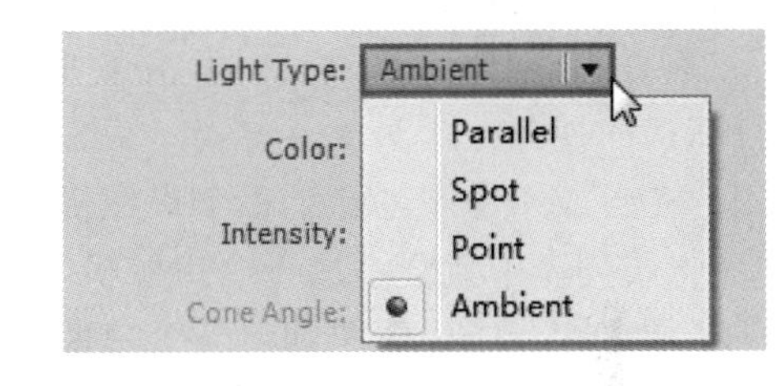

图 7-17

- Cone Angle：灯光形成的锥体的角度，它决定了光束在某一距离上的宽度。这个控制选项只有在选择聚光灯(Spot)类型的情况下才被激活。聚光灯的锥角在合成中表示为灯光图标的边线。
- Cone Feather：聚光灯的边缘柔化。这个控制选项只有在选择聚光灯(Spot)类型的情况下才被激活。
- Casts Shadows：投影，设置灯光光源是否会使层产生投影。必须开启 Material Option 中的 Accepts shadows 选项，层才能接受投影，这个选项在默认状态下是开启的。灯光层中 Material Option 中的 Casts Shadows 选项在开启状态下，才可以投射灯光，这个选项在默认状态下是关闭的。
- Shadow Darkness：设置阴影的暗度。这个控制选项只有在 Casts Shadows 选项开启的状态下才被激活。
- Shadow Diffusion：为被投影层设置一个基于视距所产生的阴影的柔化。数值越大，投影的边缘越柔化。这个控制属性只有在 Casts Shadows 选项开启的状态下才被激活。

智慧锦囊

对于已经建立的灯光，用户可以使用菜单命令 Layer(图层)→Light Settings(灯光设置)或使用组合键 Ctrl+Shift+Y，以及双击时间线面板中的灯光层的方法，弹出灯光设置对话框，更改其设置。

7.5 摄像机的应用

在 After Effects CS6 中的摄像机与现实中的摄像机相似，用户可以调节它的镜头类型、焦距大小、景深等。本节将详细介绍摄像机应用的相关知识及操作方法。

7.5.1 创建并设置摄像机

在 After Effects 中，合成影像中的摄像机在时间线窗口中也是以一个层的形式出现的，在默认状态下，新建的摄像机层总是排列在层堆栈的最上方。After Effects 虽然以“有效摄像机”的视图方式显示合成影像，但是合成影像中并不包含摄像机，这只不过是 After Effects 的一种默认的视图方式而已。

用户在合成影像中创建了多个摄像机，并且每创建一个摄像机，在合成窗口的右下角，3D 视图方式列表中就会添加一个摄像机名称，用户随时可以选择需要的摄像机视图方式观察合成影像。在合成影像中创建一个摄像机的方法有以下几种。

- 使用菜单命令 Layer(图层)→New(新建)→Camera(摄像机)进行创建，如图 7-18 所示。

图 7-18

- 在合成面板或时间线面板中单击鼠标右键，在弹出来的快捷菜单中依次选择 New(新建)→Camera(摄像机)菜单命令进行创建，如图 7-19 所示。
- 使用组合键 Ctrl+Alt+Shift+C 进行创建。

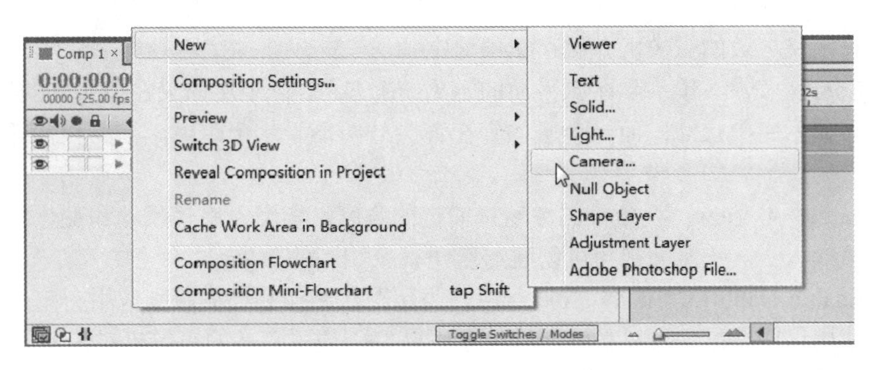

图 7-19

7.5.2　调整摄像机的变化属性

在 After Effects 中摄像机的设置过程与灯光的设置一样，既可以在创建摄像机之前对摄像机进行设置，也可以在创建之后对其进行进一步的调整和设置动画。

当使用上节中介绍的创建灯光的任意一种方法，即可弹出 Camera Settings 对话框，用户可以对摄像机的各项属性进行设置，也可以使用预置设置，如图 7-20 所示。

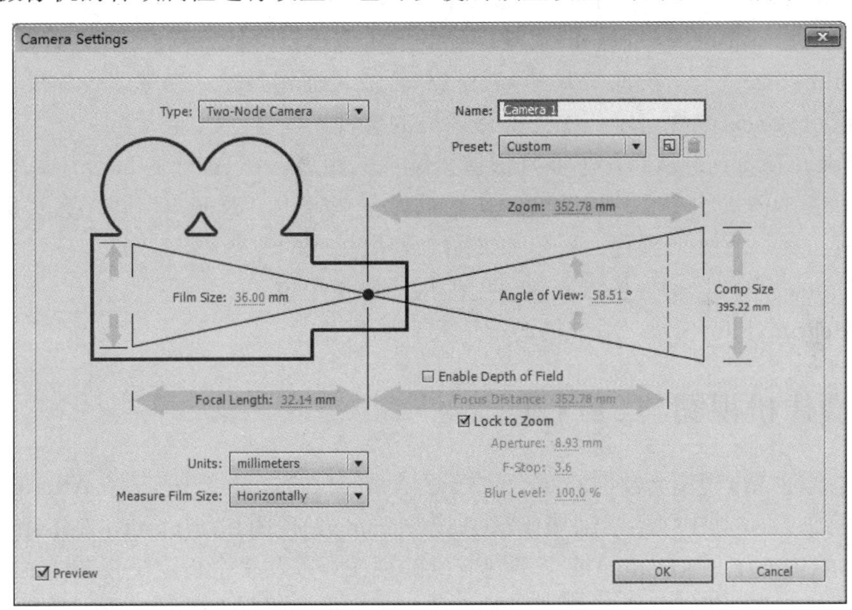

图 7-20

下面将详细介绍摄像机的有关设置属性。

- Name：摄像机的名称。默认状态下，在合成中创建的第一个摄像机的名称是“Camera 1”，后续创建的摄像机的名称按此顺延。对于多摄像机的项目，应该为每个摄像机起个有特色的名称，以方便用户区分。
- Preset：预置，欲使用的摄像机的类型。预置的名称依据焦距来命名。每个预置都是根据 35mm 胶片的摄像机规格的某一焦距的定焦镜头来设定的，因此，预置其实也设定了视角、变焦、焦距和光圈值，默认的预置是 50mm。还可以创建一个自定义参数的摄像机并保存在预置中。

- Zoom：变焦，镜头到图像平面的距离。换言之，一个层如果在镜头外的这个距离，会显示完整尺寸；而一个层如果在镜头外两倍于这个距离，则高和宽都会变为原来的一半。
- Angle of View：视角，图像场景捕捉的宽度。焦距、底片尺寸和变焦值决定了视角的大小。更宽的视角可创建与广角镜头相同的效果。
- Enable Depth of Field：开启景深，为焦距、光圈和模糊级别应用自定义的变量。使用这些变量，可以熟练地控制景深，以创建更真实的摄像机对焦效果。
- Focus Distance：焦点距离，从摄像机到理想焦平面点的距离。
- Lock to Zoom：锁定变焦，使焦距值匹配变焦值。
- Aperture：光圈、镜头的孔径。光圈设置也会影响景深，光圈越大，景深越浅。当设置 Aperture 值时，F-Stop 的值也会随之改变，以进行匹配。
- F-Stop：F 制光圈，表示焦距和光圈孔径的比例。大多数摄像机用 F 制光圈作为光圈的度量单位，因此，许多摄影师更习惯于将光圈按照 F 制光圈单位进行设置。若修改了 F 制光圈，光圈的值也会改变，以进行匹配。
- Blur Level：模糊级别，即图像景深模糊的量。设置为 100%，可以创建一个和摄像机设置相同的、自然的模糊，降低这个值可以降低模糊。
- Film Size：有效的底片尺寸，直接和合成尺寸相匹配。当更改底片尺寸时。变焦值也会随之改变，以匹配真实摄像机的透视。
- Focal Length：从胶片平面到摄像机镜头的距离。在 After Effects 中，摄像机的位置表示镜头的中心。当改变了焦距后，变焦值也会改变，以匹配真实摄像机的透视关系。另外，预置、视角和光圈会做出相应的改变。
- Units：单位，摄像机设置数值所使用的测量单位。
- Measure Film Size：用于描述影片大小的尺寸。

7.5.3 摄像机视图与 3D 视图

使用传统的二维视图无法对三维合成进行全面的预览，会产生视差。After Effects 提供了不同的三维视图，其中包括活动摄像机(Active Camera)视图和前(Front)、左(Left)、顶(Top)、后(Back)、右(Right)、底(Bottom)6 个不同方位的视图，以及 3 个自定义视图(Custom View)。如果合成中含有摄像机，还会增加不同的摄像机(Camera)视图。可以以不同的角度对 3D 层进行观看，从而方便了用户对三维合成的操作。

当合成中含有 3D 层时，单击合成面板底部的视图列表，可以在弹出的快捷菜单中选择所需的视图。使用菜单命令 View→Switch 3D View，也可以在其子菜单中选择三维视图，如图 7-21 所示。

使用菜单命令 View(视图)→Switch to Last 3D View(切换到最近的 3D 视图)，可以切换到上一个使用的三维视图。使用菜单命令 View(视图)→Look at All Layers(观察所有图层)，可以使视图显示包含所有层。使用菜单命令 View(视图)→Look at Selected Layers(观察选择图层)或使用组合键 Ctrl+Alt+Shift+\，可以使视图显示包含选中的层，当未选定任何层时，此命令相当于显示包含所有层。使用菜单命令 View(视图)→Reset 3D View(重置 3D 视图)，可以还原当前视图的默认状态。

图 7-21

在三维合成中进行操作时。经常会使用多个三维视图对 3D 层进行对比观察定位。使用菜单命令 View(视图)→New Viewer(新建视图)或使用组合键 Alt+Shift+N，可以建立新的视图窗口，将新视图窗口设置为所需的视图方式。可以反复使用此命令添加视图，也可以将设置的多个视图保存为工作空间，随时调用。After Effects 预置了多种视图组合，单击合成面板底部的视图组合列表，可以在弹出的快捷菜单中选择所需的视图组合，其中包含单视图、双视图和四视图等，如图 7-22 所示。

图 7-22

智慧锦囊

像其他属性一样，用户也可以在时间线面板中，通过设置 Position(位移)、Rotation(旋转)和 Orientation(方向)的值来进行移动或旋转操作。

7.6 实践案例与上机指导

通过本章的学习，读者基本可以掌握创建三维空间合成的基本知识以及一些常见的操作方法，下面通过练习操作，以达到巩固学习、拓展提高的目的。

7.6.1 制作墙壁挂画效果

本章学习了创建三维空间合成的相关知识，本例将详细介绍制作墙壁挂画效果，来巩固和提高本章学习的内容。

素材文件　配套素材\第 7 章\素材文件\01.jpg、02.jpg、03.jpg、背景.jpg
效果文件　配套素材\第 7 章\效果文件\制作墙壁挂画效果.aep

第 1 步 在菜单栏中选择 Composition(合成)→New Composition(新建合成)菜单命令，打开 Composition Settings(合成设置)对话框，新建一个 Composition Name(合成名称)为 Comp1，With(宽)为 1024，Height(高)为 768，Frame Rate(帧率)为 25，并设置 Duration(持续时间)为 00:00:05:00 秒的合成，如图 7-23 所示。

第 2 步 单击 OK 按钮后，在项目面板中双击打开 Import File(导入文件)对话框，打开本例的配套素材文件，如图 7-24 所示。

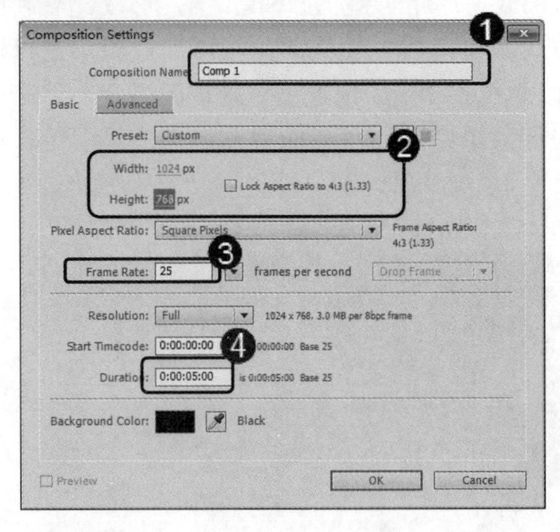

图 7-23

图 7-24

第 3 步 将项目窗口中的“背景.jpg”和“01.jpg”素材文件拖曳到时间线面板中，开启三维图层，并设置“01.jpg”图层的 Position(位置)为(719,384,0)，Scale(缩放)为 37，

Orientation(方向)为(0°，46°，0°)，如图 7-25 所示。

第 4 步 此时拖动时间线滑块可以查看效果，如图 7-26 所示。

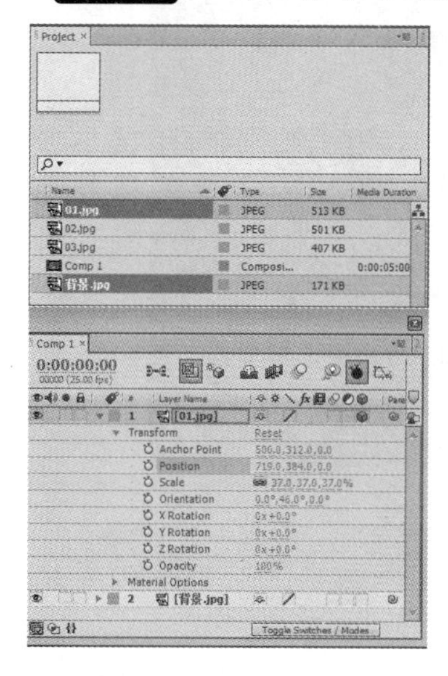

图 7-25

图 7-26

第 5 步 为“01.jpg”素材文件添加 Drop Shadow(阴影)效果，设置 Direction(方向)为 180°，Distance(距离)为 30，Softness(柔化)为 150，如图 7-27 所示。

第 6 步 此时拖动时间线滑块可以查看如图 7-28 所示的效果。

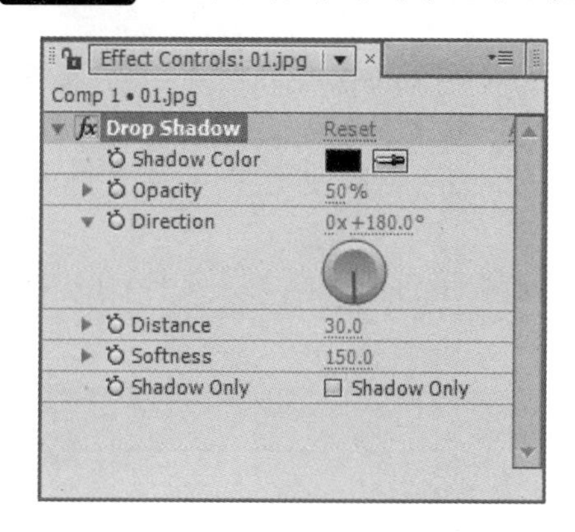

图 7-27

图 7-28

第 7 步 以此类推制作出“02.jpg”和“03.jpg”的三维图层效果，如图 7-29 所示。

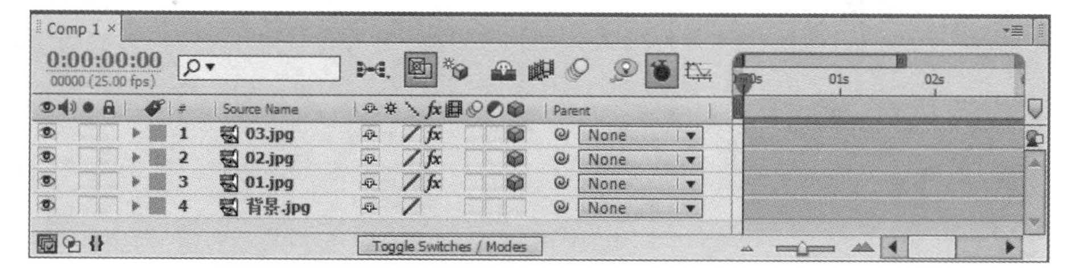

图 7-29

第 8 步 通过以上操作步骤即可完成最终墙壁挂画的效果，如图 7-30 所示。

图 7-30

7.6.2 制作文字投影效果

本章学习了创建三维空间合成的相关知识，本例将详细介绍制作文字投影效果，来巩固和提高本章学习的内容。

素材文件 配套素材\第 7 章\素材文件\背景.jpg

效果文件 配套素材\第 7 章\效果文件\文字投影效果.aep

第 1 步 在菜单栏中选择 Composition(合成)→New Composition(新建合成)菜单命令，打开 Composition Settings(合成设置)对话框，新建一个 Composition Name(合成名称)为 Comp1，Width(宽)为 1024，Height(高)为 768，Frame Rate(帧率)为 25，并设置 Duration(持续时间)为 00:00:05:00 秒的合成，如图 7-31 所示。

第 2 步 单击 OK 按钮后，在项目面板中双击打开 Import File(导入文件)对话框，打开本例的配套素材文件，如图 7-32 所示。

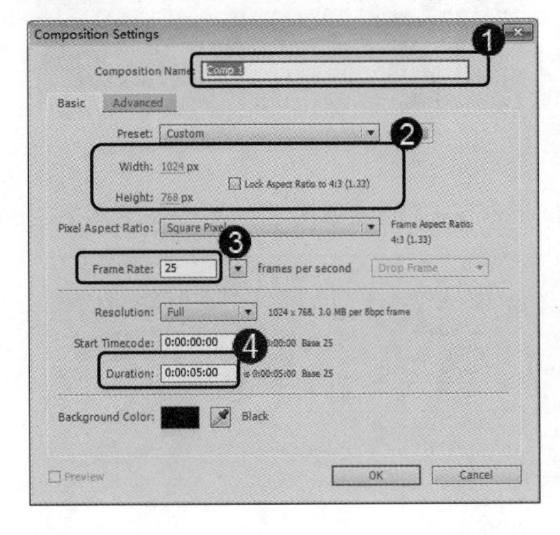

图 7-31

图 7-32

第 3 步 将项目窗口中的“背景.jpg”素材文件拖曳到时间线面板中，如图 7-33 所示。

第 4 步 为“背景.jpg”图层添加 Brightness & Contrast(亮度与对比度)特效，设置 Brightness(亮度)为 10，Contrast(对比度)为 37，如图 7-34 所示。

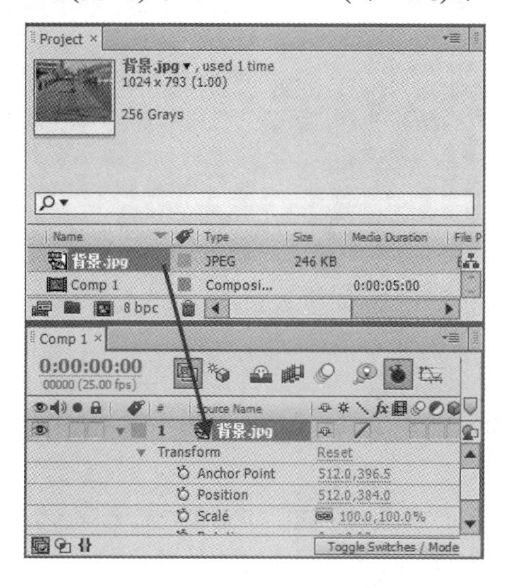

图 7-33

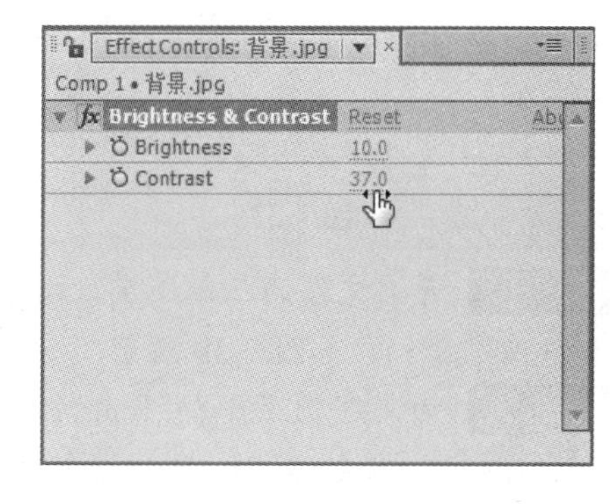

图 7-34

第 5 步 新建一个固态层，设置 Name(名称)为“地面”，Width(宽)为 600，Height(高)为 600，Color(颜色)为“白色”，单击 OK 按钮，如图 7-35 所示。

第 6 步 开启“地面”三维图层，并设置 Position(位置)为(468,611,940)，Scale(缩放)为 317，Orientation(方向)为(270°,0°,0°)，如图 7-36 所示。

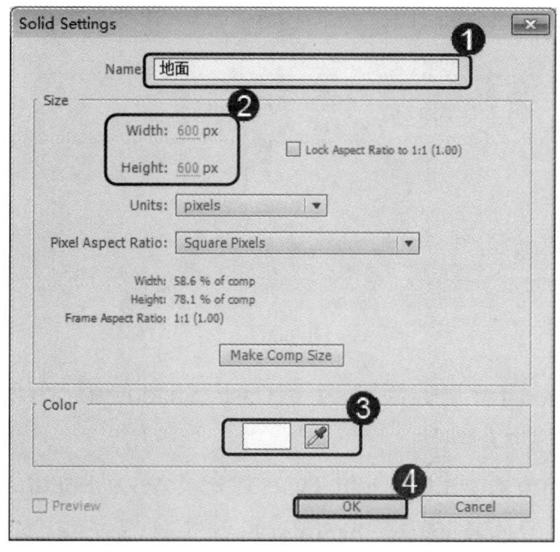

图 7-35

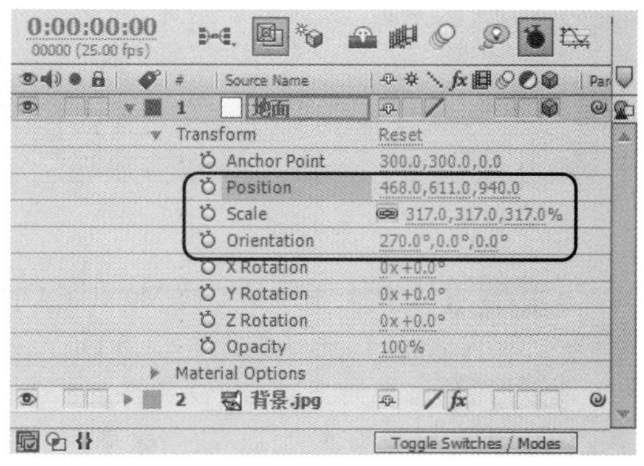

图 7-36

第 7 步 新建一个摄像机图层，设置 Name(名称)为 Camera 1，Focal Lenfth 为 15，取消选择 Lock to Zoom(锁定焦距)，最后单击 OK 按钮，如图 7-37 所示。

第 8 步 新建文字图层，在合成窗口中输入文字，设置字体为 Arial，字体类型为

Bold(粗体)，字体大小为 180，如图 7-38 所示。

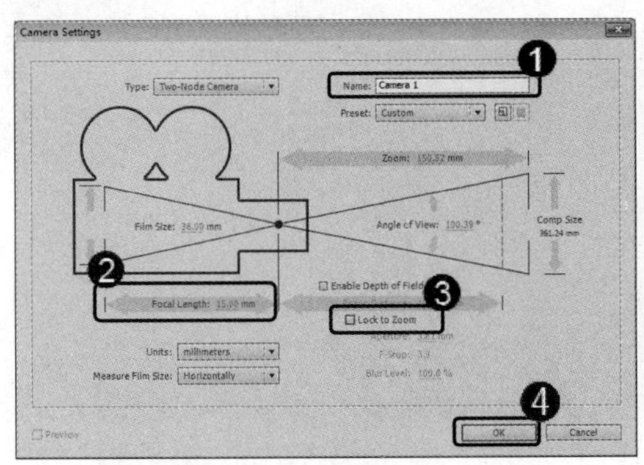

图 7-37

图 7-38

第 9 步 开启文字的三维图层，设置 Position(位置)为(-215,630,0)，Orientation(方向)为(15°,359°,0°)，如图 7-39 所示。

第 10 步 为文字图层添加 Ramp(渐变)特效，设置 Ramp Shape(渐变类型)为 Radial Ramp(径向渐变)，Start of Ramp(开始渐变)为(505,554)，Start Color(开始颜色)为"黄色"，End of Ramp(结束渐变)为(849,842)，End Color(结束颜色)为"黄色"，如图 7-40 所示。

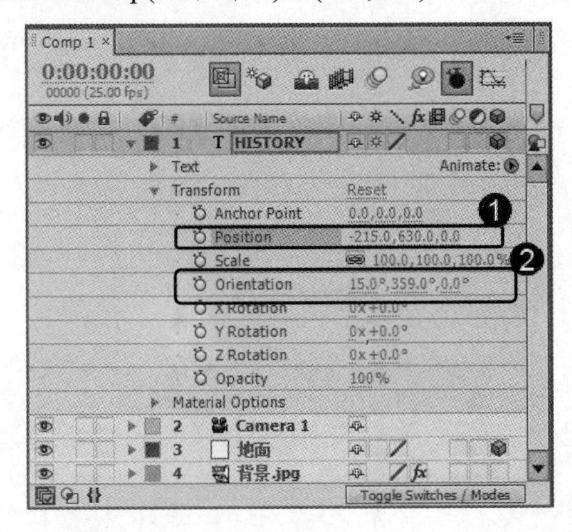

图 7-39

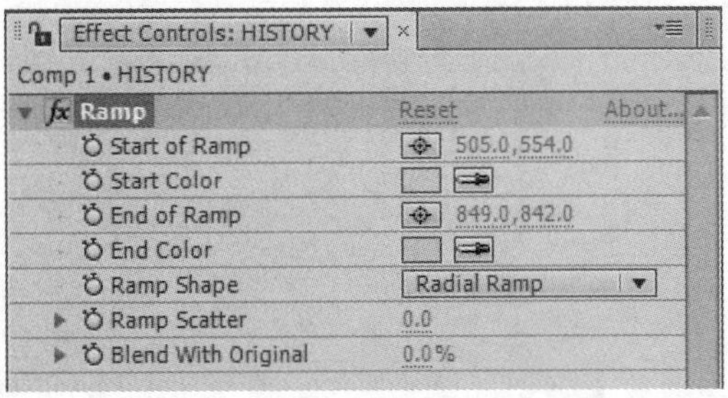

图 7-40

第 11 步 打开文字图层下的 Material Options(材质选项)，设置 Casts Shadows(投射阴影)为 On，Accepts Lights(接受灯光)为 Off，如图 7-41 所示。

第 12 步 新建灯光图层，设置 Name(名字)为 Light 1，Light Type(灯光类型)为 Point(点光)Color(颜色)为浅黄色，Intensity(强度)为 75%，选择 Casts Shadows(投射阴影)复选框，设置 Shadow Diffusion(阴影扩散)为 50，最后单击 OK 按钮，如图 7-42 所示。

第 13 步 设置 Light 1 图层的 Position(位置)为(362,465,-392)，如图 7-43 所示。

第 14 步 通过以上操作步骤即可完成最终制作文字投影效果，如图 7-44 所示。

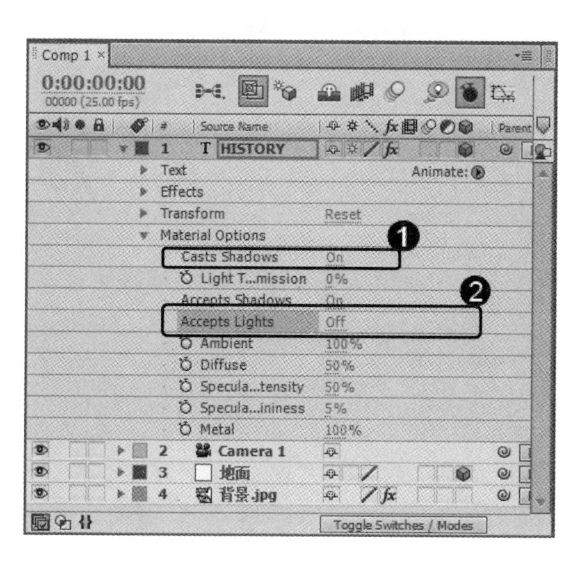

图 7-41

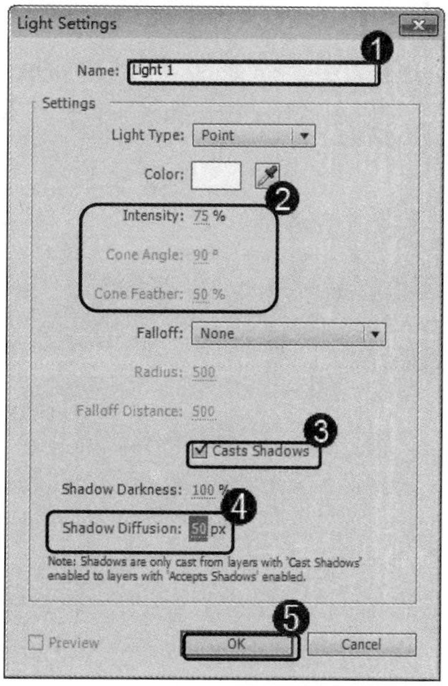

图 7-42

图 7-43

图 7-44

7.7　思考与练习

一、填空题

1. 在 After Effects 的三维空间中，用 4 种视图观察摆放在三维空间中的合成对象，分别为：有效摄像机视图、__________、六视图、__________。

2. 三维空间工作需要一个坐标系，After Effects 提供了 3 种坐标系工作方式，分别是__________、世界坐标系和__________。

二、判断题

1. 用户可以在一个场景中创建多个灯光，并且有 3 种不同的灯光类型可供选择，分别为平行光(Parallel)、点光源(Point)和环境光(Ambient)。（　）

2. 在三维空间中除了表示长、宽的 X、Y 轴之外，还有一个体现三维空间的关键——

Z 轴。在三维空间中，Z 轴用来定义深度，也就是通常所说的远、近。在三维空间中，通过 X、Y、Z 轴三个不同方向的坐标，可调整物体的位置、旋转等。 (　　)

3. 在 After Effects CS6 中，除了视频图层外，其他的图层都能转换为 3D 图层。

(　　)

三、思考题

1. 如何移动 3D 层?
2. 如何转换并创建 3D 层?

第 8 章

关键帧动画

本章要点

- 创建基本的关键帧动画
- 创建及编辑关键帧
- 快速创建与修改动画
- 速度调节
- 回放与预览

本章主要内容

本章主要介绍创建基本的关键帧动画、创建及编辑关键帧和快速创建与修改动画方面的知识与技巧，同时还讲解了速度调节的相关知识及操作，在本章的最后还针对实际的工作需求，讲解了回放与预览的方法。通过本章的学习，读者可以掌握关键帧动画基础操作方面的知识，为深入学习 After Effects CS6 知识奠定基础。

8.1 创建基本的关键帧动画

After Effects CS6 除了合成以外，动画也是它的强项，这个动画的全名其实应该叫作关键帧动画，因此，如果需要在 After Effects CS6 中创建动画，一般需要通过关键帧来产生。本节将详细介绍创建基本的关键帧动画的相关知识及操作方法。

8.1.1 认识关键帧动画

关键帧不是一个纯 CG 的概念，关键字的概念来源于传统的动画片制作。人们看到的视频画面，其实是一幅幅图像快速播放而产生的视觉欺骗，在早期的动画制作中，这些图像中的每一张都需要动画师绘制出来，如图 8-1 所示。

图 8-1

所谓关键帧动画，就是给需要动画效果的属性，准备一组与时间相关的值，这些值都是在动画序列中比较关键的帧中提取出来的，而其他时间帧中的值，可以用这些关键值，采用特定的插值方法计算得到，从而达到比较流畅的动画效果。

动画是基于时间的变化，如果层的某个动画属性在不同时间产生不同的参数变化，并且被正确的记录下来，那么可以称这个动画为“关键帧动画”。

比如，可以在 0 秒的位置设置 Opacity 属性为 0，然后在 1 秒的位置设置 Opacity 属性为 100，如果这个变化被正确的记录下来，那么层就产生了不透明度在 0～1 秒从 0 到 100 的变化。

8.1.2 产生关键帧动画的基本条件

产生关键帧动画的基本条件主要有以下 3 个条件。

(1) 必须按下属性名称左边的秒表按钮才能记录关键帧动画，如图 8-2 所示。

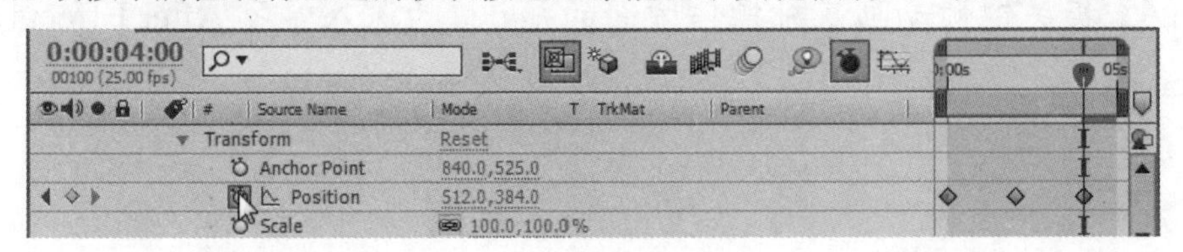

图 8-2

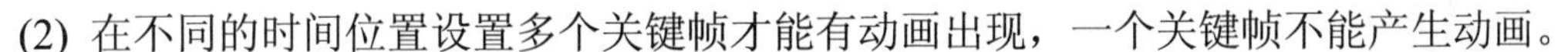

(2) 在不同的时间位置设置多个关键帧才能有动画出现，一个关键帧不能产生动画。
(3) 按下秒表按钮的属性数值在不同的时间应该有不同的变化。

8.1.3　创建关键帧动画的基本流程

关键帧动画的创建方式基本一致，下面将以位移动画为例，详细介绍创建关键帧动画的基本流程。

第 1 步 准备好一个素材文件，将其导入到 After Effects 中，如图 8-3 所示。

第 2 步 建立一个 PAL 制合成，并设置合成的持续时间为 5s，如图 8-4 所示。

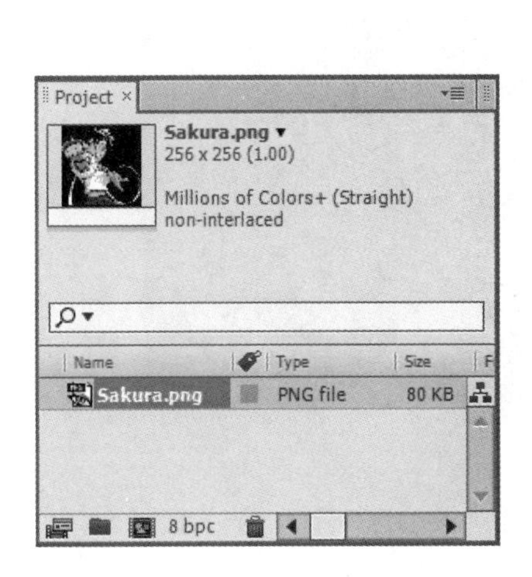

图 8-3

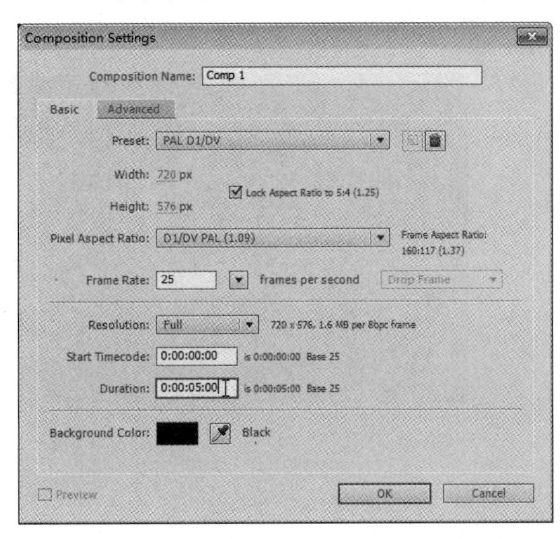

图 8-4

第 3 步 将素材拖曳到时间线上，得到 Sakura.png 层，并使用选择工具将其拖曳到合成面板左侧居中位置，如图 8-5 所示。

第 4 步 展开 Sakura.png 层中的 Position 属性，将时间指示标拖曳到 0s 位置，单击 Position 属性左边的秒表按钮，建立关键帧，如图 8-6 所示。

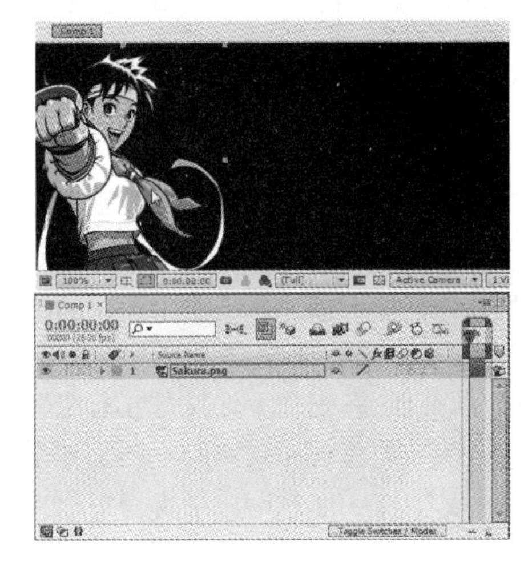

图 8-5

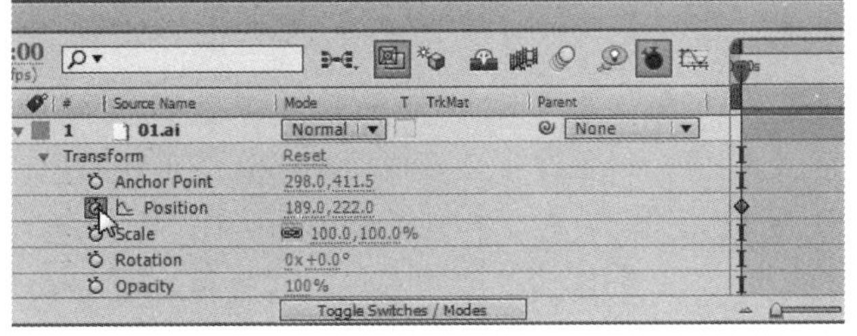

图 8-6

第 5 步 将时间指示标拖曳到 5s 位置，如图 8-7 所示。

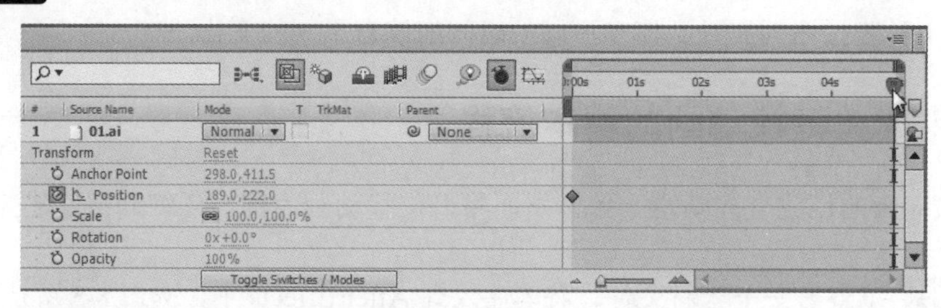

图 8-7

第 6 步 使用选择工具拖曳 Sakura.png 层至合成面板中的右侧位置，如图 8-8 所示。

图 8-8

第 7 步 由于 Position 参数产生变化，在 5s 位置处会自动建立一个关键帧，以上步骤即是创建关键帧动画的基本流程，如图 8-9 所示。

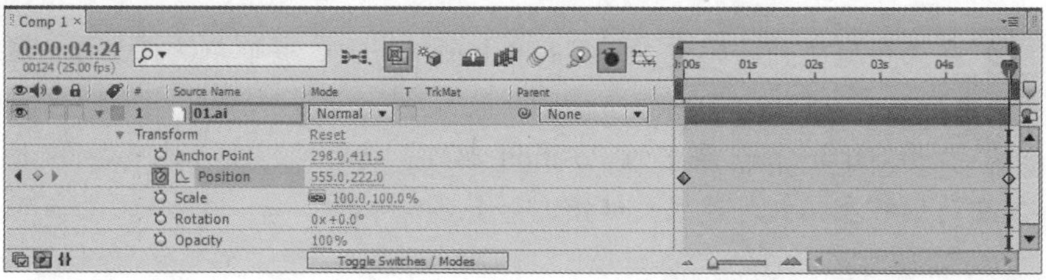

图 8-9

8.1.4 运动模糊

运动模糊(Motion Blur)在视频编辑领域是一个重要的概念，当回放所拍摄的视频的时候，会发现快速运动的对象的成像是不清晰的。当手在眼前快速挥动时，会产生虚化的拖影，这个现象称之为运动模糊，即由运动产生的模糊效果。

运动模糊现象在视频合成领域中具有重要作用，两个场景的匹配并不仅仅是匹配位置和色彩这么简单，两个场景的摄影机焦距和光圈大小会直接导致透视和景深的不同。如果场景中有元素的运动，比如天空中的飞鸟，那么这两个场景中运动元素的运动模糊也应该一模一样。所以，运动模糊是区分一个场景是否真实的重要条件。

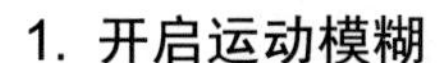

1. 开启运动模糊

在 After Effects 的时间线上想要开启运动模糊需要有以下 3 个条件。

(1) 层的运动必须由关键帧产生。

(2) 要激活合成的运动模糊开关。

(3) 要激活层的运动模糊开关。

以上 3 个条件，缺少其中任何一个都不会产生运动模糊效果。合成的运动模糊开关与层的运动模糊开关在时间线面板中，单击即可激活，如图 8-10 所示为开启合成的运动模糊开关，即该合成允许产生运动模糊效果。

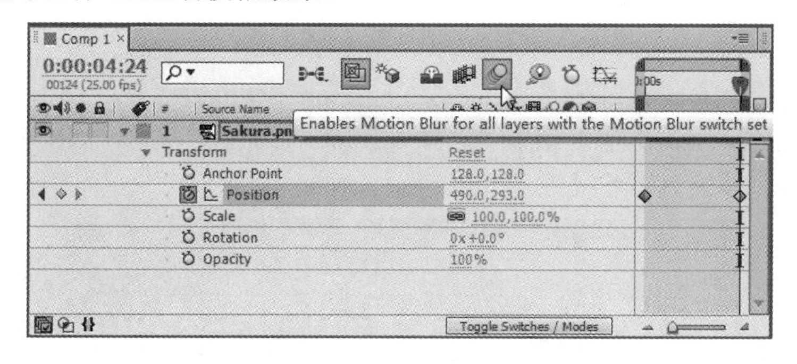

图 8-10

如图 8-11 所示为开启层的运动模糊开关，即该层开启运动模糊效果。

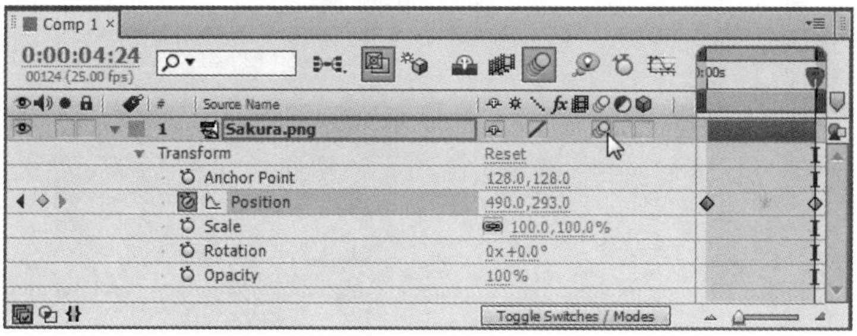

图 8-11

每个层都有自己单独的运动模糊开关，哪一层需要开启运动模糊就单击打开哪一层的运动模糊开关，用户可以控制哪层开启运动模糊。如果看不到层的运动模糊开关，可以激活时间线面板，并按键盘上的 F4 键，调出运动模糊开关。

运动模糊开启后就可以看到运动的层产生了模糊效果，如图 8-12 所示。如果运动模糊效果不明显，可以修改运动模糊。

2. 修改运动模糊

有时候软件默认产生的运动模糊强度和实际拍摄的素材中物体的运动模糊强度是不一样的，这时需要修改软件产生的运动模糊强度，有以下两种修改的方法。

(1) 改变物体的运动素材，物体的运动速度越快，运动模糊就越大。

(2) 修改合成参数。建立的合成相当于一架摄像机，所有的层与动画相当于在这架摄像机拍摄的范围内进行表演，所以修改这架摄像机的参数也可以改变运动模糊值。

图 8-12

使用菜单命令 Composition(合成)→Composition Settings(合成设置)，系统即可弹出 Composition Settings(合成设置)对话框，选择 Advanced(高级)选项卡，如图 8-13 所示。该对话框的各项参数具体说明如下。

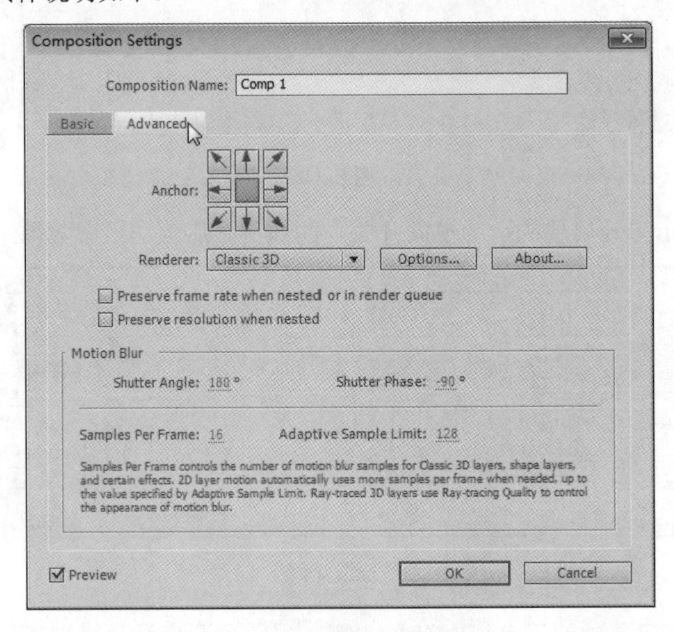

图 8-13

- Shutter Angle：快门角度，可以直接影响运动模糊效果，这个数值越大，模糊量越大，极限值为 720。
- Shutter Phase：快门相位，定义运动模糊的方向。
- Samples Per Frame：最少采样次数。
- Adaptive Sample Limit：最大采样次数。
- Samples Per Frame 与 Adaptive Sample Limit：仅对 3D 层或形状层有效，采样次数越多，运动模糊过渡的越细腻，同时渲染时间也会越长。相对而言，这两种方法互有优劣；改变物体运动速度的方法可以单独修改一层的模糊量，但是模糊改变的同时运动也随之改变；修改合成设置的方法可以保证层运动的同时增加或减少模糊量，但是所有层的模糊程度会同时发生改变。

8.2　创建及编辑关键帧

在 After Effects 软件中，所有的动画效果基本上都有关键帧的参与，关键帧是组合成动画的基本元素，本节将详细介绍创建及编辑关键帧的相关知识及操作方法。

8.2.1　添加关键帧

在 After Effects 软件中，添加关键帧的方法有很多种，下面将详细介绍几种添加关键帧的操作方法。

第 1 种：单击属性名称左边的秒表按钮，可以记录关键帧动画并产生一个新的关键帧，如图 8-14 所示。

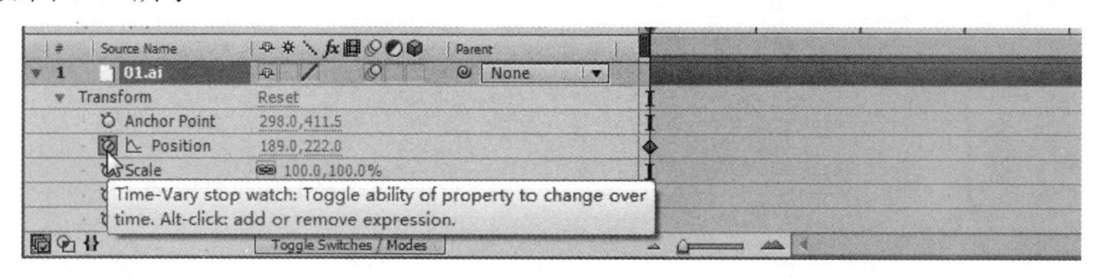

图 8-14

第 2 种：在秒表按钮激活的状态下，使用组合键 Alt+Shift+属性快捷键，可以在时间指示标的位置建立新的关键帧。比如添加 Position(位移)关键帧，可以使用组合键 Alt+Shift+P，如图 8-15 所示。

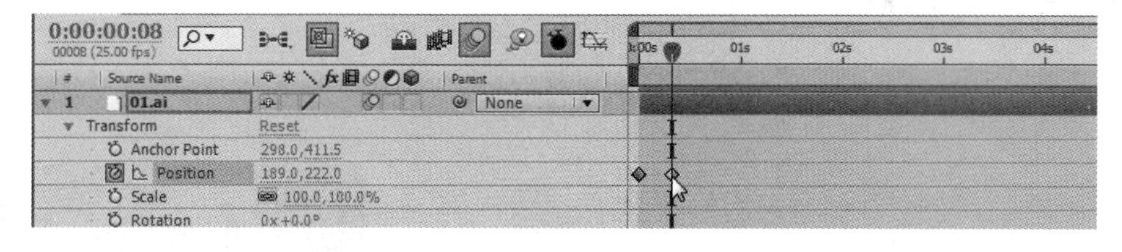

图 8-15

第 3 种：在秒表按钮激活的状态下，将时间指示标拖曳到新的时间点，直接修改参数可以添加新的关键帧，如图 8-16 所示。

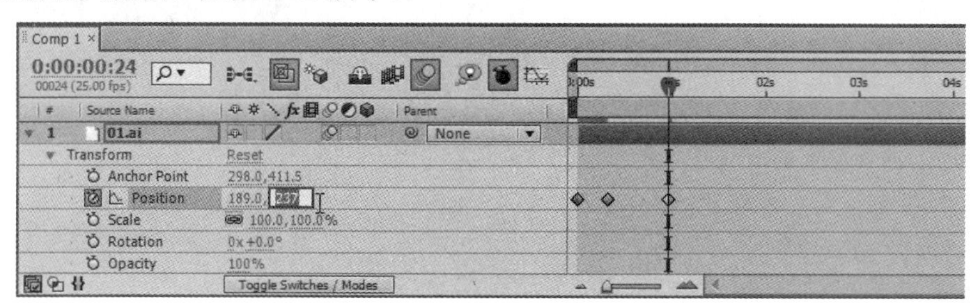

图 8-16

8.2.2 选择关键帧

编辑关键帧的首要条件是选择关键帧，选择关键帧的操作很简单，下面将详细介绍选择关键帧的操作方法。

第 1 步 单击选择。在时间线面板中直接单击关键帧图标，关键帧将显示为黄色，表示已经选定关键帧，如图 8-17 所示。

第 2 步 拖动选择。在时间线面板中，在关键帧位置空白处单击拖动一个矩形框，在矩形框以内的关键帧将被选中，如图 8-18 所示。

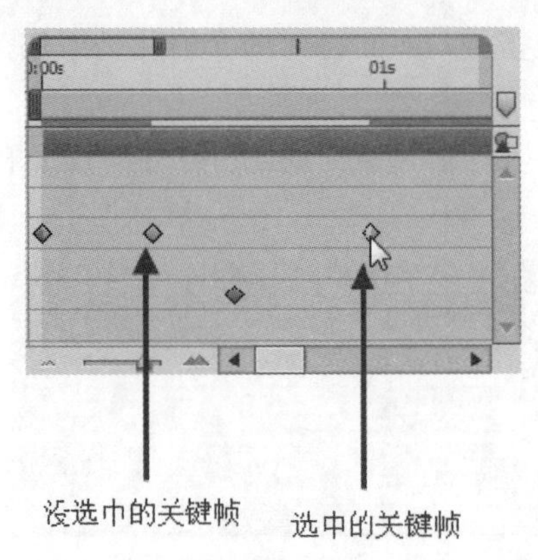

图 8-17

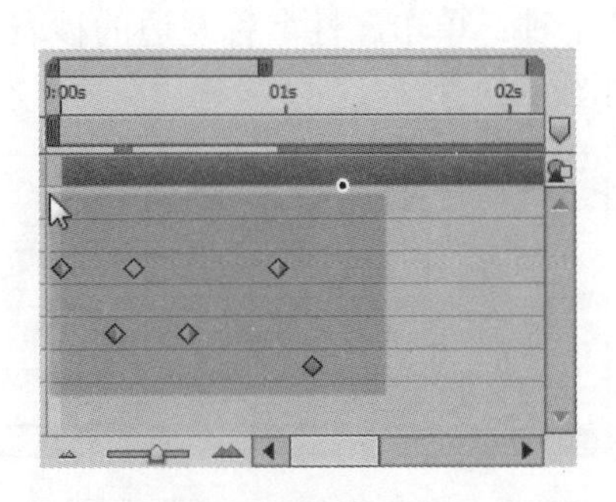

图 8-18

第 3 步 通过属性名称。在时间线面板中单击关键帧属性的名称，即可选择该属性的所有关键帧，如图 8-19 所示。

第 4 步 Composition(合成)面板。当创建关键帧动画后，在 Composition 面板中可以看到一条线，并在线上出现控制点，这些控制点对应属性的关键帧，是要单击这些控制点，就可以选择该点对应的关键帧，选中的控制点将以实心的方块显示，没有选中的控制点以空心的方块显示，如图 8-20 所示。

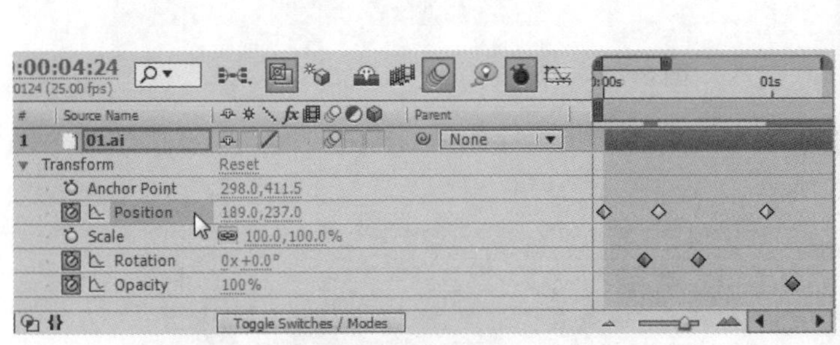

图 8-19

图 8-20

8.2.3 删除关键帧

如果在操作时出现了失误，添加了多余的关键帧，可以将不需要的关键帧删除，下面将详细介绍几种删除关键帧的操作方法。

第 1 种：键盘删除。选择不需要的关键帧，按键盘上的 Delete 键，即可将选择的关键帧删除。

第 2 种：菜单删除。选择不需要的关键帧。使用菜单栏中的 Edit(编辑)→Clear(清除)命令，即可将选择的关键帧删除，如图 8-21 所示。

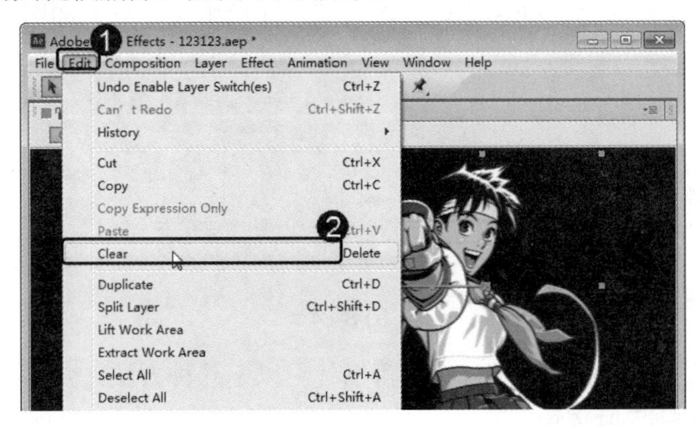

图 8-21

第 3 种：利用按钮删除。取消选择码表的激活状态，可以删除该属性点所有关键帧，如图 8-22 所示。

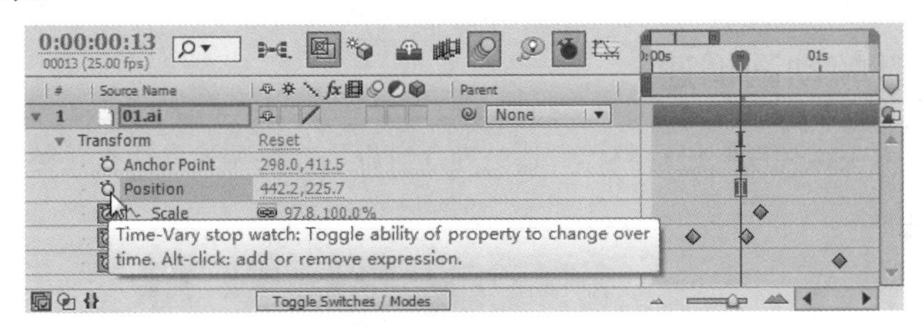

图 8-22

8.2.4　修改关键帧

修改关键帧的方法十分简单，将时间指示标拖曳到关键帧所在的时间位置，修改参数即可对关键帧进行修改。如果时间指示标没有在关键帧所在的时间位置，则会产生新的关键帧，如图 8-23 所示。

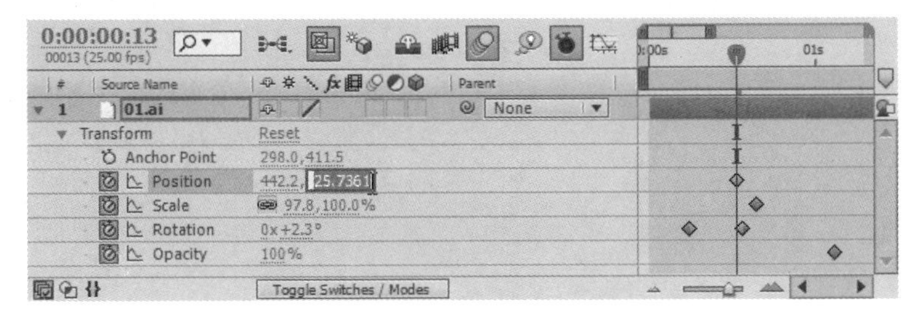

图 8-23

8.2.5 转跳吸附

由于时间指示标需要位于关键帧所在的时间位置才可以修改关键帧，因此需要了解将时间指示标精确对齐到关键帧位置的方法。

时间指示标与关键帧之间的关系可以在时间线面板中观察到，如图 8-24 所示。

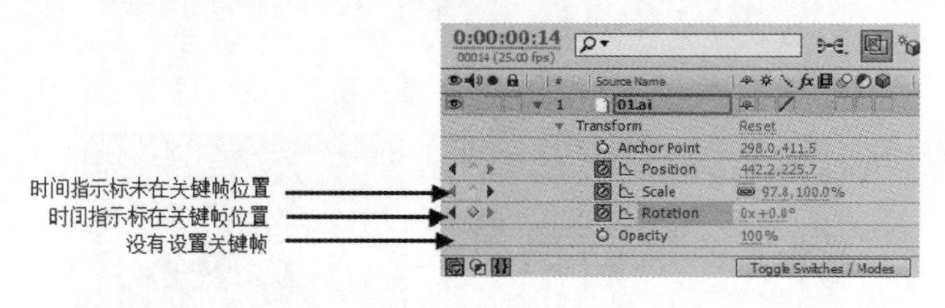

图 8-24

要将时间指示标精确对齐到关键帧，可以使用以下几种方法。

- 单击关键帧导航按钮：可以将时间指示标跳转到最近的上一个关键帧或下一个关键帧。
- 按住 Shift 键的同时拖曳时间指示标，会自动吸附到拖曳位置的关键帧上。
- 使用 J 与 K 快捷键，可以将时间指示标跳转到最近的上一个关键帧或下一个关键帧。

8.2.6 关键帧动画调速

如果需要对关键帧动画进行整体调速处理，可框选需要调速的所有关键帧，如图 8-25 所示。

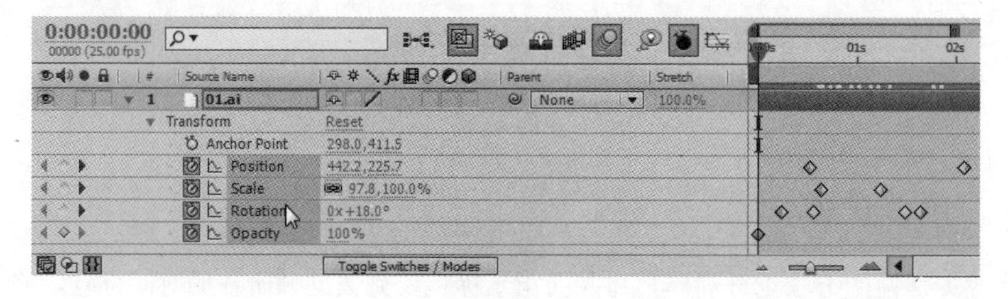

图 8-25

按住 Alt 键的同时拖曳最后一个关键帧，即可完成关键帧动画调速，图 8-26 所示。

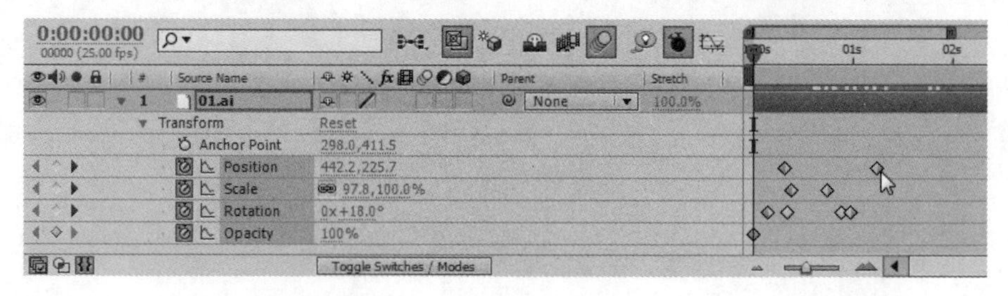

图 8-26

8.2.7　复制和粘贴关键帧

选择需要复制的关键帧，使用快捷键 Ctrl+C，即可将关键帧复制，如图 8-27 所示。

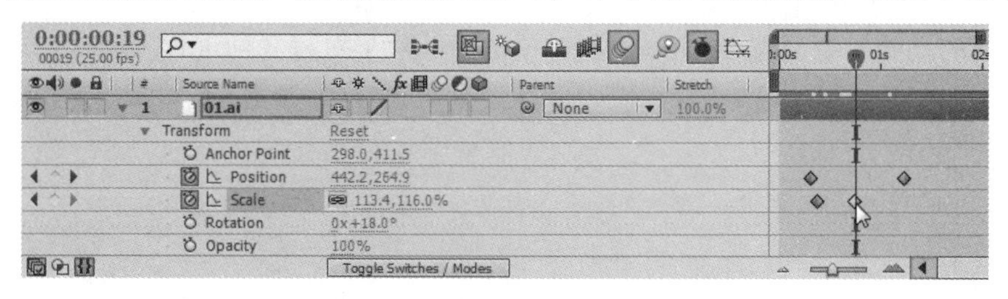

图 8-27

然后将时间指示标拖曳到新的时间点，使用快捷键 Ctrl+V 将关键帧粘贴，如图 8-28 所示。

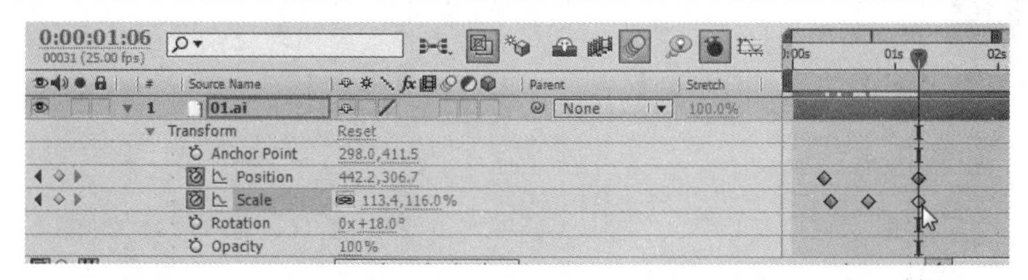

图 8-28

8.2.8　移动关键帧

在时间线面板中，单击鼠标左键选择准备移动的关键帧，如图 8-29 所示。

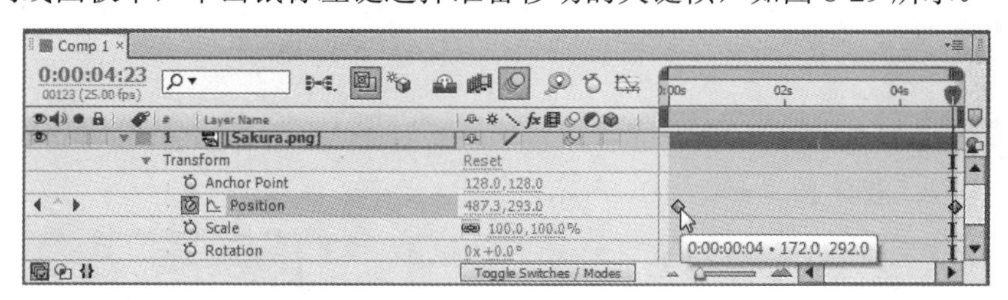

图 8-29

按住鼠标左键不放，在该属性上拖曳，将其拖曳到其他位置，即可完成移动关键帧的操作，如图 8-30 所示。

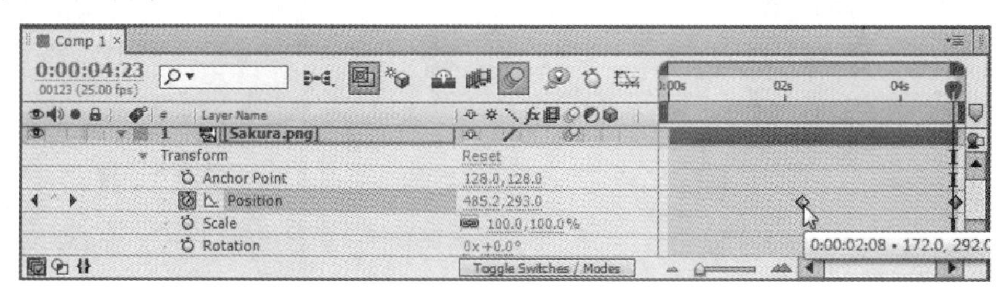

图 8-30

8.3 快速创建与修改动画

层位置的动画需要设置 Position(位移)关键帧，除了对每一帧进行手动设置之外，After Effects 还提供了一些快速创建关键帧的方法。本节将详细介绍快速创建与修改动画的相关知识及操作方法。

8.3.1 运动草图

使用鼠标拖曳层在合成面板中移动，移动的路径即为关键帧的运动路径。需要用运动草图面板来完成这些操作，具体操作步骤如下。

第 1 步 选择时间线面板中需要创建运动草图的层，如图 8-31 所示。

第 2 步 在时间线面板中设置工作区，这个工作区时间即运动草图动画的持续时间，可以使用 B 键和 N 键定义工作区的起点与终点，如图 8-32 所示。

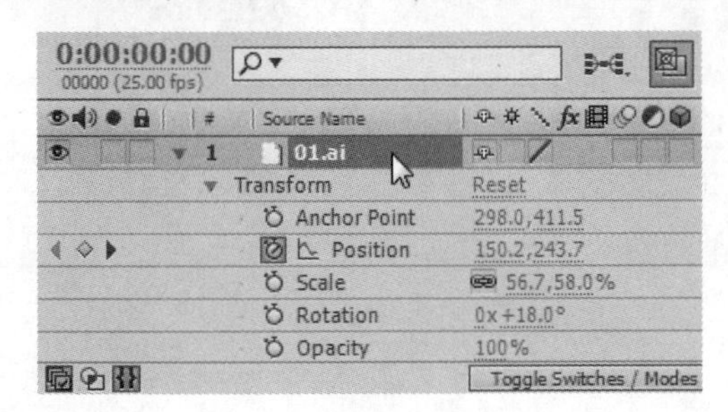

图 8-31

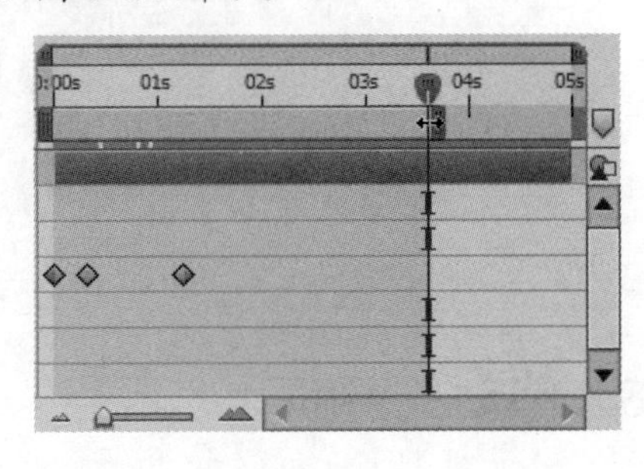

图 8-32

第 3 步 在菜单栏中选择 Window(窗口)→Motion Sketch(运动草图)菜单命令，如图 8-33 所示。

第 4 步 系统即可开启 Motion Sketch(运动草图)面板，单击 Start Capture(开始捕获)按钮即可开始创建运动草图，如图 8-34 所示。

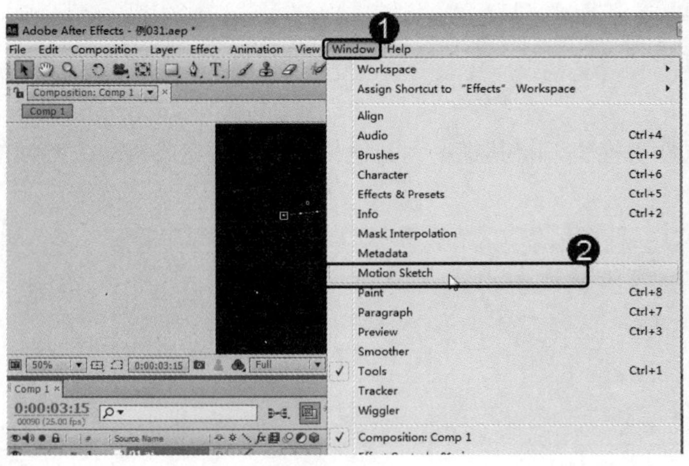

图 8-33

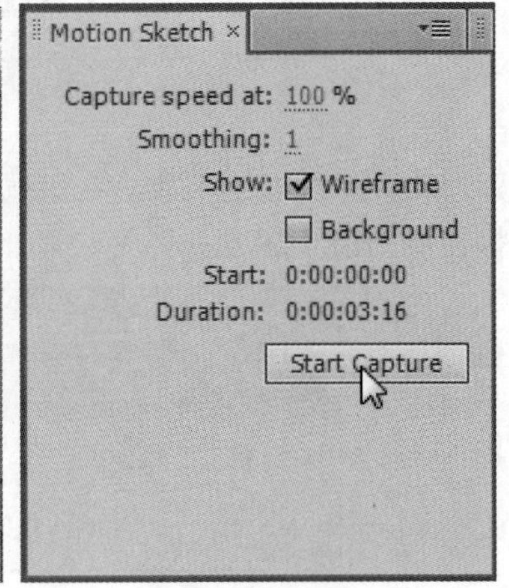

图 8-34

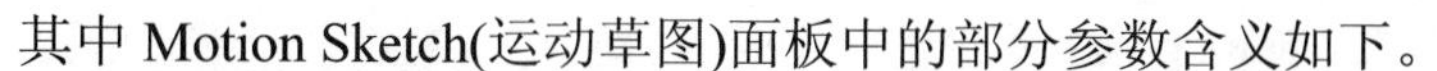

其中 Motion Sketch(运动草图)面板中的部分参数含义如下。

➢ Show Wireframe(显示线框)：在运动草图创建的过程中，层以线框的方式显示。

➢ Show Background(显示背景)：在运动草图创建过程中，是否显示其他层。

第 5 步 使用鼠标在合成面板中进行拖动，如图 8-35 所示。

第 6 步 这样即可在时间线面板中产生 Position(位移)运动路径，如图 8-36 所示。

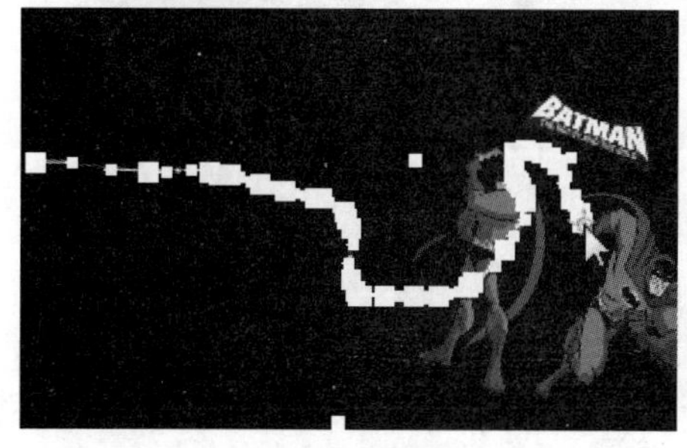

图 8-35

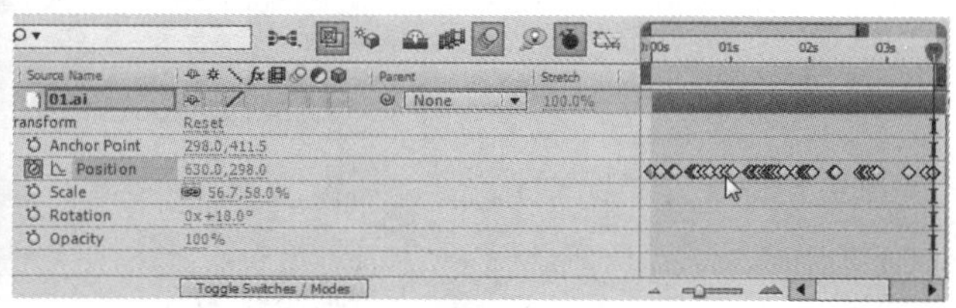

图 8-36

智慧锦囊

鼠标的拖曳速度与产生关键帧动画的速度相同，选择的层的 Position 参数会产生很多关键帧，需要对这些关键帧进行一些平滑处理，这就是为什么称其为“运动草图”。

8.3.2　关键帧平滑

如果需要使关键帧产生的动画效果更流畅，可以对关键帧进行平滑处理，下面将详细介绍关键帧平滑的相关操作方法。

第 1 步 选择某个属性需要平滑的关键帧。选择单一属性的多个关键帧才可以进行平滑操作，如图 8-37 所示。

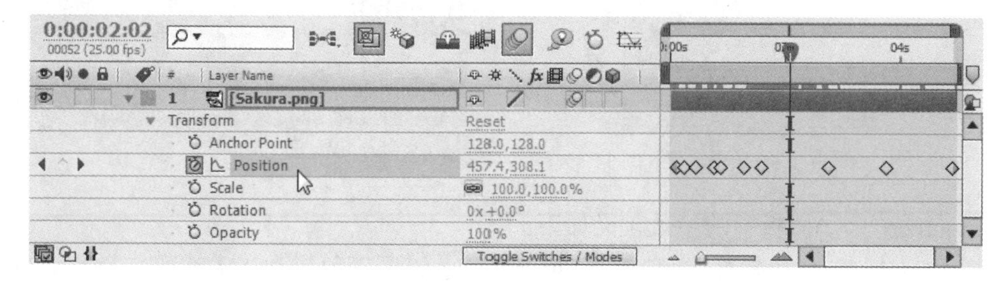

图 8-37

第 2 步 在菜单栏中选择 Window(窗口)→Smoother(平滑)菜单命令，如图 8-38 所示。

第 3 步 系统即可开启 Smoother(平滑)面板，在其中设置相关平滑参数，如图 8-39 所示。

第 4 步 设置 Tolerance(容差)参数后，单击 Apply(应用)按钮即可对关键帧应用平滑效果，如图 8-40 所示。

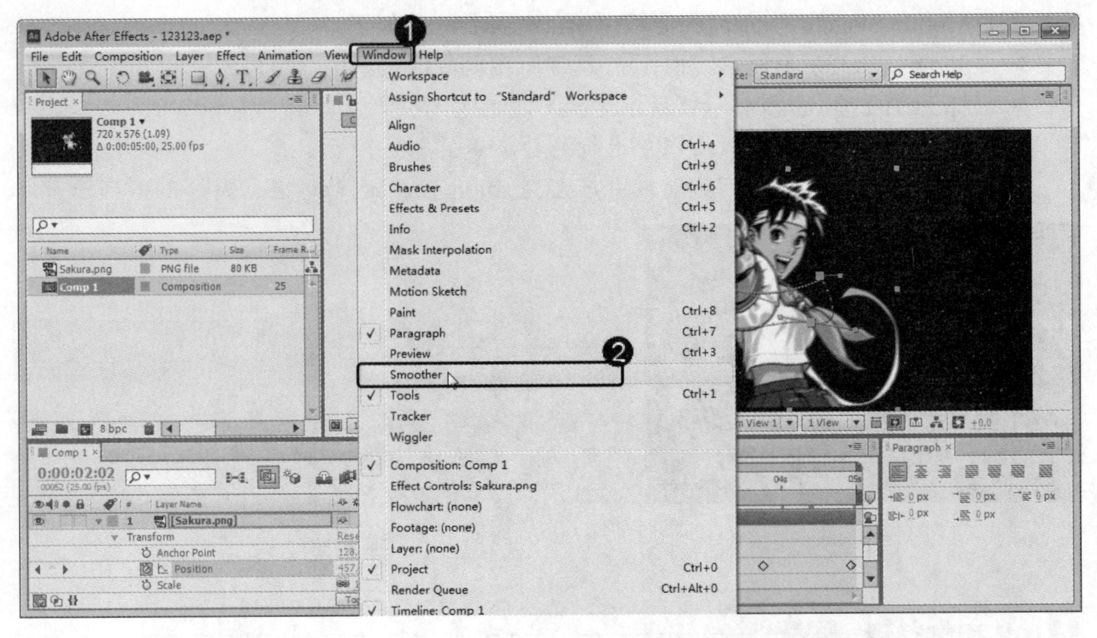

图 8-38

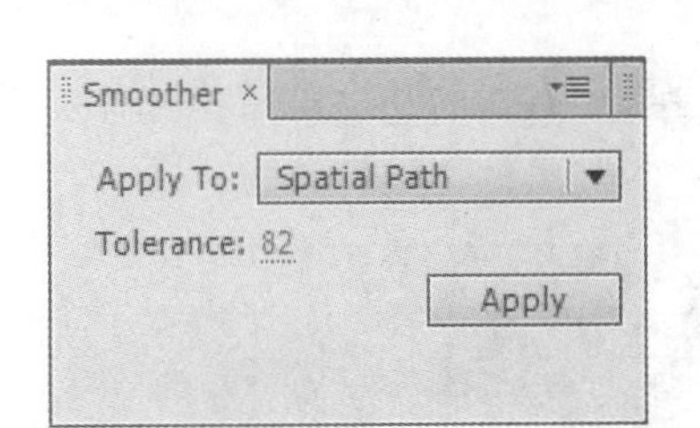

图 8-39

图 8-40

Smoother(平滑)面板中的参数含义如下。

- Apply To：选择对关键帧的空间差值还是时间差值进行平滑操作。Temporal Path 是时间差值路径；Spatial Path 是空间差值路径。空间平滑是使运动路径更加流畅，时间平滑是让运动速度更加流畅。
- Tolerance：容差，数值越大，运动越平滑。

8.3.3 关键帧抖动

如果需要使关键帧产生的动画产生随机变化的效果，可以对关键帧进行抖动处理。下面将详细介绍关键帧抖动的相关操作方法。

第 1 步 选择某个属性需要进行随机化处理的关键帧。选择单一属性的多个关键帧才可以进行抖动操作，如图 8-41 所示。

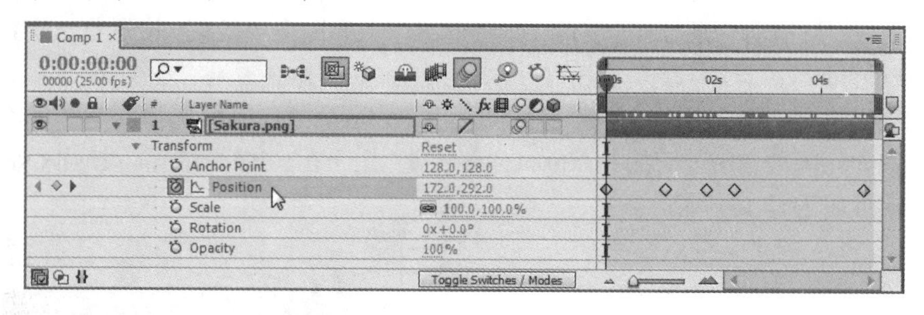

图 8-41

第 2 步 在菜单栏中选择 Window(窗口)→Wiggler(摇摆器)菜单命令，如图 8-42 所示。

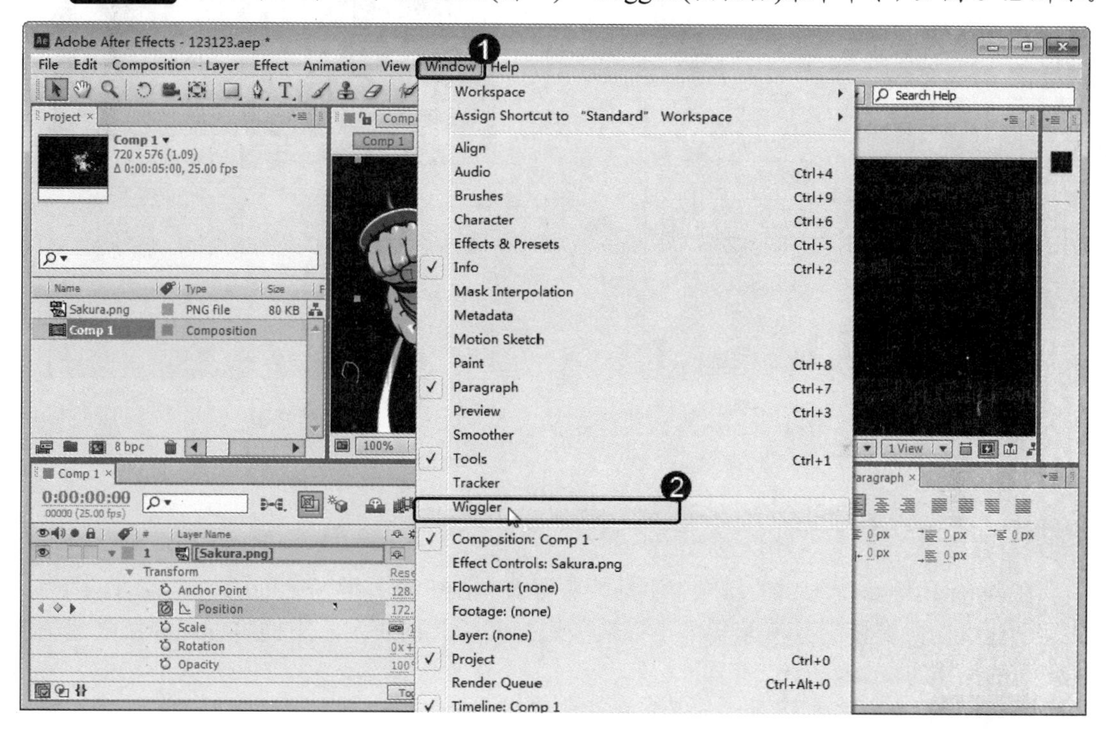

图 8-42

第 3 步 系统即可开启 Wiggler(摇摆器)面板，在其中设置相关参数，如图 8-43 所示。

第 4 步 在 Wiggler(摇摆器)面板中完成设置参数后，单击 Apply(应用)按钮，即可确定抖动变化效果，如图 8-44 所示。

下面将详细介绍 Wiggler(摇摆器)面板中的各项参数。

- Apply To：选择对关键帧的空间差值还是时间差值进行抖动操作。Temporal Path 是时间差值路径；Spatial Path 是空间差值路径。空间抖动是对运动路径进行抖动，时间抖动是对运动速度进行抖动。
- Noise Type：抖动类型，可以选择 Smooth(光滑的)或 Jagged(粗糙的)。Smooth 型

抖动相对于 Jagged 型抖动，运动稍微平滑一些。

➢ Dimensions：抖动方向。X 在水平方向抖动；Y 在垂直方向抖动；All The Same，X 方向始终与 Y 方向具有相同值抖动；All Independently，X、Y 方向完全随机抖动。如果抖动的是 Scale 属性，并希望层产生等比变化效果，应选择 All The Same。

➢ Frequency：抖动频率，即每秒产生几次数值变化。

➢ Magnitude：抖动振幅，即每次抖动程度值。这个值与当前选择的参数的单位有关，假如振幅为 10，对应的 Position(位移)属性指的是 10 像素位置，对应的 Scale(缩放)属性指的是 10%缩放。

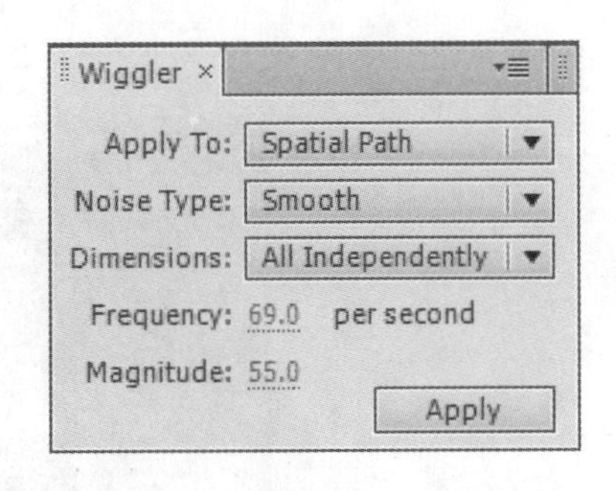

图 8-43

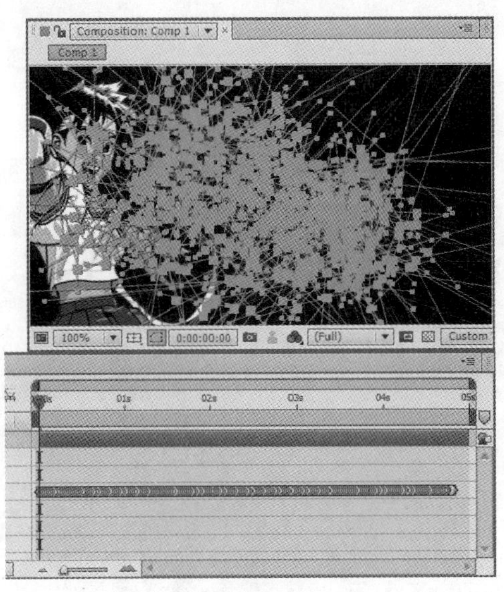

图 8-44

8.3.4 关键帧匀速

在 After Effects 中编辑关键帧，手动调整很难做到多个关键帧之间的匀速运动，因为层的运动速度由关键帧的数值差异大小以及关键帧间距共同决定。下面将详细介绍创建关键帧匀速的操作方法。

第 1 步 选择需要匀速运动的某段关键帧，注意首尾两个关键帧不要选择，若选择的是第 2、3 个关键帧，则会在第 1～4 个关键帧之间产生匀速运动，如图 8-45 所示。

第 2 步 在菜单栏中选择 Animation(动画)→Keyframe Interpolation(关键帧速率)菜单命令，如图 8-46 所示。

第 3 步 弹出 Keyframe Interpolation(关键帧速率)对话框，展开 Roving 下拉列表框，并选择 Rove Across Time 选项，如图 8-47 所示。

第 4 步 可以看到在时间线面板上的关键帧的位置和形态都发生了改变，这样即可完成关键帧匀速运动的操作，如图 8-48 所示。

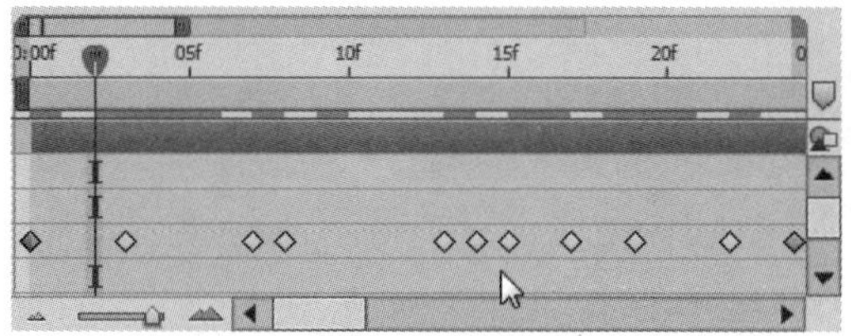

图 8-45

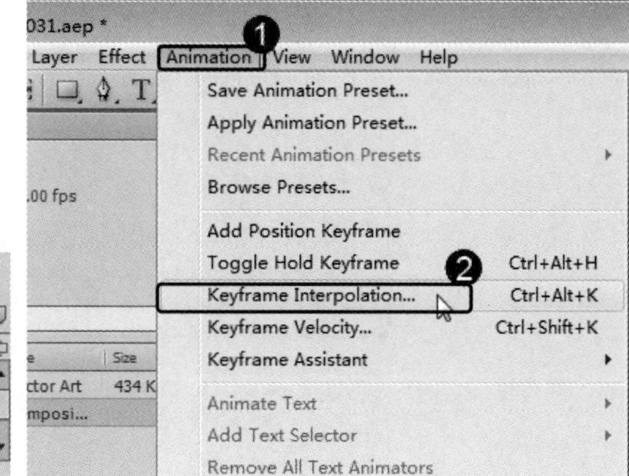

图 8-46

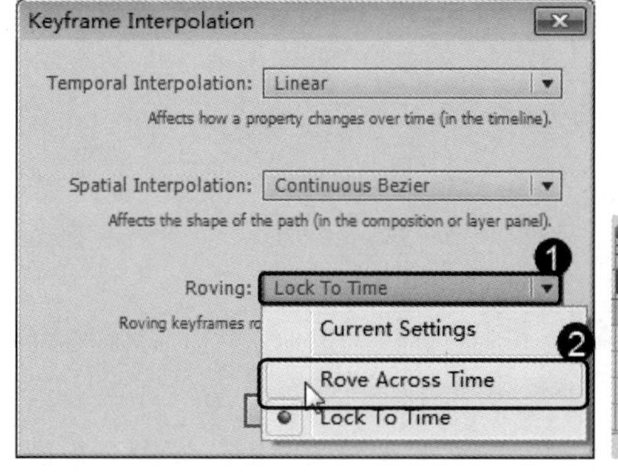

图 8-47

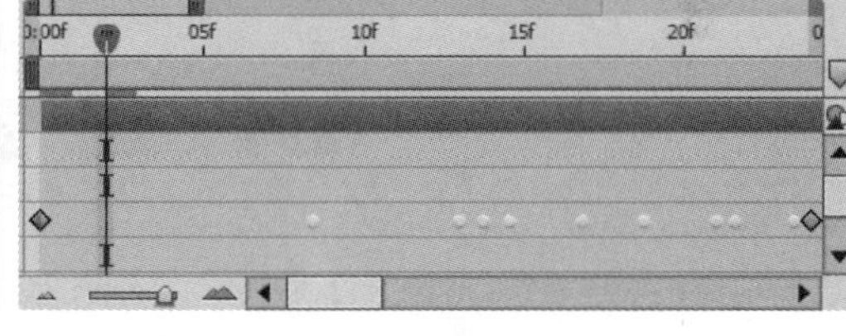

图 8-48

智慧锦囊

Roving Keyframes 是创建匀速运动的快捷方法，可以在多个关键帧产生的运动中快速实现匀速运动效果。这个方法不会影响关键帧参数，是通过影响关键帧之间的时间距离来使运动匀速的。

8.3.5　关键帧时间反转

如果准备对关键帧进行反转操作，即对关键帧产生的动画进行倒放处理，可以选择需要反转的关键帧，然后在菜单栏中选择 Animation(动画)→Keyframe Assistant(关键帧辅助)→Time-Reverse Keyframes(关键帧时间反转)菜单命令，即可对关键帧进行反转操作，如图 8-49 所示。

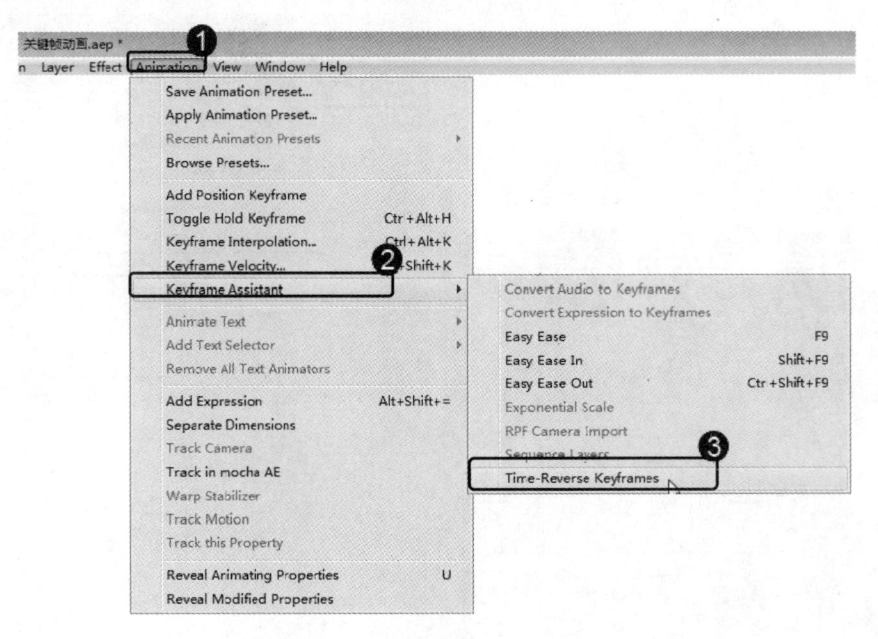

图 8-49

8.4 速度调节

速度调节操作包括将层调整到特定速度、帧时间冻结、时间重映射、帧融合与像素融合等，本节将详细介绍速度调节的相关知识。

8.4.1 将层调整到特定速度

使用 After Effects 软件可以快速地将层调整到某个特定速度，下面将详细介绍将层调整到特定速度的操作方法。

第 1 步 在时间线面板中选择需要进行调速处理的层，如图 8-50 所示。

第 2 步 在菜单栏中选择 Layer(图层)→Time(时间)→Time Stretch(时间伸缩)菜单命令，如图 8-51 所示。

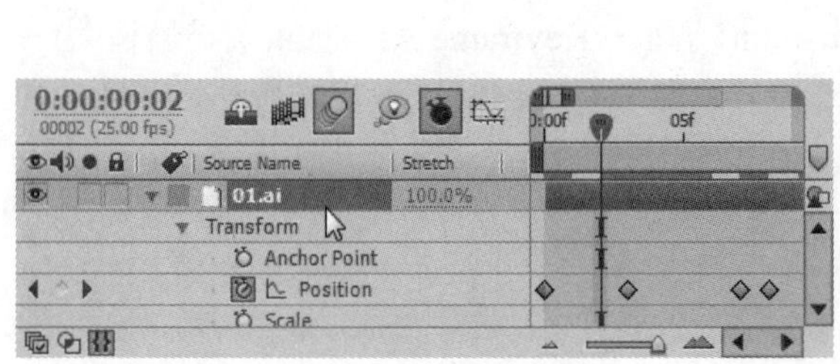

图 8-50

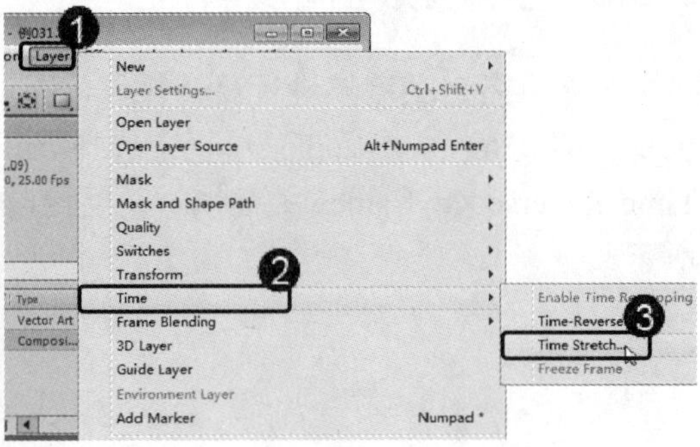

图 8-51

第 3 步 弹出 Time Stretch(时间伸缩)对话框，其中 Stretch Factor(拉伸程度)与 New Duration(新持续时间)可以设置调速值，这两个参数互相影响，用户可以选择基于百分比或时间单位进行精确调速处理。设置合适 Stretch Factor(拉伸程度)与 New Duration(新持续时间)的值后，单击 OK 按钮，如图 8-52 所示。

第 4 步 返回到时间面板中，可以看到调速后帧的变化，比如，设置 Stretch Factor(拉伸程度)值为 50%会使层的持续时间变为 50%，速度提高一倍，如果层上有关键帧，也会随之缩放，如图 8-53 所示。

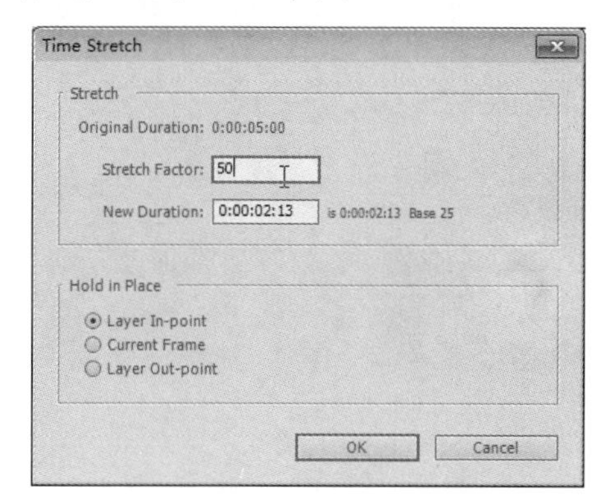

图 8-52

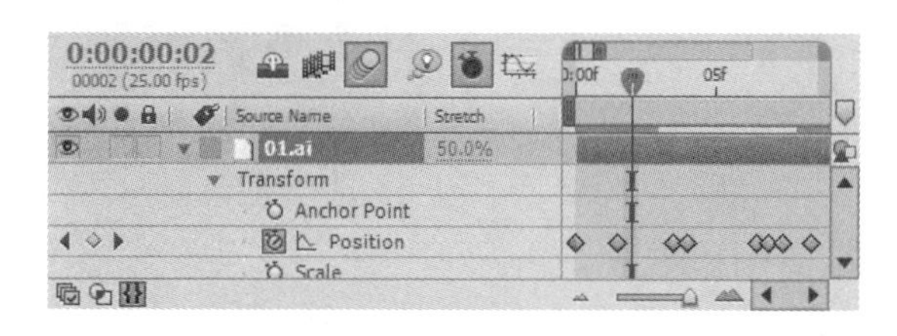

图 8-53

8.4.2　帧时间冻结

如果需要对视频画面进行冻结操作，首先需要拖曳时间指示标，浏览层到需要冻结的帧，然后依次选择 Layer(图层)→Time(时间)→Freeze Frame(冻结帧)菜单命令，如图 8-54 所示。

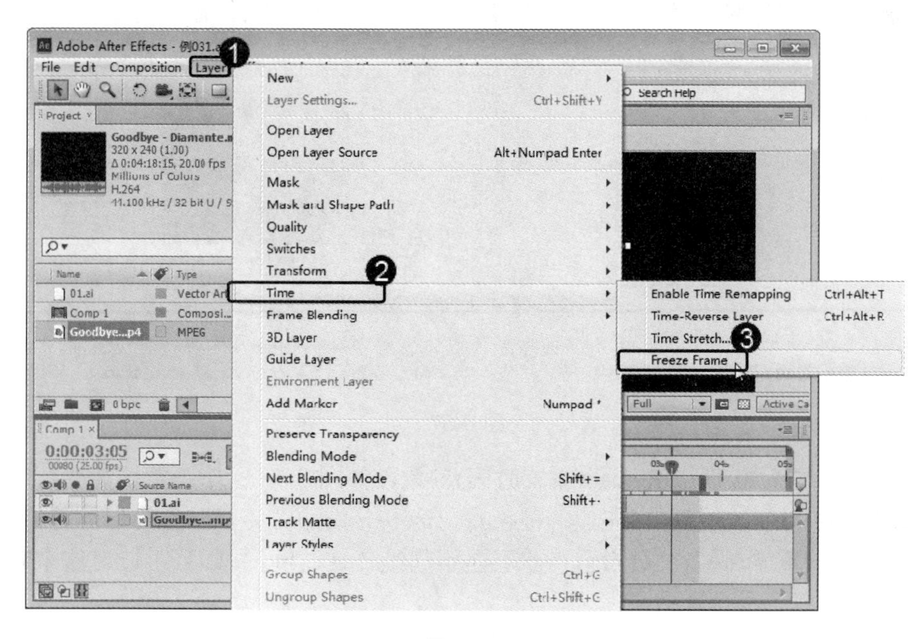

图 8-54

冻结后的整个层都会显示为当前帧，如图 8-55 所示。

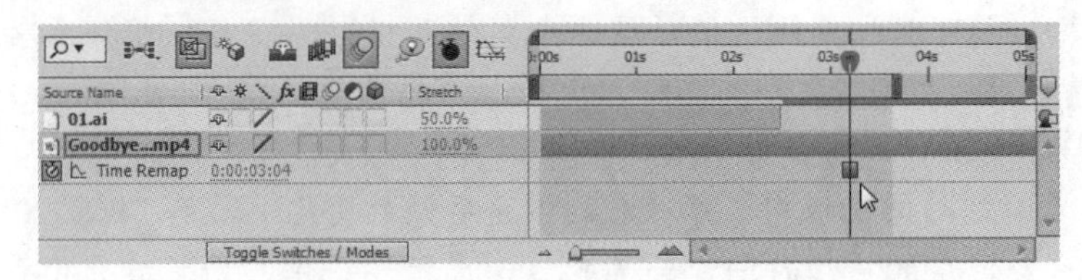

图 8-55

冻结后层中会出现 Time Remap(时间重映射)参数，如果不需要冻结效果或对冻结效果不满意，可以选择该参数将其删除，取消冻结效果，如图 8-56 所示。

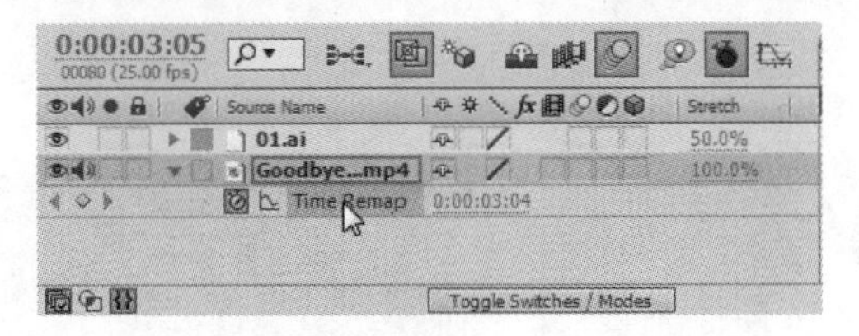

图 8-56

8.4.3 时间重映射

如果需要对时间进行任意处理，比如快放、慢放、倒放、静止等，可以通过调整 Time Remap(重置时间)参数来完成。下面将详细介绍时间重映射的操作方法。

选择时间线中需要进行时间处理的层，然后依次选择 Layer(图层)→Time(时间)→Enable Time Remapping(启用时间重映射)菜单命令，如图 8-57 所示。

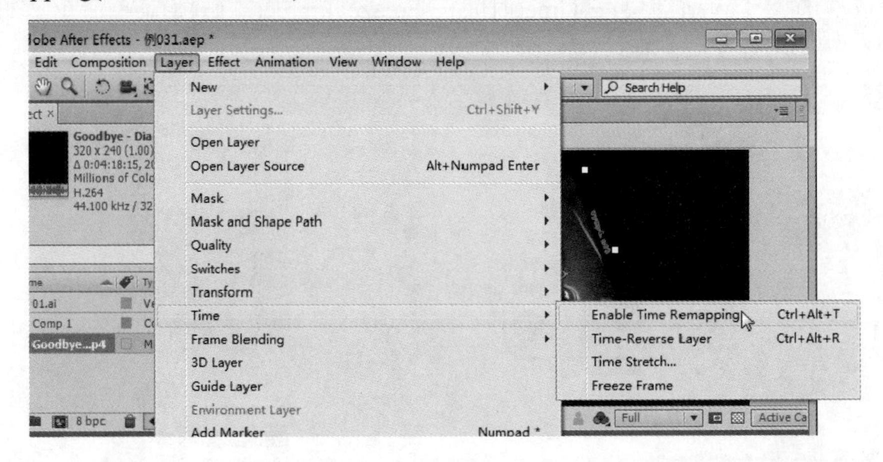

图 8-57

这样可以为层添加 Time Remap(重置时间)参数，如图 8-58 所示。默认情况下，该参数在层的首尾部位有两个关键帧，左边关键帧数值为 0s，右边关键帧数值为层的总持续时间。

Time Remap(重置时间)参数表示当前层显示的是什么时间的画面，可以对这个时间设置关键帧，从而实现各种调速效果。

➢ 在合成的 1s 到 2s 之间设置 Time Remap(重置时间)从 1s 到 3s 的关键帧动画，会产生 200%的速度效果。

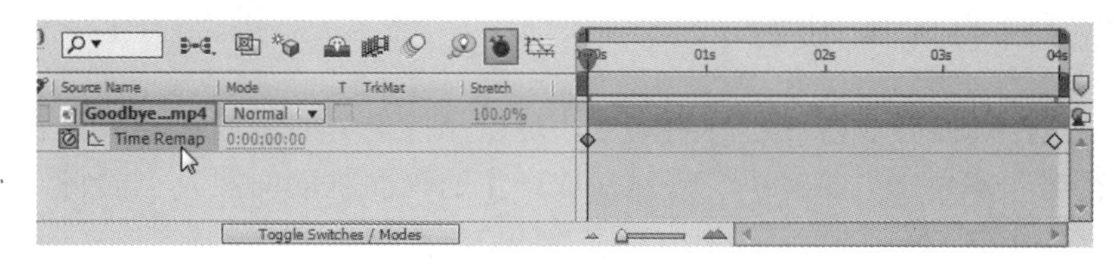

图 8-58

- 在合成的 1s 到 2s 之间设置 Time Remap(重置时间)从 1s 到 1.5s 的关键帧动画，会产生 50%的速度效果。
- 在合成的 1s 到 2s 之间设置 Time Remap(重置时间)从 1s 到 1s 的关键帧动画，会产生时间静止的效果。
- 在合成的 1s 到 2s 之间设置 Time Remap(重置时间)从 2s 到 1s 的关键帧动画，会产生倒放的效果。

时间重映射产生的关键帧动画也可以单击 Graph Edit 按钮，在打开的面板中进行更为清晰地观察，各部分的分析如图 8-59 所示。

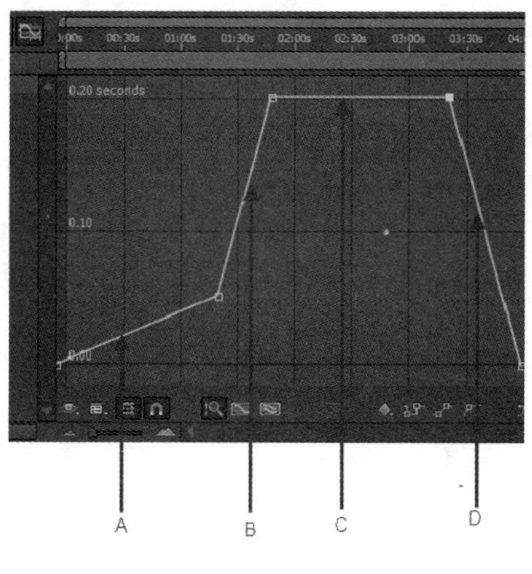

图 8-59

- A：曲线坡度正常，没有产生速度变化。
- B：曲线坡度陡峭，产生快放效果。
- C：曲线水平，产生静止效果。
- D：曲线反方向坡度，产生倒放效果。

智慧锦囊

在图标编辑器中，横坐标始终代表影片时间，纵坐标代表时间重映射的层时间。以静止为例，影片时间逐渐变大，而层时间没有产生变化，所以产生静止效果。如果调整时间导致层速度过慢，每秒无法播放足够的帧以使画面运动流畅，则需要对不流畅的运动进行融合处理。

8.4.4 帧融合与像素融合

由于视频文件每秒需要播放足够的帧速才可以保持视觉的流畅性，如果过渡慢放，则视频播放不流畅。帧融合主要解决层慢速播放产生的画面跳动问题。下面将详细介绍帧融合与像素融合的操作方法。

第 1 步 单击时间线面板上的帧融合开关，如图 8-60 所示。

第 2 步 选择需要进行融合处理的层，单击层的帧融合开关，或使用菜单命令 Layer(图层)→Frame Blending(帧融合)→Frame Mix(帧融合)，即可对层进行帧融合操作，如图 8-61 所示。

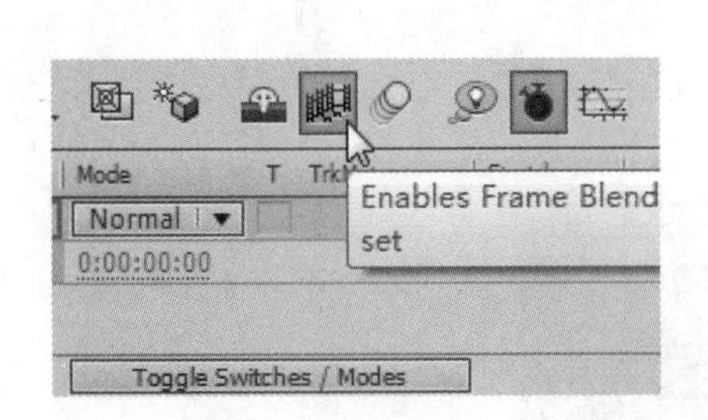

图 8-60

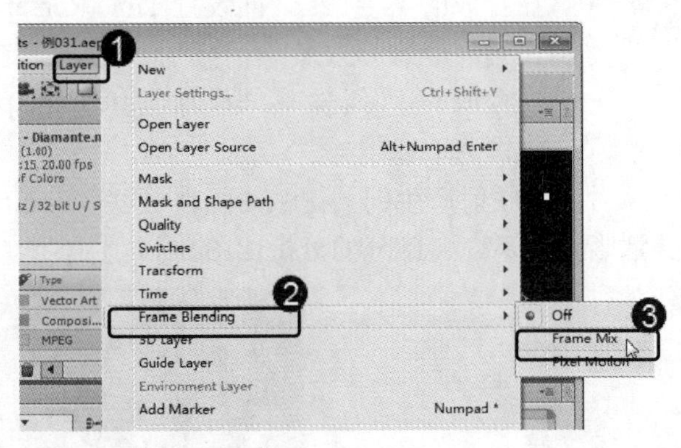

图 8-61

第 3 步 如果融合效果不能满足需要，可以再次单击层的帧融合开关，将其切换为像素融合，或使用菜单命令 Layer(图层)→Frame Blending(帧融合)→Pixel Motion(像素融合)对层进行像素融合操作，如图 8-62 所示。

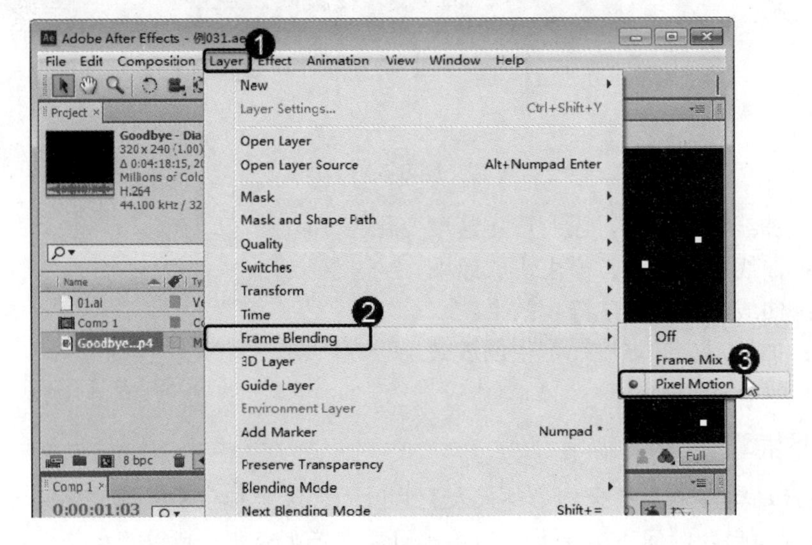

图 8-62

这两种融合方式都可以对层进行融合处理，帧融合对画面的融合效果没有像素融合那么真实和流畅，但像素融合的渲染速度要大大慢于帧融合。两种融合开启后都会降低渲染速度，一般在所有动画设置完成后在最终输出前开启。

8.5　回放与预览

动画创建完成后，需要对动画效果进行回放和预览，以确定动画效果，预览主要通过预览面板进行，本节将详细介绍回放与预览的相关知识及操作方法。

8.5.1　预览动画的方法

如果需要预览动画，首先需要开启 Preview(视图)面板，在菜单栏中选择 Window(窗口)→Preview(视图)菜单命令，如图 8-63 所示。

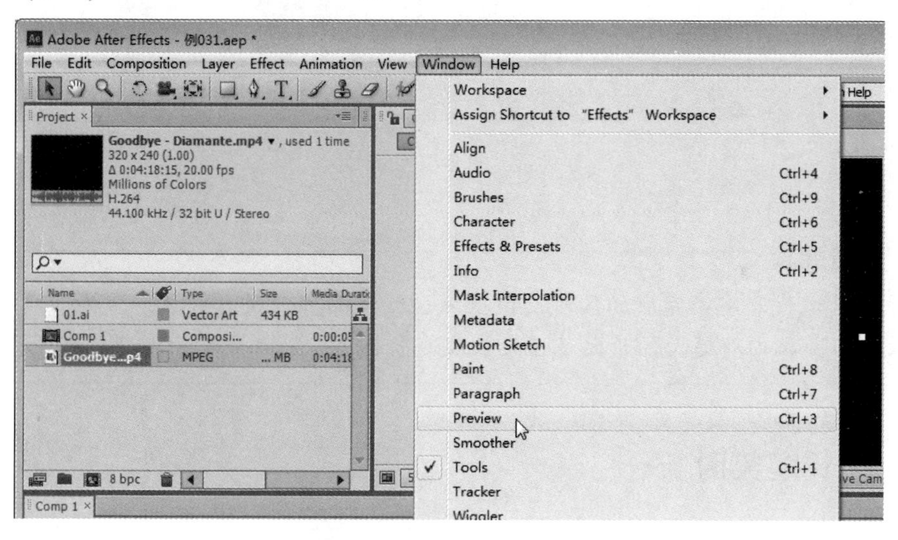

图 8-63

这样即可开启 Preview(视图)面板，如图 8-64 所示。

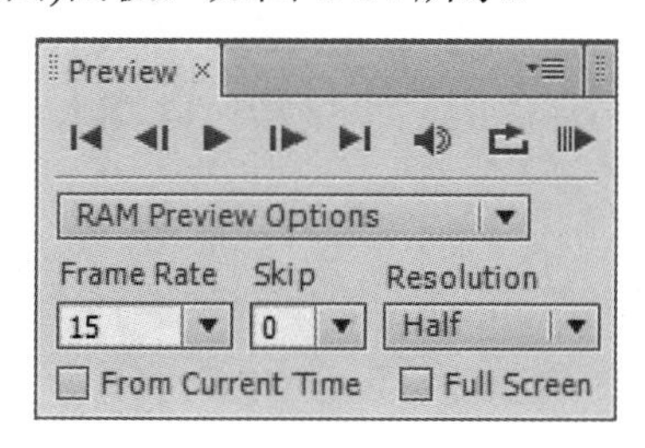

图 8-64

开启 Preview(视图)面板后，可以通过以下两种方法，直接预览创建完成的动画。

(1) 单击 Preview(视图)面板中的播放按钮▶可以预览动画，也可以激活合成面板或时间线面板，再按空格键。这种动画预演的方法有一些缺陷，主要是画面非实时播放，在预览画面运动节奏时不适用，并且无法预览音频，如图 8-65 所示。

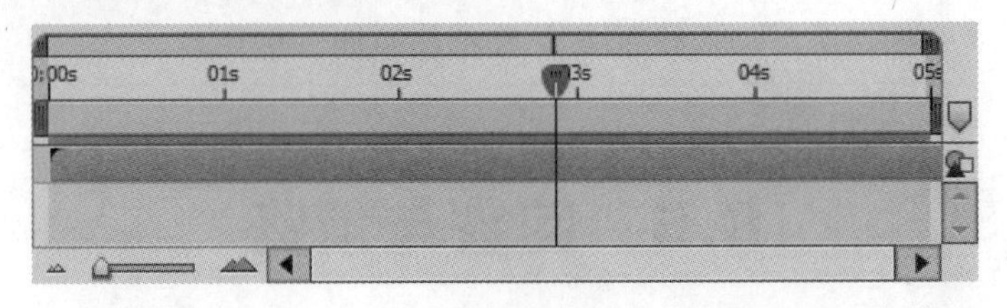

图 8-65

(2)单击 Preview 面板中的内存预览按钮Ⅲ▶，可以对动画进行内存预览。使用这种预览方式之前，需要先设置时间线的工作区，预览会在工作区范围内进行(设置工作区起点和终点的快捷键为 B 和 N 键)。这种预览只在工作区范围内进行，可以实时播放画面，并且可以预览音频，如图 8-66 所示。

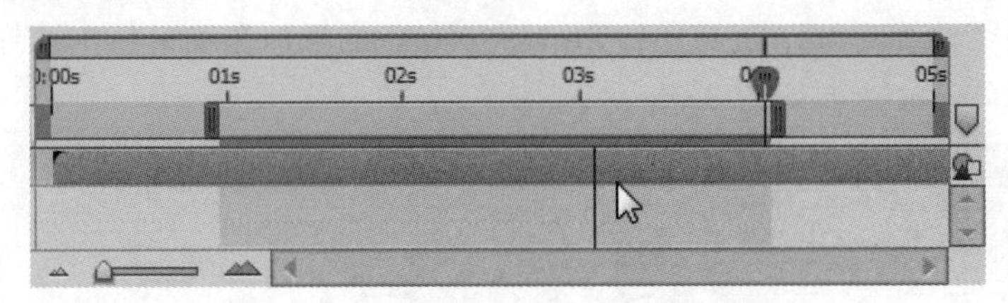

图 8-66

智慧锦囊

绿线区域代表渲染完成的区域，该区域内的动画可以实时播放。渲染长度与物理内存大小有关，内存越大，最大可渲染长度越长。

8.5.2 延长渲染时长

使用 After Effects 软件延长渲染时长的方法有很多种，如降低帧速、降低分辨率、设定渲染区域、Live Update(实时更新)和 Draft 3D 等，下面将分别予以详细介绍。

1. 降低帧速

在 Preview(视图)面板中将 Frame Rate(渲染帧速)参数设置得小一些，如图 8-67 所示。

2. 降低分辨率

在 Preview(视图)面板中将 Resolution(渲染分辨率)参数指定为一个较低的程度，比如 Half(一半质量)、Third(三分之一质量)都可以，如图 8-68 所示。

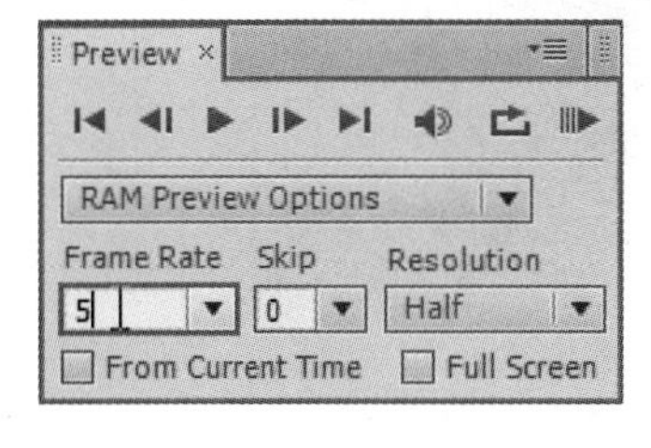

图 8-67

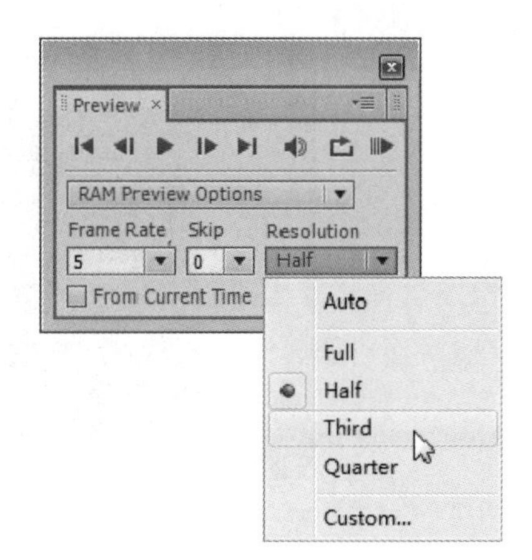

图 8-68

智慧锦囊

要设置 Resolution(渲染分辨率)，可以在合成面板底部展开分辨率下拉列表进行设置。

内存渲染相当于先将工作区内的动画渲染到内存中，然后再进行播放，所以能够实时播放，因此渲染长度也依赖于内存大小。如果需要将渲染的结果保存到硬盘上，可以使用菜单命令 Composition(合成)→Save RAM Preview(存储内存预演)，如图 8-69 所示。

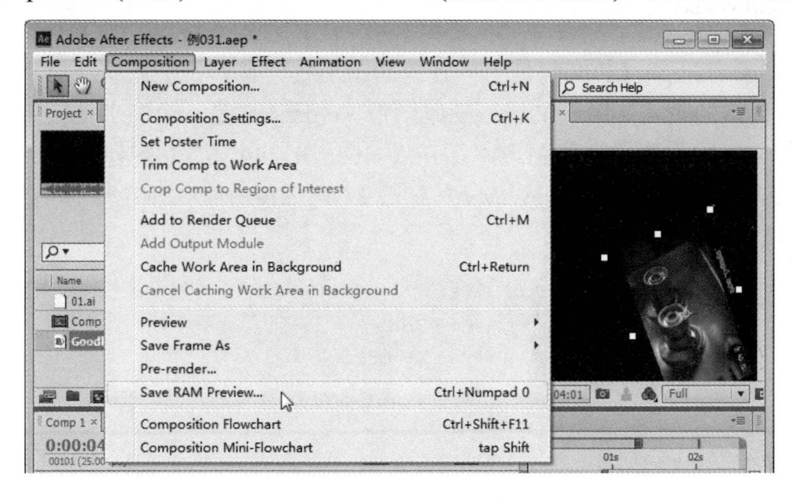

图 8-69

3. 设定渲染区域

单击激活合成面板底部的 Region of Interest(兴趣框)按钮，可以在合成面板中直接绘制兴趣框，从而将渲染的范围限定在兴趣框范围内，如图 8-70 所示。如果希望删除兴趣框，再次单击该按钮取消激活即可。

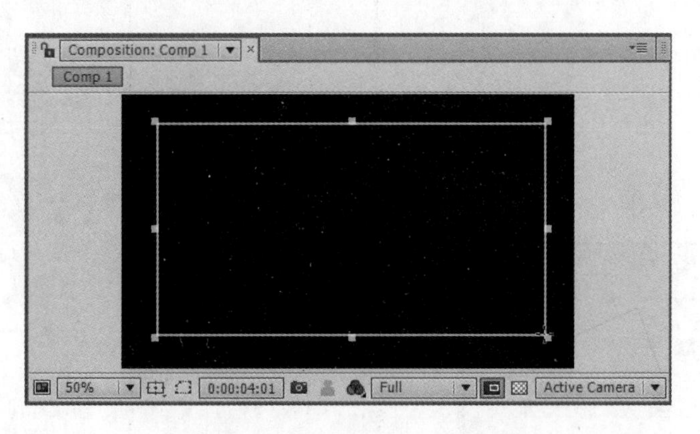

图 8-70

4. Live Update(实时更新)

实时更新按钮位于时间线面板顶部，默认情况下处于激活状态，在拖曳时间指示标的同时，合成面板中的画面也产生即时的更新。如果需要在拖曳时间指示标的过程中画面不产生更新，可以单击该按钮取消激活。

5. Draft 3D

Draft 3D 按钮位于时间线面板的顶部，默认情况下处于未激活状态，如果在创建三维场景时渲染速度太慢，可以单击激活该按钮暂时关闭渲染灯光和投影，以提高渲染速度。

8.5.3 OpenGL

OpenGL(Open Graphi Library)是一种开放的图形程序接口，它定义了一个跨编程语言、跨平台的编程接口的规格，用于二维或三维图像。OpenGL 是一个专业的图形程序接口，是一个功能强大、调用方便的底层图形库。开启 OpenGL 可加快渲染速度，增强渲染效果。

单击合成面板底部的 Fast Previews 按钮，可以展开 OpenGL 渲染选项，如图 8-71 所示。主要参数的具体介绍如下。

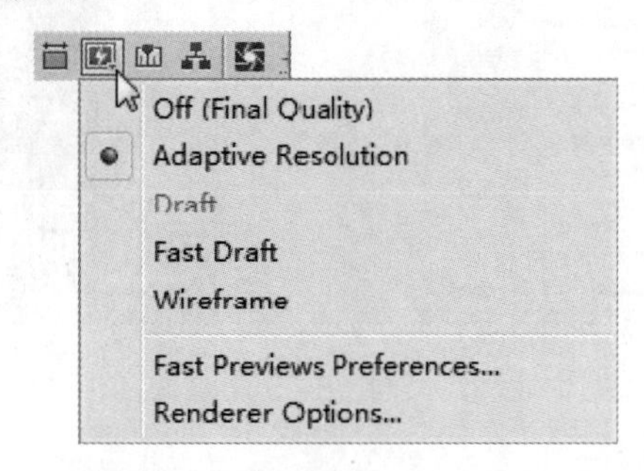

图 8-71

- Wireframe：线框。只显示合成中每一个层的外框，不显示层内容。可以预览基本的层运动，渲染速度最快。
- Adaptive Resolution—OpenGL Off。OpenGL 关闭。保持渲染速度，可在必要情况下降低渲染分辨率。

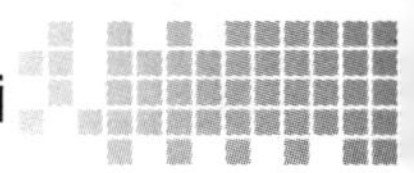

➢ OpenGL-Interactive 和 OpenGL-Always On。OpenGL 开启。OpenGL 模式可以在较短的时间内提供高质量渲染。开启 OpenGL 甚至可以在最终渲染影片时提高渲染速度。

在 After Effects 中开启 OpenGL 需要硬件的支持，一般取决于显卡。

8.5.4　在其他监视器中预览

After Effects 允许用户将层、素材、合成面板中的画面显示在其他监视设备中，但是可能需要硬件的支持，比如视频采集卡或火线接口。如果设备已经正确连接，在 After Effects 中需要进行以下设置。

使用菜单命令 Edit(编辑)→Preferences(首选项)→Video Preview(视频预览)，如图 8-72 所示。

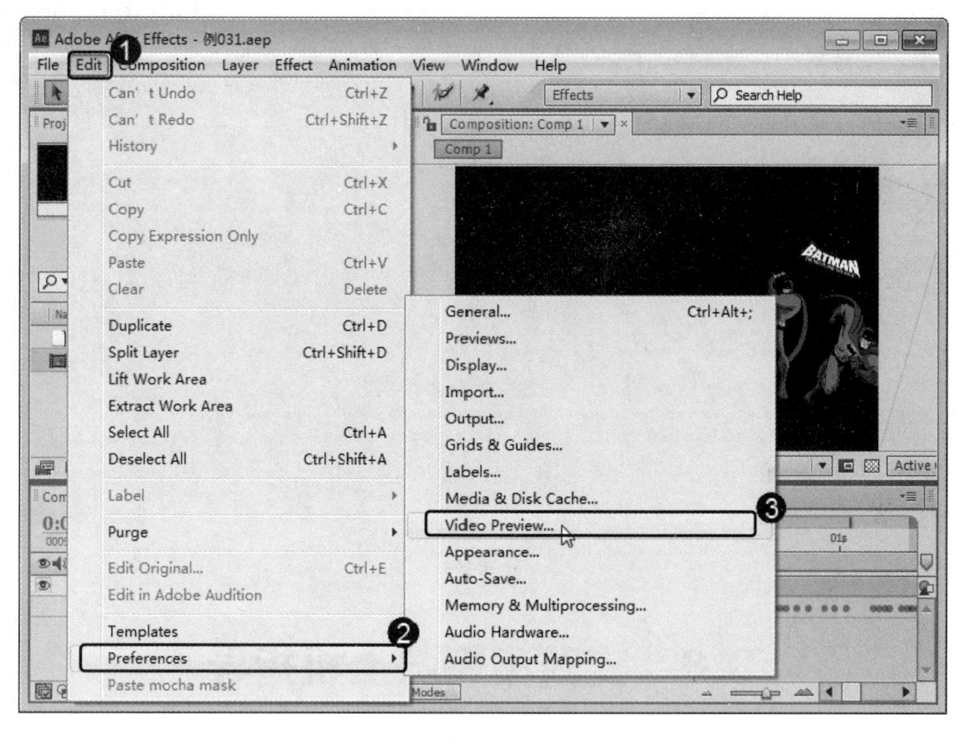

图 8-72

系统即可弹出 Preferences(首选项)对话框，展开 Output Device(输出设备)下拉列表，选择已经连接的设备。设备连接后，会在 Output Device 下拉列表中找到相应的设备，如图 8-73 所示。

在 Output Mode(输出方式)下拉列表中选择一种联机模式，联机模式由联机设备提供，用户还可以根据需要设置其他参数，比如预览类型和画面宽高比等，如图 8-74 所示。

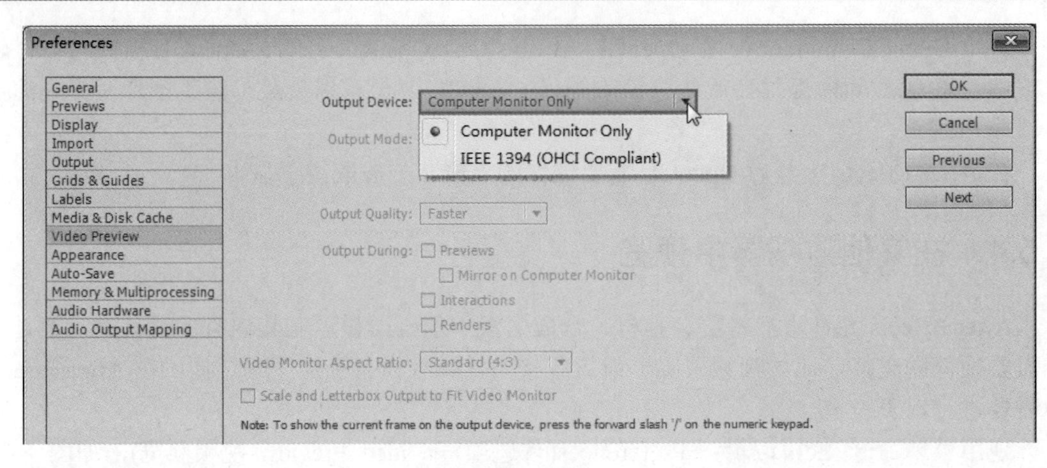

图 8-73

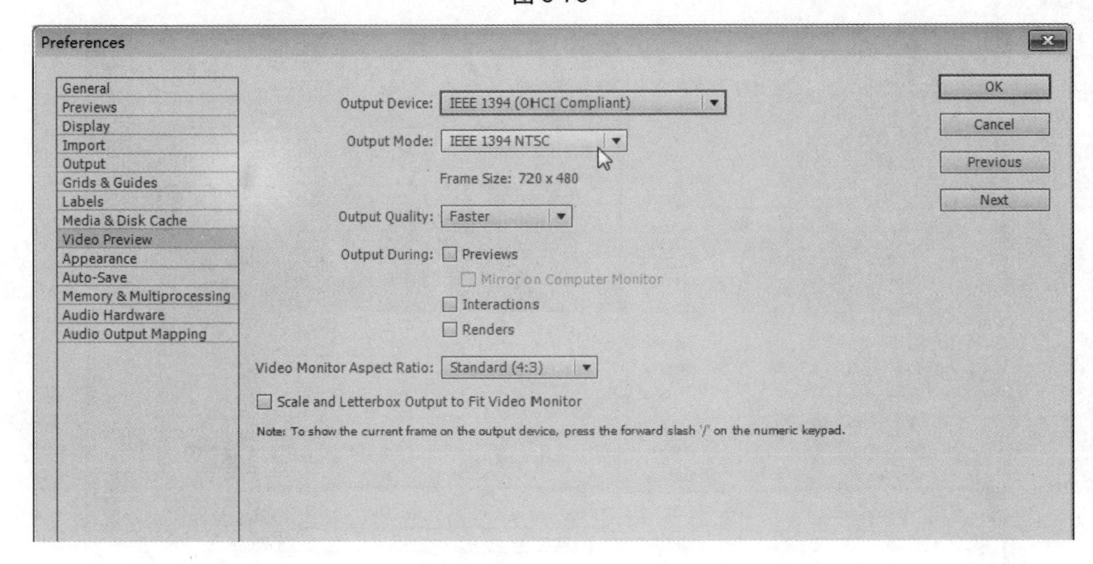

图 8-74

8.6 实践案例与上机指导

通过本章的学习，读者基本可以掌握关键帧动画的基本知识以及一些常见的操作方法，下面通过练习操作，以达到巩固学习、拓展提高的目的。

8.6.1 关键帧制作风车旋转动画

用户可以利用 Rotation(旋转)制作一个风车旋转动画的效果，本例将详细介绍关键帧制作风车旋转动画的操作方法。

素材文件 配套素材\第 8 章\素材文件\背景.jpg、风车.png

效果文件 配套素材\第 8 章\效果文件\风车旋转动画.aep

第 1 步 在项目面板中单击鼠标右键，在弹出的快捷菜单中选择 New Composition(新建合成)菜单命令，如图 8-75 所示。

第 2 步 在弹出的 Composition Settings (合成设置)对话框中，①设置合成名称为 Comp 1，②宽、高分别为 1024、768，③Frame Rate(帧速率)为 25，④Duration(持续时间)为 5s，⑤单击 OK 按钮，如图 8-76 所示。

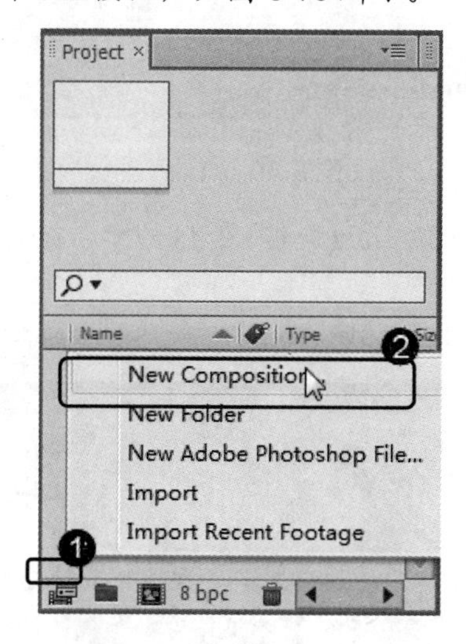

图 8-75

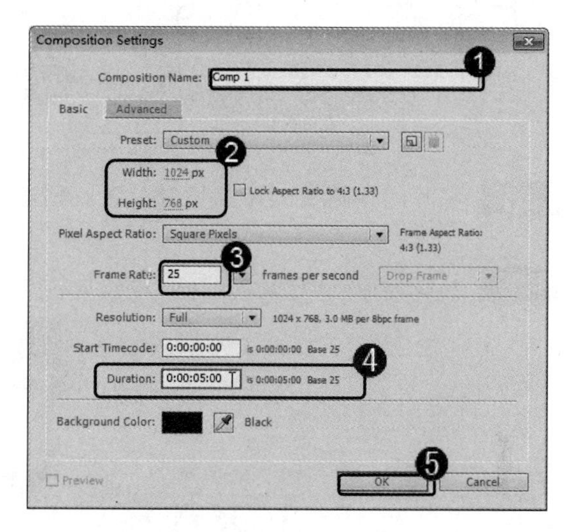

图 8-76

第 3 步 在项目面板空白处中双击鼠标左键，①弹出的对话框中选择需要的素材文件，②然后单击“打开”按钮，如图 8-77 所示。

第 4 步 将项目面板中的素材文件按顺序拖曳到时间线面板中，如图 8-78 所示。

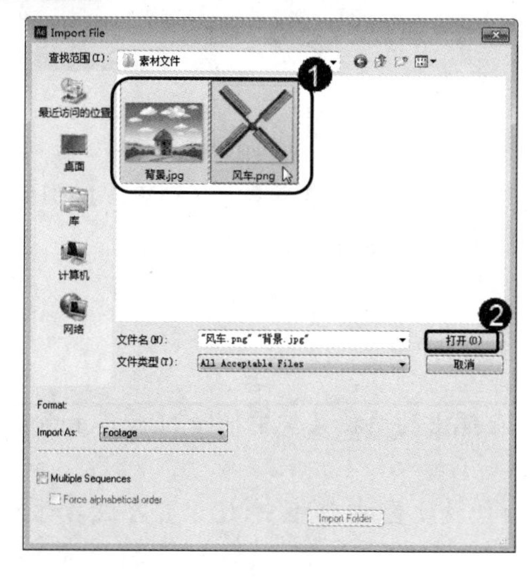

图 8-77

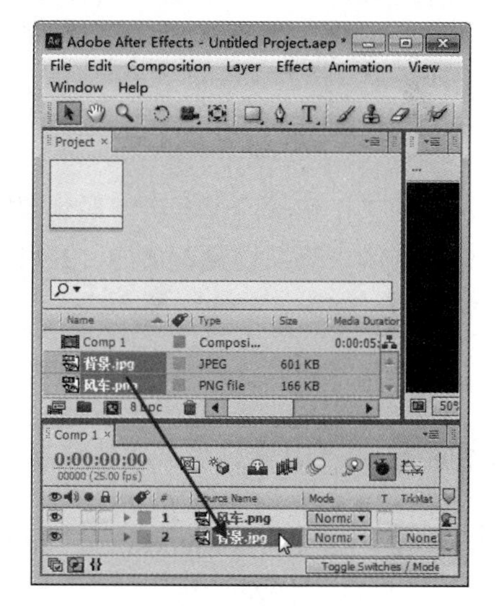

图 8-78

第 5 步 设置“风车.png”图层的 Anchor Point(锚点)为(387,407)，Position(位置)为(514,409)，Scale(缩放)为 50，如图 8-79 所示。

第 6 步 将时间线拖曳到起始帧的位置，开启“风车.png”图层下 Rotation(旋转)的自动关键帧，并设置 Rotation(旋转)为 0°，如图 8-80 所示。

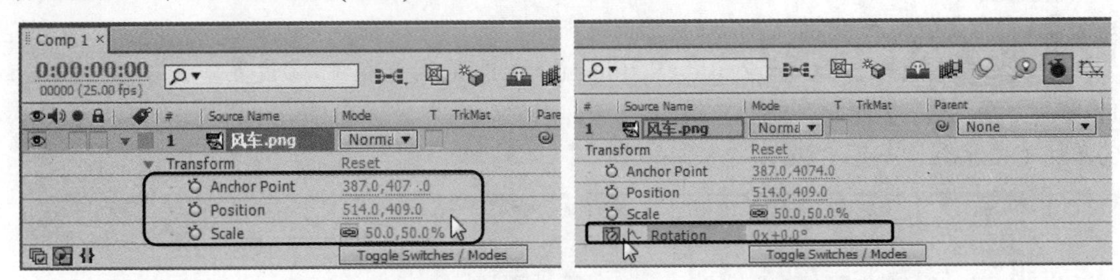

图 8-79　　　　图 8-80

第 7 步 将时间线拖曳到结束帧的位置，并设置 Rotation(旋转)为 3x+75°，如图 8-81 所示。

第 8 步 此时拖动时间线滑块可以查看到最终效果，如图 8-82 所示。

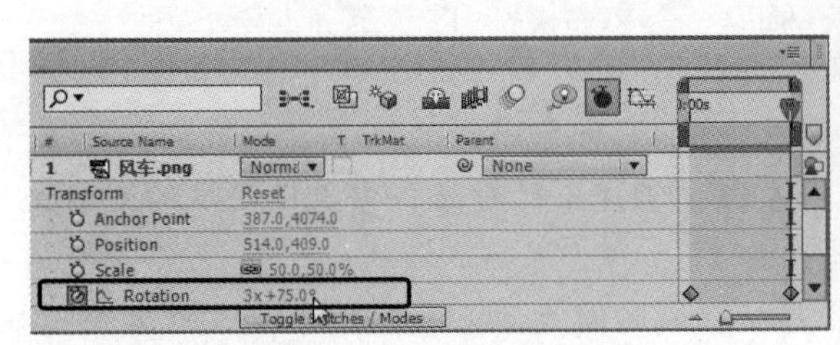

图 8-81

图 8-82

8.6.2 关键帧制作树叶飘落

在日常的工作和学习中会经常遇到要写述职报告或新闻报道等文档，Word 2010 提供了功能十分完善的“稿纸设置”功能，并可以按照设置的页面格式打印。

素材文件 配套素材\第 8 章\素材文件\飘落背景.jpg、树叶.png
效果文件 配套素材\第 8 章\效果文件\树叶飘落.aep

第 1 步 在项目面板中单击鼠标右键，在弹出的快捷菜单中选择 New Composition(新建合成)菜单命令，如图 8-83 所示。

第 2 步 在弹出的 Composition Settings (合成设置)对话框中，①设置合成名称为 Comp 1，②宽、高分别为 1024、768，③Frame Rate(帧速率)为 25，④Duration(持续时间)为 6s，⑤单击 OK 按钮，如图 8-84 所示。

第 3 步 在项目面板空白处中双击鼠标左键，①在弹出的对话框中选择需要的素材文件，②单击“打开”按钮，如图 8-85 所示。

第 4 步 将项目面板中的素材文件按顺序拖曳到时间线面板中，如图 8-86 所示。

图 8-83

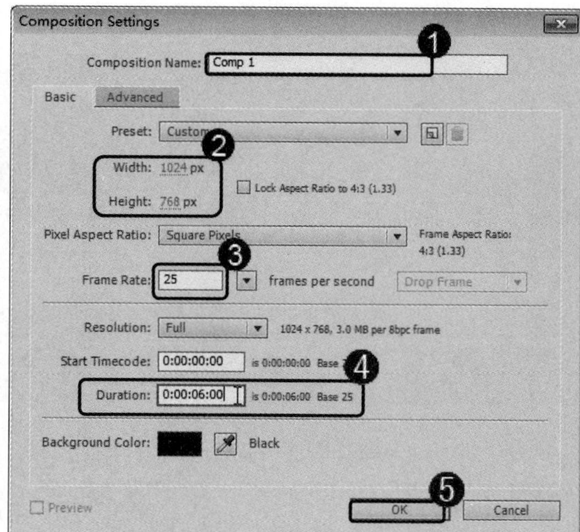

图 8-84

图 8-85

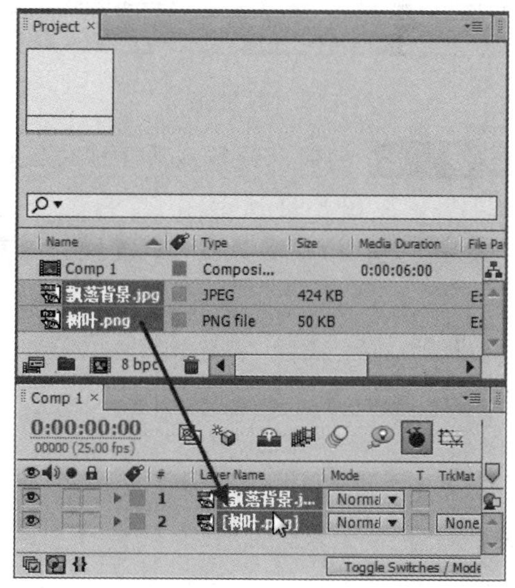

图 8-86

第 5 步 此时拖动时间线滑块可以查看效果，如图 8-87 所示。

第 6 步 将项目面板中的“树叶.png”素材文件拖曳到时间线“背景.jpg”图层上方。设置 Anchor Point(锚点)为(215,478)，Position(位置)为(414,169)，Scale(缩放)为 17，如图 8-88 所示。

第 7 步 将时间线拖到起始帧的位置，开启 Position(位置)和 Rotation(旋转)的关键帧。将时间线拖到第 1 秒的位置，开启 Scale(缩放)的自动关键帧，设置 Position(位置)为(388,188)，Rotation(旋转)为-123°，如图 8-89 所示。

第 8 步 将时间线拖到第 2 秒的位置，设置 Position(位置)为(469,323)，Scale(缩放)为 22，Rotation(旋转)为-218°，如图 8-90 所示。

图 8-87

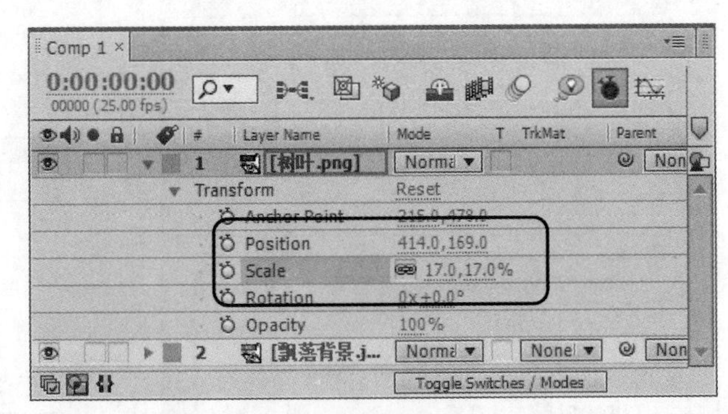

图 8-88

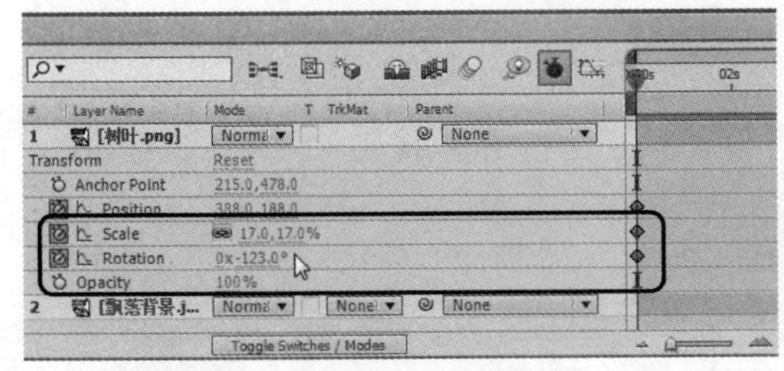

图 8-89

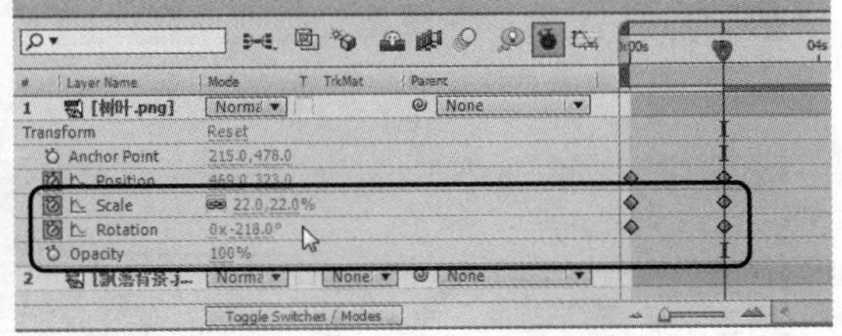

图 8-90

第 9 步 将时间线拖到第 3 秒的位置，设置 Position(位置)为(336,436)，Rotation(旋转)为-241°，如图 8-91 所示。

第 10 步 此时拖动时间线滑块可以查看最终关键帧制作的树叶飘落效果，如图 8-92 所示。

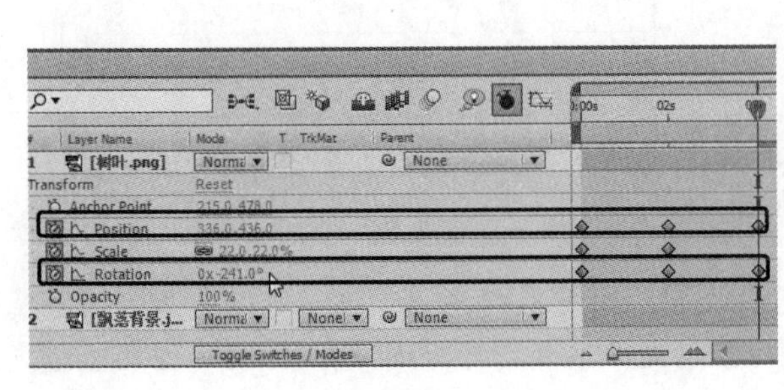

图 8-91

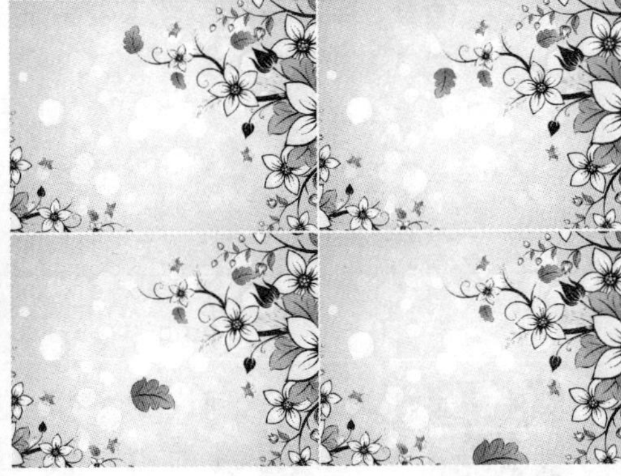

图 8-92

8.7 思考与练习

一、填空题

1. 修改关键帧的方法十分简单，将时间指示标拖曳到关键帧所在的时间位置，修改___

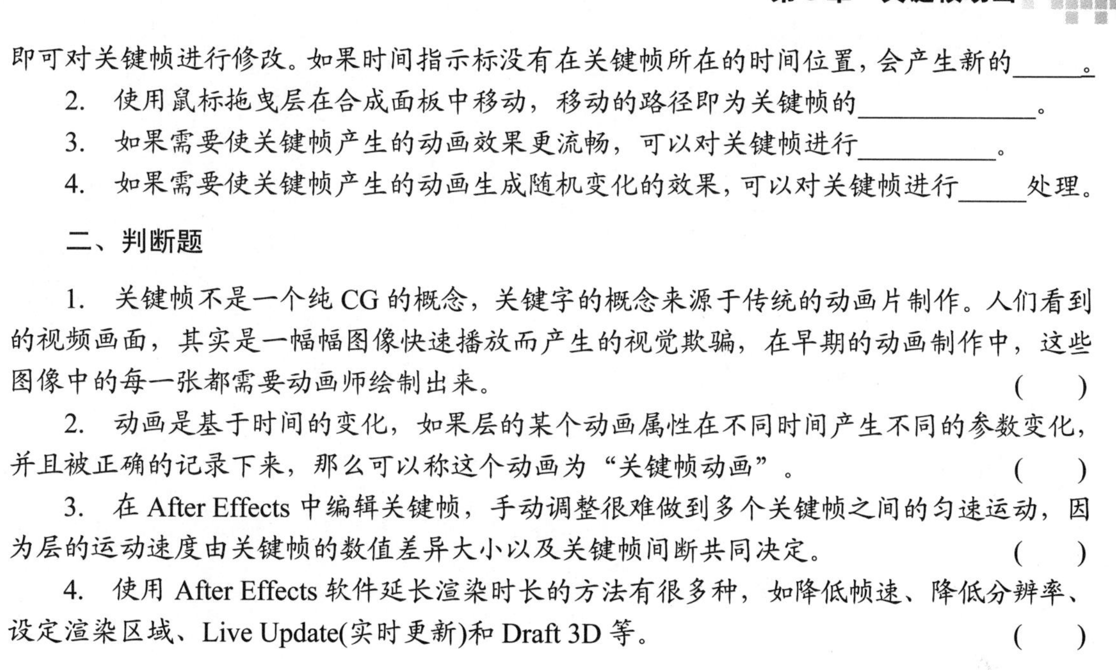

即可对关键帧进行修改。如果时间指示标没有在关键帧所在的时间位置，会产生新的______。

2. 使用鼠标拖曳层在合成面板中移动，移动的路径即为关键帧的______________。

3. 如果需要使关键帧产生的动画效果更流畅，可以对关键帧进行__________。

4. 如果需要使关键帧产生的动画生成随机变化的效果，可以对关键帧进行______处理。

二、判断题

1. 关键帧不是一个纯 CG 的概念，关键字的概念来源于传统的动画片制作。人们看到的视频画面，其实是一幅幅图像快速播放而产生的视觉欺骗，在早期的动画制作中，这些图像中的每一张都需要动画师绘制出来。（　）

2. 动画是基于时间的变化，如果层的某个动画属性在不同时间产生不同的参数变化，并且被正确的记录下来，那么可以称这个动画为“关键帧动画”。（　）

3. 在 After Effects 中编辑关键帧，手动调整很难做到多个关键帧之间的匀速运动，因为层的运动速度由关键帧的数值差异大小以及关键帧间断共同决定。（　）

4. 使用 After Effects 软件延长渲染时长的方法有很多种，如降低帧速、降低分辨率、设定渲染区域、Live Update(实时更新)和 Draft 3D 等。（　）

三、思考题

1. 如何添加关键帧？

2. 如何删除关键帧？

第 9 章

蒙版与遮罩动画

本章要点

- 蒙版动画的原理
- 创建蒙版
- 改变蒙版的形状
- 修改蒙版属性
- 了解遮罩
- 创建遮罩
- 编辑遮罩

本章主要内容

本章主要介绍蒙版动画的原理、创建蒙版、改变蒙版的形状、修改蒙版属性、认识与掌握遮罩和创建遮罩方面的知识与技巧，同时还讲解了编辑遮罩的操作方法与技巧，通过本章的学习，读者可以掌握蒙版与遮罩动画操作方面的知识，为深入学习 After Effects CS6 基础入门与应用奠定基础。

9.1 蒙版动画的原理

蒙版就是通过蒙版层中的图形或轮廓对象，透出下面图层的内容。简单地说蒙版层就像一张纸，而蒙版图像就像是在这张纸上挖出的一个洞，通过这个洞来观察外界的事物。蒙版对图层作用的原理示意图如图 9-1 所示。

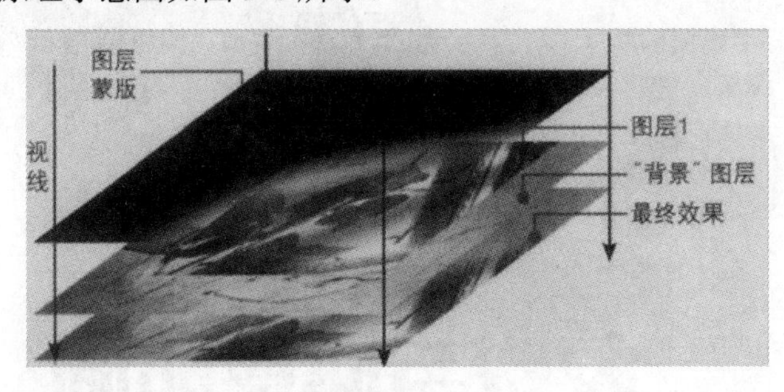

图 9-1

一般来说，蒙版需要有两个层，而在 After Effects 软件中，蒙版可以在一个图像层上绘制轮廓以制作蒙版，看上去像是一个层，但读者可以将其理解为两个层：一个是轮廓层，即蒙版层；另一个是被蒙版层，即蒙版下面的层。

蒙版层的轮廓形状决定着用户看到的图像形状，而被蒙版层决定所看到的内容。蒙版动画可以理解为一个人拿着望远镜眺望远方，在眺望时不停地移动望远镜，看到的内容就会有不同的变化，这样就形成了蒙版动画。当然也可以理解为望远镜静止不动，而看到的画面在不停地移动，即被蒙版层不停地运动，以此来产生蒙版动画效果。总的两点为：蒙版层作变化；被蒙版层作运动。

9.2 创 建 蒙 版

蒙版主要用来制作背景的镂空透明和图像之间的平滑过渡等。蒙版有多种形状，在 After Effects 软件自带的工具栏中，可以利用相关的蒙版工具来创建蒙版，如方形、圆形和自由形状的蒙版工具。本节将详细介绍创建蒙版的相关知识及操作方法。

9.2.1 利用矩形工具创建方形蒙版

方形蒙版的创建很简单，在 After Effects 软件中自带有方形蒙版的创建工具，下面将详细介绍利用矩形工具创建方形蒙版的操作方法。

第 1 步 单击工具栏中的“矩形工具”按钮，选择矩形工具如图 9-2 所示。

第 2 步 在 Composition(合成)面板中单击并拖动鼠标，绘制一个矩形蒙版区域，如图 9-3 所示。在矩形蒙版区域中，将显示当前层的图像，矩形以外的部分变成透明。

图 9-2

图 9-3

智慧锦囊

选择创建蒙版的层，然后双击工具栏中的“矩形工具”按钮，可以快速创建一个与层素材大小相同的矩形蒙版。

9.2.2 利用椭圆工具创建椭圆形蒙版

椭圆形蒙版的创建方法与矩形蒙版的创建方法基本一致，下面将详细介绍利用椭圆工具创建椭圆形蒙版的操作方法。

第 1 步 单击工具栏中的 Ellipse Tool(椭圆工具)按钮，选择椭圆形工具如图 9-4 所示。

第 2 步 在 Composition(合成)面板中单击并拖动鼠标，绘制一个椭圆蒙版区域，如图 9-5 所示。在椭圆蒙版区域中，将显示当前层的图像，椭圆以外的部分变成透明。

图 9-4

图 9-5

智慧锦囊

选择创建蒙版的层，然后双击工具栏中的 Ellipse Tool(椭圆工具)按钮，可以快速创建一个与层素材大小相同的椭圆蒙版，而椭圆蒙版正好是该矩形的内切圆。在绘制椭圆形蒙版时，如果按住 Shift 键，同时拖动鼠标可以创建一个圆形蒙版。

9.2.3 利用钢笔工具创建自由蒙版

用户要想随意创建多边形蒙版，就要用到钢笔工具，它不但可以创建封闭的蒙版，还可以创建开放的蒙版。下面将详细介绍利用钢笔工具创建自由蒙版的操作方法。

第 1 步 单击工具栏中的 Pen Tool(钢笔工具)按钮，选择钢笔工具如图 9-6 所示。

第 2 步 在 Composition(合成)面板中单击创建第 1 点，然后直接单击可以创建第 2 点，如果连续单击下去，可以创建一个直线的蒙版轮廓如图 9-7 所示。

图 9-6

图 9-7

第 3 步 如果单击鼠标并拖动，则可以绘制一个曲线点，以创建曲线。多次创建后，可以创建一个弯曲的曲线轮廓，直线和曲线是可以混合应用的，如图 9-8 所示。

第 4 步 如果想要绘制开放蒙版，可以在绘制到需要的形状后，按住 Ctrl 键的同时在合成窗口中单击鼠标，即可结束绘制。如果要绘制一个封闭的轮廓，则可以将光标移动到开始点的位置，当光标变成形状时，单击鼠标即可将路径封闭，如图 9-9 所示。

图 9-8

图 9-9

第 5 步 多次单击创建的彩色区域轮廓，如图 9-10 所示。

图 9-10

9.3　改变蒙版的形状

创建蒙版也许不能一步到位，有时还需要对现有的蒙版进行再修改，以更适合图像轮廓要求，这时就需要对蒙版的形状进行改变，本节将详细介绍改变蒙版形状的相关知识及操作方法。

9.3.1　节点的选择

不管选择哪种工具创建蒙版形状，用户都可以从创建的形状上发现小的方形控制点，这些方形控制点就是节点。

被选择的节点与没有被选择的节点是不同的，选择的节点小方块将呈现实心方形，而没有被选择的节点呈镂空的方形效果。选择节点有以下两种方法。

➢ 单击选择。使用选择工具在节点位置单击，即可选择一个节点。如果想选择多个节点，可以在按住 Shift 键的同时，分别单击要选择的节点即可。

➢ 使用拖动框。在合成面板中单击拖动鼠标，将出现一个矩形选框，被矩形选框框住的节点将被选择。如图 9-11 所示，为框选前后的效果。

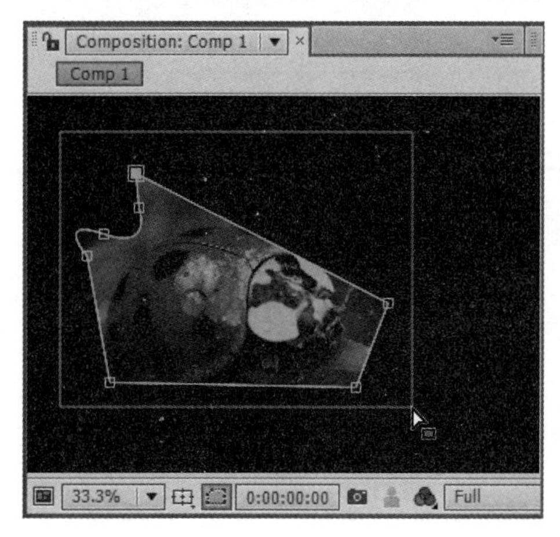

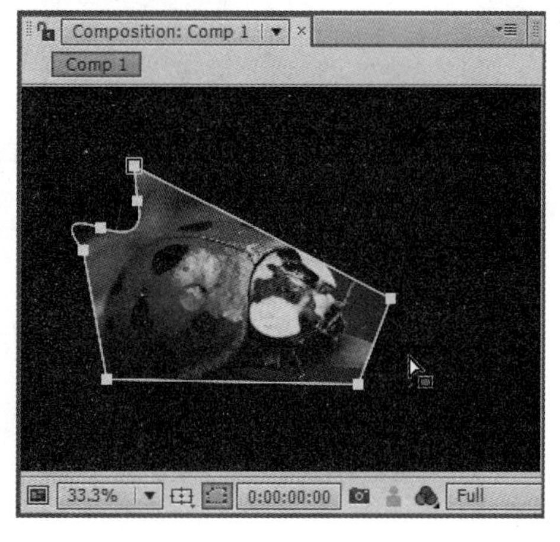

图 9-11

9.3.2 节点的移动

移动节点，其实就是修改蒙版的形状，通过选择不同的点并移动，可以将矩形改变为不规则矩形。下面将详细介绍节点移动的操作方法。

第 1 步 选择一个或者多个需要移动的节点，如图 9-12 所示。

第 2 步 使用选择工具拖动节点到其他位置，即可完成节点的移动操作，效果如图 9-13 所示。

图 9-12

图 9-13

9.3.3 添加/删除节点

绘制好的形状，用户还可以通过后期的节点添加或删除操作，以此来改变蒙版的形状，下面将详细介绍添加和删除节点的操作方法。

第 1 步 在工具栏中单击 Add Vertex Tool(添加节点工具)按钮，将光标移动到路径上需要添加节点的位置并单击，如图 9-14 所示。

第 2 步 这样即可添加一个节点，多次在不同的位置单击，可以添加多个节点，如图 9-15 所示。

图 9-14

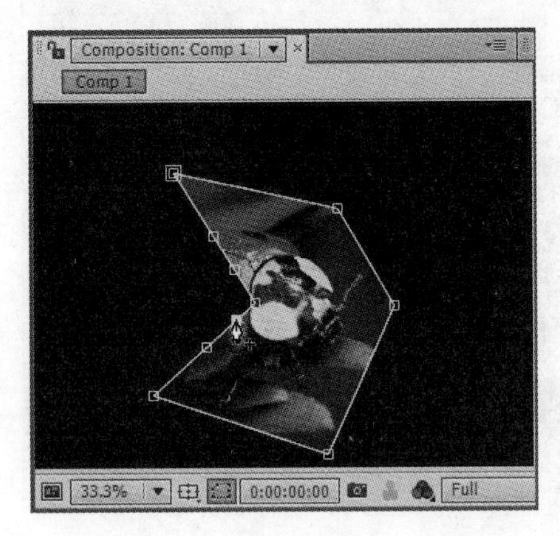

图 9-15

第 3 步 单击工具栏中的 Delete Vertex Tool(删除节点工具)按钮，将光标移动到要删除的节点位置并单击，如图 9-16 所示。

第 4 步 这样即可删除一个节点，多次在不同的位置单击，可以删除多个节点，如图 9-17 所示。

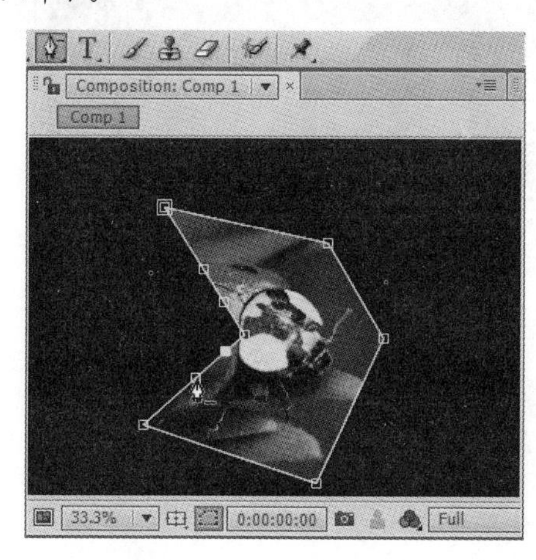

图 9-16

图 9-17

9.3.4　节点的转换

在 After Effects CS6 中，节点可以分为以下两种。

- 一种是角点。点两侧的都是直线，没有弯曲角度。
- 一种是曲线点。点的两侧有两个控制柄，可以控制曲线的弯曲程度。

如图 9-18 所示为两种点的不同显示状态。

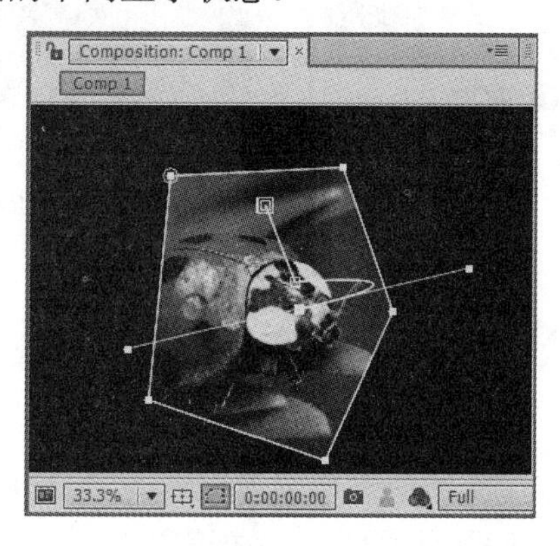

图 9-18

通过工具栏中的 Convert Vertex Tool(转换点工具)按钮，可以将角点和曲线点进行快速转换，下面将详细介绍节点转换的操作方法。

第 1 步 使用工具栏中的 Convert Vertex Tool(转换点工具)按钮，选择角点并拖动，如图 9-19 所示。

第 2 步 这样即可将角点转换成曲线点，效果如图 9-20 所示。

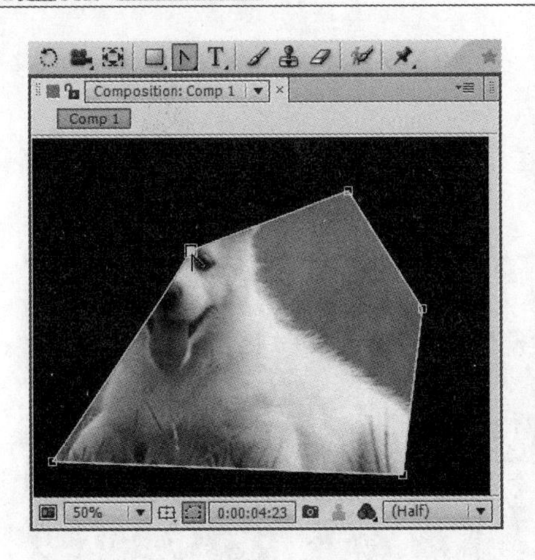
图 9-19

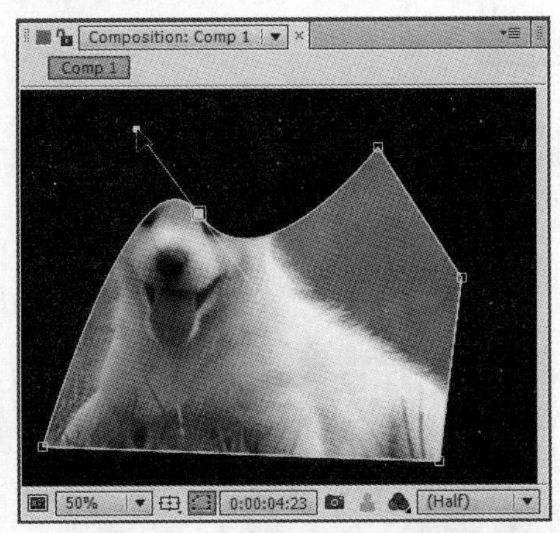
图 9-20

第 3 步 使用工具栏中的 Convert Vertex Tool(转换点工具)按钮，在曲线点上单击，如图 9-21 所示。

第 4 步 这样即可将曲线点转换成角点，效果如图 9-22 所示。

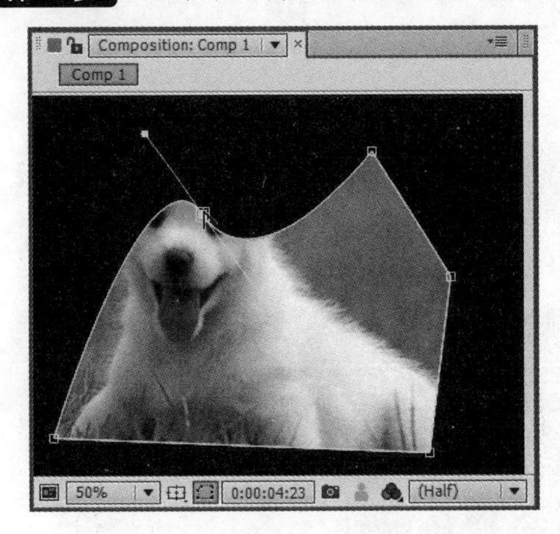
图 9-21

图 9-22

9.4 修改蒙版属性

绘制蒙版形状后，在时间线面板中展开该层列表选项，用户将看到多出一个 Masks(蒙版)属性，本节将详细介绍修改蒙版属性的相关知识。

9.4.1 蒙版的混合模式

在绘制蒙版后，时间线面板中会出现一个 Masks(蒙版)属性，展开 Masks(蒙版)属性，用户可以看到蒙版的相关参数设置选项，如图 9-23 所示。

其中，在 Mask1 右侧的下拉菜单中显示了蒙版混合模式选项，如图 9-24 所示。

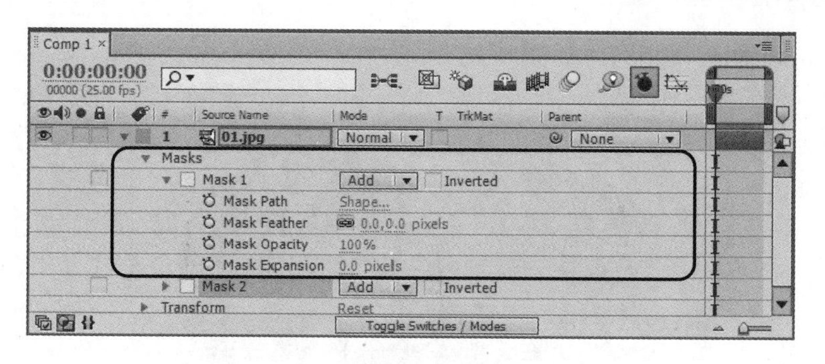

图 9-23

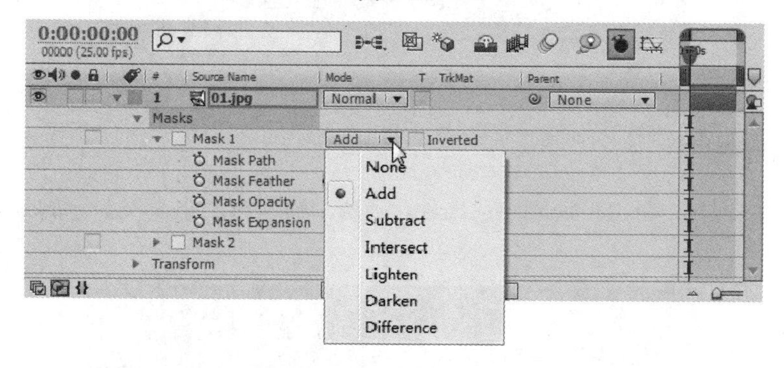

图 9-24

下面将分别详细介绍这些蒙版混合模式的相关知识。

1. None(无)

选择此模式，路径不起蒙版作用，只作为路径存在，用户可以对路径进行描边、光线动画或路径动画的辅助。

2. Add(添加)

默认情况下，蒙版使用的是 Add(添加)命令，如果绘制的蒙版中有两个或两个以上的图形，可以清楚地看到两个蒙版以添加形式的显示效果，如图 9-25 所示。

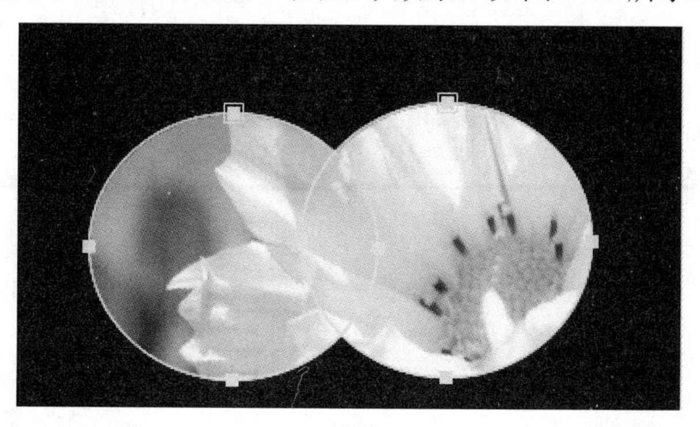

图 9-25

3. Subtract(减去)

如果选择 Subtract(减去)选项，蒙版的显示将变成镂空的效果，这与选择 Mask1 右侧的

Inverted(反相)命令的效果相同，如图 9-26 所示。

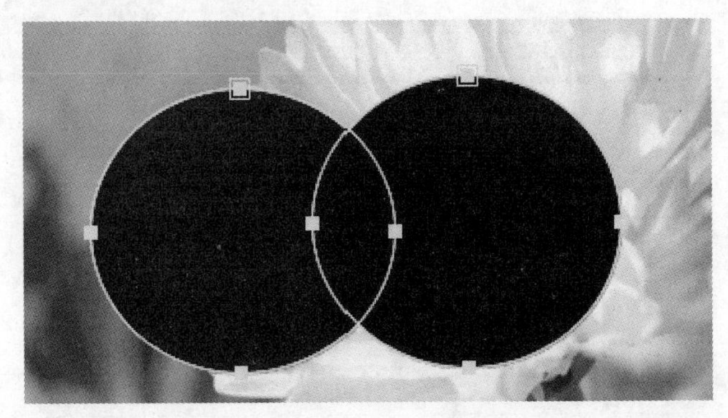

图 9-26

4. Intersect(相交)

如果两个蒙版都选择 Intersect(相交)选项，则两个蒙版将产生交叉显示的效果，如图 9-27 所示。

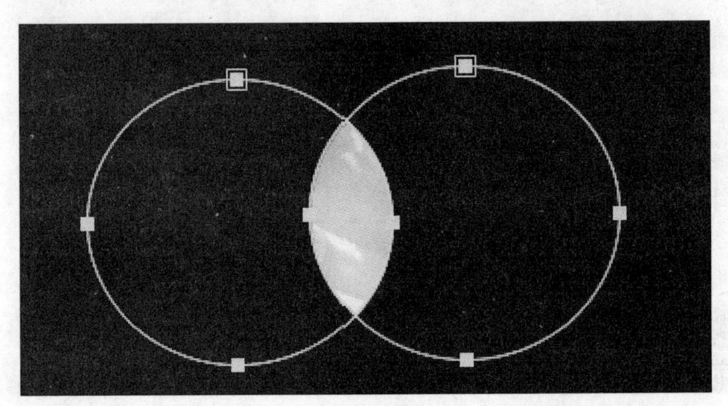

图 9-27

5. Lighten(变亮)

Lighten(变亮)模式对于可视范围区域来讲，同 Add(添加)模式一样。但对于重叠处的不透明则采用不透明度较高的值来显示，如图 9-28 所示。

图 9-28

6. Darken(变暗)

Darken(变暗)模式对于可视范围区域来讲，同 Intersect(相交)模式一样。但对于重叠处的不透明度，则采用不透明度较低的值来显示，如图 9-29 所示。

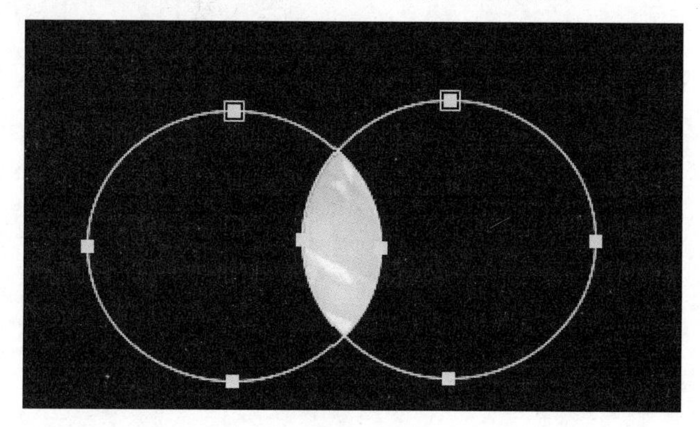

图 9-29

7. Difference(差异)

如果两个蒙版都选择 Difference(差异)选项，则两个蒙版将产生交叉镂空的效果，如图 9-30 所示。

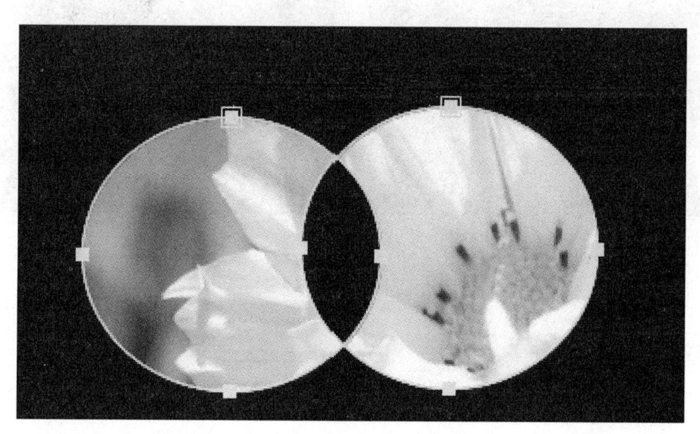

图 9-30

9.4.2　修改蒙版的大小

创建蒙版后，用户常常还需要对其大小进行修改，下面将介绍修改蒙版大小的操作方法。

第 1 步 在时间线面板中展开蒙版列表选项，单击 Mask Shape(蒙版形状)右侧的 Shape...文字链接，如图 9-31 所示。

第 2 步 弹出 Mask Shape(蒙版形状)对话框，①在 Bounding Box(方形)选项组中，通过修改 Top(顶)、Left(左)、Right(右)、Bottom(底)选项的参数，可以修改当前蒙版的大小，②而通过 Units(单位)右侧的下拉菜单，可以为修改值设置一个合适的单位，如图 9-32 所示。

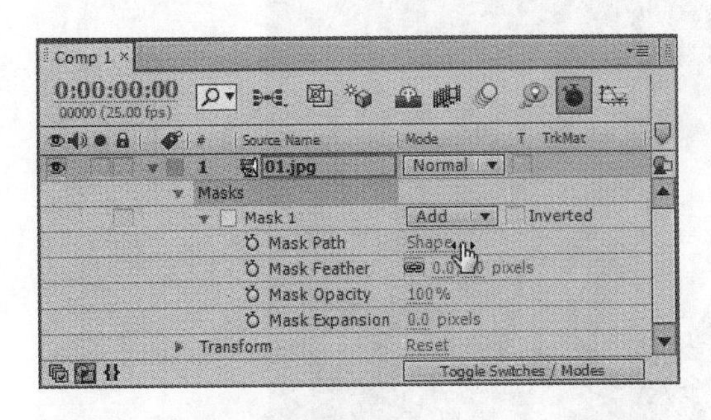

图 9-31

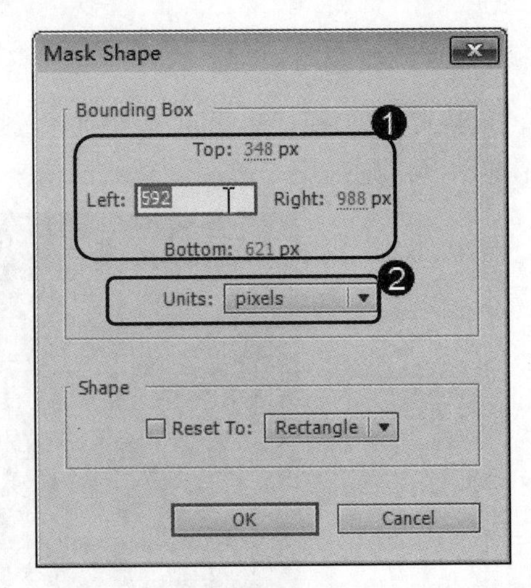

图 9-32

第 3 步 通过上述操作即可完成修改蒙版大小的操作，前后效果如图 9-33 所示。

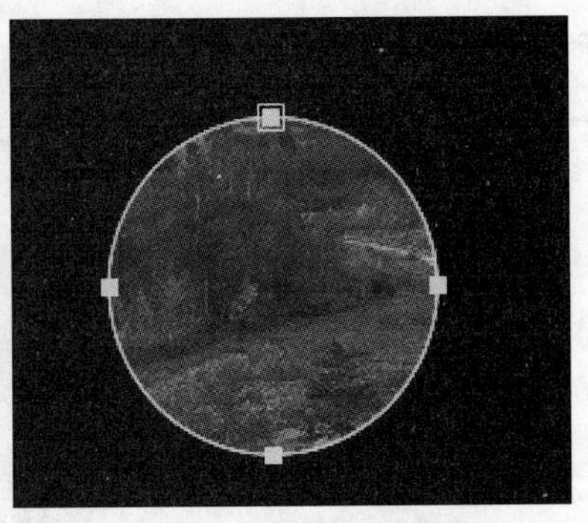

图 9-33

智慧锦囊

通过 Shape(形状)选项组，用户可以修改当前蒙版的形状，可以将其他的蒙版形状快速改成矩形或椭圆形。选择 Rectangle(矩形)复选框，将该蒙版形状修改成矩形；选择 Ellipse(椭圆形)复选框，将该蒙版形状修改成椭圆形。

9.4.3 蒙版的锁定

为了避免操作中出现失误，用户可以将蒙版锁定，锁定后的蒙版将不能被修改，下面将详细介绍蒙版锁定的方法。

第 1 步 在时间线面板中将蒙版属性列表选项展开，单击锁定的蒙版层左面的■按钮，如图 9-34 所示。

第 2 步 该图标将变成带有一把锁的效果按钮🔒，这样该蒙版即被锁定，如图 9-35 所示。

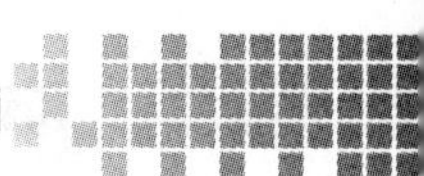

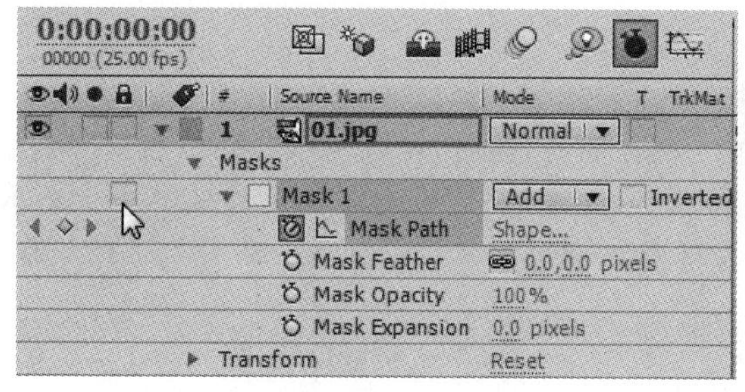

图 9-34

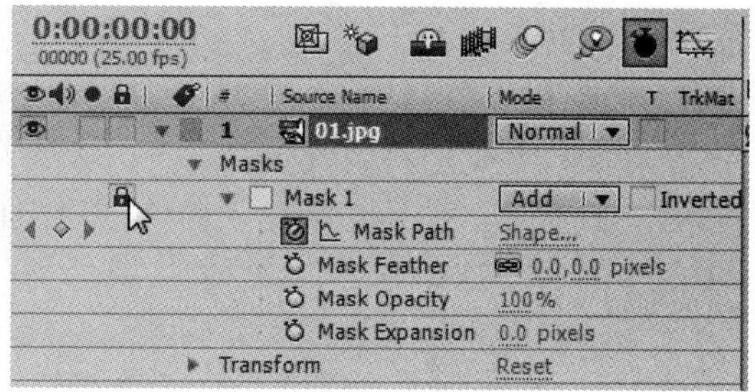

图 9-35

9.4.4　蒙版的羽化操作

羽化可以对蒙版的边缘进行柔化处理，制作出虚化的边缘效果，这样可以在处理影视动画中产生很好的过渡效果。

羽化可以单独地设置水平羽化或垂直羽化。在时间线面板中单击 Mask Feather(蒙版羽化)右侧的 Constrain Proportons(约束比例)按钮，将约束比例取消，这样就可以分别调整水平或垂直的羽化值；也可以在参数上单击鼠标右键，在弹出的菜单中选择 Edit Value(编辑值)菜单命令，打开 Mask Feather(蒙版羽化)对话框，通过该对话框设置水平或垂直羽化值，如图 9-36 所示。

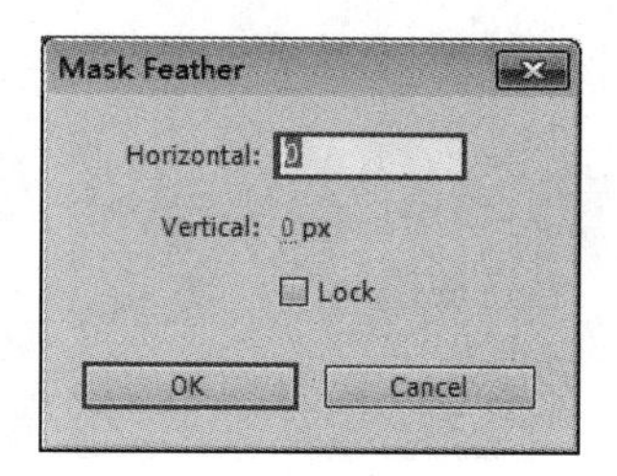

图 9-36

在时间线面板中将蒙版属性列表选项展开。单击 Mask Feather(蒙版羽化)属性右侧的参数将其激活，然后直接输入数值；还可以将鼠标放置在数值上，直接拖动来改变数值。3 种羽化效果，如图 9-37 所示。

水平垂直羽化300像素

水平羽化300像素

垂直羽化300像素

图 9-37

9.4.5　蒙版的不透明度

蒙版和其他素材一样，也可以调整不透明度，在调整不透明度时，只影响蒙版素材本身，对其他的素材不会造成影响。利用不透明度的调整，可以制作出更加丰富的视觉效果。下面将详细介绍调整蒙版不透明度的操作方法。

在时间线面板中将蒙版属性列表选项展开。单击 Mask Opacity(蒙版不透明度)属性右侧的参数将其激活，然后直接输入数值；用户也可以将鼠标放在数值上，直接拖动来改变数大小值，如图 9-38 所示。

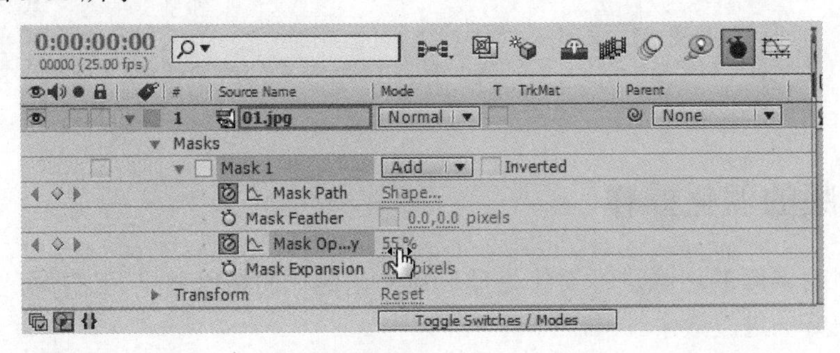

图 9-38

不同不透明度的蒙版效果，如图 9-39 所示。

不透明度30%　　不透明度60%　　不透明度100%

图 9-39

9.4.6 蒙版范围的扩展和收缩

蒙版的范围可以通过 Mask Expansion(蒙版扩展)参数来调整，当参数值为正值时，蒙版范围将向外扩展；当参数值为负值时，蒙版范围将向里收缩。

在时间线面板中将蒙版属性列表选项展开。单击 Mask Expansion(蒙版扩展)属性右侧的参数将其激活，然后直接输入数值；用户也可以将鼠标放置在数值上，直接拖动来改变数值，如图 9-40 所示。

扩展、原图与收缩的效果，如图 9-41 所示。

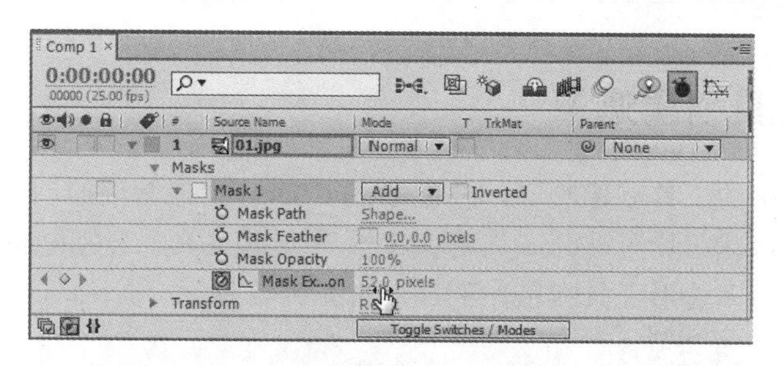

图 9-40

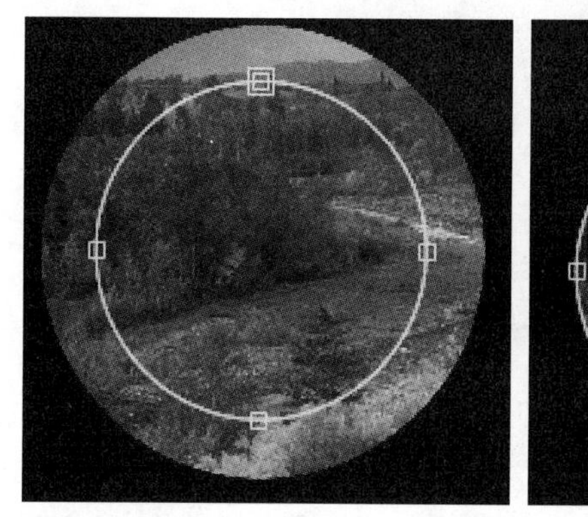
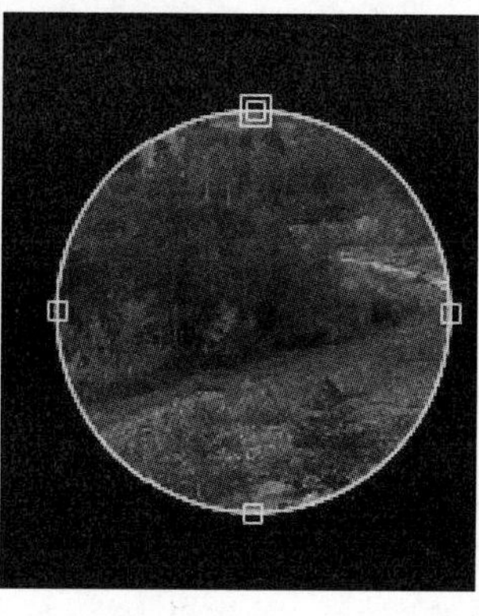

图 9-41

9.5 了 解 遮 罩

遮罩，即遮挡画面中的某一部分，从而提取主体。Mask 虽然名为遮罩，但是它除了作为遮罩外，还有很多其他的用途，比如为 Mask 描边，或被特效调用。某些变形特效需要使用 Mask 限定变形的区域。Mask 主要有以下用途。

- 在 After Effects 中进行矢量绘图。
- 封闭的 Mask 用于对层产生遮罩作用，也就是可以抠取画面中需要的部分。
- 和描边特效结合使用来创建描边效果，这对封闭或非封闭的 Mask 都适用。
- 被特效调用使用。

After Effects 中的遮罩是用线段和控制点构成的路径，线段是连接两个控制点的直线或曲线，控制点定义了每个线段的开始点和结束点。路径可以是开放的，也可以是封闭的。开放路径具有开始点与结束点；封闭路径是连续的，没有开始点与结束点。封闭路径即是可创建透明区域的遮罩。

9.6 创 建 遮 罩

在 After Effects 中提供了多种创建遮罩的方法，用户可以利用工具、输入数据和使用第三方软件等方法创建遮罩，本节将详细介绍创建遮罩的相关知识及操作方法。

9.6.1 利用工具创建遮罩

利用工具面板中的工具创建遮罩，它是 After Effects 中最常用的创建方法。按住形状工具按钮不放可以将形状工具组展开，其中包含 5 个形状工具，分别是矩形工具、圆角矩形工具、椭圆形工具、多边形工具和星形工具，如图 9-42 所示。

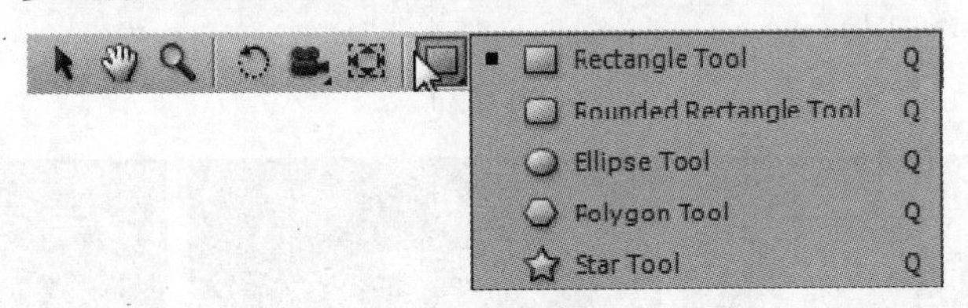

图 9-42

下面将分别详细介绍创建规则遮罩和创建不规则遮罩的操作方法。

1. 创建规则遮罩

矩形工具用于绘制长方形遮罩。其扩展工具为圆角矩形工具、椭圆形工具、多边形工具、星形工具，用户可绘制不同类型的遮罩。

在使用规则遮罩工具创建遮罩时，首先选择一个规则工具，然后在合成面板或图层面板中直接单击并拖动鼠标，即可创建规则遮罩。如图 9-43 所示为不同类型的遮罩。

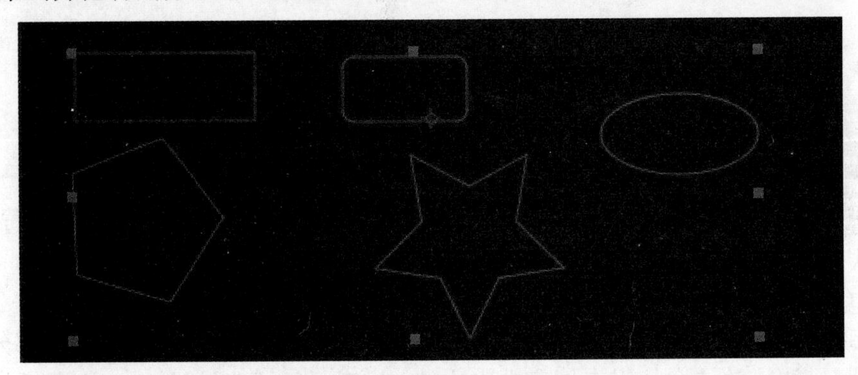

图 9-43

智慧锦囊

按住 Shift 键的同时拖动鼠标，可以创建正方形、正圆角矩形或正圆遮罩。在创建多边形和星形遮罩时，按住 Shift 键可固定它们的创建角度。双击规则遮罩工具的图标，可沿当前层的边缘建立一个最大限度的遮罩。

2. 创建不规则遮罩

钢笔工具用于绘制不规则形状的遮罩。使用钢笔工具创建控制点，多个控制点连接形状路径，闭合路径后便创建完成遮罩。其扩展工具为“顶点添加工具”、“顶点清除工具”、“顶点转换工具”和“遮罩羽化工具”，如图 9-44 所示。

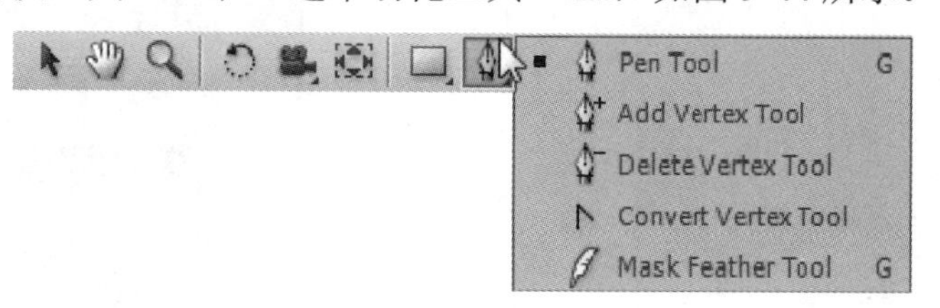

图 9-44

智慧锦囊

在使用“顶点转换工具”调整控制点时，按住 Shift 键可使控制点的方向线以水平、垂直或 45° 角旋转。

9.6.2　输入数据创建遮罩

通过输入数据可以精确地创建规则形状的遮罩，如长方形遮罩、圆形遮罩等。下面将详细介绍输入数据创建遮罩的操作方法。

第 1 步 在需要创建遮罩的层上单击鼠标右键，在弹出来的快捷菜单中选择 Mask(遮罩)→New Mask(新建遮罩)菜单命令，如图 9-45 所示。

第 2 步 系统会沿当前层的边缘创建一个遮罩，在遮罩上单击鼠标右键，在弹出来的快捷菜单中选择 Mask(遮罩)→Mask Shape(遮罩形状)菜单命令，如图 9-46 所示。

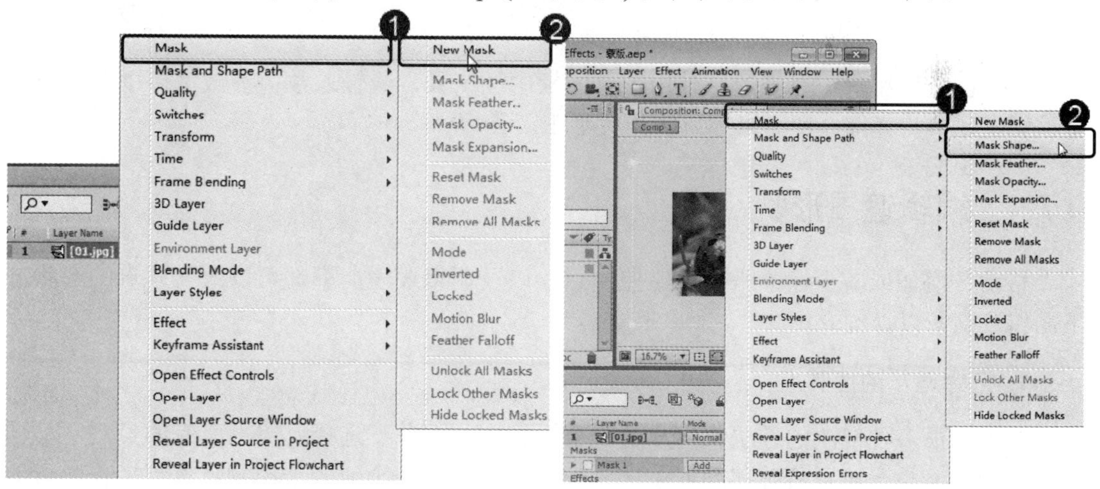

图 9-45　　　　图 9-46

第 3 步 弹出 Mask Shape(遮罩形状)对话框，①在 Bounding Box(包围盒)选项组中输入遮罩的范围参数，并可以设置单位，②在 Shape(形状)选项组中选择准备创建的遮罩形状，③单击 OK 按钮，如图 9-47 所示。

第 4 步 通过以上步骤即可完成输入数据创建遮罩的操作，效果如图 9-48 所示。

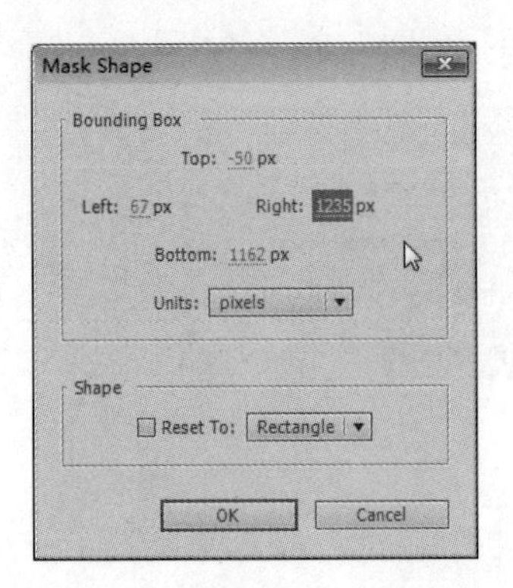

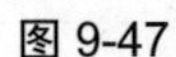
图 9-47

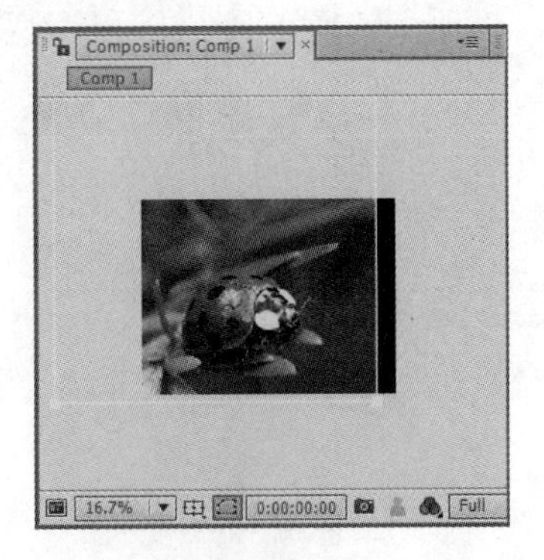

图 9-48

9.6.3 使用第三方软件创建遮罩

After Effects 可应用从其他软件中引入的路径。在合成制作时，用户可以使用一些在路径创建方面更专业的软件创建路径，然后导入 After Effects 中为其所用，比如 Illustrator 或 Photoshop 软件。

引入路径的方法很简单。例如要引用 Photoshop 软件中的路径，可以选择 Photoshop 中路径上的所有点，然后执行“编辑”→“拷贝”菜单命令，切换到 After Effects 软件中，选择要设置遮罩的层，执行“编辑”→“粘贴”菜单命令，即可完成遮罩的引用。

9.7 编 辑 遮 罩

遮罩创建后用户可以修改，使用工具面板中的工具，或输入数值参数都可以对遮罩进行编辑。本节将详细介绍编辑遮罩的相关知识。

9.7.1 编辑遮罩形状

移动、增加或减少遮罩路径上的控制点，以及调整线段曲率都可以改变遮罩的形状。下面将分别予以详细介绍。

1. 选择遮罩的控制点

遮罩有很多种修改的方法，用户通常会进行点的调节。选择遮罩上所有的点后，移动遮罩上的点，整个遮罩将被移动或缩放。选择遮罩上的一个或多个控制点进行操作，可改变遮罩的形状。使用选择工具可以选择遮罩中的控制点，主要有以下两种方法。

- 单击鼠标并拖动将产生选框，选框中的控制点会全部被选中。
- 按住 Shift 键，可同时选择多个控制点。

2. 调节控制点

选择遮罩的控制点并对其进行调节，可以改变遮罩的形状，如图 9-49 所示。

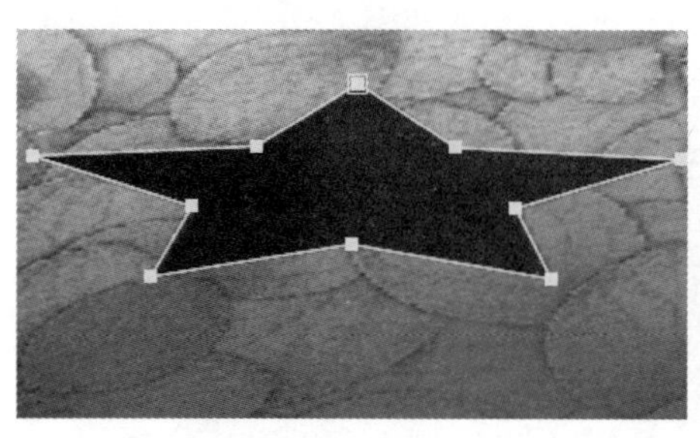
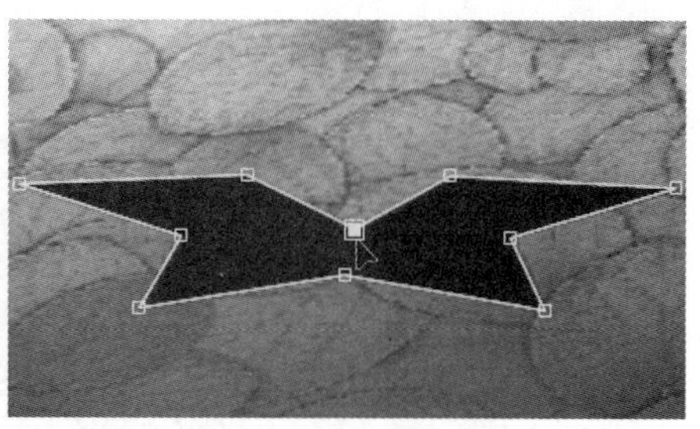

图 9-49

用户可以通过对遮罩的约束框进行操作，对遮罩进行缩放、选择、变形等设置。通过拖动约束框上的点，以约束框的定位点为基准进行缩放、旋转、变形等设置，如图 9-50 所示。

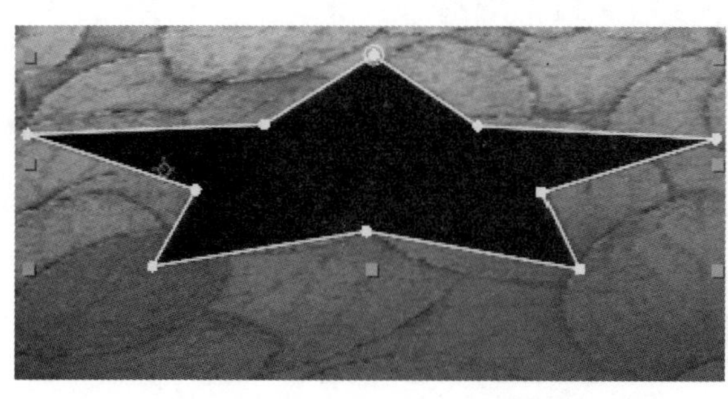
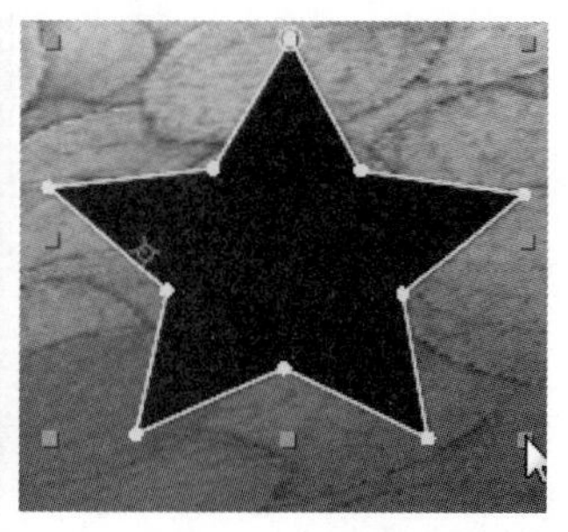

图 9-50

3. 修改遮罩形状

使用工具面板中的“钢笔工具”、“顶点添加工具”、“顶点清除工具”和“顶点转换工具”来修改遮罩上的控制点，可改变遮罩的形状，各项操作的方法如下。

- 在工具面板中单击“钢笔工具”按钮，按住鼠标左键，在弹出的扩展工具栏中可选择“顶点添加工具”、“顶点清除工具”和“顶点转换工具”。使用“顶点添加工具”在遮罩上需要增加控制点的位置单击，可以添加控制点；使用“顶点清除工具”在遮罩上单击需要删除的控制点，可以删除控制点。
- 使用“选择工具”在遮罩上选择要删除的控制点，然后执行 Edit(编辑)→Clear(清除)命令，可以删除选中的控制点；直接按下键盘上的 Delete 键，也可以删除选中的控制点。
- 使用“顶点转换工具”调整控制点，可以改变路径的曲率，使其产生曲线效果。

9.7.2　设置遮罩的其他属性状

在时间线面板中，用户可以对遮罩的羽化、透明度等属性进行设置，如图 9-51 所示。

1. 羽化设置

通过设置“遮罩羽化”参数可为遮罩设置羽化效果。选择要设置羽化的遮罩，在菜单栏中选择 Layer(图层)→Mask(遮罩)→Mask Feather(遮罩羽化)菜单命令，系统即可弹出 Mask

Feather(遮罩羽化)对话框，如图 9-52 所示。

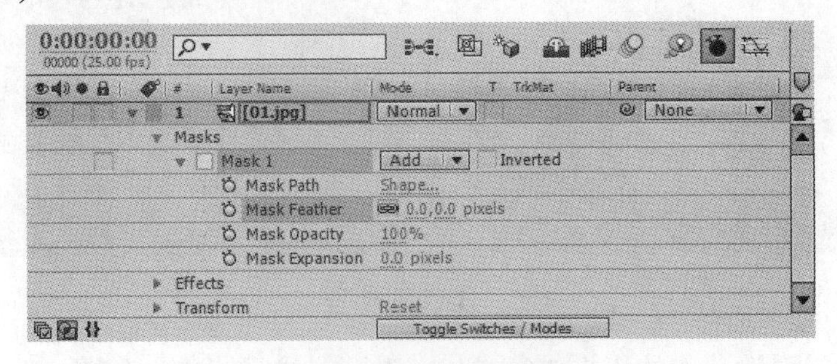

图 9-51

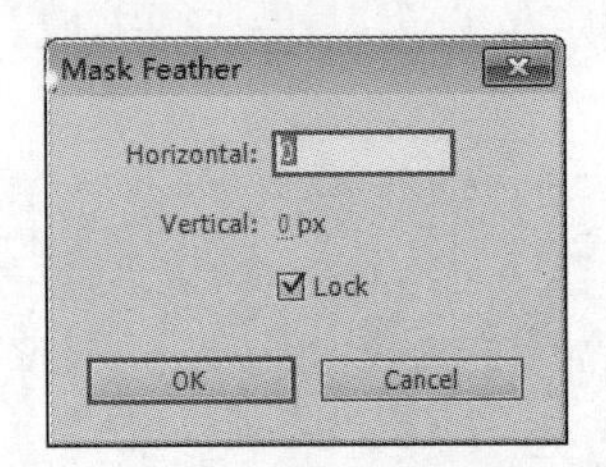

图 9-52

在该对话框中可以设置羽化参数。如图 9-53 所示，左图为羽化前的效果，右图为羽化后的效果。

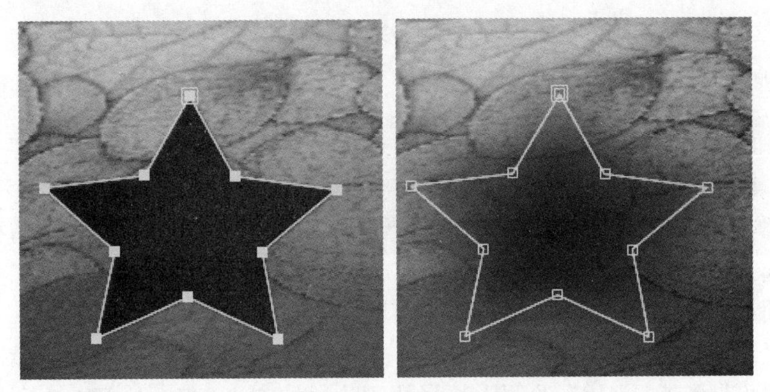

图 9-53

2. 透明度设置

“遮罩透明度”参数用于设置遮罩内图像的透明度。执行 Layer(图层)→Mask(遮罩)→Mask Opacity(遮罩透明度)菜单命令，系统即可打开 Mask Opacity(遮罩透明度)对话框，如图 9-54 所示。

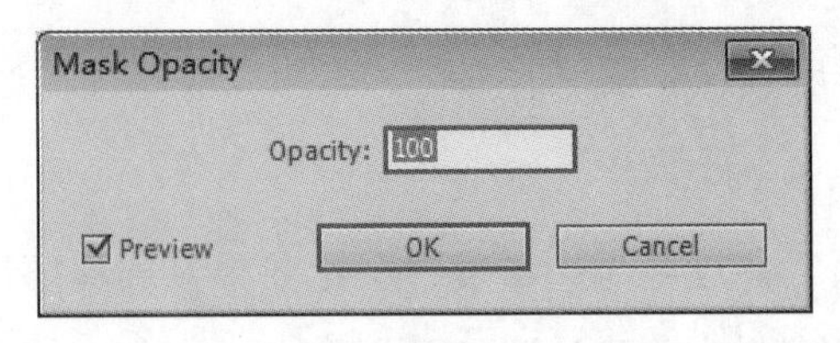

图 9-54

在该对话框中输入参数进行设置，设置透明度前后的效果如图 9-55 所示。

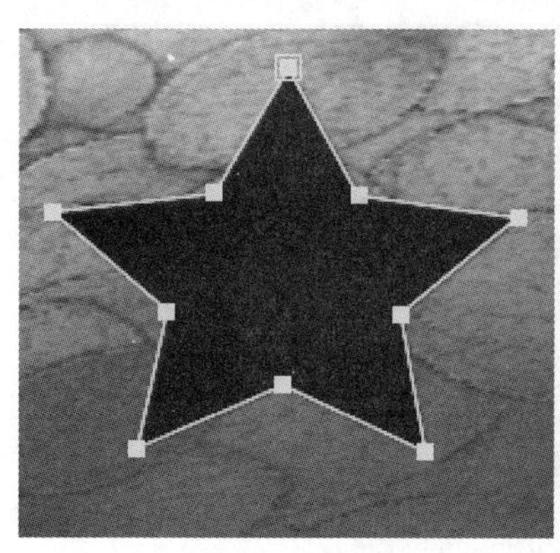
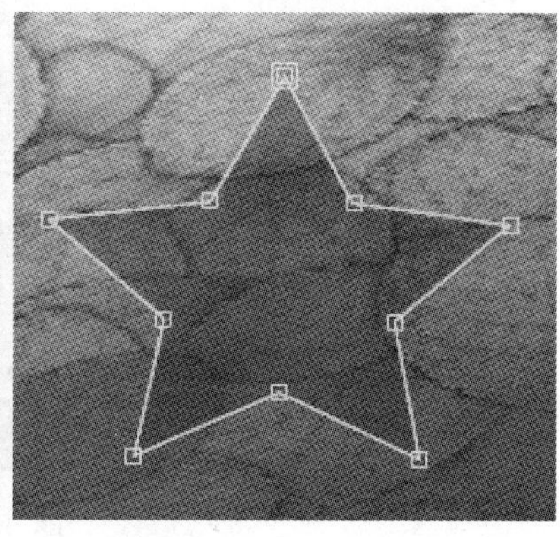

图 9-55

3. 扩展设置

“遮罩扩展”参数用于对当前遮罩进行伸展或者收缩。执行 Layer(图层)→Mask(遮罩)→Mask Expansion(遮罩扩展)菜单命令，系统即可打开 Mask Expansion(遮罩扩展)对话框，如图 9-56 所示。

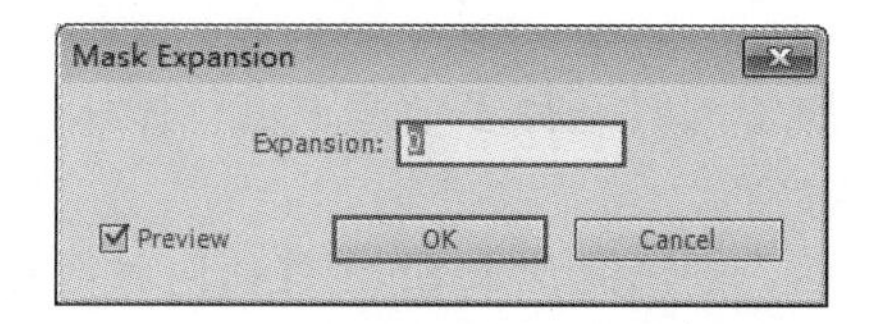

图 9-56

用户可以在该对话框中进行设置。当参数为正值时，遮罩范围在原来基础上伸展；当参数为负值时，遮罩范围在原来基础上收缩。如图 9-57 所示，左图为伸展效果，右图为收缩效果。

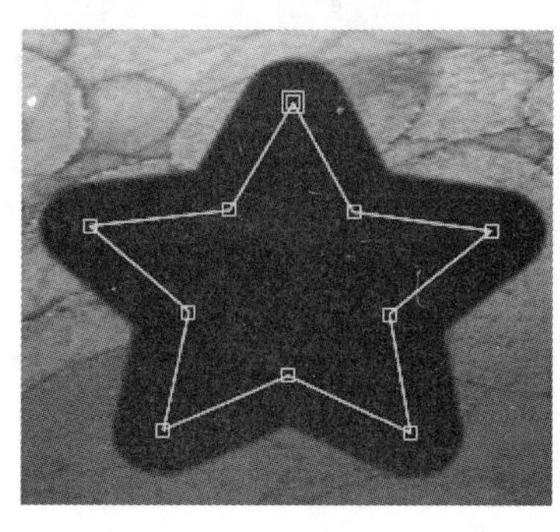
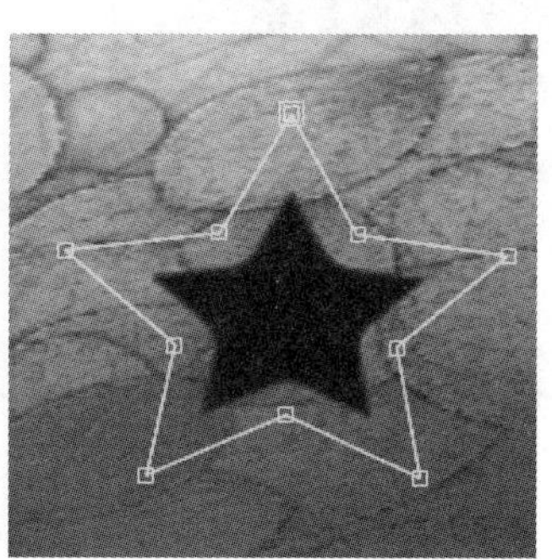

图 9-57

4. 反转遮罩

在默认情况下，遮罩以内显示当前层的图像，遮罩以外为透明区域。在时间线面板中选中 Inverted(反转)复选框，可以设置遮罩的反转。在菜单栏中执行 Layer(图层)→Mask(遮罩)→Inverted(反转)菜单命令，也可以设置遮罩反转，如图 9-58 所示，左图为反转前的效果，右图为反转后的效果。

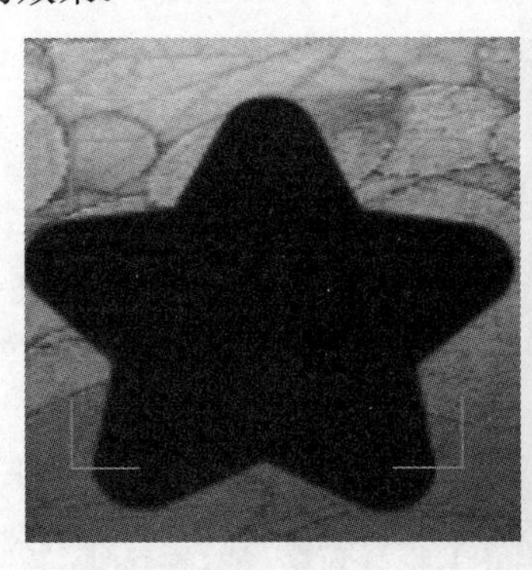

图 9-58

9.7.3 多个遮罩的操作

After Effects 支持在同一层上建立多个遮罩，各遮罩间可以进行叠加。层上的遮罩以创建的先后顺序命名、排列。遮罩的名称和排列位置也可以改变。

1. 多遮罩的选择

After Effects 可以在同一层中同时选择多个遮罩进行操作，下面将详细介绍多遮罩的选择方法。

第 1 步 选择一个遮罩后，按住键盘上 Shift 键的同时选择其他遮罩，如图 9-59 所示。

第 2 步 选择一个遮罩后，按住键盘上的 Alt+Shift 键，然后单击要选择的遮罩，如图 9-60 所示。

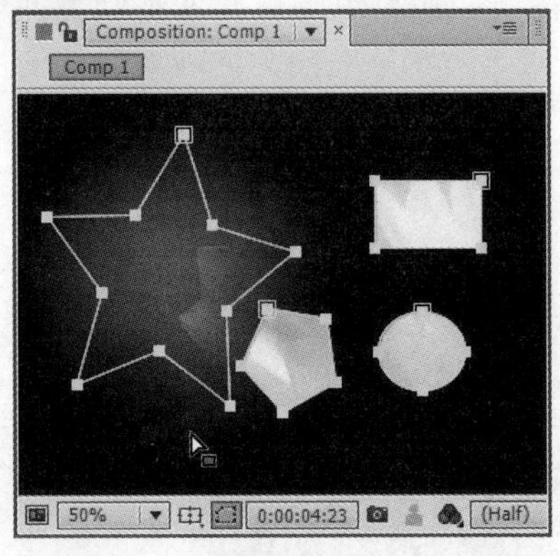

图 9-59

图 9-60

第 3 步 该遮罩会合并入已选择的遮罩中，如图 9-61 所示。

第 4 步 在时间线面板中打开层的“遮罩”参数栏，按住 Ctrl 键或 Shift 键选择多个遮罩，如图 9-62 所示。

第 5 步 在时间线面板中打开层的“遮罩”参数栏，拖动鼠标可以框选遮罩，如图 9-63 所示。

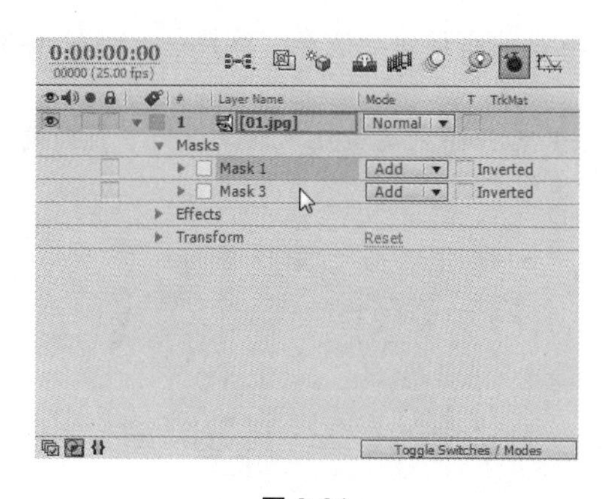

图 9-61

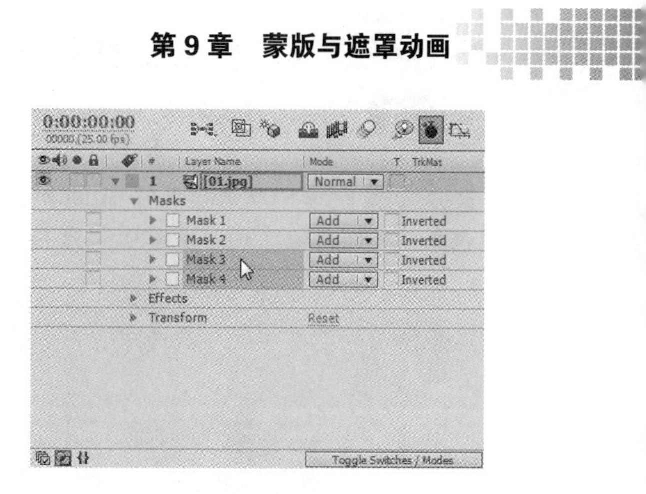

图 9-62

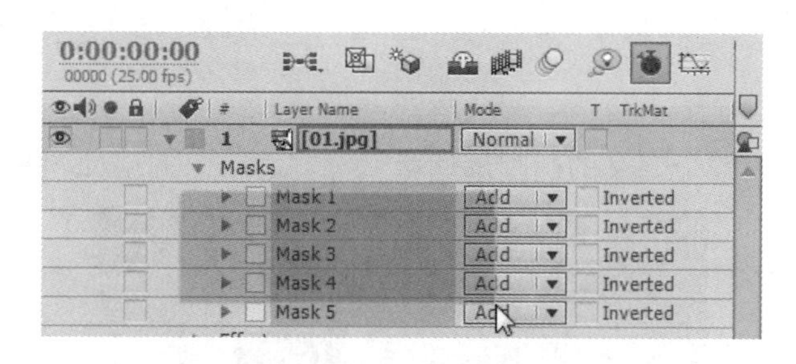

图 9-63

2. 遮罩的排序

在默认状态下，系统以遮罩创建的顺序为遮罩命名，如 Mask 1、Mask 2、…。遮罩的名称和顺序都可以进行改变，下面将详细介绍遮罩的排序方法。

第 1 步 在时间线面板中，选择要改变顺序的遮罩，然后按住鼠标左键将遮罩拖动到目标位置，如图 9-64 所示。

第 2 步 这样即可改变遮罩的排列顺序，如图 9-65 所示。

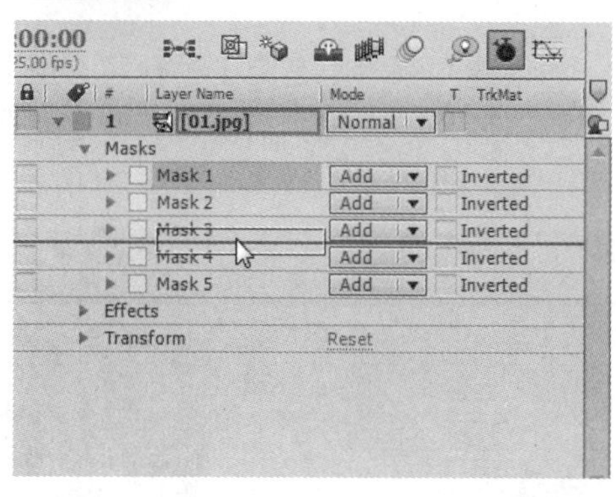

图 9-64

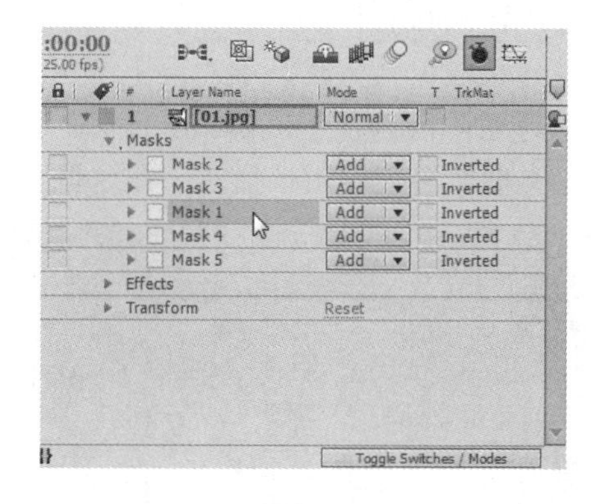

图 9-65

3. 遮罩的混合模式

当一个层上有多个遮罩时，可以在这些遮罩之间添加不同的模式来产生各种效果。下面将详细介绍遮罩模式的设置方法。

第 1 步 在时间线面板中，打开要改变遮罩模式的层的“遮罩”参数栏，如图 9-66 所示。

第 2 步 遮罩的默认模式为 Add(加)，单击其右侧的三角按钮，在弹出的下拉列表中即可选择遮罩的其他模式，如图 9-67 所示。

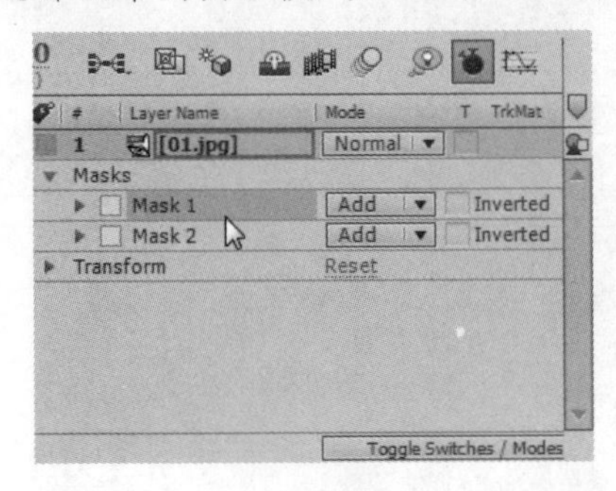

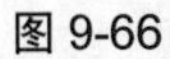
图 9-66

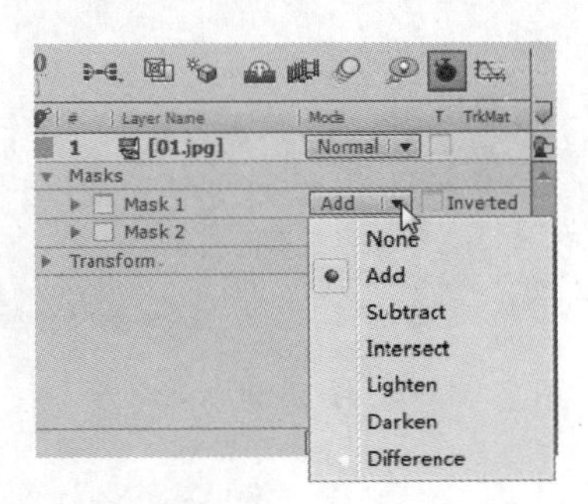

图 9-67

下面为一个层设置两个交叉的椭圆形遮罩，设置遮罩前的层如图 9-68 所示。

图 9-68

Mask 1 的模式为“添加”，下面将通过改变 Mask 2 的模式来演示效果。

(1) 无(None)。

遮罩采取无效方式，不在层上产生透明区域，如果建立遮罩不是为了进行层与层之间的遮蔽透明，可以使用该模式。此时，系统会忽略遮罩效果，在遇到需要为其制定遮罩路径的特效时，可以使用该模式。在这里绘制的遮罩如图 9-69 所示，效果如图 9-70 所示。

图 9-69

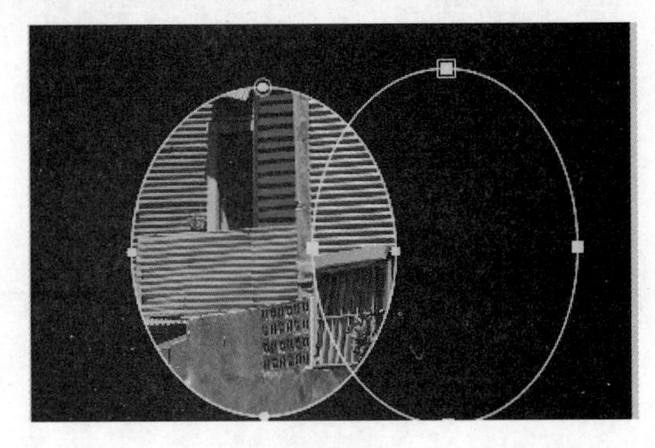

图 9-70

(2) 加(Add)。

使用该模式，在合成图像上显示所有遮罩内容，遮罩相交部分的透明度相加，效果如图 9-71 所示。

图 9-71

(3) 减(Subtract)。

使用该模式，上面的遮罩减去下面的遮罩，被减去区域的内容不在合成图像上显示，如图 9-72 所示。

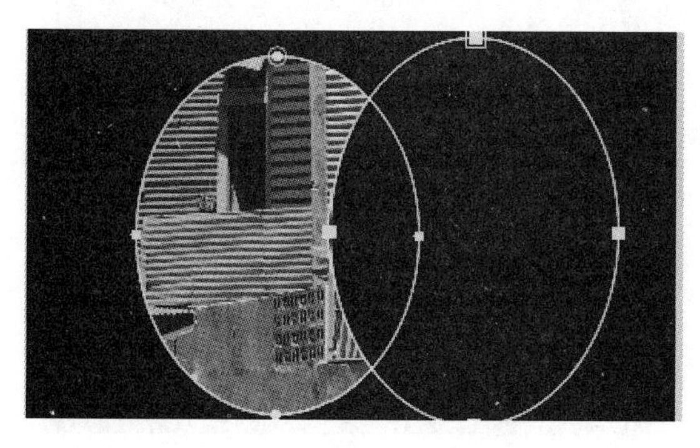

图 9-72

(4) 相交(Intersect)。

该模式只显示所选遮罩与其他遮罩相交部分的内容，所有相交部分的透明度相减，如图 9-73 所示。

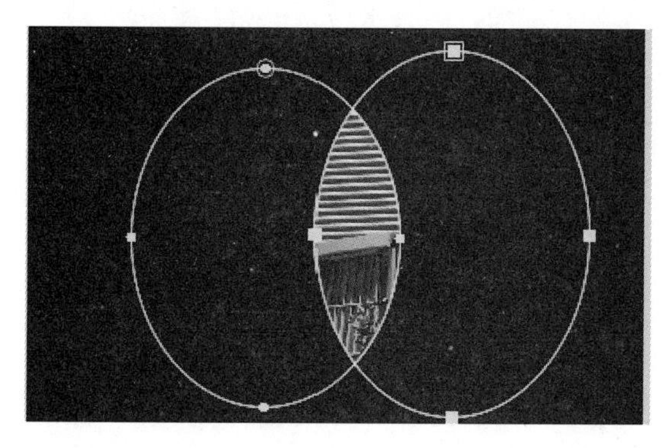

图 9-73

(5) 变亮(Lighten)。

该模式与“加”模式相同，但遮罩相交部分的透明度以当前遮罩的透明度为准，如图 9-74 所示。Mask 1 的透明度为 60%，Mask 2 的透明度为 40%。

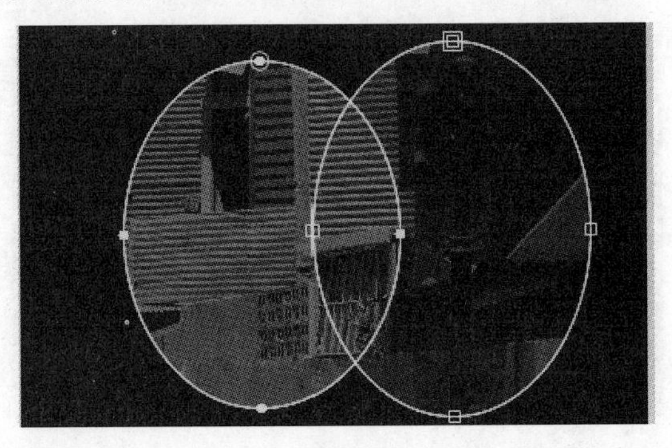

图 9-74

(6) 变暗(Darken)。

该模式与“相交”模式相同，但遮罩相交部分的透明度以当前遮罩的透明度为准，如图 9-75 所示。Mask 1 的透明度为 60%，Mask 2 的透明度为 40%。

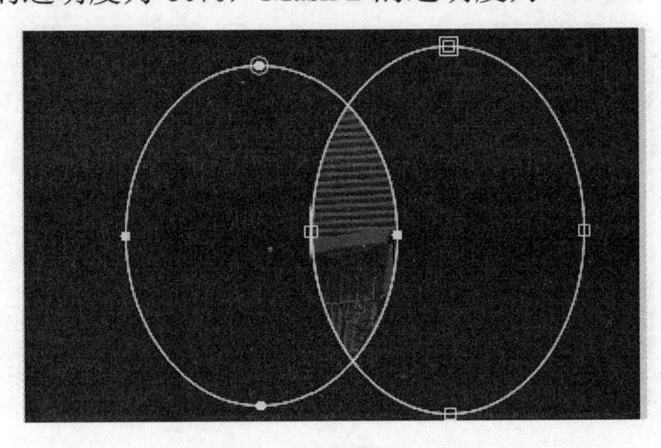

图 9-75

(7) 差异(Difference)。

应用该模式，遮罩将采取并集减交集的方式，在合成图像上显示相交部分以外的所有遮罩区域，如图 9-76 所示。

图 9-76

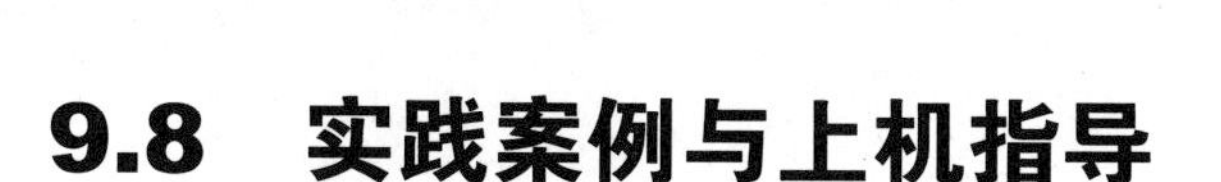

9.8　实践案例与上机指导

通过本章的学习，读者基本可以掌握蒙版与遮罩动画的基本知识以及一些常见的操作方法，下面通过练习操作，以达到巩固学习、拓展提高的目的。

9.8.1　制作望远镜效果

本章学习了蒙版与遮罩动画的相关知识，本例将详细介绍制作望远镜效果来巩固和提高本章学习的内容。

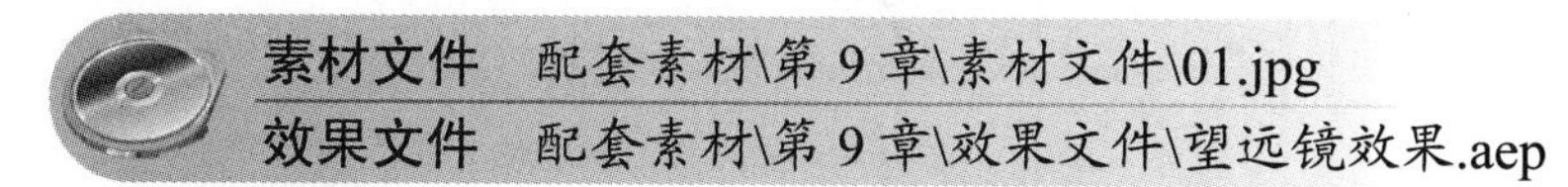

素材文件　配套素材\第 9 章\素材文件\01.jpg

效果文件　配套素材\第 9 章\效果文件\望远镜效果.aep

第 1 步 在项目面板中单击鼠标右键，在弹出的快捷菜单中选择 New Composition(新建合成)菜单命令，如图 9-77 所示。

第 2 步 在弹出的 Composition Settings(合成设置)对话框中，①设置合成名称为 Comp 1，②宽、高分别为 1024、768，③Frame Rate(帧速率)为 25，④Duration(持续时间)为 5s，⑤单击 OK 按钮，如图 9-78 所示。

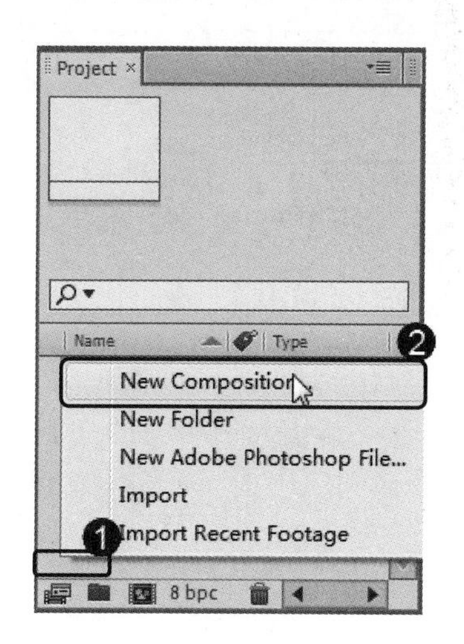

图 9-77

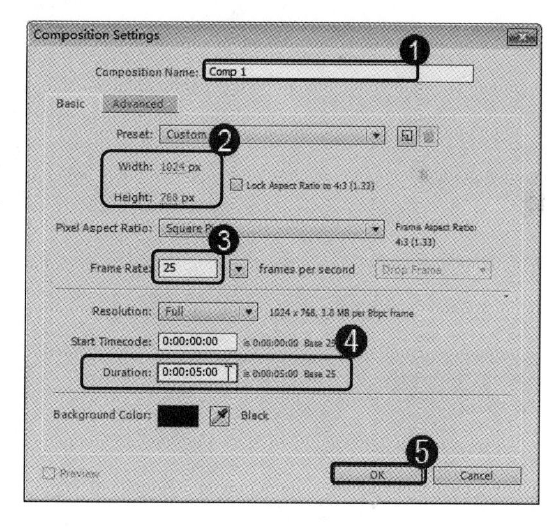

图 9-78

第 3 步 在项目面板空白处中双击鼠标左键，在弹出的对话框中选择需要的素材文件，然后单击“打开”按钮，如图 9-79 所示。

第 4 步 将项目面板中的素材文件拖曳到时间线面板中，并设置 Position(位置)为(512,607)，如图 9-80 所示。

第 5 步 在时间线面板中单击鼠标右键，在弹出的快捷菜单中选择 New(新建)→Solid(固体)菜单命令，如图 9-81 所示。

图 9-79

图 9-80

第 6 步 在弹出的对话框中，①设置名称为“黑色”，②宽、高分别为 1024、768，③“颜色”为黑色(R:0,G:0,B:0)，④单击 OK 按钮，如图 9-82 所示。

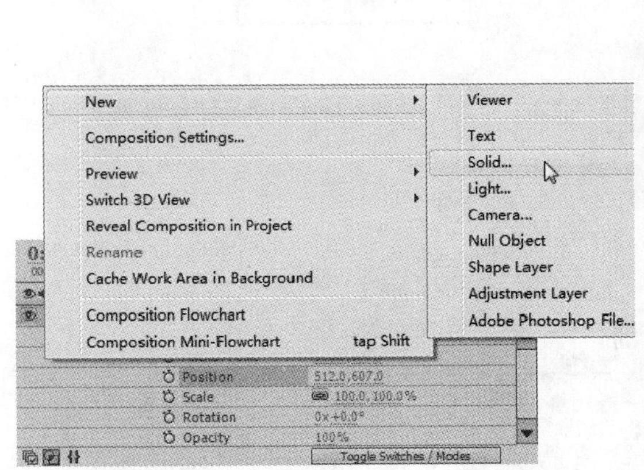

图 9-81

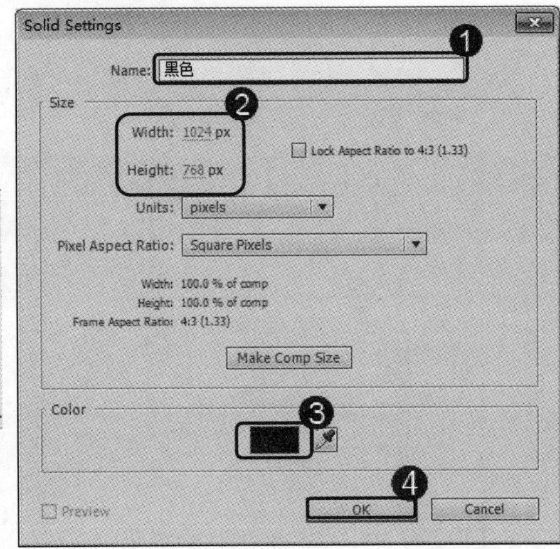

图 9-82

第 7 步 单击“椭圆工具”按钮，在“黑色”图层上绘制两个相交的正圆遮罩，如图 9-83 所示。

第 8 步 打开时间线面板“黑色”图层选的 Masks 属性，设置 Mask1 和 Mask2 的模式为 Subtract(相减)，如图 9-84 所示。

第 9 步 此时拖动时间线滑块即可查看最终制作的望远镜效果，如图 9-85 所示。

图 9-83

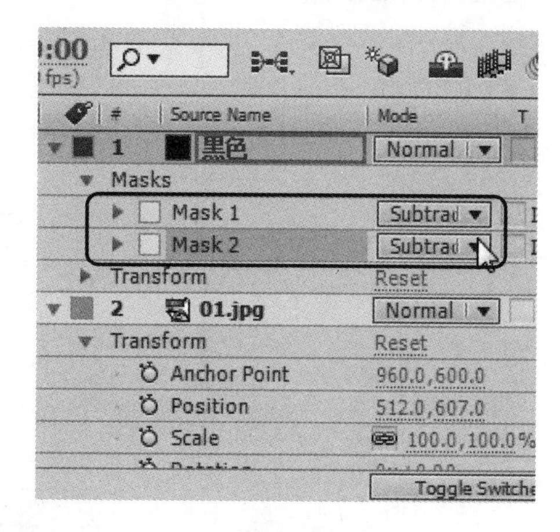

图 9-84

图 9-85

9.8.2　更换窗外风景

本章学习了蒙版与遮罩动画的相关知识，本例将详细介绍更换窗外风景效果来巩固和提高本章学习的内容。

素材文件　配套素材\第 9 章\素材文件\窗.jpg、风景.jpg
效果文件　配套素材\第 9 章\效果文件\更换窗外风景效果.aep

第 1 步 在项目面板中单击鼠标右键，在弹出的快捷菜单中选择 New Composition(新建合成)菜单命令，如图 9-86 所示。

第 2 步 在弹出的 Composition Settings (合成设置)对话框中，①设置合成名称为 Comp 1，②宽、高分别为 1024、768，③Frame Rate(帧速率)为 25，④Duration(持续时间)为 5s，⑤单击 OK 按钮，如图 9-87 所示。

第 3 步 在项目面板空白处中双击鼠标左键，在弹出的对话框中选择需要的素材文件，然后单击“打开”按钮，如图 9-88 所示。

第 4 步 将项目面板中的“窗”素材文件拖曳到时间线面板中，设置 Scale(缩放)为 64%，如图 9-89 所示。

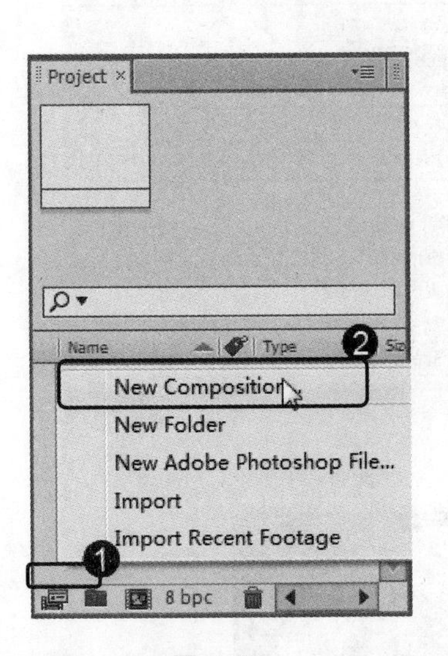

图 9-86

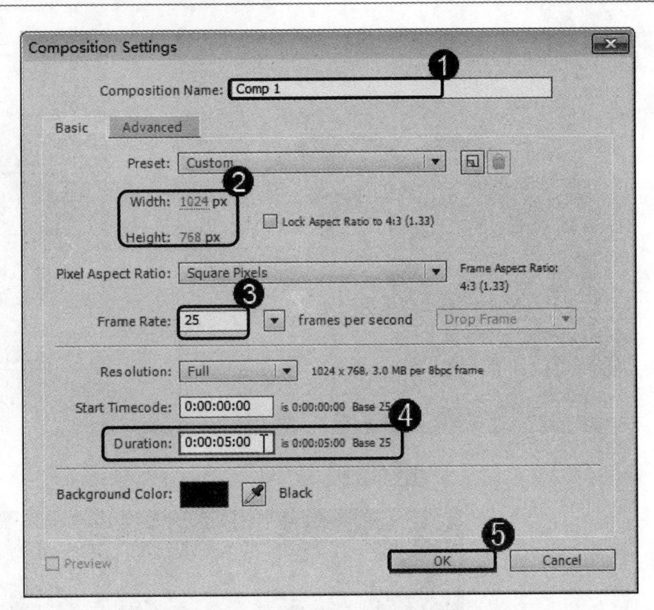

图 9-87

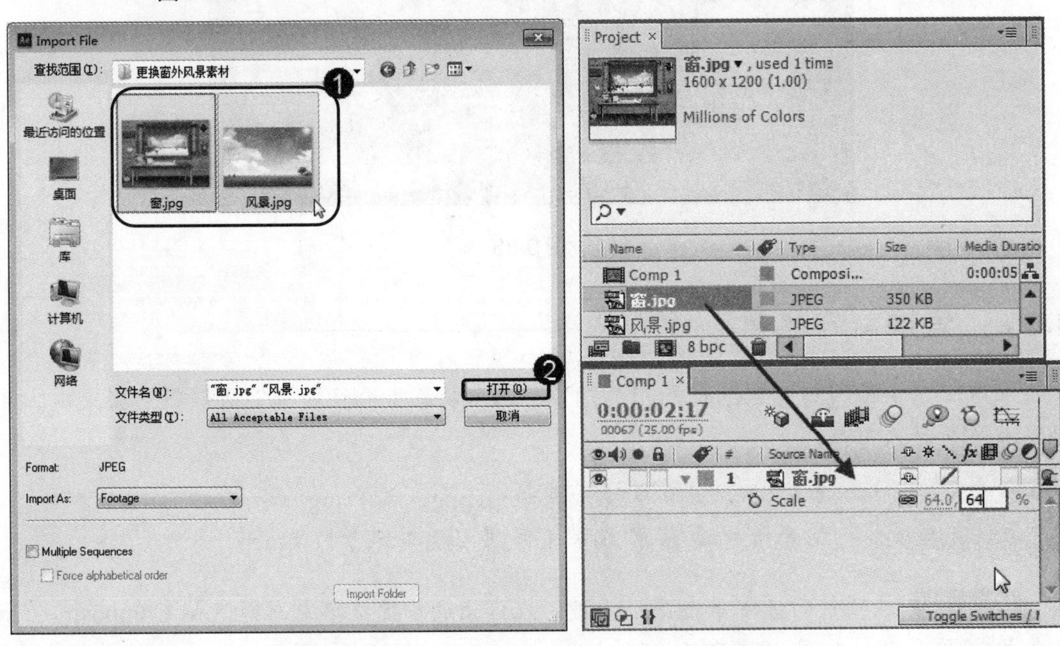

图 9-88　　图 9-89

第 5 步 此时拖动时间线滑块可以查看到效果，如图 9-90 所示。

第 6 步 单击钢笔工具按钮，按照窗口的边缘绘制一个遮罩，如图 9-91 所示。

第 7 步 打开“窗.jpg”图层下的 Masks(遮罩)属性，设置模式为 Subtract(相减)，如图 9-92 所示。

第 8 步 将项目面板中的“风景.jpg”素材文件拖曳到时间线面板底部。设置 Position(位置)为(527,241)，Scale(缩放)为 45，如图 9-93 所示。

图 9-90

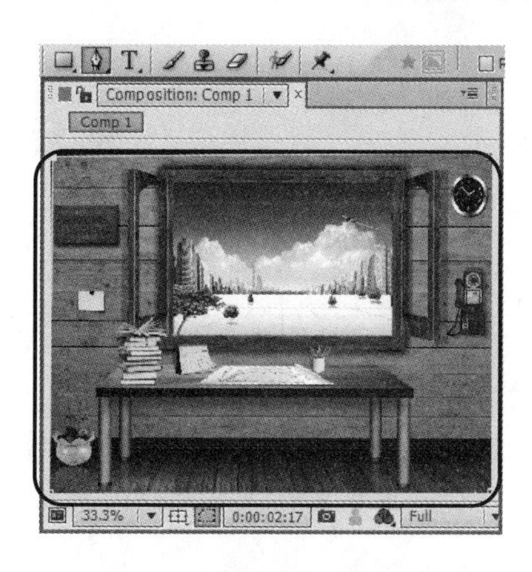

图 9-91

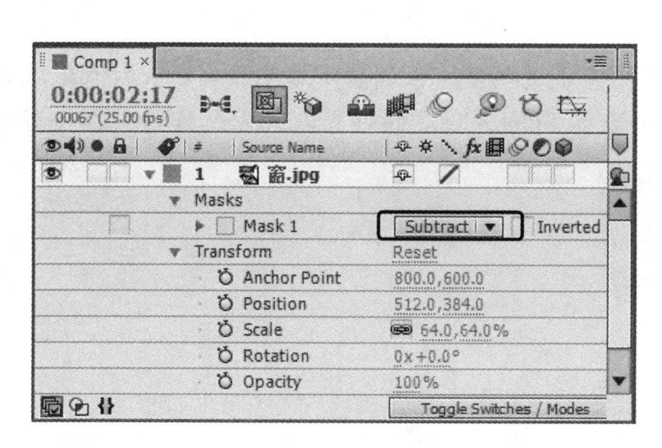

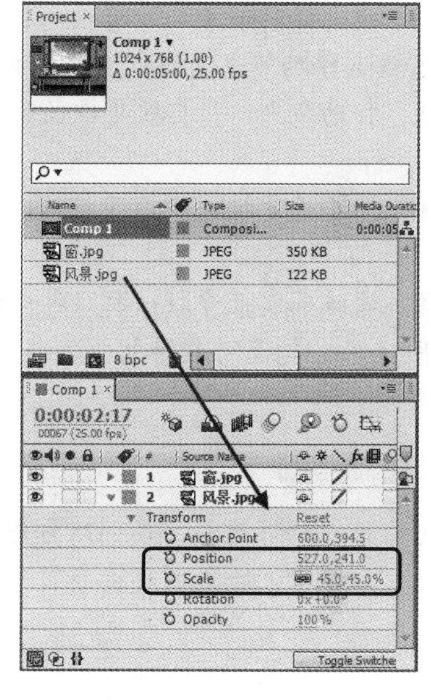

图 9-92

图 9-93

第 9 步 此时拖动时间线滑块即可查看最终更换窗外风景的效果，如图 9-94 所示。

图 9-94

9.9 思考与练习

一、填空题

1. 不管选择哪种工具创建蒙版形状，都可以从创建的形状上发现小的方形控制点，这些方形控制点就是______________。

2. ________可以对蒙版的边缘进行柔化处理，制作出虚化的边缘效果，这样可以在处理影视动画中产生很好的过渡效果。

二、判断题

1. 被选择的节点与没有被选择的节点是不同的，选择的节点小方块将呈现实心方形，而没有被选择的节点呈镂空的方形效果。 (　　)

2. 移动节点，其实就是修改蒙版的形状，通过选择不同的点并移动，可以将矩形改变为规则矩形。 (　　)

3. 为了避免操作中出现失误，可以将蒙版锁定，锁定后的蒙版将不能被修改。 (　　)

4. 蒙版和其他素材一样，也可以调整不透明度，在调整不透明度时，在影响蒙版素材本身同时，对其他的素材也会造成影响。利用不透明度的调整，可以制作出更加丰富的视觉效果。 (　　)

三、思考题

1. 如何利用矩形工具创建方形蒙版？

2. 如何输入数据创建遮罩？

第10章

色彩校正与抠像技术

本章要点

- 色彩校正
- 抠像技术

本章主要内容

本章主要介绍色彩校正方面的知识与技巧，同时还讲解了抠像技术的相关知识及操作方法，通过本章的学习，读者可以掌握色彩校正与抠像技术基础操作方面的知识，为深入学习 After Effects CS6 基础知识奠定基础。

10.1 色 彩 校 正

在影片的前期拍摄中，拍摄出来的画面由于受到自然环境、拍摄设备以及摄影师等客观因素的影响，拍摄画面与真实的效果有一定的偏差，这样就需要对画面进行色彩校正处理，最大限度还原它的本来面目。本节将详细介绍色彩校正的相关知识及操作方法。

10.1.1 色彩调整的方法

如果准备使用色彩调整特效进行图像处理，首先要学习色彩调整的使用方法，下面将详细介绍色彩调整的操作方法。

第 1 步 在时间线面板中选择要应用色彩调整特效的层，如图 10-1 所示。

第 2 步 在 Effects & Presets(特效面板)中展开 Color Correction(色彩校正)特效组，然后双击其中的某个特效选项，如图 10-2 所示。

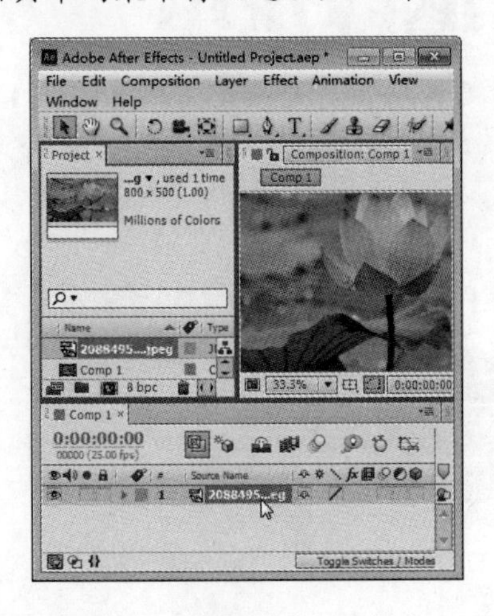

图 10-1

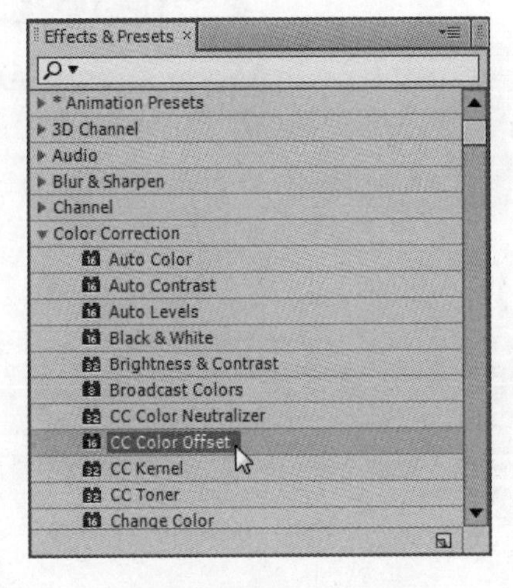

图 10-2

第 3 步 打开 Effect Controls(特效控制)面板，然后修改特效的相关参数，如图 10-3 所示。

第 4 步 通过以上步骤即可完成色彩的调整，调整后的效果，如图 10-4 所示。

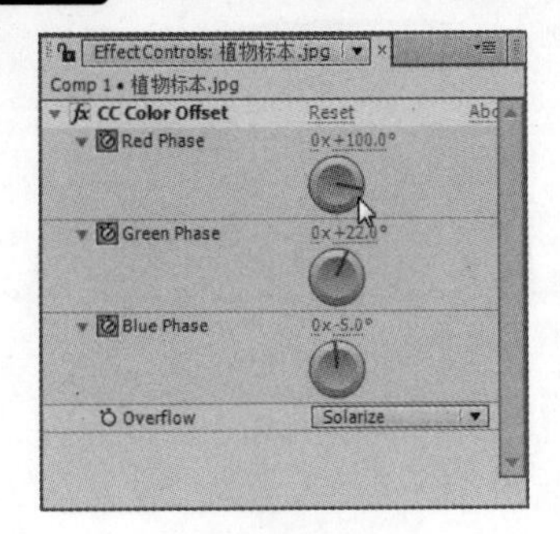

图 10-3

图 10-4

10.1.2 常用的调色滤镜

在 After Effects CS6 中，常用的调色滤镜有 Levels(色阶)滤镜、Curves(曲线)滤镜和 Hue/Saturation(色相/饱和度)滤镜等，下面将详细介绍这些调色滤镜的相关知识。

1. Levels(色阶)滤镜

Levels 滤镜，用直方图描述出整张图片的明暗信息。它将亮度、对比度和伽马等功能结合在一起，对图像进行明度、阴暗层次和中间色彩的调整。

依次选择 Effect(特效)→Color Correction(色彩修正)→Levels 菜单命令，在 Effect Controls(滤镜控制)面板中展开 Levels 滤镜参数的设置面板，如图 10-5 所示。

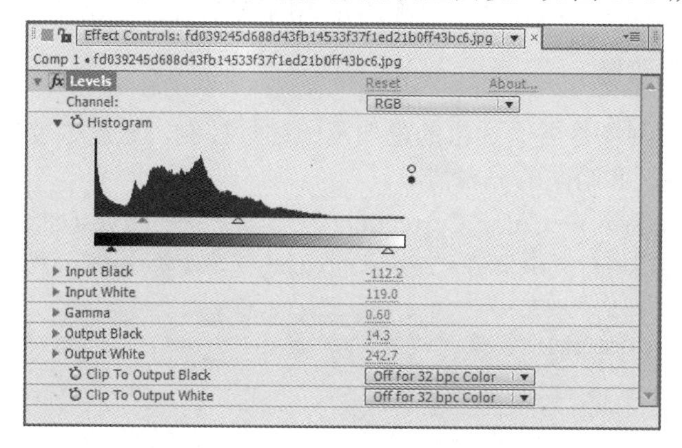

图 10-5

通过以上参数设置的前后效果如图 10-6 所示。Levels(色阶)滤镜的各项功能介绍如下。

图 10-6

- Channels(通道)：用来选择要调整的通道。
- Histogram(柱形图)：显示图像中像素的分布情况，上方的显示区域可以通过拖动滑块来调色。X 轴表示亮度值从坐标的最暗(0)到最后边的最亮(255)，Y 轴表示某个数值下的像素数量。黑色滑块▲是暗调色彩；白色滑块▲是亮调色彩；灰色滑块▲可以调整中间色调。拖动下方区域的滑块可以调整图像的亮度，向右拖动黑色滑块，可以消除在图像当中最暗的值，向左拖动白色滑块则可以消除在图像当中最亮的值。

- Input Black(输入黑色)：指定输入图像暗区值的阈值，输入的数值将应用到图像的暗区。
- Input White(输入白色)：指定输入图像亮区值的阈值，输入的数值将应用到图像的亮区范围。
- Gamma(伽马)：设置输出中间色调，相当于 Histogram(柱形图)中灰色滑块。
- Output Black(输出黑色)：设置输出的暗区范围。
- Output White(输出白色)：设置输出的亮区范围。
- Clip To Output Black(修剪黑色输出)：用来修剪暗区输出。
- Clip To Output White(修剪白色输出)：用来修剪亮区输出。

2. Curves(曲线)滤镜

Curves 滤镜可以对图像各个通道的色调范围进行控制。通过调整曲线的弯曲度或复杂度，来调整图像的亮区和暗区的分布情况。

依次选择 Effect(特效)→Color Correction(色彩修正)→Curves(曲线)菜单命令，然后在 Effect Controls(滤镜控制)面板中展开 Curves(曲线)滤镜参数的设置面板，如图 10-7 所示。

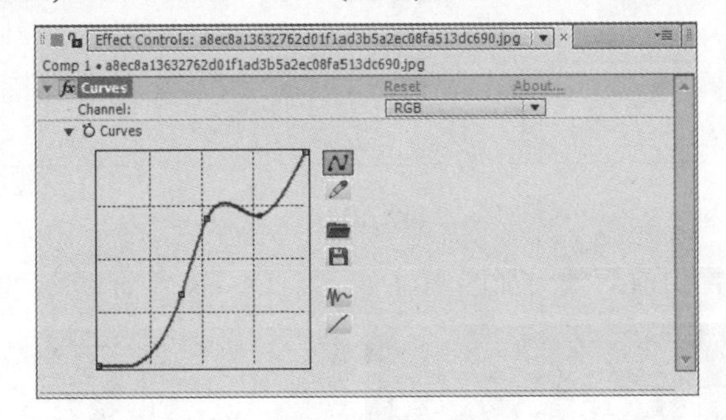

图 10-7

曲线左下角的端点代表暗调，右上角的端点代表高光，中间的过渡代表中间调。往上移动是加亮，往下移动是减暗，加亮的极限是 255，减暗的极限是 0。此外，Curves(曲线)滤镜与 Photoshop 中的曲线命令功能类似。通过以上参数设置的前后效果如图 10-8 所示。

图 10-8

该特效的各项参数说明如下。

- Channel(通道)：从右侧的下拉菜单中指定调整图像的颜色通道。
- 曲线工具：可以在其做出的控制曲线条上单击添加控制点，手动控制点可以改变图像的亮区和暗区的分布，将控制点拖出区域范围之外，可以删除控制点。
- 铅笔工具：可以在左侧的控制区内单击拖动，绘制一条曲线来控制图像的亮度和暗区分布效果。
- 打开：单击该按钮，将打开存储的曲线文件，用打开的原曲线文件来控制图像。
- 保存：保存调整好的曲线，方便以后打开来使用。
- 平滑：单击该按钮，可以对设置的曲线进行平滑操作，多次单击，可以多次对曲线进行平滑操作。
- 直线：单击该按钮，可以将调整的曲线恢复为初始的直线效果。

3. Hue/Saturation(色相/饱和度)滤镜

Hue/Saturation 滤镜用于调整图像中单个分量 Hue(色相)、Saturation(饱和度)和 Lightness(亮度)。

依次选择 Effect(特效)→Color Correction(色彩修正)→Hue/Saturation(色相/饱和度)菜单命令，然后在 Effect Controls(滤镜控制)面板中展开 Hue/Saturation 滤镜参数的设置面板，如图 10-9 所示。

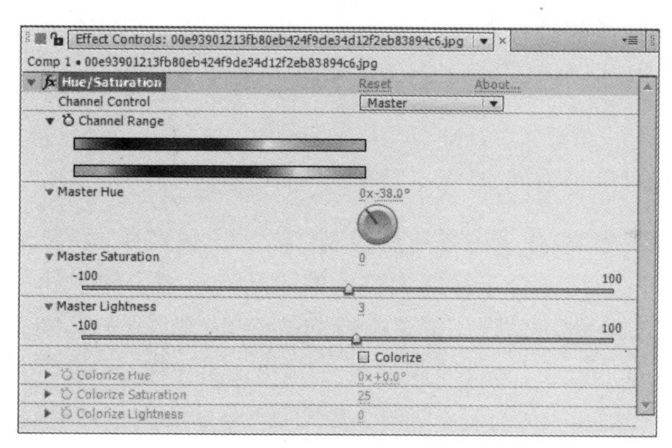

图 10-9

通过以上参数设置的前后效果如图 10-10 所示。

Hue/Saturation(色相/饱和度)滤镜的各参数功能介绍如下。

- Channel Control(通道控制)：在其右侧的下拉菜单中，可以选择需要修改的颜色通道。
- Channel Range(通道范围)：通过下方的颜色预览区，可以看到颜色调整的范围。上方的颜色预览区显示的是调整前的颜色；下方的颜色预览区显示的是调整后的颜色。
- Master Hue(主色相)：调整图像的主色调，与 Channel Control 选择的通道有关。
- Master Saturation(饱和度)：调整图像颜色的浓度。
- Master Lightness(亮度)：调整图像颜色的亮度。

➢ Colorize(着色)：选择该复选框，可以为灰度图像增加色彩，也可以将多彩的图像转换成单一的图像效果。
➢ Colorize Hue(着色色相)：调整着色后图像的色调。
➢ Colorize Saturation(着色饱和度)：调整着色后图像的颜色浓度。
➢ Colorize Lightness(着色亮度)：调整着色后图像的颜色亮度。

图 10-10

10.1.3 色彩校正案例

在影视制作中，图像的处理经常需要对颜色进行调整，色彩的调整主要是通过调色滤镜进行修改，下面将以 5 个色彩校正案例为基础，来详细介绍一些常用的调色滤镜的相关知识及操作方法。

1. Color Balance(色彩平衡)滤镜

Color Balance(色彩平衡)滤镜主要通过控制红、绿、蓝在中间色、阴影和高光之间的比重来控制图像的色彩，非常适合于精细调整图像的高光、阴影和中间色调。

在菜单栏中选择 Effect(特效)→Color Correction(色彩修正)→Color Balance(色彩平衡)菜单命令，然后在 Effect Controls(滤镜控制)面板中展开 Color Balance(色彩平衡)滤镜参数的设置面板，如图 10-11 所示。

Effect Controls: 1348237528808.jpg
Comp 1 • 1348237528808.jpg

Color Balance	Reset	About...
Shadow Red Balance	36.0	
Shadow Green Balance	38.0	
Shadow Blue Balance	51.0	
Midtone Red Balance	-97.0	
Midtone Green Balance	60.0	
Midtone Blue Balance	-11.0	
Hilight Red Balance	12.0	
Hilight Green Balance	6.0	
Hilight Blue Balance	-16.0	
	Preserve Luminosity	

图 10-11

该特效的各项参数说明如下。

➢ Shadow Red Balance、Shadow Green Balance、Shadow Blue Balance：这几个选项

主要用来调整图像暗部的 RGB 色彩平衡。

- Midtone Red Balance、Midtone Green Balance、Midtone Blue Balance：这几个选项主要用来调整图像中间色调的 RGB 色彩平衡。
- Hilight Red Balance、Hilight Green Balance、Hilight Blue Balance：这几个选项主要用来调整图像高光区的 RGB 色彩平衡。
- Preserve Luminosity(保持亮度)：选择此复选框，当修改颜色值时，保持图像的整体亮度值不变。

下面将介绍使用 Color Balance(色彩平衡)滤镜较色的案例。

素材文件 配套素材\第 10 章\素材文件\源素材.tga
效果文件 配套素材\第 10 章\效果文件\使用色彩平衡滤镜校色.aep

第 1 步 新建一个合成，然后导入本书配套素材文件“源素材.tga”，如图 10-12 所示。

第 2 步 选择“源素材.tga”图层，在菜单栏中选择 Effect(特效)→Color Correction(色彩修正)→Color Balance(色彩平衡)菜单命令，然后分别设置 Shadow(阴影)、Midtone(中间调)和 Hilight(高光)的参数，如图 10-13 所示。

图 10-12

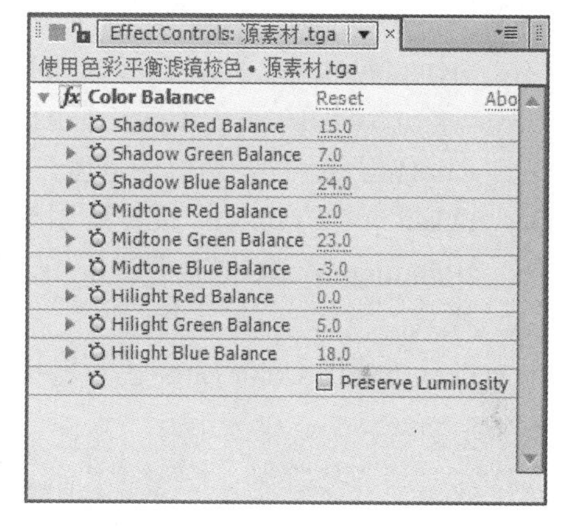

图 10-13

第 3 步 这样即可完成 Color Balance(色彩平衡)滤镜较色，效果如图 10-14 所示。

图 10-14

2. Color Link(色彩链接)滤镜

Color Link(色彩链接)滤镜将当前图像的颜色信息覆盖在当前层上，以改变当前图像的颜色，通过不透明度的修改，可以使图像有透过玻璃看画面的效果。

在菜单栏中选择 Effect(特效)→Color Correction(色彩修正)→Color Link(色彩链接)菜单命令，然后在 Effect Controls(滤镜控制)面板中展开 Color Link(色彩链接)滤镜参数的设置面板，如图 10-15 所示。

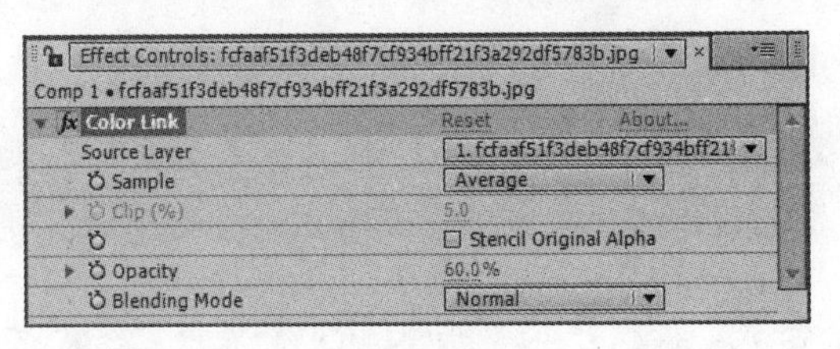

图 10-15

该特效的各项参数说明如下。

- Source Layer(源层)：在右侧的下拉菜单中，可以选择需要跳转颜色的层。
- Sample(样品)：从右侧的下拉菜单中，可以选择一种默认的样品来调节颜色。
- Stencil Original Alpha(原始 Alpha 蒙版)：选择该复选框时，系统会在新数值上添加一个效果层的原始 Alpha 通道模板。
- Clip(修剪)：设置调整的程度。
- Opacity(不透明度)：设置所调整颜色的透明程度。
- Blending Mode(混合模式)：设置提取颜色信息的来源层链接到效果层上的混合模式。

下面将介绍使用 Color Link(色彩链接)滤镜校色的操作案例。

素材文件 配套素材\第 10 章\素材文件\0018.jpg
效果文件 配套素材\第 10 章\效果文件\使用色彩链接滤镜校色.aep

第 1 步 新建一个合成，然后导入本书配套素材文件“0018.jpg”，如图 10-16 所示。

第 2 步 选择“0018.jpg”图层，在菜单栏中选择 Effect(特效)→Color Correction(色彩修正)→Color Link(色彩链接)菜单命令，然后分别设置 Source Layer(源层)、Sample(样品)、Opacity(不透明度)和 Blending Mode(混合模式)的参数，如图 10-17 所示。

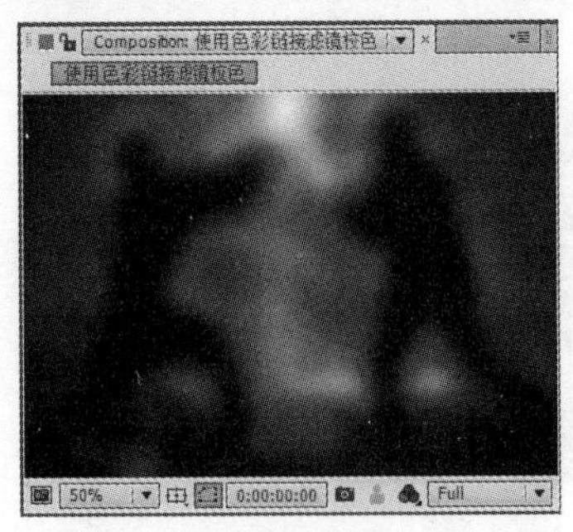

图 10-16

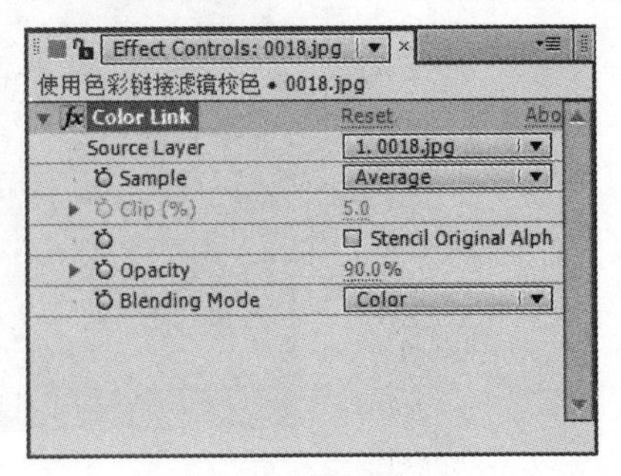

图 10-17

第 3 步　这样即可使用 Color Balance(色彩平衡)滤镜较色，效果如图 10-18 所示。

图 10-18

3. Exposure(曝光)滤镜

Exposure(曝光)滤镜用来调整图像的曝光程度，可以通过通道的选择来设置图像曝光的通道。

在菜单栏中选择 Effect(特效)→Color Correction(色彩修正)→Exposure(曝光)菜单命令，然后在 Effect Controls(滤镜控制)面板中展开 Exposure(曝光)滤镜参数的设置面板，如图 10-19 所示。

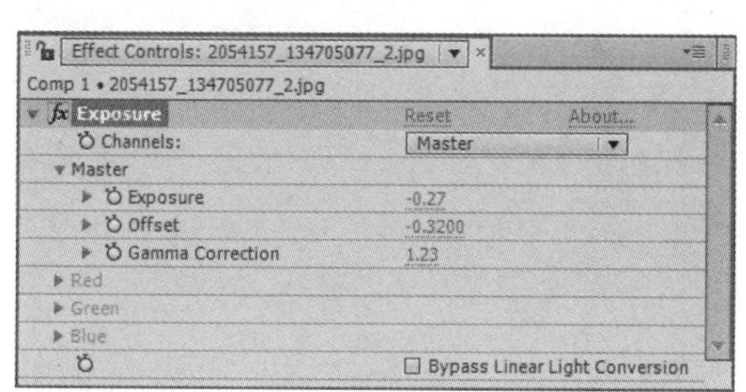

图 10-19

该特效的各项参数说明如下。

- Channels(通道)：从右侧的下拉菜单中选择要曝光的通道，Master(主要的)表示调整整个图像的色彩；Individual Channels(单个通道)可以通过下面的参数，分别调整 RGB 的某个通道值。
- Master(主要的)：用来调整整个图像的色彩。Exposure(曝光)用来调整图像曝光程度；Offset(偏移)用来调整曝光的偏移程度；Gamma(伽马)用来调整图像伽马值范围。
- Red(红)、Green(绿)、Blue(蓝)：分别用来调整图像中红、绿、蓝通道值，其中的参数与 Master(主要的)的相同。

下面将介绍使用 Exposure(曝光)滤镜模拟夜景的案例。

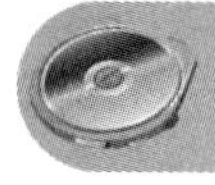

素材文件　配套素材\第 10 章\素材文件\景色.avi
效果文件　配套素材\第 10 章\效果文件\使用曝光滤镜模拟夜景.aep

第 1 步 新建一个合成，然后导入本书配套素材文件“景色.avi”，如图 10-20 所示。

第 2 步 选择“景色.avi”图层，在菜单栏中选择 Effect(特效)→Color Correction(色彩修正)→Exposure(曝光)菜单命令，展开 Master(主要的)的参数项，设置 Exposure(曝光)的值为-1.2，Gamma Correction(伽马校正)的值为 0.78，如图 10-21 所示。

图 10-20

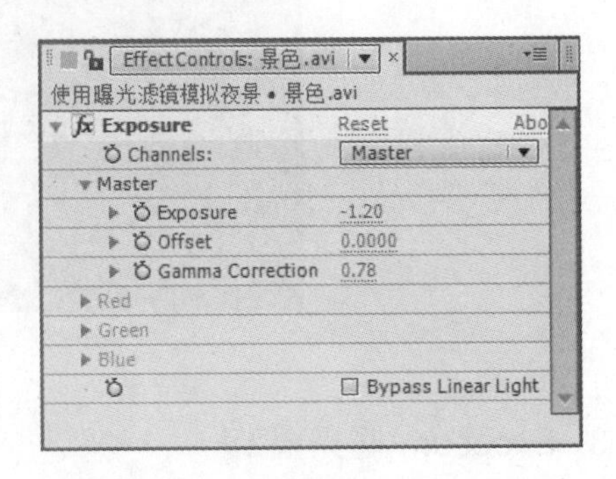

图 10-21

第 3 步 这样即可使用 Exposure(曝光)滤镜模拟夜景，效果如图 10-22 所示。

图 10-22

4. Gamma/Pedestal/Gain(伽马/基色/增益)滤镜

Gamma/Pedestal/Gain(伽马/基色/增益)滤镜可以对图像的各个通道值进行控制，以细致地改变图像的效果。在菜单栏中选择 Effect(特效)→Color Correction(色彩修正)→Gamma/Pedestal/Gain(伽马/基色/增益)菜单命令，然后在 Effect Controls(滤镜控制)面板中展开 Gamma/Pedestal/Gain(伽马/基色/增益)滤镜参数的设置面板，如图 10-23 所示。

该特效的各项参数说明如下。

- Black Stretch(黑色拉伸)：控制图像中的黑色像素。
- Red/Green/Blue Gamma(红/绿/蓝 伽马)：控制颜色通道曲线形状。
- Red/ Green/Blue Pedestal(红/绿/蓝 基准)：设置通道中最小输出值，主要控制图像的暗区部分。
- Red/ Green/Blue Gain(红/绿/蓝 增益)：设置通道的最大输出值，主要控制图像的亮区部分。

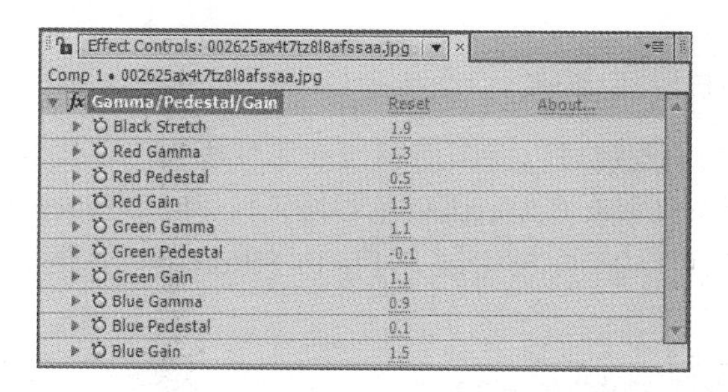

图 10-23

下面将介绍使用 Gamma/Pedestal/Gain(伽马/基色/增益)滤镜校色的案例。

素材文件　配套素材\第 10 章\素材文件\ yt.psd

效果文件　配套素材\第 10 章\效果文件\使用伽马_基色_增益滤镜校色.aep

第 1 步 新建一个合成，然后导入本书配套素材文件“景色.avi”，如图 10-24 所示。

第 2 步 选择“景色.avi”图层，在菜单栏中选择 Effect(特效)→Color Correction(色彩修正)→Exposure(曝光)菜单命令，展开 Master(主要的)的参数项，设置 Exposure(曝光)为-1.2，Gamma Correction(伽马校正)为 0.78，如图 10-25 所示。

图 10-24

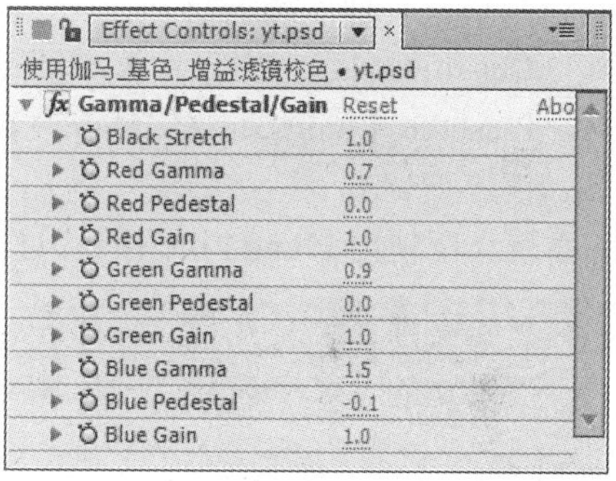

Effect Controls: yt.psd
使用伽马_基色_增益滤镜校色 • yt.psd
Gamma/Pedestal/Gain　Reset　Abo
Black Stretch 1.0
Red Gamma 0.7
Red Pedestal 0.0
Red Gain 1.0
Green Gamma 0.9
Green Pedestal 0.0
Green Gain 1.0
Blue Gamma 1.5
Blue Pedestal -0.1
Blue Gain 1.0

图 10-25

第 3 步 这样即可使用 Exposure(曝光)滤镜模拟夜景，效果如图 10-26 所示。

图 10-26

5. Photo Filter(照片过滤)滤镜

Photo Filter(照片过滤)滤镜可以将图像调整成照片级别，以使其看上去更加逼真。在菜单栏中选择 Effect(特效)→Color Correction(色彩修正)→Photo Filter(照片过滤)菜单命令，然后在 Effect Controls(滤镜控制)面板中展开 Photo Filter(照片过滤)滤镜参数的设置面板，如图 10-27 所示。

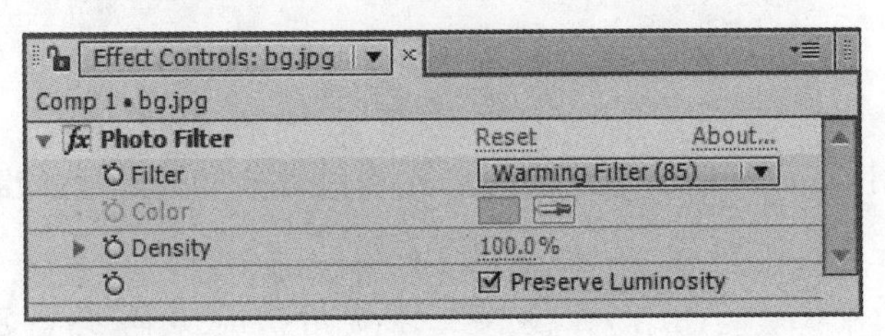

图 10-27

该特效的各项参数说明如下。

- Filter(过滤器)：可以在右侧的下拉菜单中选择一个用于过滤的预设，也可以选择自定义来设置过滤颜色。
- Color(颜色)：当在 Filter(过滤器)中选择 Custom(自定义)时，该项才可以使用，用来设置一种过滤颜色。
- Density(密度)：用来设置过滤器与图像的混合程度。
- Preserve Luminosity(保持亮度)：选择该复选框，在应用过滤器时，保持图像的亮度不变。

下面将介绍使用 Photo Filter(照片过滤)滤镜校色的案例。

素材文件　配套素材\第 10 章\素材文件\ bg.jpg
效果文件　配套素材\第 10 章\效果文件\使用照片过滤滤镜校色.aep

第 1 步 新建一个合成，然后导入本书配套素材文件“bg.jpg”，如图 10-28 所示。

第 2 步 选择“bg.jpg”图层，在菜单栏中选择 Effect(特效)→Color Correction(色彩修正)→Photo Filter(照片过滤)菜单命令，设置 Filter(过滤)类型为 Cooling Filter(82)，Density(密度)值为 66%，如图 10-29 所示。

图 10-28

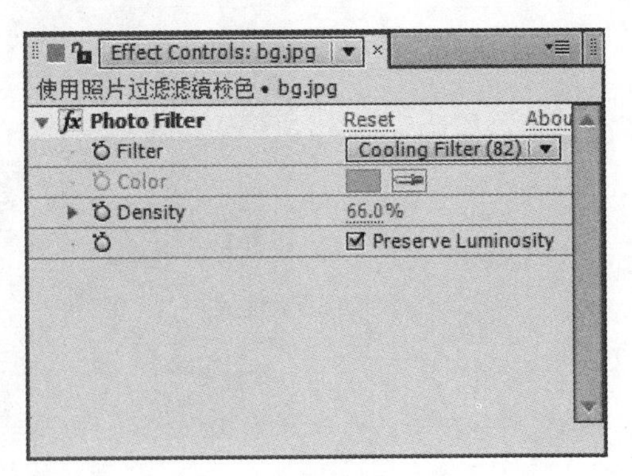

图 10-29

第 3 步　这样即可使用 Photo Filter(照片过滤)滤镜较色，效果如图 10-30 所示。

图 10-30

10.2 抠像技术

抠像是影视拍摄制作中的常用技术，在很多著名的影视大片中，那些气势恢宏的场景和令人瞠目结舌的特效，都使用了大量的抠像处理，在 After Effects CS6 中，其抠像功能也日益完善。本节将详细介绍有关抠像技术的相关知识及操作方法。

10.2.1 使用 Keying(键控)滤镜抠像

Keying(键控)和蒙版在应用上很相似，主要用于素材的透明控制，当蒙版和 Alpha 通道控制不能满足需求时，就需要应用到 Keying(键控)，下面将详细介绍 Keying(键控)滤镜组的相关知识及操作方法。

1. Color Key(色彩键)滤镜

Color Key(色彩键)滤镜将素材的某种颜色及其相似的颜色范围设置为透明，还可以为素材进行边缘预留设置，制作出类似描边的效果。

在菜单栏中选择 Effect(特效)→Keying(键控)→Color Key(色彩键)菜单命令，在 Effect Controls(滤镜控制)面板中展开 Color Key(色彩键)滤镜参数的设置面板，如图 10-31 所示。

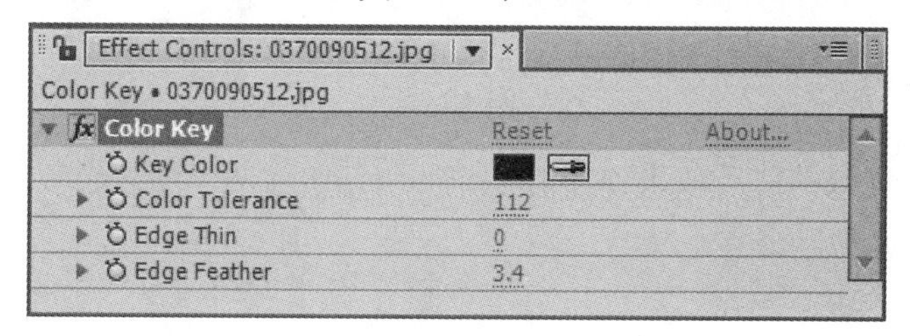

图 10-31

通过设置以上参数的前后效果如图 10-32 所示。

图 10-32

该特效的各项参数说明如下。

- Key Color(键控颜色)：用来设置透明的颜色值，可以单击右侧的色块■来选择颜色，也可单击右侧的吸管工具，然后在素材上单击吸取所需颜色，以确定透明的颜色值。
- Color Tolerance(颜色容差)：用来设置颜色的容差范围。值越大，所包含的颜色越广。
- Edge Thin(边缘薄厚)：用来设置边缘的粗细。
- Edge Feather(边缘羽化)：用来设置边缘的柔化程度。

2. Luma Key(亮度键)滤镜

Luma Key(亮度键)滤镜主要用来键出画面中指定的亮度区域。使用 Luma Key(亮度键)滤镜对于创建前景和背景的明亮度差别比较大的视频蒙版非常有用。在菜单栏中选择 Effect(特效)→Keying(键控)→Luma Key(亮度键)菜单命令，在 Effect Controls(滤镜控制)面板中展开 Luma Key(亮度键)滤镜参数的设置面板，如图 10-33 所示。

Effect Controls: 58ee3d6d55fbb2fb64eb60e24d4a20a44
Comp 1 • 58ee3d6d55fbb2fb64eb60e24d4a20a44723dc79.jpg

fx Luma Key	Reset	About...
Key Type	Key Out Darker	
Threshold	100	
Tolerance	34	
Edge Thin	-5	
Edge Feather	40.8	

图 10-33

通过设置以上参数的前后效果如图 10-34 所示(其中前两个图是设置参数之前用到的图，第 3 个图是效果图)。

图 10-34

该特效的各项参数说明如下。

- Key Type(键控类型)：指定键控的类型。Key Out Brighter(键出亮区)、Key Out Darker(键出暗区)、Key Out Similar(键出相似)和 Key Out Dissimilar(键出不同)4 个选项。
- Threshold(阈值)：用来调整素材背景的透明程度。
- Tolerance(容差)：调整键出颜色的容差大小。值越大，包含的颜色信息量越多。
- Edge Thin(边缘薄厚)：用来设置边缘的粗细。
- Edge Feather(边缘羽化)：用来设置边缘的柔化程度。

3. Linear Color Key(线性色彩键)滤镜

Linear Color Key(线性色彩键)滤镜可以将画面上每个像素的颜色和指定的键控色(即被键出的颜色)进行比较，如果像素颜色和指定的颜色完全匹配，那么这个像素的颜色就会完全被键出；如果像素颜色和指定的颜色部分不匹配，那么这些像素就会被设置为半透明；如果像素颜色和指定的颜色完全不匹配，那么这些像素就完全不透明。

在菜单栏中选择 Effect(特效)→Keying(键控)→Linear Color Key(线性色彩键)菜单命令，在 Effect Controls(滤镜控制)面板中展开 Linear Color Key(线性色彩键)滤镜参数的设置面板，如图 10-35 所示。

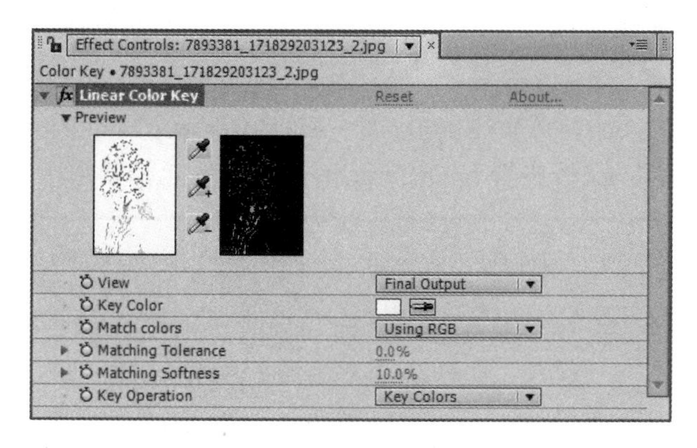

图 10-35

通过设置以上参数的前后效果如图 10-36 所示(其中前两个图是设置参数之前用到的图，第 3 个图是效果图)。

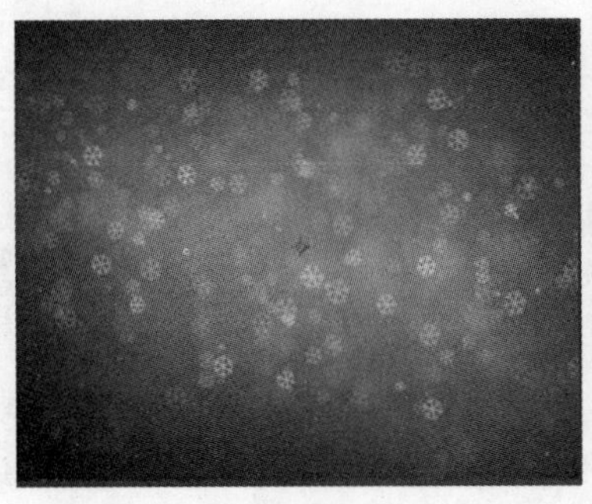

图 10-36

该特效的各项参数说明如下。

- Preview(预览)：用来显示抠像所显示的颜色范围预览。
- 吸管：可以从图像中吸取需要镂空的颜色。
- 加选吸管：在图像中单击，可以增加键控的颜色范围。
- 减选吸管：在图像中单击，可以减少键控的颜色范围。
- View(视图)：设置不同的图像视图。
- Key Color(键控颜色)：显示或设置从图像中删除的颜色，包括 Using RGB(使用 RGB 颜色)、Using Hue(使用色相)和 Using Chroma(使用饱和度)3 个选项。
- Matching Colors(匹配颜色)：设置键控所匹配的颜色模式。
- Matching Tolerance(匹配容差)：设置颜色的范围大小。值越大，包含的颜色信息量越多。
- Matching Softness(匹配柔和)：设置颜色的柔化程度。
- Key Operation(键控运算)：设置键控的运算方式，包括 Key Colors(键控颜色)和 Keep Colors(保留颜色)两个选项。

4. Difference Matte(差异蒙版)滤镜

Difference Matte(差异蒙版)滤镜通过指定的差异层与特效层进行颜色对比，将相同颜色区域抠出，制作出透明的效果。特别适合在相同的背景下，将其中一个移动物体的背景制作成透明效果。

在菜单栏中选择 Effect(特效)→Keying(键控)→Difference Matte(差异蒙版)菜单命令，在 Effect Controls(滤镜控制)面板中展开 Difference Matte(差异蒙版)滤镜参数的设置面板，如图 10-37 所示。

Effect Controls: 060828381f30e92466fa92f34e086e061c9
Comp 1 • 060828381f30e92466fa92f34e086e061c95f792.jpg

fx Difference Matte	Reset	About...
View	Final Output	
Difference Layer	2. u=2871293277,21676	
If Layer Sizes Differ	Center	
Matching Tolerance	14.0%	
Matching Softness	3.0%	
Blur Before Difference	0.7	

图 10-37

通过设置以上参数的前后效果如图 10-38 所示(其中前两个图是设置参数之前用到的图，第 3 个图是效果图)。

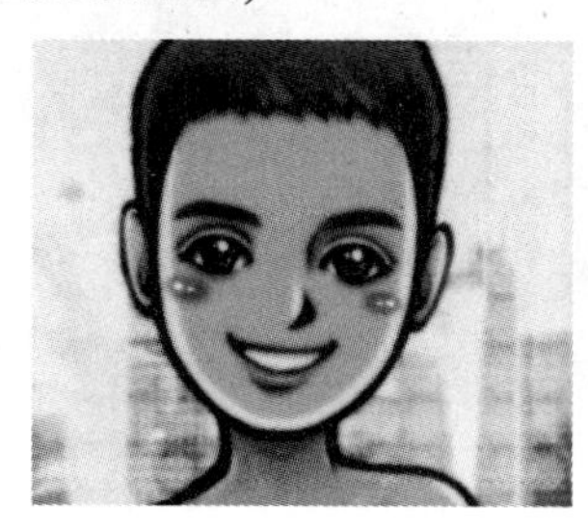  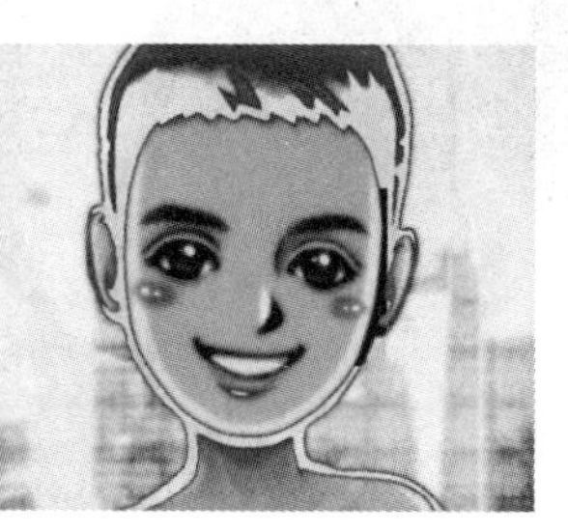

图 10-38

该特效的各项参数说明如下。

- View(视图)：设置不同的图像视图。
- Difference Layer(差异层)：指定与特效层进行比较的差异层。
- If Layer Sizes Differ(如果层尺寸不同)：如果差异层与特效层大小不同，可以选择居中对齐或拉伸差异层。
- Matching Tolerance(匹配容差)：设置颜色对比的范围大小。值越大，包含的颜色信息量越多。
- Matching Softness(匹配柔和)：设置颜色的柔化程度。
- Blur Before Difference(差异前模糊)：可以在对比前将两个图像进行模糊处理。

5. Extract(提取)滤镜

Extract(提取)滤镜可以将指定的亮度范围内的像素键出，使其变成透明像素。该滤镜适合抠除前景和背景亮度反差比较大的素材。在菜单栏中选择 Effect(特效)→Keying(键控)→Extract(提取)菜单命令，在 Effect Controls(滤镜控制)面板中展开 Extract(提取)滤镜参数的设置面板，如图 10-39 所示。

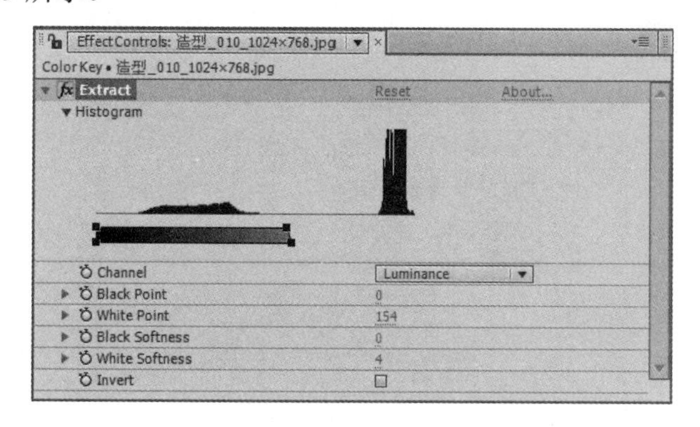

图 10-39

通过设置以上参数的前后效果如图 10-40 所示(其中前两个图是设置参数之前用到的图，第 3 个图是效果图)。

图 10-40

该特效的各项参数说明如下。

- Histogram(柱形统计图)：显示图像亮区、暗区的分布情况和参数值的调整情况。
- Channel(通道)：选择要提取的颜色通道，以制作透明效果，包括 Luminance(亮度)、Red(红色)、Green(绿色)、Blue(蓝色)和 Alpha(Alpha 通道)5 个选项。
- Black Point(黑点)：设置黑点的范围，小于该值的黑色区域将变透明。
- White Point(白点)：设置白点的范围，小于该值的白色区域将不透明。
- Black Softness(黑点柔和)：设置黑色区域的柔化程度。
- White Softness(白点柔和)：设置白色区域的柔化程度。
- Invert(反转)：反转上面参数设置的颜色提取区域。

6. Color Difference Key(色彩差异键)滤镜

Color Difference Key(色彩差异键)滤镜可以将图像分成 A、B 两个不同起点的蒙版来创建透明度信息，蒙版 B 基于指定键出颜色来创建透明度信息，而蒙版 A 则基于图像区域中不包含有第 2 种不同颜色来创建透明度信息，结合 A、B 蒙版就创建出了α蒙版，通过这种方法 Color Difference Key(色彩差异键)可以创建出很精确的透明度信息。

在菜单栏中选择 Effect(特效)→Keying(键控)→Color Difference Key(色彩差异键)菜单命令，在 Effect Controls(滤镜控制)面板中展开 Color Difference Key(色彩差异键)滤镜参数的设置面板，如图 10-41 所示。

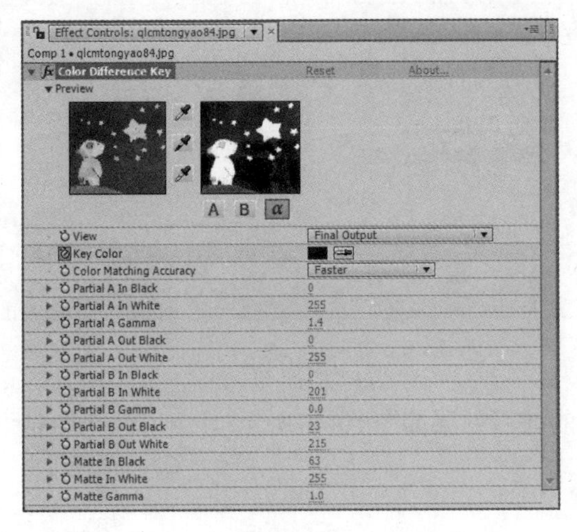

图 10-41

通过设置以上参数的前后效果如图 10-42 所示(其中前两个图是设置参数之前用到的图，第 3 个图是效果图)。

图 10-42

该特效的主要参数说明如下。

- Preview(预览)：该选项组中的选项，主要用于抠像的预览。
- 吸管：可以从图像上吸取键控的颜色。
- 黑场：从特效图像上吸取透明区域的颜色。
- 白场：从特效图像上吸取不透明区域的颜色。
- A B α：图像的不同预览效果，与参数区中的选项相对应。参数中带有字母 A 的选项对应 A 预览效果；参数中带有字母 B 的选项对应 B 预览效果；参数中带有单词 Matte 的选项对应 α 预览效果。通过切换不同的预览效果并修改相应的参数，可以更好地控制图像的抠像效果。
- View(视图)：设置不同的图像视图。
- Key Color(键控颜色)：显示或设置从图像中删除的颜色。
- Color Matching Accuracy(色彩匹配精确度)：设置颜色的匹配精确程度，包括 Faster(更快的)表示匹配的精确度低；More Accurate(精确的)表示匹配的精确度高。
- Partial A......(局部 A……)：调整遮罩 A 的参数精确度。
- Partial B......(局部 B……)：调整遮罩 B 的参数精确度。
- Matte......(遮罩……)：调整 Alpha 遮罩的参数精确度。

7. Color Range(色彩范围)滤镜

Color Range(色彩范围)滤镜可以在 Lab、YUV 和 RGB 任意一个颜色空间中通过指定的颜色范围来设置键出颜色。使用 Color Range(色彩范围)滤镜对抠除具有多种颜色构成或是灯光不均匀的蓝屏或绿屏背景非常有效。

在菜单栏中选择 Effect(特效)→Keying(键控)→Color Range(色彩范围)菜单命令，在 Effect Controls(滤镜控制)面板中展开 Color Range(色彩范围)滤镜参数的设置面板，如图 10-43 所示。

通过设置以上参数的前后效果如图 10-44 所示(其中前两个图是设置参数之前用到的图，第 3 个图是效果图)。

该特效的各项参数说明如下。

- Preview(预览)：用来显示抠像所显示的颜色范围预览。
- 吸管：在图像中吸取需要镂空的颜色。

- 加选吸管：在图像中单击，可以增加键控的颜色范围。
- 减选吸管：在图像中单击，可以减少键控的颜色范围。
- Fuzziness(柔化)：控制边缘的柔和程度，值越大，边缘越柔和。
- Color Space(颜色空间)：设置键控所使用的颜色空间，包括 Lab、YUV 和 RGB 3 个选项。
- Min/Max(最小/最大)：精确调整颜色空间中颜色开始范围的最小值和颜色结束范围的最大值。

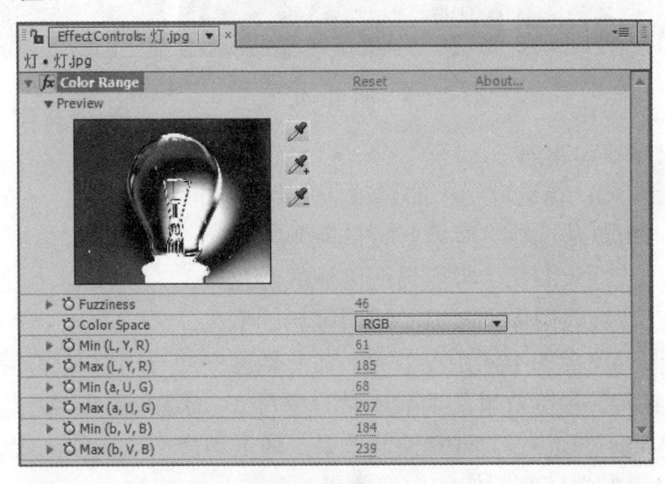

图 10-43

图 10-44

8. Inner/Outer Key(内/外轮廓键)滤镜

Inner/Outer Key(内/外轮廓键)滤镜特别适用于抠取毛发。使用该滤镜时需要绘制两个遮罩，一个用来定义键出范围内的边缘，另一个用来定义键出范围之外的边缘，After Effects 会根据这两个遮罩间的像素差异来定义键出边缘并进行抠像。

在菜单栏中选择 Effect(特效)→Keying(键控)→Inner/Outer Key(内/外轮廓键)菜单命令，在 Effect Controls(滤镜控制)面板中展开 Inner/Outer Key(内/外轮廓键)滤镜参数的设置面板，如图 10-45 所示。

通过设置以上参数的前后效果如图 10-46 所示(其中前两个图是设置参数之前用到的图，第 3 个图是效果图)。

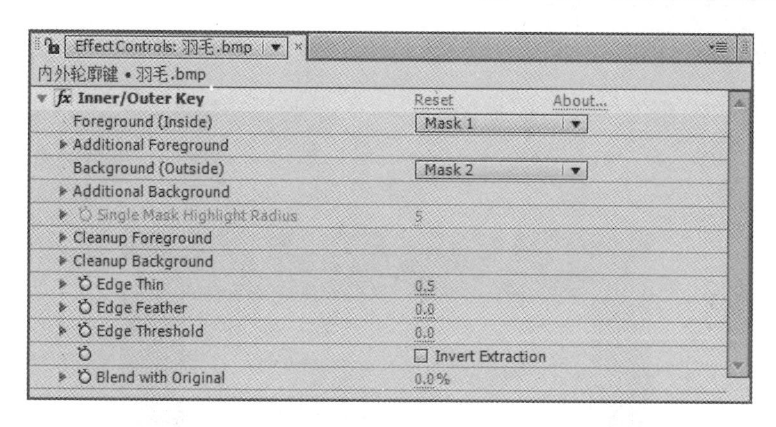

图 10-45

图 10-46

该特效的各项参数说明如下。

- Foreground(Inside)(前景遮罩)：用来指定绘制的前景 Mask。
- Additional Foreground(附加前景)：可以用来指定更多的前景 Mask。
- Background(Outside)(背景遮罩)：用来指定绘制的背景 Mask。
- Additional Background(附加背景)：可以用来指定更多的背景 Mask。
- Single Mask Highlight Radius(单一的突出遮罩半径)：当只有一个遮罩时，激活该选项，并沿这个遮罩清除前景色，显示背景色。
- Cleanup Foreground(清除前景)：清除图像的前景色。
- Cleanup Background(清除背景)：清除图像的背景色。
- Edge Thin(边缘扩展)：用来设置图像边缘的扩展或收缩。
- Edge Feather(边缘羽化)：用来设置图像边缘的羽化值。
- Edge Threshold(边缘容差)：用来设置图像边缘的容差值。
- Blend with Original(混合程度)：设置特效图像与原图像间的混合比例，值越大越接近原图。

10.2.2　常用的抠像技术

抠像工具中有易有难，针对需要抠像处理的场景，其抠像的手段和结果也是不尽相同的，本小节将详细介绍常用的抠像技术的相关知识及操作方法。

1. Keylight 键控滤镜

Keylight 是曾经获得学院奖的抠像工具，一直运行在高端平台上，比如 Discreet 的 Flame*、flint*、inferno&、fire*和 smoke*等，现早已植入到 After Effects CS6 中，如图 10-47 所示。

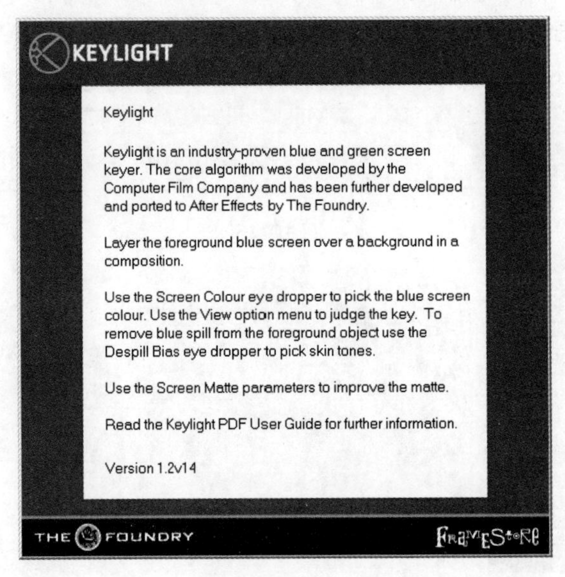

图 10-47

Keylight 的功能和算法十分强大，尤其是对头发采用二元抠像算法，也就是本身以半个像素为单位进行计算，这样其实就是计算了两次，效果很好。另外，它对蓝色和绿色的修复能力也是最好的，对线形渐变效果的支持也很不错。

使用 Keylight 可以轻松地抠取带有阴影、半透明或毛发的素材，还有 Spill Suppression(溢出抑制)功能，可以清除抠像蒙版边缘的溢出颜色，这样可以使前景和合成背景更加自然地融合在一起。在菜单栏中选择 Effect(特效)→Keying(键控)→Keylight(1.2)菜单命令，即可在 Effect Controls(滤镜控制)面板中展开 Keylight 键控滤镜参数的设置面板，如图 10-48 所示。

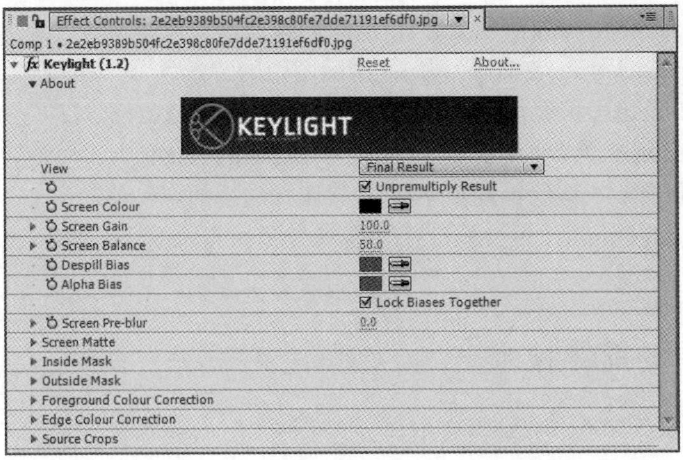

图 10-48

2. Mask 抠像合成

Mask 在抠像合成领域有着极其重要的作用。在需要抠取的元素与背景之间如果既没有亮度差异，也没有色彩差异，那么可能需要沿着元素边缘进行精确 Mask 抠像。如果元素运动，则需要设置 Mask 形状关键帧去跟随元素运动。在这种情况下，使用 Mask 是抠像的唯一方法，但并不总是完美的方法，因为元素的边缘细节无法用 Bezier 曲线绘制，比如发丝。

Mask 与 Matte 和 Keying 相比具有巨大的优势，首先，它不需要元素与背景有任何差异存在，其次是通过精确地设计整个镜头，Mask 可以将元素的部分区域在图像中抠除，比如没有脑袋的人等。但是抠除区域会留下空白，需要填补背景，因此摄影机不能运动，只有静止的镜头才可以确保填补的背景与图像背景没有运动偏差。

3. Matte 抠像

Matte 抠像流程一般是先将需要抠像的图层复制作为其选区使用，然后调整其亮度与对比度，直到需要抠像的主体与背景的亮度完全分离出来，再将选区通过 Matte 指定给抠像层。由于 Matte 需要根据亮度来作为选区使用，一般会将上层选区处理为黑白图像，然后直接去色无法得到对比最强的黑白图像，最好的方式是指定某个对比最强的通道。下面将详细介绍使用 Matte 方式抠像的操作方法。

第 1 步 导入一个素材文件，并建立一个新合成将其拖动到时间线面板中。然后找到对比最强的通道，可以通过单击合成面板中的“显示通道”按钮，来查看并进行设置，默认设置为 RGB 通道，如图 10-49 所示。

第 2 步 选择“火焰”图层，按下键盘上的快捷键 Ctrl+D 将图层复制，并将上层命名为 Matte，如图 10-50 所示。

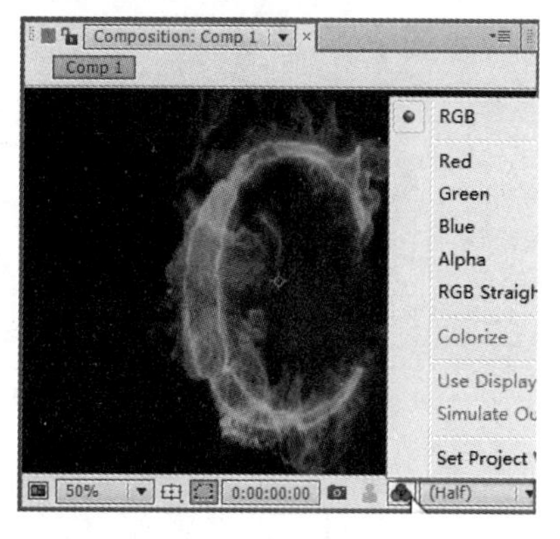

图 10-49

图 10-50

第 3 步 选择 Matte 层，在菜单栏中选择 Effect(特效)→Channel(通道)→Shift Channels(通道移位)菜单命令，添加通道偏移特效，如图 10-51 所示。

第 4 步 在展开的 Effect Controls(滤镜控制)面板中，①设置 Take Green From(设置绿通道)为 Red，②Take Blue From(设置蓝通道)为 Red，即用红通道替换原画面中的绿通道和蓝通道，如图 10-52 所示。

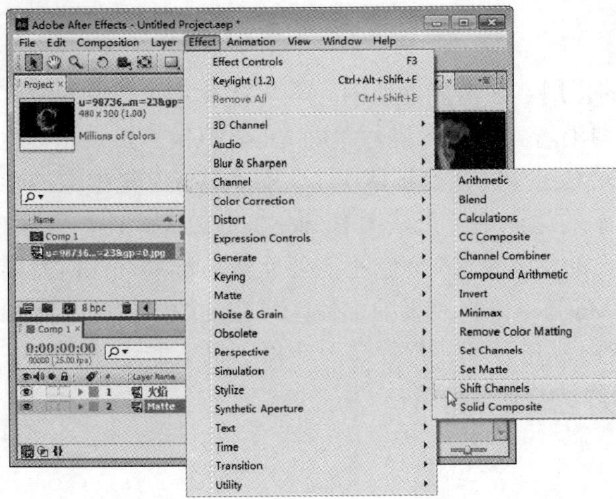
图 10-51

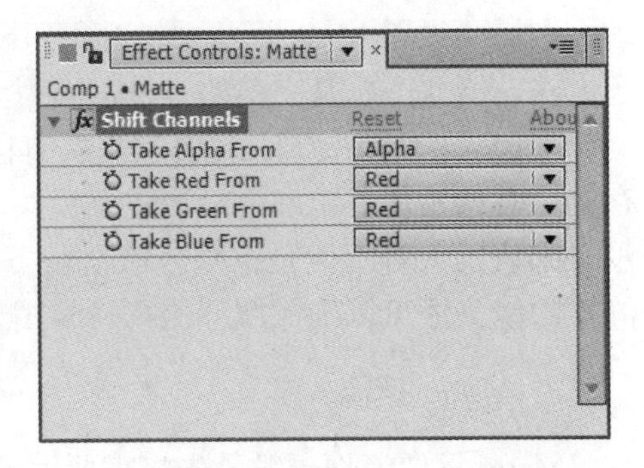
图 10-52

第 5 步 在菜单栏中选择 Effect(特效)→Color Correction(色彩修正)→Curves(曲线)菜单命令，如图 10-53 所示。

第 6 步 在 Effect Controls(滤镜控制)面板中展开 Curves(曲线)滤镜参数的设置曲线，调整选区大小，增强画面亮度，从而扩大选区范围，如图 10-54 所示。

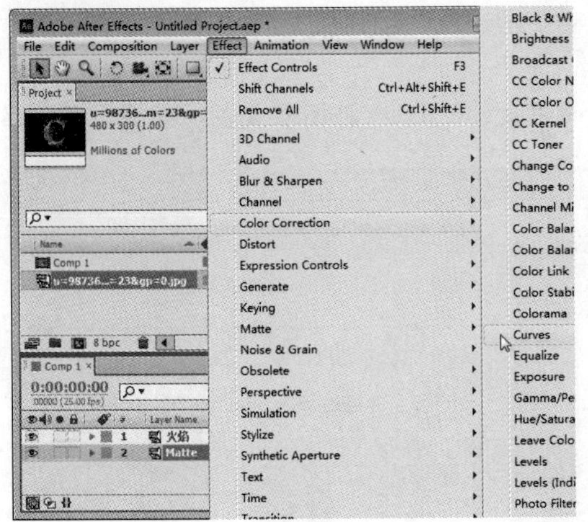
图 10-53

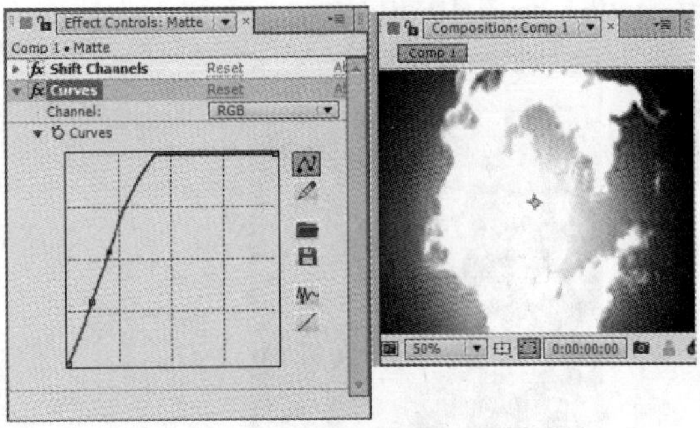

图 10-54

第 7 步 找到时间线面板中的 TrkMat 栏，如果时间线面板中没有显示，可以按键盘上的 F4 键调出，如图 10-55 所示。

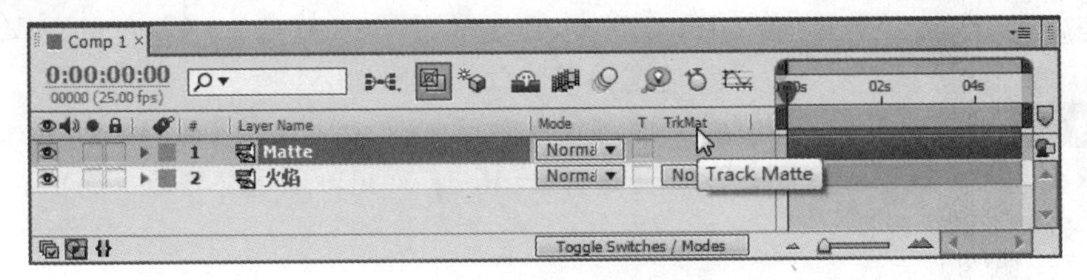
图 10-55

第 8 步 将“火焰”层的 TrkMat 设置为 Luma Matte，即以 Matte 层的亮度为选区显示本层，如图 10-56 所示。

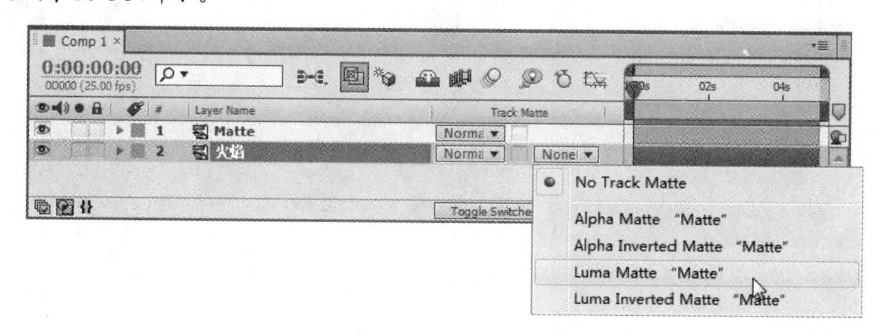

图 10-56

第 9 步 设置完毕后的时间线面板，如图 10-57 所示。

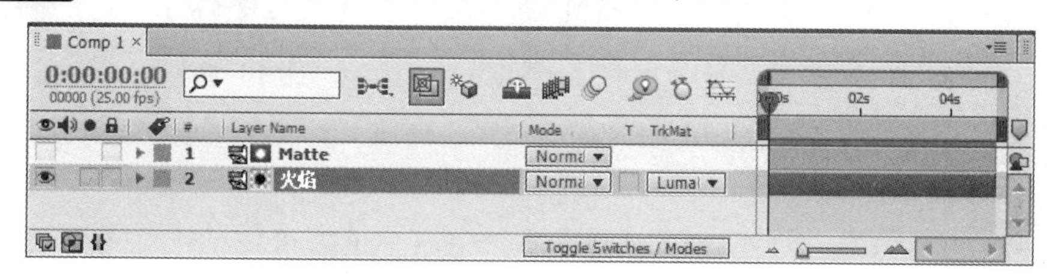

图 10-57

第 10 步 合成面板如图 10-58 所示，如果背景以黑色显示，单击合成面板底部的“显示透明网格”按钮，将透明部分以网格方式显示，这样即可完成使用 Matte 方式抠像的操作。

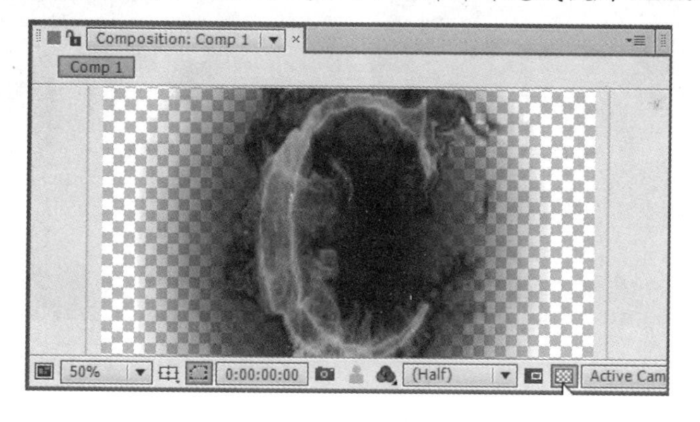

图 10-58

4. Roto 画笔工具抠像

Roto 画笔工具可以将运动主体从复杂的背景中自动分离出来。对于一些主体与背景分离不是很明显的素材图像，可以使用 Roto 画笔工具进行抠像处理。下面将详细介绍使用 Roto 画笔工具抠像的相关操作方法。

第 1 步 导入一个素材文件，并建立一个新合成将其拖动到时间线面板中。然后双击时间线面板上的素材，在 Layer(图层)面板中将其打开，如图 10-59 所示。

第 2 步 使用 Roto 画笔工具沿着需要保留区域的边缘绘制一条细线，确保可完全包围保留物体，如图 10-60 所示。

图 10-59

图 10-60

第 3 步 可以看到得到的这个结果是非常不精确的，身体的上半部分与背景融合在一起，如图 10-61 所示。

第 4 步 按住键盘上的 Alt 键，使用 Roto 画笔工具在需要保留的区域内绘制，可以将选区扩展到保留区域的边缘，如图 10-62 所示。

图 10-61

图 10-62

第 5 步 切换到合成面板中，可以看到 Roto 画笔工具的抠像结果比较粗糙，边缘太过生硬，如图 10-63 所示。

第 6 步 在 Effect Controls(滤镜控制)面板中，调整 Smooth(平滑)、Feather(羽化)、Choker(收边)的参数值，对抠像边缘进行处理，如图 10-64 所示。

第 7 步 通过以上步骤即可完成使用 Roto 画笔工具抠像的操作，效果如图 10-65 所示。

图 10-63

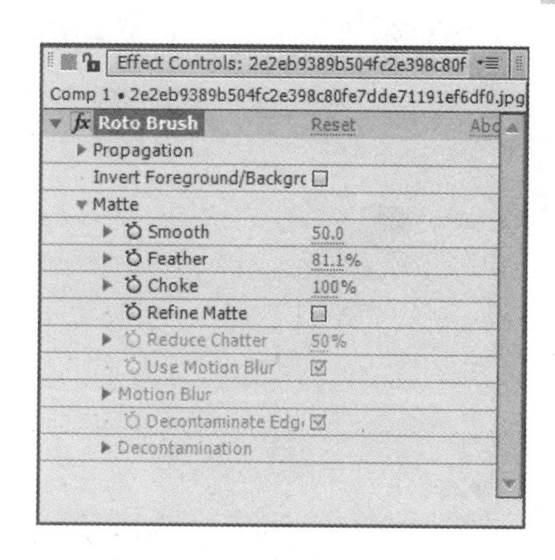

图 10-64

图 10-65

10.3　实践案例与上机指导

通过本章的学习，读者基本可以掌握色彩校正与抠像技术的基本知识以及一些常见的操作方法，下面通过练习操作，以达到巩固学习、拓展提高的目的。

10.3.1　制作玻璃写字效果

本章学习了色彩校正与抠像技术的相关知识，本例将详细介绍制作玻璃写字效果的方法，来巩固和提高本章学习的内容。

素材文件　配套素材\第 10 章\素材文件\01.jpg
效果文件　配套素材\第 10 章\效果文件\玻璃写字效果.aep

第 1 步　在项目面板空白处中双击鼠标左键，在弹出的对话框中选择本节的素材文件，然后单击“打开”按钮，如图 10-66 所示。

第 2 步 在项目面板中将“01.jpg”素材文件拖曳到时间线中，如图 10-67 所示。

图 10-66

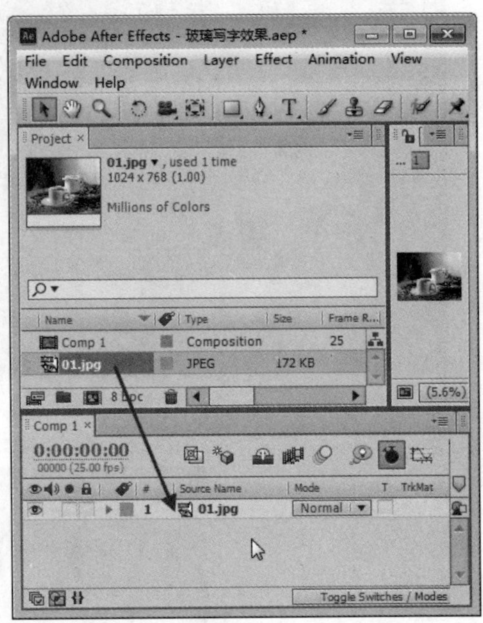

图 10-67

第 3 步 为“01.jpg”图层添加 Fast Blur(快速模糊)特效，设置 Blurriness(模糊)为 40，如图 10-68 所示。

第 4 步 此时拖动时间线滑块可以查看到效果，如图 10-69 所示。

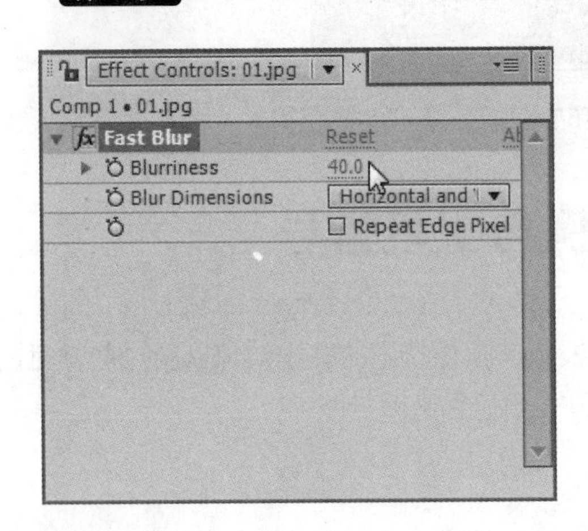

图 10-68

图 10-69

第 5 步 选择“01.jpg”图层然后进行复制，并将其重命名为 02，如图 10-70 所示。

第 6 步 为 02 图层添加 Brightness & Contrast(亮度与对比度)特效，设置 Brightness(亮度)为 3，Contrast(对比度)为 36，如图 10-71 所示。

第 7 步 此时拖动时间线滑块可以查看到效果，如图 10-72 所示。

第 8 步 新建文字图层，在合成窗口中输入文字 Salome，设置“字体”为 Segoe Script，“字体风格”为 Bold(粗体)，“字体大小”设置为 201，如图 10-73 所示。

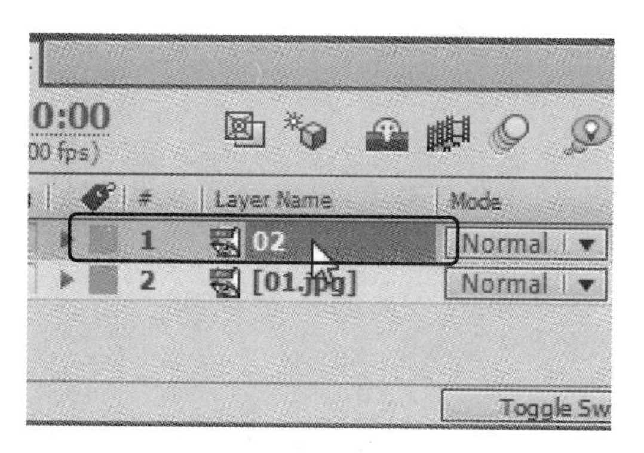

图 10-70

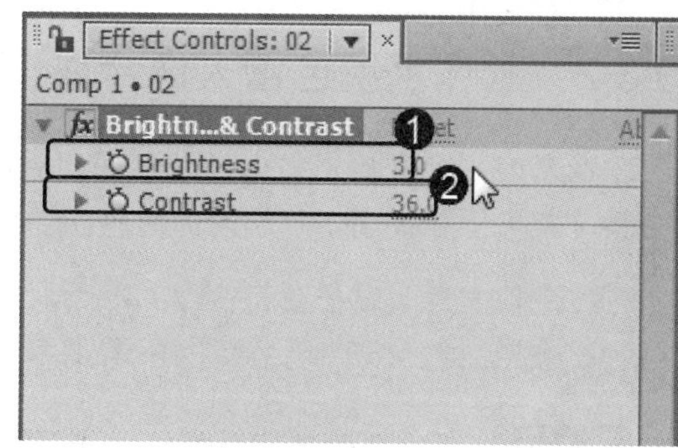

图 10-71

图 10-72

图 10-73

第 9 步 设置 02 图层的 Track Matte(轨道蒙版)为 Luma Matte "salome"，如图 10-74 所示。

第 10 步 此时拖动时间线滑块即可看到最终玻璃写字的效果，如图 10-75 所示。

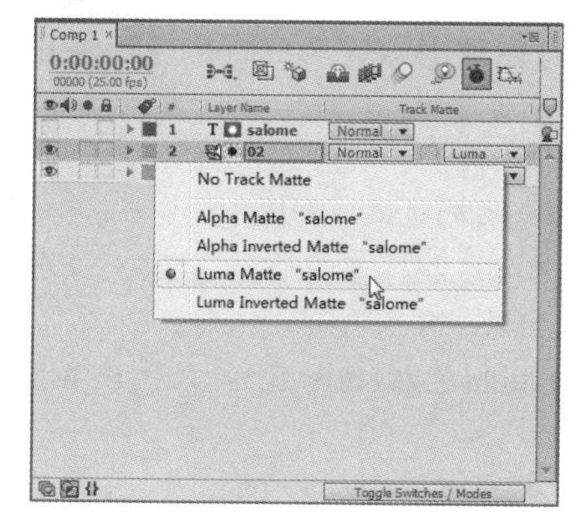

图 10-74

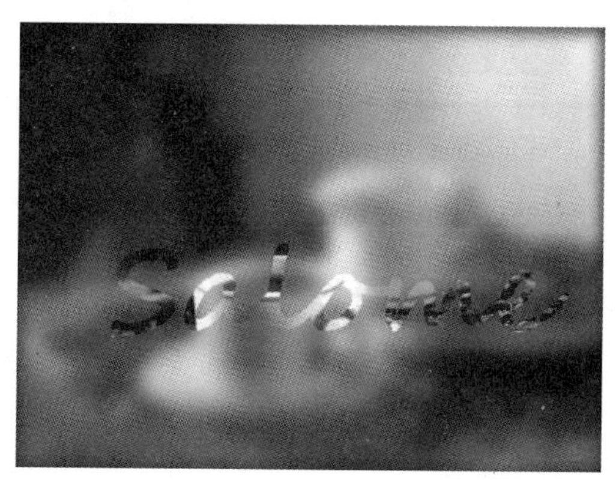

图 10-75

10.3.2 制作水墨芭蕾人像合成

本章学习了色彩校正与抠像技术的相关知识，本例将详细介绍制作水墨芭蕾人像的合成效果，来巩固和提高本章学习的内容。

素材文件 配套素材\第 10 章\素材文件\背景.jpg、人像.jpg、水墨.png
效果文件 配套素材\第 10 章\效果文件\水墨芭蕾.aep

第 1 步 在项目面板空白处中双击鼠标左键，在弹出的对话框中选择本节的素材文件，然后单击“打开”按钮，如图 10-76 所示。

第 2 步 在项目面板中将“背景.jpg”、“水墨.png”和“人像.jpg”素材文件拖曳到时间线中，并设置“背景.jpg”的 Scale(缩放)为 73%，设置“水墨.png”图层的 Position(位置)为(687,384)，Scale(缩放)为 92%，如图 10-77 所示。

图 10-76

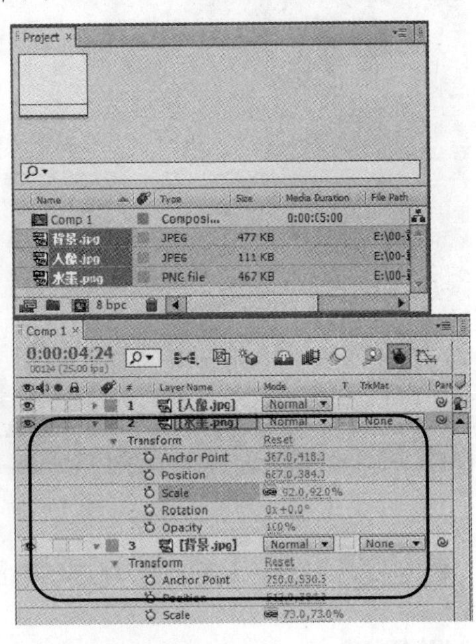

图 10-77

第 3 步 为“人像.jpg”图层添加 Color Key(色彩键)特效，单击 Color Key(色彩键)后面的吸管工具，吸取“人像.jpg”图层的背景颜色，设置 Color Tolerance(颜色容差)为 10，Edge Thin(边缘薄)为 20，如图 10-78 所示。

第 4 步 此时拖动时间线滑块可以查看到人像合成的效果，如图 10-79 所示。

第 5 步 设置“人像.jpg”图层的 Position(位置)为(593,461)，Scale(缩放)为 65，如图 10-80 所示。

第 6 步 为“人像.jpg”图层添加 Hue/Saturation(色相/饱和度)特效，设置 Master Saturation(主饱和度)为-25，如图 10-81 所示。

第 7 步 此时拖动时间线滑块可以查看效果，效果如图 10-83 所示。

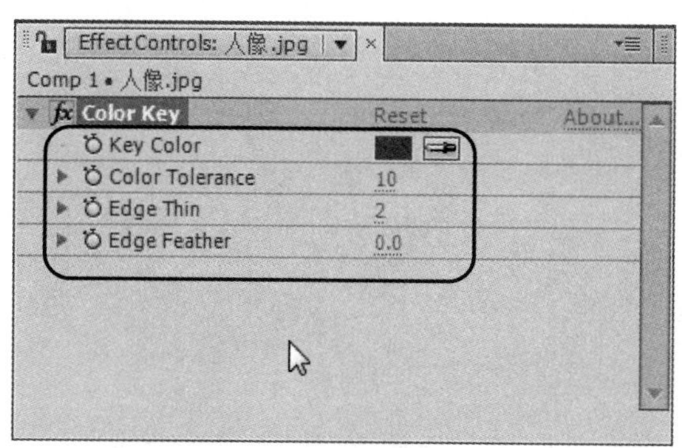

图 10-78

图 10-79

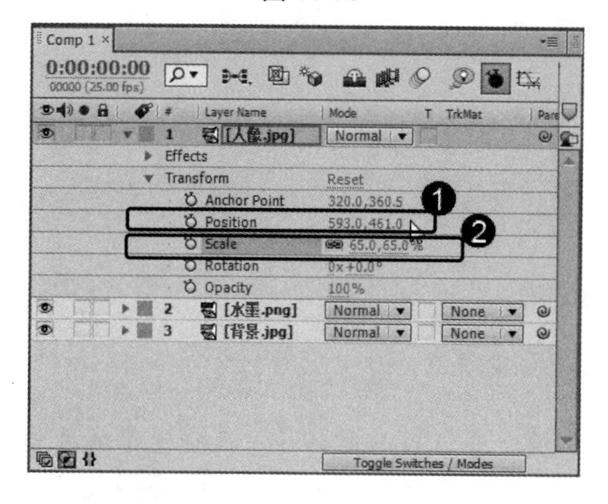

图 10-80

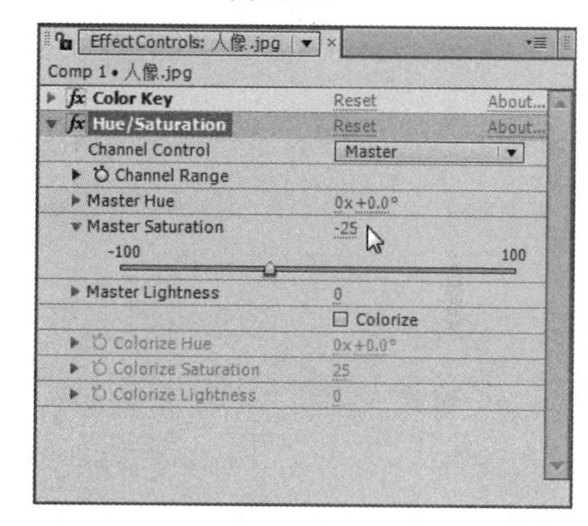

图 10-81

第 8 步 将“水墨.png”图层进行复制，并重命名为“水墨 1”，然后将其拖曳到“人像.jpg”图层的上方，如图 10-83 所示。

图 10-82

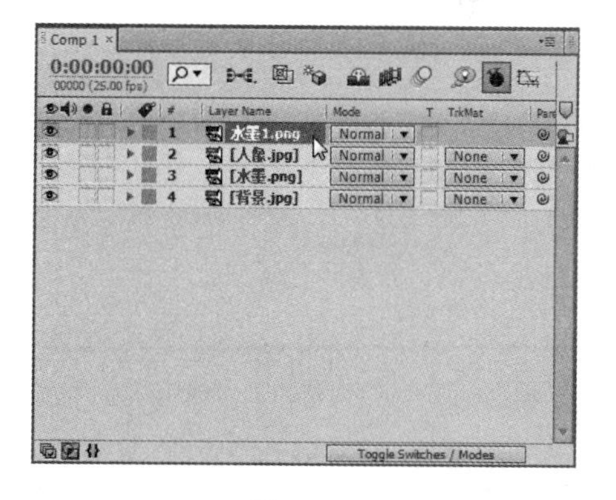

图 10-83

第 9 步 为“水墨.png”图层添加 Linear Wipe(线性擦除)特效，设置 Transition Completion(过渡完成)为 53%，Wipe Angle(擦除角度)为 170°，Feather(羽化)为 10，如图 10-84 所示。

第 10 步 此时拖动时间线滑块可以查看最终水墨芭蕾前景合成效果，如图 10-85 所示。

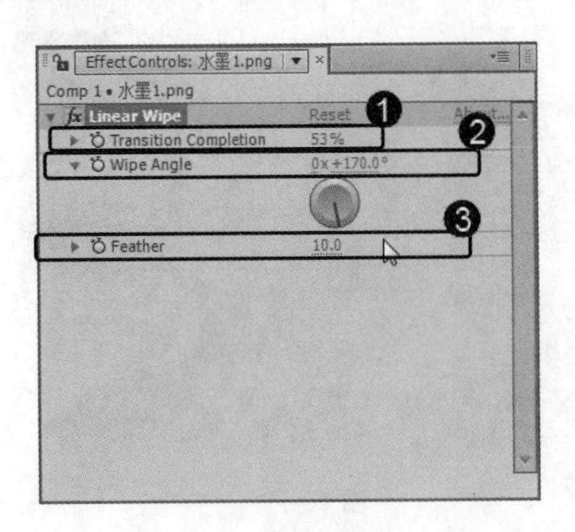

图 10-84

图 10-85

10.3.3 制作蝴蝶飞舞合成效果

本章学习了色彩校正与抠像技术的相关知识，本例将详细介绍制作蝴蝶飞舞的合成效果，来巩固和提高本章学习的内容。

素材文件 配套素材\第 10 章\素材文件\背景.jpg、蝴蝶.mov

效果文件 配套素材\第 10 章\效果文件\蝴蝶飞舞.aep

第 1 步 在项目面板空白处中双击鼠标左键，在弹出的对话框中选择本节的素材文件，然后单击“打开”按钮，如图 10-86 所示。

第 2 步 在项目面板中将“背景.jpg”和“蝴蝶.mov”素材文件拖曳到时间线中，并设置“背景.jpg”的 Scale(缩放)为 77%，如图 10-87 所示。

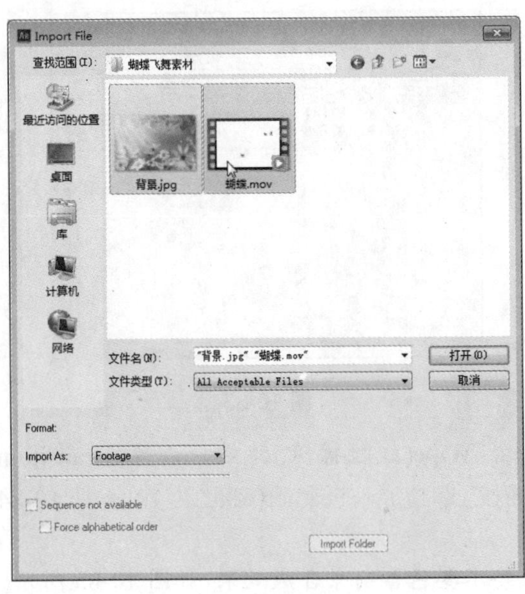

图 10-86

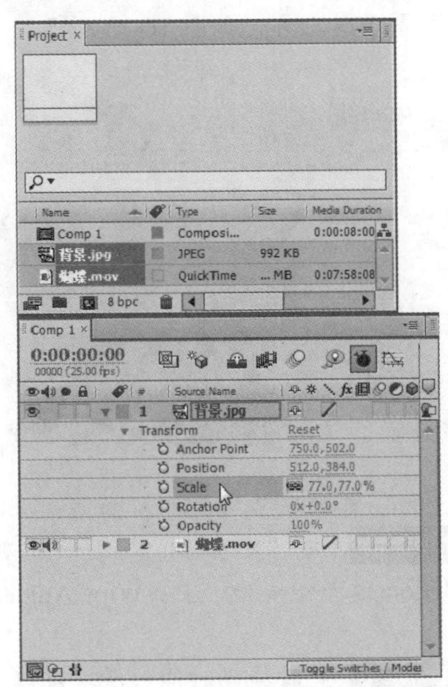

图 10-87

第 3 步 为“蝴蝶.mov”图层添加 Color Key(颜色键)特效，单击 Color Key(色彩键)后面的吸管工具按钮，吸取“蝴蝶.mov”图层的背景颜色，设置 Color Tolerance(颜色容差)为 40，Edge Thin(边缘薄)为 2，Edge Feather(边缘羽化)为 5，如图 10-88 所示。

第 4 步 此时拖动时间线滑块可以查看最终蝴蝶飞舞合成的效果，效果如图 10-89 所示。

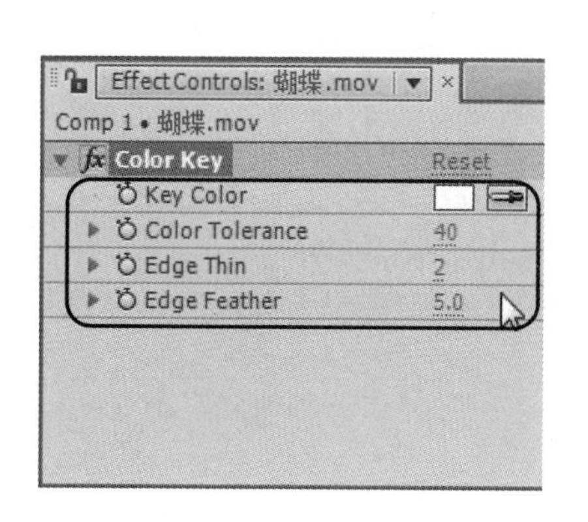

图 10-88

图 10-89

10.4　思考与练习

一、填空题

1. Levels(色阶)滤镜，用________描述出整张图片的明暗信息。它将亮度、对比度和________等功能结合在一起，对图像进行明度、阴暗层次和中间色彩的调整。

2. ________滤镜可以对图像各个通道的色调范围进行控制。通过调整曲线的弯曲度或复杂度，来调整图像的亮区和暗区的分布情况。

3. ________________滤镜将素材的某种颜色及其相似的颜色范围设置为透明，还可以为素材进行边缘预留设置，制作出类似描边的效果。

4. Luma Key(亮度键)滤镜主要用来键出画面中指定的亮度区域。使用 Luma Key(亮度键)滤镜对于创建_______和_______的明亮度差别比较大的视频蒙版非常有用。

二、判断题

1. Photo Filter(照片过滤)滤镜可以将图像调整成照片级别，以使其看上去更加逼真。（　）

2. Linear Color Key(线性色彩键)滤镜可以将画面上每个像素的颜色和指定的键控色(即被键出的颜色)进行比较，如果像素颜色和指定的颜色完全匹配，那么这个像素的颜色就会完全被键出；如果像素颜色和指定的颜色不匹配，那么这些像素就会被设置为半透明；如果像素颜色和指定的颜色完全不匹配，那么这些像素就完全不透明。（　）

3. Difference Matte(差异蒙版)滤镜通过指定的差异层与特效层进行颜色对比，将相同

颜色区域抠出，制作出透明的效果。特别适合在不同的背景下，将其中一个移动物体的背景制作成透明效果。 ( )

三、思考题

1. 色彩调整的方法？
2. 何如使用 Roto 画笔工具抠像？

第11章

特效应用效果

本章要点

- 应用效果基础
- 3D Channel(三维通道效果)
- Blur & Sharpen(模糊与锐化)效果
- Channel(通道)效果
- Distort(扭曲)特效
- Generate(生成效果)特效
- Noise & Grain(噪波和杂点效果)特效
- Perspective(透视效果)特效
- Stylize(风格化效果)特效
- Time(时间效果)特效
- Transition(切换)特效

本章主要内容

本章主要介绍 After Effects CS6 内置的上百种视频特效应用的相关知识，通过本章的学习，读者可以掌握特效应用效果基础操作方面的知识，为深入学习After Effects CS6 基础教程知识奠定基础。

11.1 应用效果基础

在影视作品中，一般都离不开特效的使用。所谓视频特效，就是为视频文件添加特殊处理，使其产生丰富多彩的视频效果，以更好地表现出作品主题，达到视频制作的目的。本节将详细介绍应用效果基础的相关知识及操作方法。

11.1.1 基本操作

要想制作出好的视频作品，首先要了解视频特效应用的基本操作，在 After Effects 软件中，使用视频特效的方法有以下 4 种，下面将分别予以详细介绍。

1. 使用菜单

在时间线面板中选择要使用特效的层，单击 Effect(特效)菜单，然后从下拉菜单中选择要使用的某个特效命令即可。Effect(特效)菜单如图 11-1 所示。

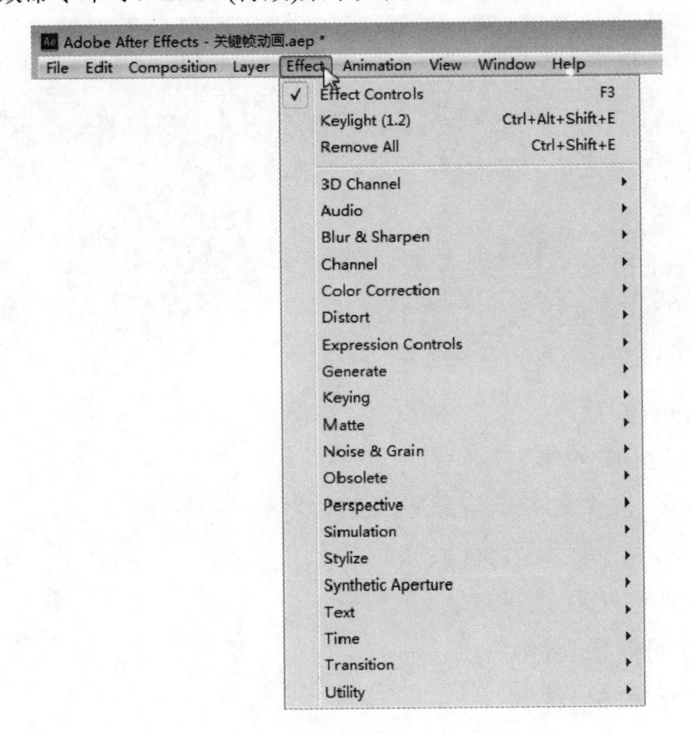

图 11-1

2. 使用特效面板

在时间线面板中选择要使用特效的层，然后打开 Effects & Presets(特效面板)，在特效面板中双击需要的特效即可。Effects & Presets(特效面板)如图 11-2 所示。

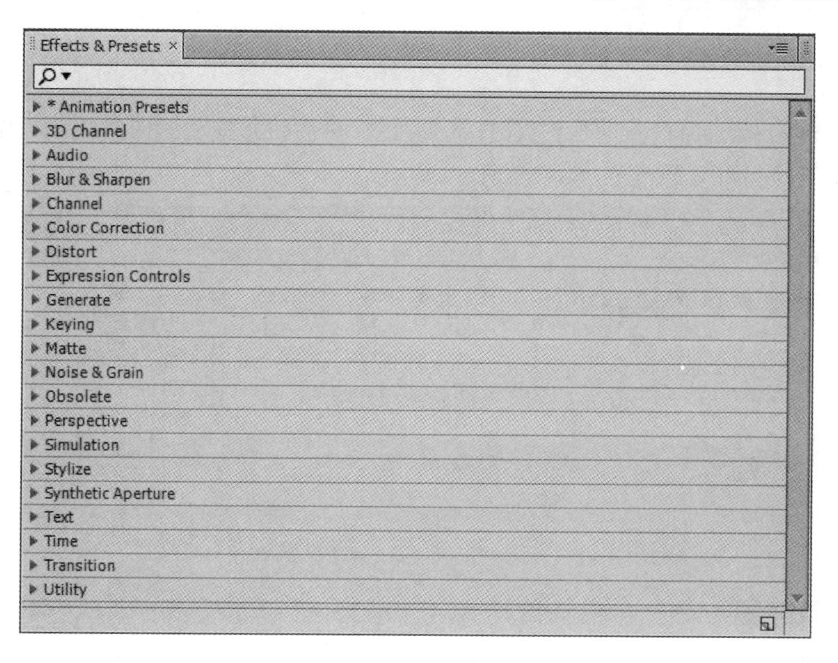

图 11-2

3. 使用右键

在时间线面板中，在要使用特效的层上单击鼠标右键，然后在弹出的菜单中选择 Effect 子菜单中的特效命令即可，Effect 子菜单如图 11-3 所示。

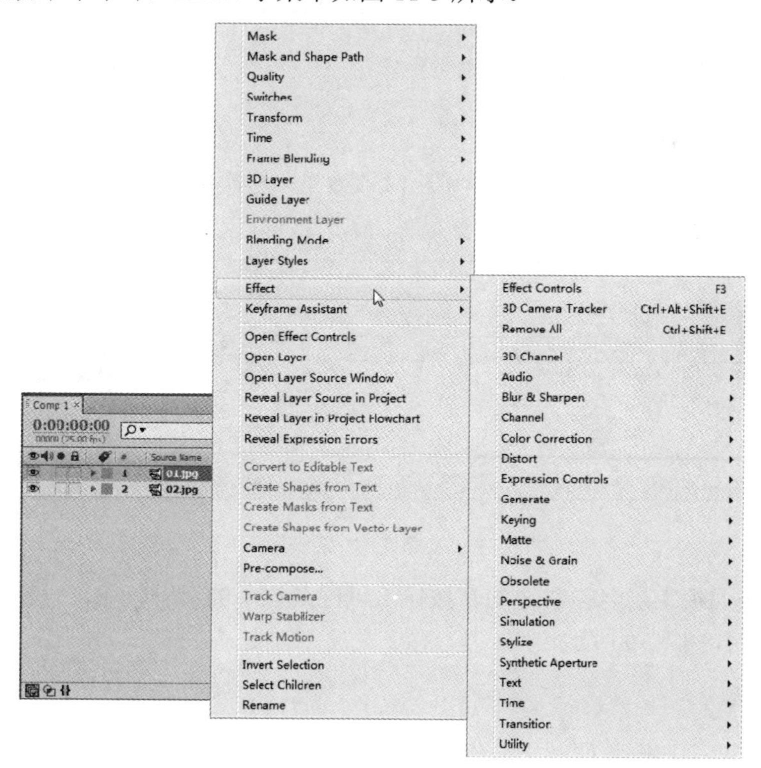

图 11-3

4. 使用拖动

从 Effects & Presets(特效面板)中选择某个特效，然后将其拖动到时间线面板中要应用的特效的层上即可，如图 11-4 所示。

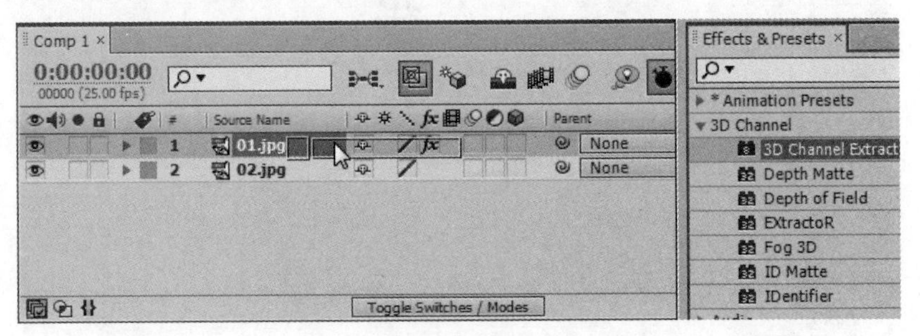

图 11-4

智慧锦囊

当某层应用多个特效时，特效会按照使用的先后顺序从上到下排列，即新添加的特效位于原特效的下方，如果想更改特效的位置，可以在 Effect Controls（特效控制）面板中通过直接拖动的方式，将某个特效上移或下移。不过需要注意的是，特效应用的顺序不同，产生的效果也会不同。

11.1.2 隐藏或删除效果

1. 隐藏效果

通过单击效果名称左边的fx按钮即可隐藏该效果，再次单击则可以将该效果重新开启，如图 11-5 所示。

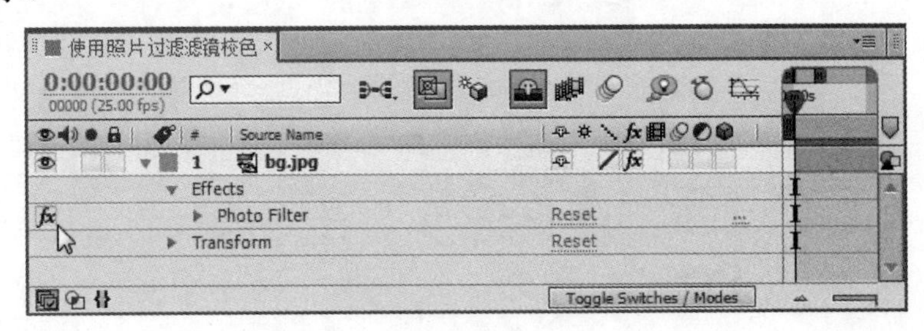

图 11-5

单击时间线面板上层名称右边的fx按钮可以隐藏该层的所有效果，再次单击则可以将效果重新开启，如图 11-6 所示。

2. 删除效果

用户可以选择需要删除的效果，然后按键盘上的 Delete 键即可将其删除。如果需要删除所有添加的效果，用户需要选择准备删除的效果图层，然后在菜单栏中选择 Effect(特效)

→Remove All(移去所有)菜单命令即可，如图 11-7 所示。

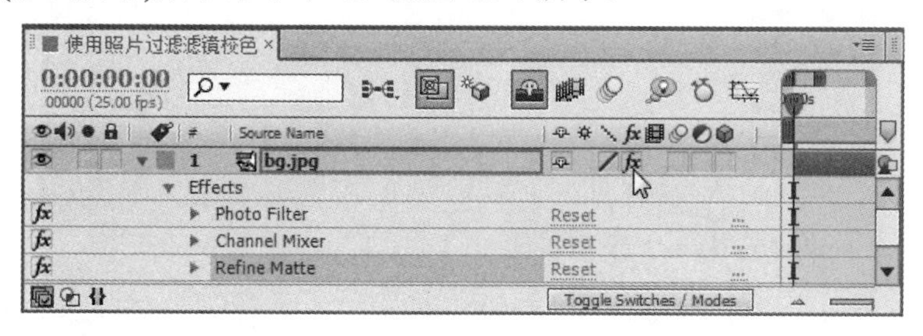

图 11-6

图 11-7

11.1.3　特效参数的调整

在添加特效以后，如果特效产生的效果并不是想要的效果，这时就要对特效的参数进行再次调整，调整参数可以在两个位置来实现，下面将分别予以详细介绍。

1. 使用 Effect Controls(特效控制)面板

在启动了 After Effects CS6 软件时，Effect Controls(特效控制)面板默认为打开状态，如果用户不小心将它关闭了，可以执行菜单栏中的 Window(窗口)→Effect Controls(特效控制)命令，将该面板打开。选择添加特效后的层，该层使用的特效就会在该面板中显示出来，通过单击折叠按钮▶，可以将特效中的参数展开并进行修改，如图 11-8 所示。

2. 使用时间线面板

当一个层应用了特效，在时间线面板中单击该层前面的折叠按钮▶，即可将层列表展开，使用同样的方法单击 Effects(特效)前的折叠▶按钮，即可展开特效参数并进行修改，如图 11-9 所示。

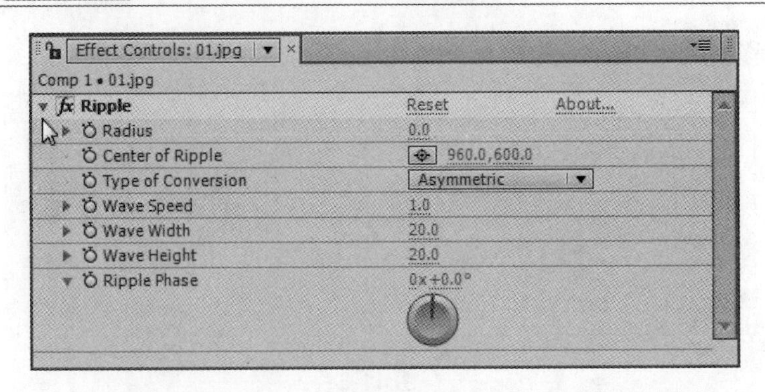

图 11-8

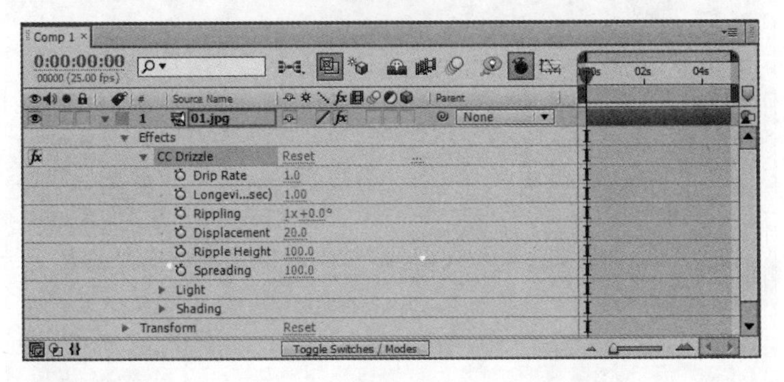

图 11-9

在 Effect Controls(特效控制)面板和时间线面板中，修改特效参数的常用方法有 4 种，下面将分别予以详细介绍。

(1) 菜单法。

通过单击参数选项右侧的选项区，如单击 Asymmetric ，在弹出的下拉菜单中，选择要修改的选项即可，如图 11-10 所示。

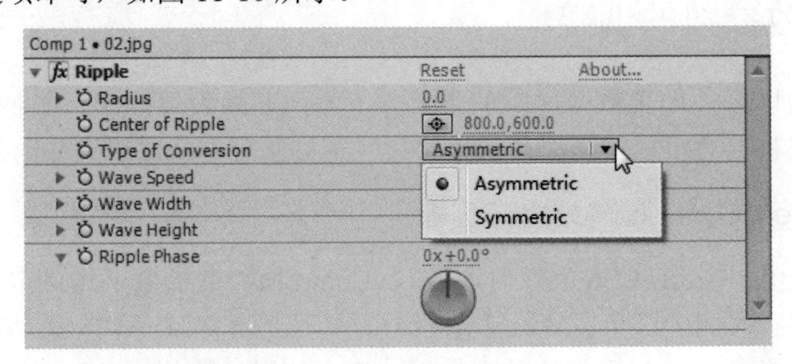

图 11-10

(2) 定位点法。

该方法一般常用于修改特效的位置，单击选项右侧的按钮，然后在 Composition(合成)窗口中需要的位置单击即可，如图 11-11 所示。

(3) 拖动或输入法。

在特效选项的右侧出现数字类的参数，将鼠标放置在上面会出现一个双箭头，按住鼠标拖动或直接单击该数字，激活状态下直接输入数字即可，如图 11-12 所示。

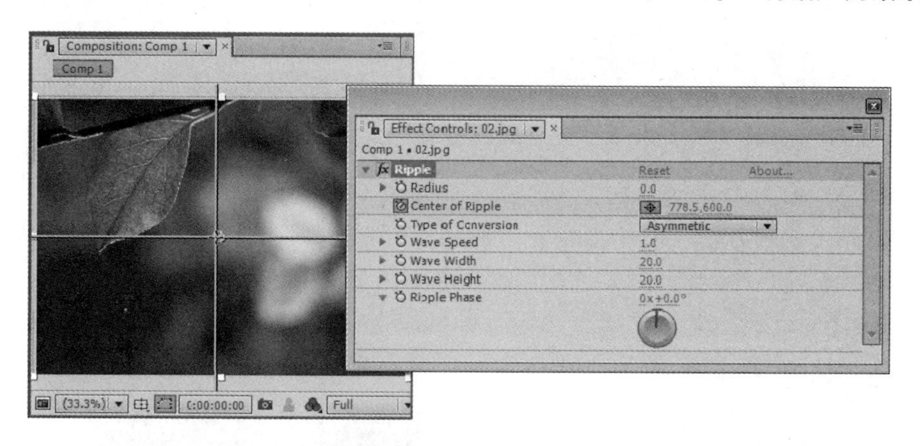

图 11-11

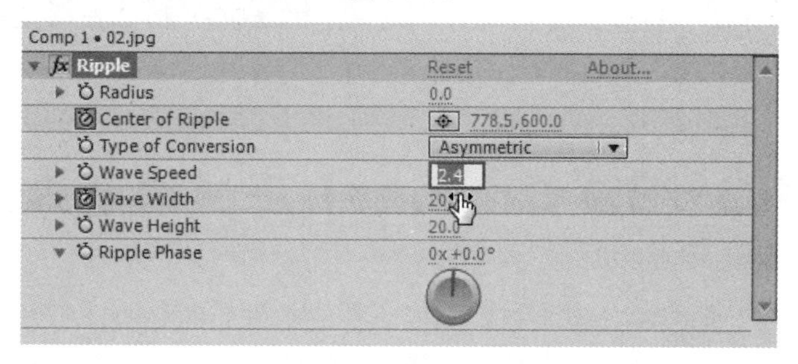

图 11-12

(4) 颜色修改法。

单击选项右侧的色块按钮▭，即可打开拾色器对话框，直接在该对话框中选取需要的颜色，如图 11-13 所示。

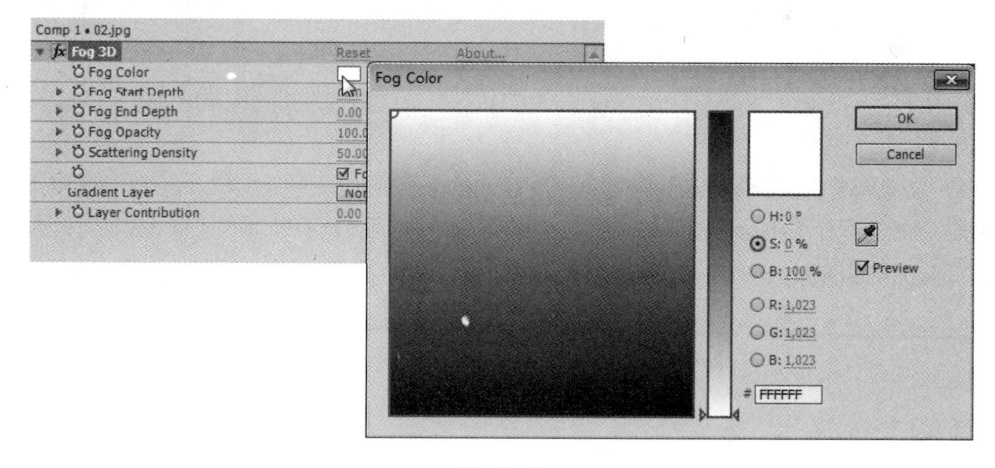

图 11-13

用户还可以单击“吸管”按钮，在 Composition(合成)窗口中的图像上单击吸取需要的颜色即可，如图 11-14 所示。

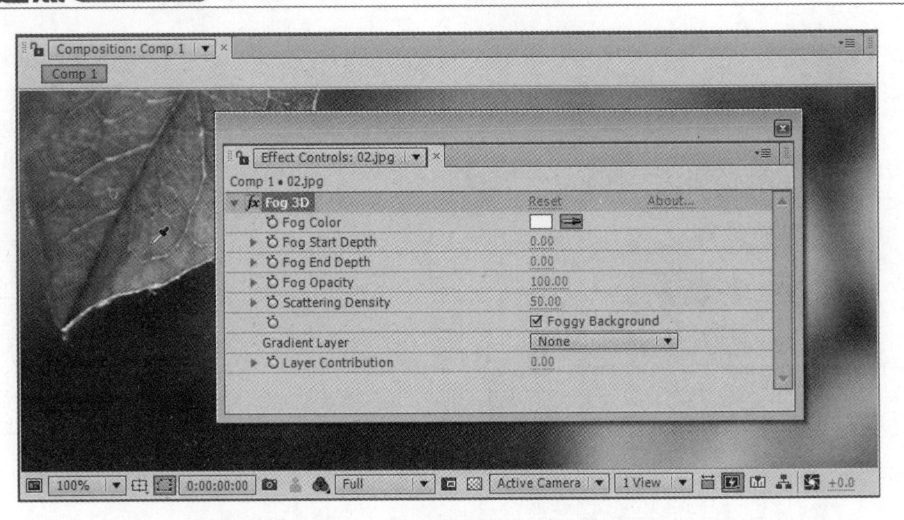

图 11-14

11.2 3D Channel(三维通道效果)

3D Channel(三维通道)特效组主要对图像进行三维方面的修改，所修改的图像要带有三维信息，如 Z 通道、材质 ID 号、物体 ID 号、法线等，通过对这些信息的读取，进行特效处理。本节将详细介绍 3D Channel(三维通道)特效的相关知识。

11.2.1 3D Channel Extract(提取 3D 通道)

3D Channel Extract(提取 3D 通道)特效可以将图像中的 3D 通道信息提取并进行处理，包括 Z-Depth(Z 轴深度)、Object ID(物体 ID)、Texture UV(物体 UV 坐标)、Surface Normals(表面法线)、Coverage(覆盖区域)、Background RGB(背景 RGB)、Unclamped RGB(未锁定的 RGB)和 Material(材质 ID)。

用户在菜单栏中选择 Effect(特效)→3D Channel(三维通道)→3D Channel Extract(提取 3D 通道)菜单命令，在 Effect Controls(滤镜控制)面板中展开 3D Channel Extract(提取 3D 通道)滤镜参数的设置面板，如图 11-15 所示。

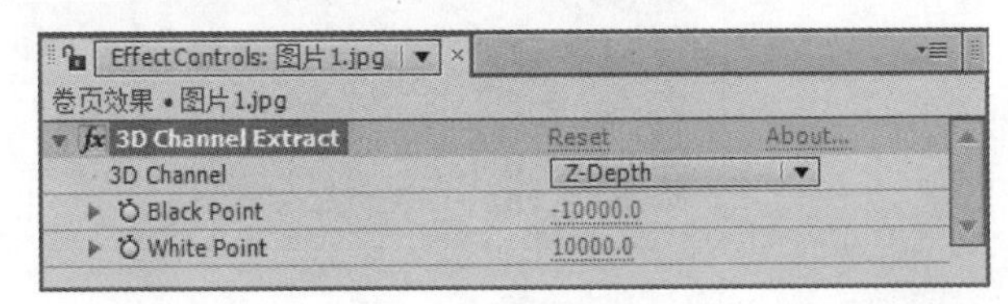

图 11-15

该特效的各项参数说明如下。

- 3D Channel(三维通道)：指定要读取的通道信息。
- Black Point(黑点)：指定控制结束点为黑色的值。
- White Point(白点)：指定控制开始点为白色的值。

11.2.2　Depth Matte(深度蒙版)

Depth Matte(深度蒙版)特效可以读取 3D 图像中的 Z 轴深度，并沿 Z 轴深度的指定位置截取图像以产生蒙版效果。在菜单栏中选择 Effect(特效)→3D Channel(三维通道)→Depth Matte(深度蒙版)菜单命令，在 Effect Controls(滤镜控制)面板中展开 Depth Matte(深度蒙版)滤镜参数的设置面板，如图 11-16 所示。

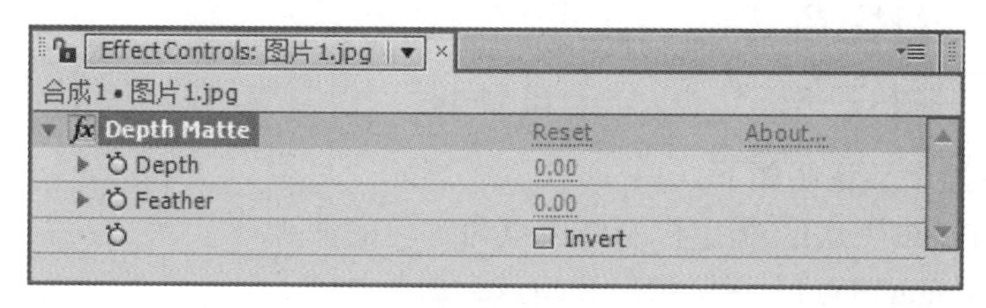

图 11-16

该特效的各项参数说明如下。

- Depth(深度)：指定沿 Z 轴截取图像的位置。
- Feather(羽化)：设置蒙版位置的柔化程度。
- Invert(反转)：将指定的深度蒙版反转。

11.2.3　Depth of Field(场深度)

该特效可以模拟摄像机的景深效果，将图像沿 Z 轴作为模糊处理。在菜单栏中选择 Effect(特效)→3D Channel(三维通道)→Depth of Field(场深度)菜单命令，在 Effect Controls(滤镜控制)面板中展开 Depth of Field(场深度)滤镜参数的设置面板，如图 11-17 所示。

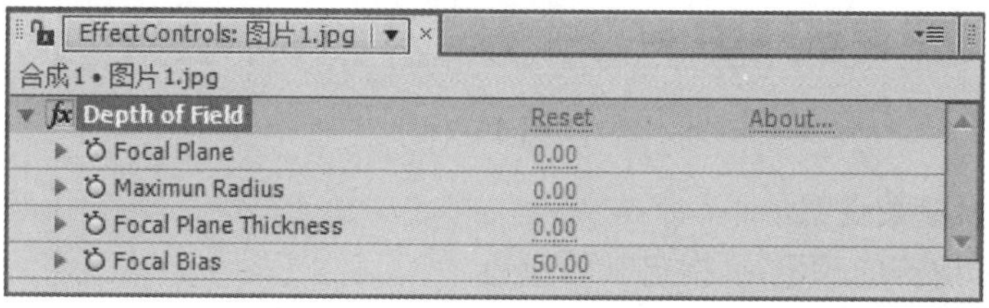

图 11-17

该特效的各项参数说明如下。

- Focal Plane(聚焦面)：指定沿 Z 轴景深的平面。
- Maximun Radius(最大半径)：指定对平面外图像的模糊程度。
- Focal Plane Thickness(聚焦面厚度)：设置景深区域的薄厚程度。
- Focal Bias(聚焦偏移)：指定焦点偏移。

11.2.4　EXtractoR(提取)

EXtractoR(提取)特效可以显示图像的通道信息，并对黑色与白色进行处理。在菜单栏中选择 Effect(特效)→3D Channel(三维通道)→EXtractoR(提取)菜单命令，在 Effect Controls(滤镜控制)面板中展开 EXtractoR(提取)滤镜参数的设置面板，如图 11-18 所示。

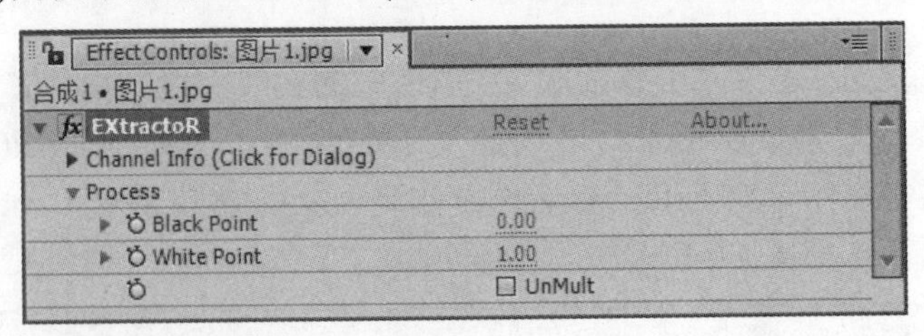

图 11-18

该特效的各项参数说明如下。

- Black Point(黑点)：指定控制结束点为黑色的值。
- White Point(白点)：指定控制开始点为白色的值。

11.2.5 Fog 3D(3D 雾)

Fog 3D(3D 雾)特效可以使图像沿 Z 轴产生雾状效果，以雾化场景。在菜单栏中选择 Effect(特效)→3D Channel(三维通道)→Fog 3D(3D 雾)菜单命令，在 Effect Controls(滤镜控制)面板中展开 Fog 3D(3D 雾)滤镜参数的设置面板，如图 11-19 所示。

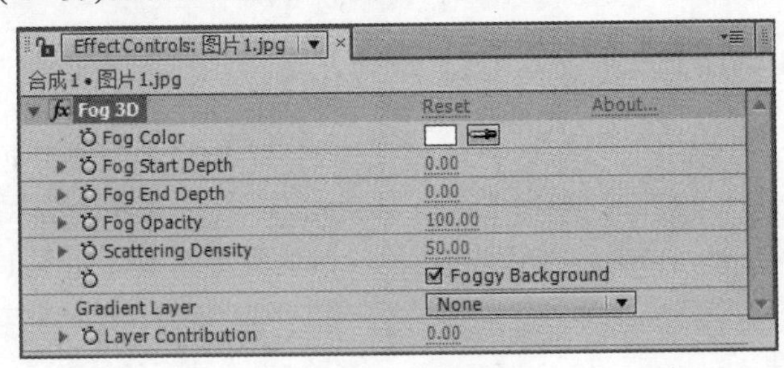

图 11-19

该特效的各项参数说明如下。

- Fog Color(雾的颜色)：指定雾的颜色。
- Fog Start Depth(雾开始深度)：指定雾开始的位置。
- Fog End Depth(雾结束深度)：指定雾结束的位置。
- Fog Opacity(雾的不透明度)：指定雾的透明程度。
- Scattering Density(分散密度)：设置雾效果产生的密度大小。
- Foggy Background(雾化背景)：选择该复选框，将对层素材的背景进行雾化。
- Gradient Layer(渐变层)：指定一个层，用来作为渐变以影响雾化效果。
- Layer Contribution(层影响)：设置渐变层对雾的影响程度。

11.2.6 ID Matte(ID 蒙版)

ID Matte(ID 蒙版)特效通过读取图像的物体 ID 号或材质 ID 号，将 3D 通道中的指定元

素分离出来，制作出蒙版效果。在菜单栏中选择 Effect(特效)→3D Channel(三维通道)→ID Matte(ID 蒙版)菜单命令，在 Effect Controls(滤镜控制)面板中展开 ID Matte(ID 蒙版)滤镜参数的设置面板，如图 11-20 所示。

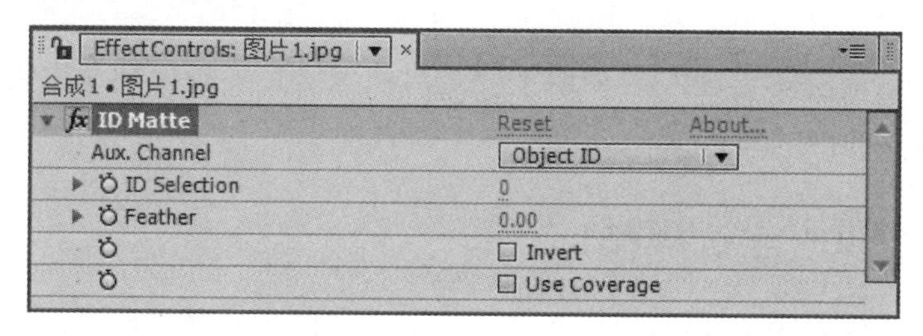

图 11-20

该特效的各项参数说明如下。

- Aux.Channel(参考通道)：指定分离素材的参考通道，包括 Material ID(材质 ID)和 Object ID(物体 ID)，如图 11-21 所示。

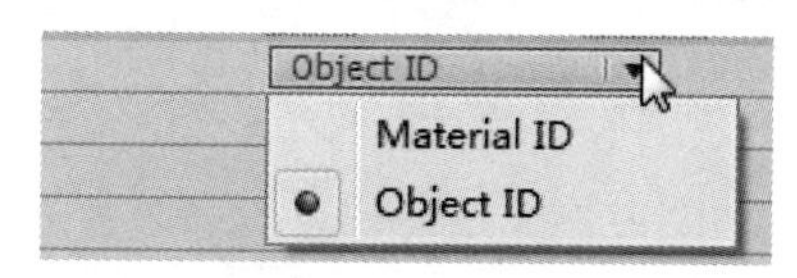

图 11-21

- ID Selection(ID 选择)：选择在图像中的 ID 值。
- Feather(羽化)：设置蒙版的柔化程度。
- Invert(反转)：选择此复选框，将蒙版区域反转。
- Use Coverage(使用覆盖)：选择此复选框，通过净化蒙版上的像素，获得清晰的蒙版效果。

11.2.7　IDentifier(标识符)

IDentifier(标识符)特效通过读取图像的 ID 号，为通道中的指定元素作标志。在菜单栏中选择 Effect(特效)→3D Channel(三维通道)→IDentifier(标识符)菜单命令，在 Effect Controls(滤镜控制)面板中展开 IDentifier(标识符)滤镜参数的设置面板，如图 11-22 所示。

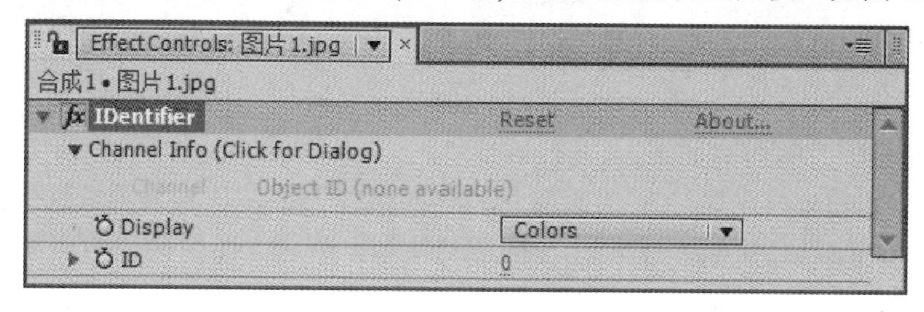

图 11-22

11.3 Blur & Sharpen(模糊与锐化)效果

Blur & Sharpen(模糊与锐化)特效组主要是对图像进行各种模糊和锐化的处理，本节将详细介绍 Blur & Sharpen(模糊与锐化)特效组的相关知识。

11.3.1 Box Blur(盒状模糊)

Box Blur(盒状模糊)特效将图像按盒子的形状进行模糊处理，在图像的四周形成一个盒状的边缘效果。在菜单栏中选择 Effect(特效)→Blur & Sharpen(模糊与锐化)→Box Blur(盒状模糊)菜单命令，在 Effect Controls(滤镜控制)面板中展开 Box Blur(盒状模糊)滤镜参数的设置面板，如图 11-23 所示。

Effect Controls: 19300533957134133560809797574.jpg
Comp 1 • 19300533957134133560809797574.jpg
Box Blur Reset About...
Blur Radius 4.0
Iterations 7
Blur Dimensions Horizontal and Vertical
Repeat Edge Pixels

图 11-23

通过设置以上参数的前后效果如图 11-24 所示。

图 11-24

该特效的各项参数说明如下。

➢ Blur Radius(模糊半径)：设置盒状模糊的半径大小，值越大图像越模糊。
➢ Iterations(迭代次数)：设置模糊的重复次数，值越大图像模糊的次数越多，图像越模糊。
➢ Blur Dimensions(模糊方向)：从右侧的下拉菜单中，可以选择设置模糊的方向，包括 Horizontal and Vertical(水平和垂直)、Horizontal(水平)和 Vertical(垂直)3 个选项，如图 11-25 所示。

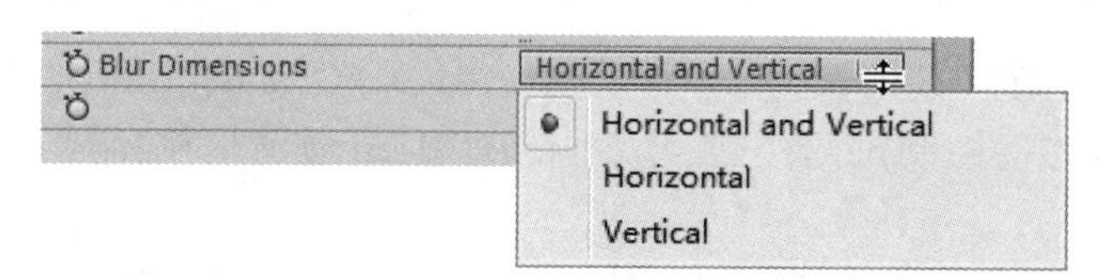

图 11-25

- Repeat Edge Pixels(排除边缘像素)：选择该复选框，当模糊范围超出画面时，对边缘像素进行重复模糊，这样可以保持边缘的清晰度。

11.3.2　Bilateral Blur(左右对称模糊)

Bilateral Blur(左右对称模糊)特效将图像按左右对称的方向进行模糊处理。在菜单栏中选择 Effect(特效)→Blur & Sharpen(模糊与锐化)→Bilateral Blur(左右对称模糊)菜单命令，在 Effect Controls(滤镜控制)面板中展开 Bilateral Blur(左右对称模糊)滤镜参数的设置面板，如图 11-26 所示。

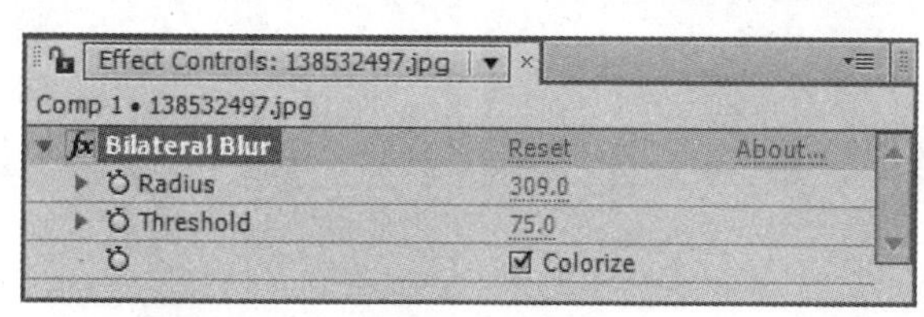

图 11-26

通过设置以上参数的前后效果如图 11-27 所示。

图 11-27

该特效的各项参数说明如下。

- Radius(半径)：设置模糊的半径大小，值越大模糊程度越大。
- Threshold(阈值)：设置模糊的容差，值越大模糊的范围越大。
- Colorize(着色)：选择该复选框，可以显示源图像的颜色。

11.3.3　Channel Blur(通道模糊)

使用该特效可以分别对图像的红、绿、蓝或者 Alpha 这几个通道进行模糊处理。在菜单栏中选择 Effect(特效)→Blur & Sharpen(模糊与锐化)→Channel Blur(通道模糊)菜单命令，在 Effect Controls(滤镜控制)面板中展开 Channel Blur(通道模糊)滤镜参数设置面板，如图 11-28 所示。

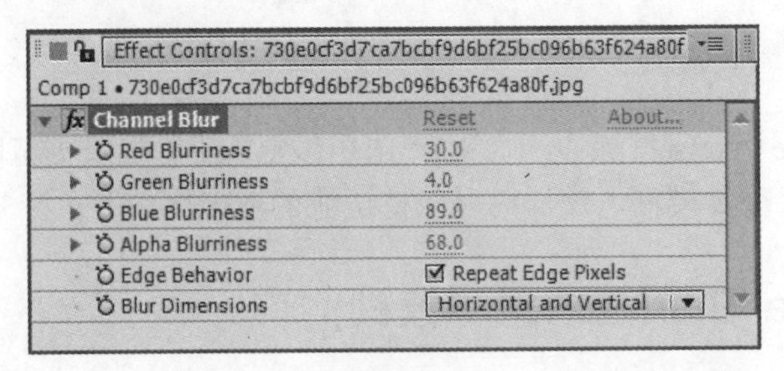

图 11-28

通过设置以上参数的前后效果如图 11-29 所示。

图 11-29

该特效的各项参数说明如下。

- Red/Green/Blue/Alpha Blurriness(红/绿/蓝/Alpha 通道模糊)：设置红、绿、蓝或者 Alpha 通道的模糊程度。
- Edge Behavior(边缘状态)：选择其右侧的 Repent Edge Pixels(排除边缘像素)复选框，可以排除图像边缘模糊。
- Blur Dimensions(模糊方向)：从右侧的下拉菜单中，可以选择模糊的方向设置，包括 Horizontal and Vertical(水平和垂直)、Horizontal(水平)和 Vertical(垂直)3 个选项，如图 11-30 所示。

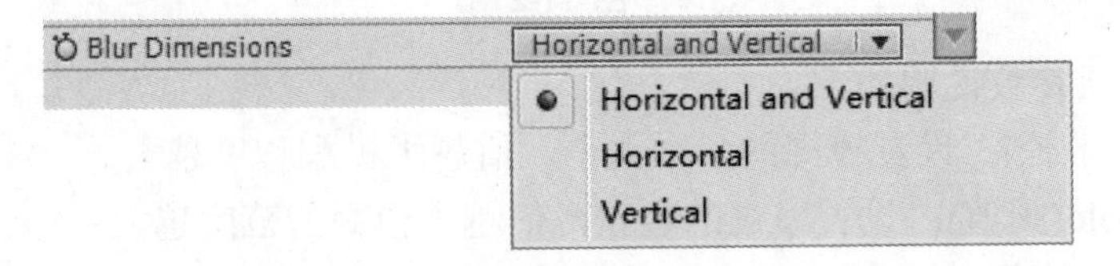

图 11-30

11.3.4 Directional Blur(方向模糊)

Directional Blur(方向模糊)可以指定一个方向，并使图像按这个指定的方向进行模糊处理，可以产生一种运动效果。在菜单栏中选择 Effect(特效)→Blur & Sharpen(模糊与锐化)→Directional Blur(方向模糊)菜单命令，在 Effect Controls(滤镜控制)面板中展开 Directional Blur(方向模糊)滤镜参数的设置面板，如图 11-31 所示。

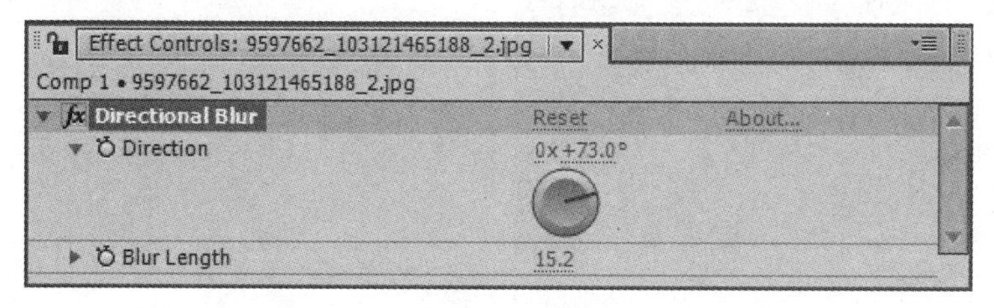

图 11-31

通过设置以上参数的前后效果如图 11-32 所示。

图 11-32

该特效的各项参数说明如下。

- Direction(方向)：用来设置模糊的方向。
- Blur Length(模糊强度)：用来调整模糊的大小程度。

11.3.5　Fast Blur(快速模糊)

使用该特效可以产生比高斯模糊更快的模糊效果。在菜单栏中选择 Effect(特效)→Blur & Sharpen(模糊与锐化)→Fast Blur(快速模糊)菜单命令，在 Effect Controls(滤镜控制)面板中展开 Fast Blur(快速模糊)滤镜参数的设置面板，如图 11-33 所示。

Effect Controls: 4afbfbedab64034fcc1bc80cadc379310b551de1
Comp 1 • 4afbfbedab64034fcc1bc80cadc379310b551de1.jpg
Fast Blur　Reset　About...
Blurriness　10.0
Blur Dimensions　Horizontal and Vertical
Repeat Edge Pixels

图 11-33

通过设置以上参数的前后效果如图 11-34 所示。

图 11-34

该特效的各项参数说明如下。

- Blurriness(模糊)：用来调整模糊的程度。
- Blur Dimensions(模糊方向)：从右侧的下拉菜单中，可以选择模糊的方向设置，包括 Horizontal and Vertical(水平和垂直)、Horizontal(水平)和 Vertical(垂直)3 个选项。
- Repent Edge Pixels(排除边缘像素)：选择该复选框，可以排除图像边缘模糊。

11.4 Channel(通道)效果

Channel(通道)特效组用来控制、抽取、插入和转换一个图像的通道，对图像进行混合计算，通道包含各自的颜色分量(RGB)、计算颜色值(HSL)和透明值(Alpha)。本节将详细介绍 Channel(通道)效果应用的相关知识。

11.4.1 Arithmetic(通道算法)

Arithmetic(通道算法)特效利用对图像中的红、绿、蓝通道进行简单的运算，对图像色彩效果进行控制。在菜单栏中选择 Effect(特效)→Channel(通道)→Arithmetic(通道算法)菜单命令，在 Effect Controls(滤镜控制)面板中展开 Arithmetic(通道算法)滤镜参数的设置面板，如图 11-35 所示。

图 11-35

通过设置以上参数的前后效果如图 11-36 所示。

图 11-36

该特效的各项参数说明如下。

➢ Operator(操作)：可以从右侧的下拉菜单中选择一种用来进行通道运算的方式，即不同的通道算法，包括逻辑运算方式：And(与)、Or(或)和 Xor(非)；基础函数运算方式：Subtract(减去)和 Difference(差值)；Min(最小值)和 Max(最大值)选项；Block Above(块顶部)和 Block Below(块底部)选项用来设置在任何高于或低于指定值的地方关闭通道；Slice(分割)选项用来设置关闭通道的值界限；Multiply(正片叠底)和 Screen(屏幕)选项用来设置图像的模式叠加。
➢ Red、Green、Blue Value：分别用来调整红、绿、蓝通道的数值。
➢ Clipping(修剪)：选择 Clip Result Values(放置颜色超标)复选框，可以防止对最终颜色值的超出限定范围。

11.4.2 Blend(混合)

使用该特效将两个层中的图像按指定方式进行混合，以产生混合后的效果。该特效应用在位于上方的图像上，有时叫该层为特效层，让其下方的图像(混合层)进行混合，构成新的混合效果。

用户可以在菜单栏中选择 Effect(特效)→Channel(通道)→Arithmetic(通道算法)菜单命令，在 Effect Controls(滤镜控制)面板中展开 Arithmetic(通道算法)滤镜的参数设置面板，如图 11-37 所示。

图 11-37

通过设置以上参数的前后效果(其中前两个图是设置参数之前用到图，第 3 个图是效果图)如图 11-38 所示。

图 11-38

该特效的各项参数说明如下。

- Blend With Layer(混合层)：可以从右侧的下拉菜单中选择一个与特效层进行混合。
- Mode(模式)：从右侧的下拉菜单中选择一种混合模式。Crossfade(交叉淡入)表示在两个图像中作淡入淡出效果；Color Only(仅色彩)表示以混合层为基础，着色特效图像；Tint Only(仅色调)表示以混合层的色调为基础，彩色化特效图像；Darken Only(仅暗度)表示将特效层中较混合层亮的像素颜色加深；Lighten Only(仅亮度)与 Darken Only(仅暗度)相反。
- Blend With Original(混合程度)：设置混合特效与原图像间的混合比例，值越大，越接近原图。
- If Layer Sizes Differ(如果层尺寸不同)：如果两层中的图像尺寸大小不相同，可以从右侧的下拉菜单中选择一个选项进行设置。Center(中心对齐)表示混合层与特效层中心对齐；Stretch to Fit(拉伸对齐)表示拉伸混合层以适应特效层。

11.4.3 Channel Combiner(通道组合器)

Channel Combiner(通道组合器)特效可以通过制定某层的颜色模式或通道、亮度、色相等信息来修改源图像，也可以直接通过模式的转换或通道、亮度、色相等的转换，来修改源图像。其修改可以通过 From(从)和 To(到)的对应关系来修改。

在菜单栏中选择 Effect(特效)→Channel(通道)→Channel Combiner(通道组合器)菜单命令，在 Effect Controls(滤镜控制)面板中展开 Channel Combiner(通道组合器)滤镜参数的设置面板，如图 11-39 所示。

图 11-39

通过设置以上参数的前后效果如图 11-40 所示。

图 11-40

该特效的各项参数说明如下。

- Source Options(源选项)：通过其选项组中的选项来修改图像。Use 2nd Layer(使用多层)，选择该复选框可以用来参与修改图像；Source Layer(源层)，从右侧的下拉菜单中可以选择用于修改的源层，该层通过对其他参数的设置来实现对特效层图像进行修改。
- From(从)：从右侧的下拉菜单中选择一个颜色转换信息来修改图像。
- To(到)：从右侧的下拉菜单中选择一个用来转换的信息，只有在 From(从)选项选择的是单个信息时，此项才可以应用，表示图像从 From(从)选择的信息转换到 To(到)信息。如 From(从)选择 Red(红)，To(到)选择 Green Only，表示源图层中的红色通道修改成绿色通道效果。
- Invert(反转)：选择该复选框，将设置的通道信息进行反转。如图像反转后为黑白效果，通过选择该复选框，图像将变成白黑效果。
- Solid Alpha(固态 Alpha)：使用固态层通道信息。

11.4.4　Invert(反转)

Invert(反转)特效可以将指定通道的颜色反转成相应的补色。在菜单栏中选择 Effect(特效)→Channel(通道)→Invert(反转)菜单命令，在 Effect Controls(滤镜控制)面板中展开 Invert(反转)滤镜参数的设置面板，如图 11-41 所示。

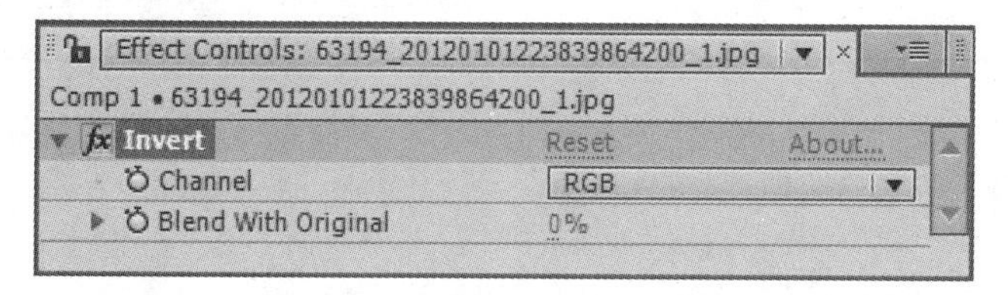

图 11-41

通过设置以上参数的前后效果如图 11-42 所示。

图 11-42

该特效的各项参数说明如下。

➢ Channel(通道)：选择用于反相的通道，可以是图像颜色的单一通道，也可以是整个颜色通道。

➢ Blend With Original(混合程度)：调整反转后的图像与原图像之间的混合程度。

11.4.5 Minimax(最小最大值)

Minimax(最小最大值)特效能够以最小、最大值的形式减小或放大某个指定的颜色通道，并在许可的范围内填充指定的颜色。在菜单栏中选择 Effect(特效)→Channel(通道)→Minimax(最小最大值)菜单命令，在 Effect Controls(滤镜控制)面板中展开 Minimax(最小最大值)滤镜参数的设置面板，如图 11-43 所示。

Effect Controls: 12738_162706047656_2.jpg
Comp 1 • 12738_162706047656_2.jpg
Minimax Reset About...
Operation Maximum
Radius 7
Channel Color
Direction Horizontal & Vertical
Don't Shrink Edges

图 11-43

通过设置以上参数的前后效果如图 11-44 所示。

图 11-44

该特效的各项参数说明如下。

- Operation(操作)：从右侧的下拉菜单中选择用于颜色通道的填充方式。Minimum(最小值)表示以最暗的像素值进行填充；Maximum(最大值)表示以最亮的像素值进行填充；Minimum Then Maximum(先最小再最大)表示先进行最小值的运算填充，再进行最大值的运算填充；Maximum Then Minimum(先最大再最小)表示先进行最大值的运算填充，再进行最小值的运算填充。
- Radius(半径)：设置进行运算填充的半径大小，即作用的效果程度。
- Channel(通道)：从右侧下拉菜单中选择用来运算填充的通道。Red(红)、Green(绿)、Blue(蓝)或 Alpha 通道表示只对选择的单独通道运算填充；Color(颜色)表示只影响颜色通道；Alpha and Color(Alpha 和颜色)表示对所有的通道进行运算填充。
- Direction(方向)：可以从右侧的下拉菜单中选择运算填充的方向。Horizontal & Vertical(水平和垂直)表示运算填充所有的图像像素；Just Horizontal(仅水平方向)表示只进行水平方向的运算填充；Just Vertical(仅垂直方向)表示只进行垂直方向的运算填充。

11.5　Distort(扭曲)特效

Distort(扭曲)特效组主要应用不同的形式对图像进行扭曲变形处理。本节将详细介绍 Distort(扭曲)特效效果应用的相关知识。

11.5.1　Bezier Warp(贝塞尔曲线变形)

Bezier Warp(贝塞尔曲线变形)特效在层的边界上沿一个封闭曲线来变形图像。图像每个角有 3 个控制点，角上的点为顶点，用来控制线段的位置，顶点两侧的两个点为切点，用来控制线段的弯曲曲率。

在菜单栏中选择 Effect(特效)→Distort(扭曲)→Bezier Warp(贝塞尔曲线变形)菜单命令，在 Effect Controls(滤镜控制)面板中展开 Bezier Warp(贝塞尔曲线变形)滤镜参数的设置面板，如图 11-45 所示。

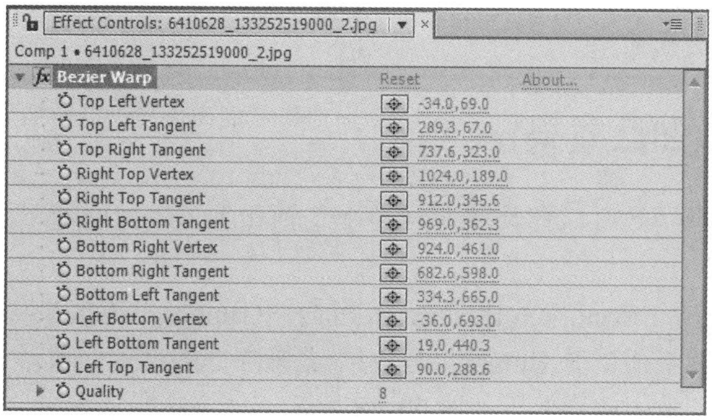

图 11-45

通过设置以上参数的前后效果如图 11-46 所示。

图 11-46

该特效的各项参数说明如下。

- Top Left Vertex(左上角顶点)：用来设置左上角顶点位置，在特效控制面板中单击按钮，然后在合成窗口中单击来改变顶点的位置，也可以通过直接修改数值参数来改变顶点的位置，还可以直接在合成窗口中拖动图标来改变顶点的位置。
- Top Left Tangent(左上角左方切点)：用来控制左上角左方切点的位置，可以通过修改切点的位置来改变线段的弯曲程度。
- Top Right Tangent(左上角右方切点)：用来控制左上角右方切点的位置，可以通过修改切点的位置来改变线段的弯曲程度。
- Right Top Vertex(右上角顶点)：用来设置右上角顶点的位置。
- Right Top Tangent(右上角上方切点)：用来设置右上角顶点上方切点的位置。
- Right Bottom Tangent(右上角下方切点)：用来设置右上角顶点下方切点的位置。
- Bottom Right Vertex(右下角顶点)：用来设置右下角顶点的位置。
- Bottom Right Tangent(右下角右方切点)：用来设置右下角右方切点的位置。
- Bottom Left Tangent(右下角左方切点)：用来设置右下角左方切点的位置。
- Left Bottom Vertex(左下角顶点)：用来设置左下角顶点的位置。
- Left Bottom Tangent(左下角下方切点)：用来设置左下角下方切点的位置。
- Left Top Tangent(左下角上方切点)：用来设置左下角上方切点的位置。
- Quality(质量)：通过拖动滑块或直接输入数值，设置画面的质量，取值范围为 1～10，值越大质量越高。

11.5.2 Bulge(凹凸效果)

Bulge(凹凸效果)特效可以使物体区域沿水平轴和垂直轴扭曲变形，制作类似通过透镜观察对象的效果。

在菜单栏中选择 Effect(特效)→Distort(扭曲)→Bulge(凹凸效果)菜单命令，在 Effect Controls(滤镜控制)面板中展开 Bulge(凹凸效果)滤镜参数的设置面板，如图 11-47 所示。

通过设置以上参数的前后效果如图 11-48 所示。

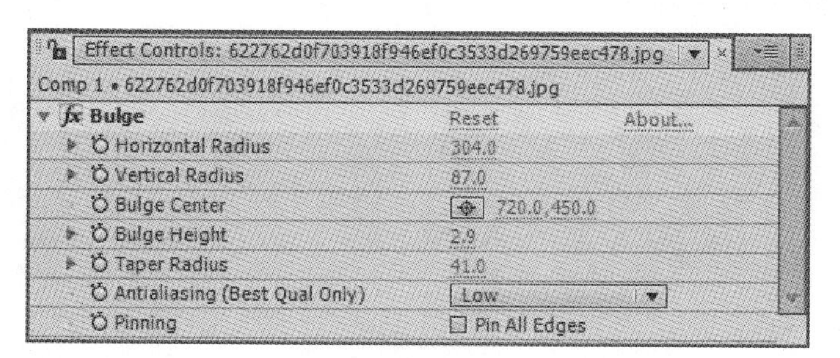

图 11-47

图 11-48

该特效的各项参数说明如下。

- Horizontal Radius(水平半径)：设置凹凸镜的水平半径大小。
- Vertical Radius(垂直半径)：设置凹凸镜的垂直半径大小。
- Bulge Center(凹凸中心)：设置凹凸镜的中心位置。
- Bulge Height(凹凸程度)：设置凹凸深度，正值为凸出，负值为凹进。
- Taper Radius(锥形半径)：用来设置凹凸面的隆起或凹陷程度。值越大，隆起或凹陷的程度也就越大。
- Antialiasing(Best Qual Only)(抗锯齿)：从右侧的下拉菜单中设置图像的边界平滑度。Low(低)表示低质量；High(高)表示高质量，不过该选项只用于高质量图像。
- Pinning(锁定)：选择 Pin All Edges(锁定边界)复选框后，控制边界不进行凹凸处理。

11.5.3　Corner Pin(边角扭曲)

Corner Pin(边角扭曲)特效可以利用图像 4 个边角坐标位置的变化对图像进行变形处理，主要是用来根据需要定位图像，可以拉伸、收缩、倾斜和扭曲图形，也可以用来模拟透视效果。当选择 Corner Pin(边角扭曲)特效时，在图像上将出现 4 个控制柄，可以通过拖动这 4 个控制柄来调整图像的变形。

在菜单栏中选择 Effect(特效)→Distort(扭曲)→Corner Pin(边角扭曲)菜单命令，在 Effect Controls(滤镜控制)面板中展开 Corner Pin(边角扭曲)滤镜参数的设置面板，如图 11-49 所示。

通过设置以上参数的前后效果如图 11-50 所示。

Effect Controls: d8f9d72a6059252d7670850d369b033b5bb5b950.jpg		
Comp 1 • d8f9d72a6059252d7670850d369b033b5bb5b950.jpg		
Corner Pin	Reset	About...
Upper Left	112.0,171.0	
Upper Right	1321.0,-57.0	
Lower Left	87.0,1063.0	
Lower Right	1482.0,615.0	

图 11-49

图 11-50

该特效的各项参数说明如下。

- Upper Left(左上角)：通过单击右侧的按钮，然后在合成窗口中单击来改变左上角控制点的位置，也可以以输入数值的形式来修改；或者选择该特效后，通过在合成窗口中拖动图标来修改左上角控制点的位置。
- Upper Right(右上角)：设置右上角控制点的位置。
- Lower Left(左下角)：设置左下角控制点的位置。
- Lower Right(右下角)：设置右下角控制点的位置。

11.5.4 CC Griddler(CC 网格变形)

CC Griddler(CC 网格变形)特效使图像产生错位的网格效果。在菜单栏中选择 Effect(特效)→Distort(扭曲)→CC Griddler(CC 网格变形)菜单命令，在 Effect Controls(滤镜控制)面板中展开 CC Griddler(CC 网格变形)滤镜参数的设置面板，如图 11-51 所示。

Effect Controls: 11249508_142258506133_2.jpg		
Comp 1 • 11249508_142258506133_2.jpg		
CC Griddler	Reset	About...
Horizontal Scale	76.0	
Vertical Scale	88.0	
Tile Size	10.0	
Rotation	0x+14.0°	
	☑ Cut Tiles	

图 11-51

通过设置以上参数的前后效果如图 11-52 所示。

图 11-52

该特效的各项参数说明如下。

- Horizontal Scale(横向缩放)：设置网格横向的偏移程度。
- Vertical Scale(纵向缩放)：设置网格纵向的偏移程度。
- Tile Size(拼贴大小)：设置方格尺寸的大小。值越大，网格越大；值越小，网格越小。
- Rotation(旋转)：设置网格的旋转程度。
- Cut Tiles(拼贴剪切)：选择该复选框，网格边缘出现黑边，有凸起的效果。

11.5.5　Twirl(扭转)

Twirl(扭转)特效可以使图像产生一种沿指定中心旋转变形的效果。在菜单栏中选择 Effect(特效)→Distort(扭曲)→Twirl(扭转)菜单命令，在 Effect Controls(滤镜控制)面板中展开 Twirl(扭转)滤镜参数的设置面板，如图 11-53 所示。

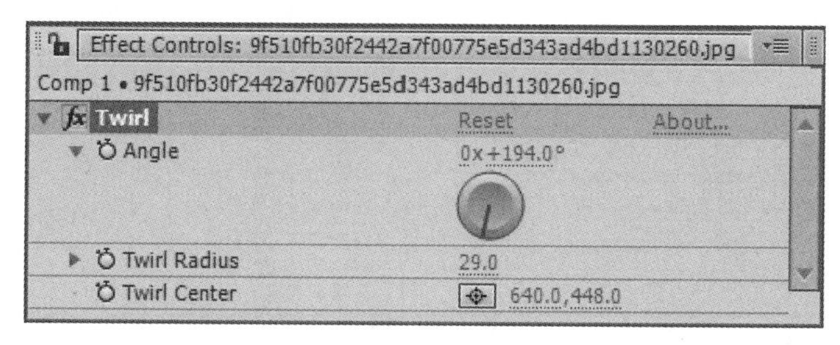

图 11-53

通过设置以上参数的前后效果如图 11-54 所示。

该特效的各项参数说明如下。

- Angle(角度)：设置图像旋转的角度。值为正数时，按顺时针旋转；值为负数时，按逆时针旋转。
- Twirl Radius(旋转半径)：设置图像旋转的半径值。
- Twirl Center(旋转中心)：设置图像旋转的中心点坐标位置。

图 11-54

11.6 Generate(生成效果)特效

Generate(生成效果) 特效组可以在图像上创造各种常见的特效，如闪电、圆、镜头光晕等，还可以对图像进行颜色填充，如四色渐变、滴管填充等。本节将详细介绍 Generate(生成效果)特效应用的相关知识。

11.6.1 4-Color Gradient(四色渐变)

4-Color Gradient(四色渐变)特效可以在图像上创建一个四色渐变效果，用来模拟霓虹灯、流光溢彩等梦幻的效果。

在菜单栏中选择 Effect(特效)→Generate(生成效果)→4-Color Gradient(四色渐变)菜单命令，在 Effect Controls(滤镜控制)面板中展开 4-Color Gradient(四色渐变)滤镜参数的设置面板，如图 11-55 所示。

Effect Controls: a2cc7cd98d1001e934d64d0eba0e7bec55e797cc.jpg

Comp 1 • a2cc7cd98d1001e934d64d0eba0e7bec55e797cc.jpg

fx 4-Color Gradient	Reset	About...
Positions & Colors		
Point 1	144.0,90.0	
Color 1		
Point 2	1296.0,90.0	
Color 2		
Point 3	144.0,810.0	
Color 3		
Point 4	1296.0,810.0	
Color 4		
Blend	142.0	
Jitter	0.0%	
Opacity	100.0%	
Blending Mode	Overlay	

图 11-55

通过设置以上参数的前后效果如图 11-56 所示。

图 11-56

该特效的各项参数说明如下。

- Position & Colors(位置和颜色)：用来设置四种颜色的中心点和各自的颜色，可以通过其选项中的 Point1/2/3/4(中心点 1/2/3/4)来设置颜色的位置，通过 Color1/2/3/4(颜色 1/2/3/4)来设置四种颜色。
- Blend(混合)：设置四种颜色间的融合度。
- Jitter(抖动)：设置各种颜色的杂点效果。值越大，产生的杂点越多。
- Opacity(不透明度)：设置四种颜色的不透明度。
- Blending Mode(混合模式)：设置渐变色与源图像间的叠加模式，与层的混合模式用法相同。

11.6.2　Beam(激光)

Beam(激光)特效可以模拟激光束移动，制作出瞬间划过的光速效果，如流星、飞弹等。在菜单栏中选择 Effect(特效)→Generate(生成效果)→Beam(激光)菜单命令，在 Effect Controls(滤镜控制)面板中展开 Beam(激光)滤镜参数的设置面板，如图 11-57 所示。

Effect Controls: 0b46f21fbe096b634c33e1510e338744ebf8ac8d.jpg
Comp 1 • 0b46f21fbe096b634c33e1510e338744ebf8ac8d.jpg

Beam	Reset　About...
Starting Point	267.7,608.0
Ending Point	1317.4,25.0
Length	43.0%
Time	50.0%
Starting Thickness	7.90
Ending Thickness	8.20
Softness	71.0%
Inside Color	
Outside Color	
	☑ 3D Perspective
	☑ Composite On Original

图 11-57

通过设置以上参数的前后效果如图 11-58 所示。

该特效的各项参数说明如下。

- Starting Point(起点)：设置激光的起始位置。
- Ending Point(终点)：设置激光的结束位置。

图 11-58

- ➢ Length(长度)：设置激光束的长度。
- ➢ Time(时间)：设置激光从开始位置到结束位置所用的时长。
- ➢ Starting Thickness(起点宽度)：设置激光起点位置的宽度。
- ➢ Softness(柔和)：设置激光边缘的柔化程度。
- ➢ Inside Color(内部颜色)：设置激光的内部颜色，类似图像填充颜色。
- ➢ Outside Color(外围颜色)：设置激光的外部颜色，类似图像描边颜色。
- ➢ 3D Perspective(三维透视)：选择该复选框，允许激光进行三维透视效果。
- ➢ Composite On Original(与源图像合成)：选择该复选框，将声波线显示在源图像上，以避免声波线将原图像覆盖。

11.6.3 Lens Flare(镜头光晕)

Lens Flare(镜头光晕)特效可以模拟强光照射镜头，在图像上产生光晕效果。在菜单栏中选择 Effect(特效)→Generate(生成效果)→Lens Flare(镜头光晕)菜单命令，在 Effect Controls(滤镜控制)面板中展开 Lens Flare(镜头光晕)滤镜参数的设置面板，如图 11-59 所示。

Effect Controls: e1fe9925bc315c6062801ded8fb1cb134954779e.png
Comp 1 • e1fe9925bc315c6062801ded8fb1cb134954779e.png
Lens Flare Reset About...
Flare Center 551.0,404.0
Flare Brightness 100%
Lens Type 50-300mm Zoom
Blend With Original 0%

图 11-59

通过设置以上参数的前后效果如图 11-60 所示。

该特效的各项参数说明如下。

- ➢ Flare Center(光晕中心)：设置光晕发光点的位置。
- ➢ Flare Brightness(光晕亮度)：用来调整发光点的亮度。
- ➢ Lens Type(镜头类型)：用于选择模拟的镜头类型，50～300mm Zoom 是产生光晕并模仿太阳光的效果；35mm Prime 是只产生强烈的光，没有光晕；105mm Prime 是产生比前一种镜头更强的光。
- ➢ Blend With Original(混合原图)：设置光晕与源图像的混合百分比。

图 11-60

11.6.4　Circle(圆)

Circle(圆)特效可以为图像添加一个圆形或环形的图案，并可以利用圆形图案制作遮罩效果。在菜单栏中选择 Effect(特效)→Generate(生成效果)→Circle(圆)菜单命令，在 Effect Controls(滤镜控制)面板中展开 Circle(圆)滤镜参数的设置面板，如图 11-61 所示。

Effect Controls: b17eca8065380cd746a807e7a344ad3459828102.jpg

Comp 1 • b17eca8065380cd746a807e7a344ad3459828102.jpg

Circle	Reset	About...
Center	720.0,450.0	
Radius	75.0	
Edge	Thickness	
Thickness	10.0	
Feather		
	Invert Circle	
Color		
Opacity	100.0%	
Blending Mode	Screen	

图 11-61

通过设置以上参数的前后效果如图 11-62 所示。

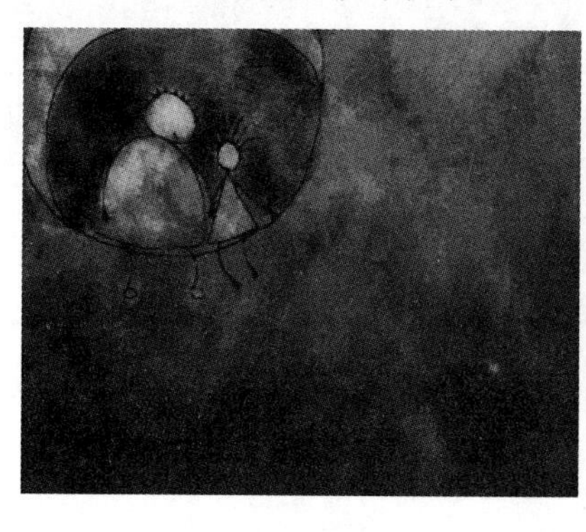

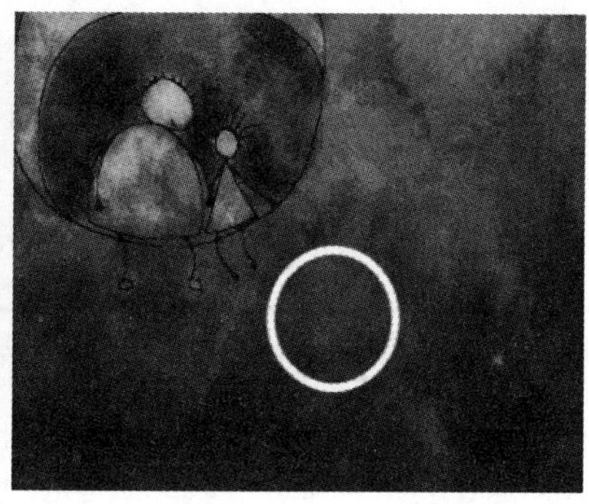

图 11-62

该特效的各项参数说明如下。

- Center(中心点)：用来设置圆形中心点的位置。
- Radius(半径)：用来设置圆形的半径大小。
- Edge(边缘)：设置圆形的边缘形式。

- Feather(羽化)：用来设置圆边缘的羽化程度。
- Invert Circle(反转圆形)：选择该复选框，将圆形空白与填充位置进行反转。
- Opacity(透明)：用来设置圆形的不透明度。
- Blending Mode(混合模式)：设置渐变色与源图像间的叠加模式，与层的混合模式用法相同。

11.6.5 Fill(填充)

Fill(填充)特效可以向图层的遮罩中填充颜色，并通过参数修改填充颜色的羽化和不透明度。在菜单栏中选择 Effect(特效)→Generate(生成效果)→Fill(填充)菜单命令，在 Effect Controls(滤镜控制)面板中展开 Fill(填充)滤镜参数的设置面板，如图 11-63 所示。

Effect Controls: 9345d688d43f87948598d027d01b0ef41bd53a57.jpg
Comp 1 • 9345d688d43f87948598d027d01b0ef41bd53a57.jpg
fx Fill　Reset　About...
Fill Mask　Mask 1
All Masks
Color
Invert
Horizontal Feather　0.0
Vertical Feather　0.0
Opacity　21.0%

图 11-63

通过设置以上参数的前后效果如图 11-64 所示。

图 11-64

该特效的各项参数说明如下。

- Fill Mask(填充遮罩)：选择要填充的遮罩，如果当前图像中没有遮罩，将会填充整个图像层。
- All Masks(所有遮罩)：选择该复选框，将填充层中的所有遮罩。
- Color(颜色)：设置填充的颜色。
- Invert(反转)：将填充范围反转。如果填充的是整个图像层，反转后将变成黑色。
- Horizontal Feather(水平羽化)：设置遮罩填充的水平柔和程度。

➢　Vertical Feather(垂直羽化)：设置遮罩填充的垂直柔和程度。
➢　Opacity(不透明度)：设置填充颜色的不透明度。

11.7　Noise & Grain(噪波和杂点效果)特效

Noise & Grain(噪波和杂点效果)特效组主要对图像进行杂点颗粒的添加设置，本节将详细介绍 Noise & Grain(噪波和杂点效果)特效应用的相关知识。

11.7.1　Add Grain(添加杂点)

Add Grain(添加杂点)特效可以将一定数量的杂色以随机的方式添加到图像中。在菜单栏中选择 Effect(特效)→Noise & Grain(噪波和杂点效果)→Add Grain(添加杂点)菜单命令，在 Effect Controls(滤镜控制)面板中展开 Add Grain(添加杂点)滤镜参数的设置面板，如图 11-65 所示。

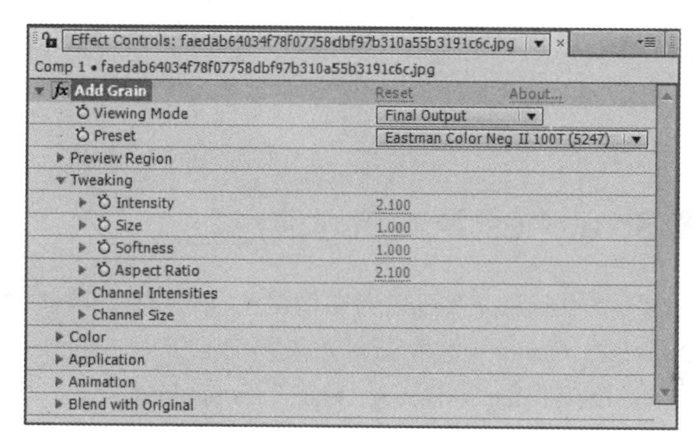

图 11-65

通过设置以上参数的前后效果如图 11-66 所示。

图 11-66

该特效的部分参数说明如下。

➢　Viewing Mode(视图模式)：设置视图预览的模式。

- Preset(预置)：可以从右侧的下拉菜单中选择一种默认的添加杂点的设置。
- Preview Region(预览范围)：该选项组主要对预览的范围进行设置。该项只有在 Viewing Mode(视图模式)项选择 Preview(预览)命令时才能看出效果。
- Tweaking(调整)：该选项组主要对杂点的强度、大小、柔化等参数进行调整设置。
- Intensity(强度)：设置杂点的强度。值越大，杂点效果就越强烈。
- Size(大小)：设置杂点的尺寸大小。值越大，杂点也越大。
- Softness(柔和)：设置杂点的柔化程度。值越大，杂点变得越柔和。
- Aspect Ratio(纵横比)：设置杂点的平面高宽比。较小的值产生垂直拉伸效果，较大的值产生水平拉伸效果。
- Channel Intensities(通道强度)：设置图像 R、G、B 通道强度。
- Channel Size(通道大小)：设置图像 R、G、B 通道大小。
- Color(颜色)：该选项组主要设置杂点的颜色。可以将杂点设置成单身，也可以改变杂点的颜色。
- Application(应用)：该选项组主要设置杂点的混合模式、暗调、中间调和亮调区域的设置。
- Animation(动画)：该选项组主要设置杂点的动画速度、平滑和随机效果。
- Blend With Original(混合原因)：该选项组主要设置添加的杂点图像与原图像间的混合设置。

11.7.2 Dust & Scratches(蒙尘与划痕)

Dust & Scratches(蒙尘与划痕)特效可以为图像制作类似蒙尘和划痕的效果。在菜单栏中选择 Effect(特效)→Noise & Grain(噪波和杂点效果)→Dust & Scratches(蒙尘与划痕)菜单命令，在 Effect Controls(滤镜控制)面板中展开 Dust & Scratches(蒙尘与划痕)滤镜参数的设置面板，如图 11-67 所示。

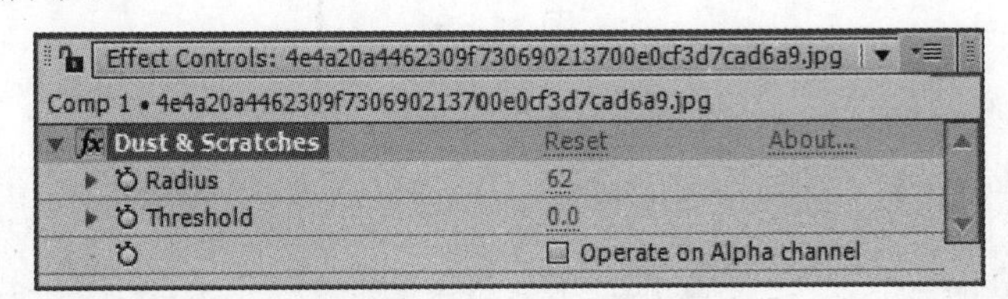

图 11-67

通过设置以上参数的前后效果如图 11-68 所示。

该特效的各项参数说明如下。

- Radius(半径)：用来设置蒙尘和划痕的半径值。
- Threshold(极限)：设置蒙尘和划痕的极限。值越大，产生的蒙尘和划痕效果越不明显。
- Operate On Alpha Channel(应用在 Alpha 通道)：选择该复选框，将该效果应用在 Alpha 通道上。

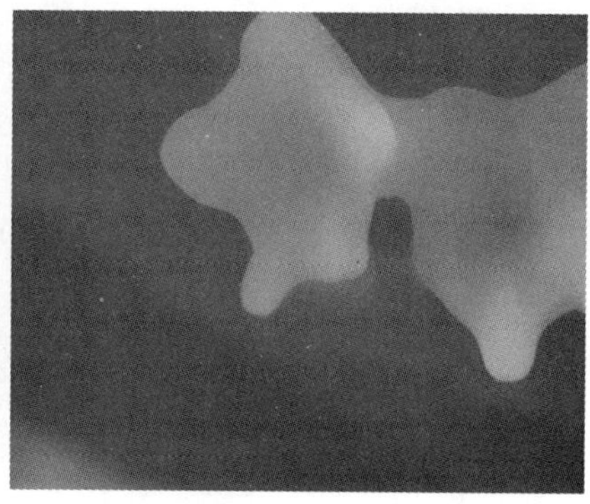

图 11-68

11.7.3　Median(中间值)

Median(中间值)特效可以通过混合图像像素的亮度来减少图像的杂色，并通过指定的半径值内图像中性的色彩替换其他色彩。在消除或减少图像的动感效果时非常有用。

在菜单栏中选择 Effect(特效)→Noise & Grain(噪波和杂点效果)→Median(中间值)菜单命令，在 Effect Controls(滤镜控制)面板中展开 Median(中间值)滤镜参数的设置面板，如图 11-69 所示。

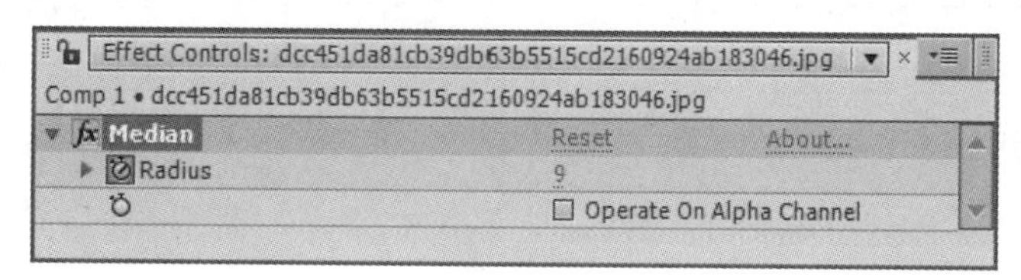

图 11-69

通过设置以上参数的前后效果如图 11-70 所示。

图 11-70

该特效的各项参数说明如下。

- Radius(半径)：设置中性色彩的半径大小。
- Operate On Alpha Channel(应用在 Alpha 通道)：将特效效果应用到 Alpha 通道上。

11.7.4 Noise(噪波)

Noise(噪波)特效可以在图像颜色的基础上，为图像添加噪波杂点。在菜单栏中选择 Effect(特效)→Noise & Grain(噪波和杂点效果)→Noise(噪波)菜单命令，在 Effect Controls(滤镜控制)面板中展开 Noise(噪波)滤镜参数的设置面板，如图 11-71 所示。

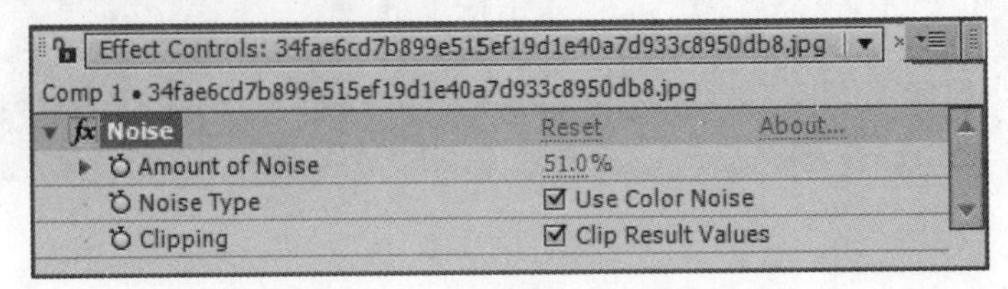

图 11-71

通过设置以上参数的前后效果如图 11-72 所示。

图 11-72

该特效的各项参数说明如下。

- Amount of Noise(噪波数量)：设置噪波产生的数量。数量越大，产生的噪波也就越多。
- Noise Type(噪波类型)：用来设置噪波是单色还是彩色。选择 Use Color Noise(使用彩色噪波)复选框，可以将噪波设置成彩色效果。
- Clipping(修剪)：设置修剪值。选择 Clip Result Values(修剪最终值)复选框，可以对不符合要求的色彩进行修剪。

11.7.5 Remove Grain(降噪)

Remove Grain(降噪)特效常用于人物的降噪处理，它是一个功能相当强大的工具，在降噪方面独树一帜，通过简单的参数修改，或者不修改参数，都可以对带有杂点、噪波的照片进行美化处理。

在菜单栏中选择 Effect(特效)→Noise & Grain(噪波和杂点效果)→Remove Grain(降噪)菜单命令，在 Effect Controls(滤镜控制)面板中展开 Remove Grain(降噪)滤镜参数的设置面板，如图 11-73 所示。

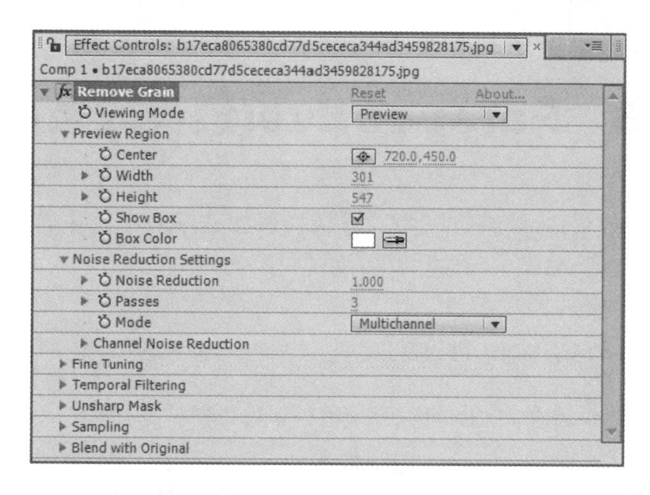

图 11-73

通过设置以上参数的前后效果如图 11-74 所示。

图 11-74

该特效的各项参数说明如下。

- Viewing Mode(视图模式)：选择视图的模式。
- Preview Region(预览范围)：当 Viewing Mode(视图模式)选择 Preview(预览)时，此项才可以发挥作用。
- Noise Reduction Settings(降噪设置)：该选项组参数，主要对图像的降噪量进行设置，可以对整个图像控制，也可以对 R、G、B 通道中的噪波进行控制。
- Fine Tuning(精细调节)：该选项组中的参数，主要对噪波进行精细调节，如色相、纹理、噪波大小固态区域等进行精细调节。
- Temporal Filtering(实时过滤)：该选项组控制是否开启实时过滤功能，并可以控制过滤的数量和运动敏感度。
- Unsharp Mask(反锐利化遮罩)：该选项组可以通过锐化数量、半径和阈值，来控制图像的反锐利化遮罩程度。
- Sampling(采用)：该选项组可以控制采用情况，如采样原点、数量、大小和采用区等。
- Blend With Original(混合程度)：该选项组设置原图与降噪图像的混合情况。

11.8 Perspective(透视效果)特效

Perspective(透视效果)特效组可以为二维素材添加三维效果，主要用于制作各种透视效果。本节将详细介绍 Perspective(透视效果)效果应用的相关知识。

11.8.1 3D Glasses(3D 眼镜)

3D Glasses(3D 眼镜)特效可以将两个层的图像合并到一个层中，并产生三维效果。在菜单栏中选择 Effect(特效)→Perspective(透视效果)→3D Glasses(3D 眼镜)菜单命令，在 Effect Controls(滤镜控制)面板中展开 3D Glasses(3D 眼镜)滤镜参数的设置面板，如图 11-75 所示。

图 11-75

通过设置以上参数的前后效果如图 11-76 所示(其中前两个图是设置参数之前用到的图，第 3 个图是效果图)。

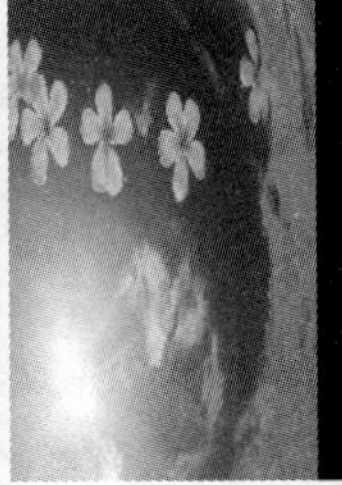

图 11-76

该特效的各项参数说明如下。

- Left View(左视图)：设置左边显示的图像。
- Right View(右视图)：设置右边显示的图像。
- Convergence Offset(聚焦偏移)：设置图像聚焦的偏移量。
- Swap Left-Right(交换左右)：选择该复选框，将图像的左右视图进行交换。
- 3D View(3D 视图)：可以从右侧的下拉菜单中选择一种 3D 视图的模式。
- Balance(平衡)：对 3D 视图中的颜色显示进行平衡处理。

11.8.2　Bevel Alpha(Alpha 斜角)

Bevel Alpha(Alpha 斜角)特效可以使图像中 Alpha 通道边缘产生立体的边界效果。在菜单栏中选择 Effect(特效)→Perspective(透视效果)→Bevel Alpha(Alpha 斜角)菜单命令，在 Effect Controls(滤镜控制)面板中展开 Bevel Alpha(Alpha 斜角)滤镜参数的设置面板，如图 11-77 所示。

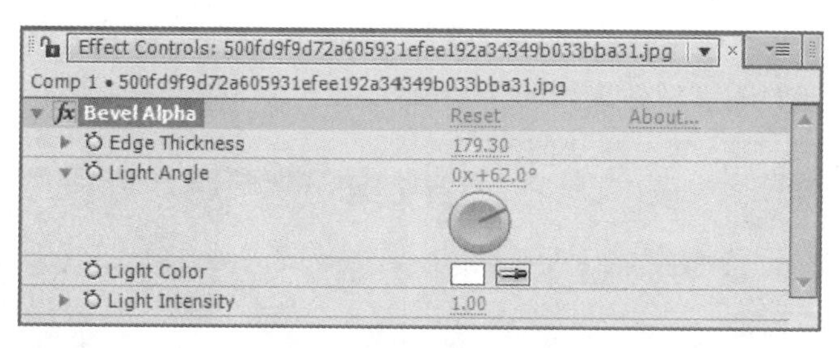

图 11-77

通过设置以上参数的前后效果如图 11-78 所示。

图 11-78

该特效的各项参数说明如下。

- Edge Thickness(边缘厚度)：设置边缘斜角的厚度。
- Light Angle(光源角度)：设置模拟灯光的角度。
- Light Color(光源颜色)：选择模拟灯光的颜色。
- Light Intensity(光照强度)：设置灯光照射的强度。

11.8.3　Bevel Edges(斜边)

Bevel Edges(斜边)特效可以使图像边缘产生一种立体效果，其边缘产生的位置是由 Alpha 通道来决定。在菜单栏中选择 Effect(特效)→Perspective(透视效果)→Bevel Edges(斜边)菜单命令，在 Effect Controls(滤镜控制)面板中展开 Bevel Edges(斜边)滤镜参数的设置面板，如图 11-79 所示。

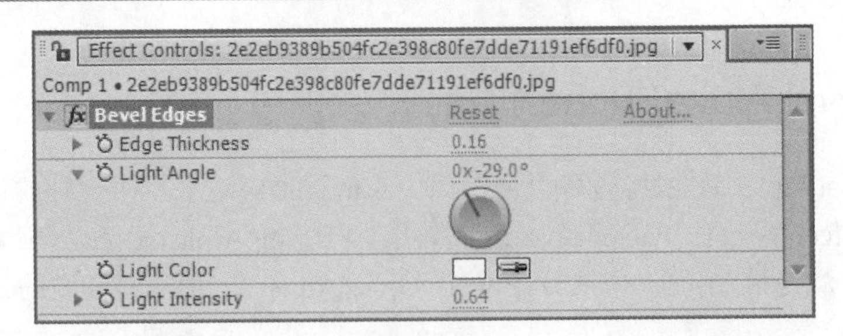

图 11-79

通过设置以上参数的前后效果如图 11-80 所示。

图 11-80

该特效与 Bevel Alpha(Alpha 斜角)特效参数设置相同，只是 Bevel Edges(斜边)特效所产生的边缘厚度不一样，这里就不再赘述了。

11.8.4 Drop Shadow(投影)

Drop Shadow(投影)特效可以为图像添加阴影效果，一般应用在多层文件中。在菜单栏中选择 Effect(特效)→Perspective(透视效果)→Drop Shadow(投影)菜单命令，在 Effect Controls(滤镜控制)面板中展开 Drop Shadow(投影)滤镜参数的设置面板，如图 11-81 所示。

Effect Controls: d62a6059252dd42a8c0398aa013b5bb5c9eab8ad.jpg
Comp 1 • d62a6059252dd42a8c0398aa013b5bb5c9eab8ad.jpg
Drop Shadow Reset About...
Shadow Color
Opacity 50%
Direction 0x+111.0°
Distance 0.0
Softness 0.0
Shadow Only ☐ Shadow Only

图 11-81

通过设置以上参数的前后效果如图 11-82 所示。

图 11-82

该特效的各项参数说明如下。

- Shadow Color(阴影颜色)：设置图像中阴影的颜色。
- Opacity(不透明度)：设置阴影的不透明度。
- Direction(方向)：设置阴影的方向。
- Distance(距离)：设置阴影离原图像的距离。
- Softness(柔和)：设置阴影的柔和程度。
- Shadow Only(只显示阴影)：选择 Shadow Only 复选框，将只显示阴影而隐藏投射阴影的图像。

11.8.5　Radial Shadow(径向阴影)

Radial Shadow(径向阴影)特效同 Drop Shadow(投影)特效相似，也可以为图像添加阴影效果，但比投影特效在控制上有更多的选择。Radial Shadow(径向阴影)特效根据模拟的灯光投射阴影，看上去更加符合现实中的灯光阴影效果。

在菜单栏中选择 Effect(特效)→Perspective(透视效果)→Radial Shadow(径向阴影)菜单命令，在 Effect Controls(滤镜控制)面板中展开 Radial Shadow(径向阴影)滤镜参数的设置面板，如图 11-83 所示。

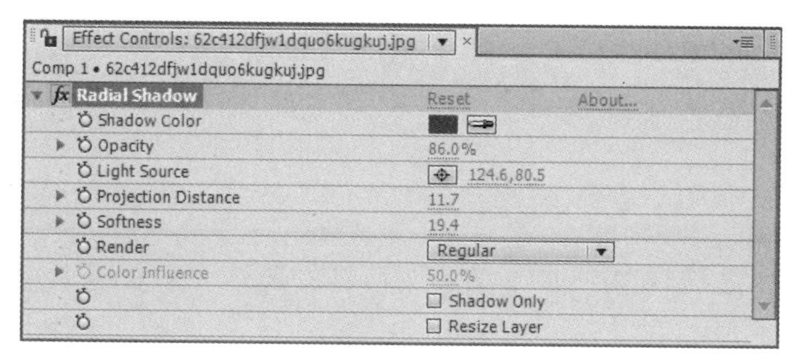

图 11-83

通过设置以上参数的前后效果如图 11-84 所示。

图 11-84

该特效的各项参数说明如下。

- Shadow Color(阴影颜色)：设置图像中阴影的颜色。
- Opacity(不透明度)：设置阴影的不透明度。
- Light Source(光源)：设置模拟灯光的位置。
- Projection Distance(投影距离)：设置阴影的投射距离。
- Softness(柔和)：设置阴影的柔和程度。

11.9 Stylize(风格化效果)特效

Stylize(风格化效果)特效组主要模仿各种绘画技巧，使图像产生丰富的视觉效果，本节将详细介绍 Stylize(风格化效果)特效组的知识。

11.9.1 Brush Strokes(画笔描边)

Brush Strokes(画笔描边)特效对图像应用画笔描边效果，使图像产生一种类似画笔绘制的效果。

在菜单栏中选择 Effect(特效)→Stylize(风格化效果)→Brush Strokes(画笔描边)菜单命令，在 Effect Controls(滤镜控制)面板中展开 Brush Strokes(画笔描边)滤镜参数的设置面板，如图 11-85 所示。

Effect Controls: 267f9e2f07082838740f4515ba99a9014c08f1b5.jpg
Comp 1 • 267f9e2f07082838740f4515ba99a9014c08f1b5.jpg
Brush Strokes Reset About...
Stroke Angle 0x+125.0°
Brush Size 4.5
Stroke Length 14
Stroke Density 1.3
Stroke Randomness 1.4
Paint Surface Paint On Original Image
Blend With Original 6.0%

图 11-85

通过设置以上参数的前后效果如图 11-86 所示。

图 11-86

该特效的各项参数说明如下。

- Stroke Angle(笔画角度)：设置画笔描边的角度。
- Brush Size(画笔大小)：设置画笔笔触的大小。
- Stroke Length(画笔长度)：设置笔触的描绘长度。
- Stroke Density(画笔密度)：设置笔画的笔触稀密程度。
- Stroke Randomness(随机笔画)：设置笔画的随机变化量。
- Paint Surface(描绘表面)：从右侧的下拉菜单中选择用来设置描绘表面的位置。
- Blend With Original(混合程度)：设置笔触描绘图像与原图像间的混合比例，值越大，越接近原图。

11.9.2　Color Emboss(彩色浮雕)

Color Emboss(彩色浮雕)特效通过锐化图像中物体的轮廓，从而产生彩色的浮雕效果。在菜单栏中选择 Effect(特效)→Stylize(风格化效果)→Color Emboss(彩色浮雕)菜单命令，在 Effect Controls(滤镜控制)面板中展开 Color Emboss(彩色浮雕)滤镜参数的设置面板，如图 11-87 所示。

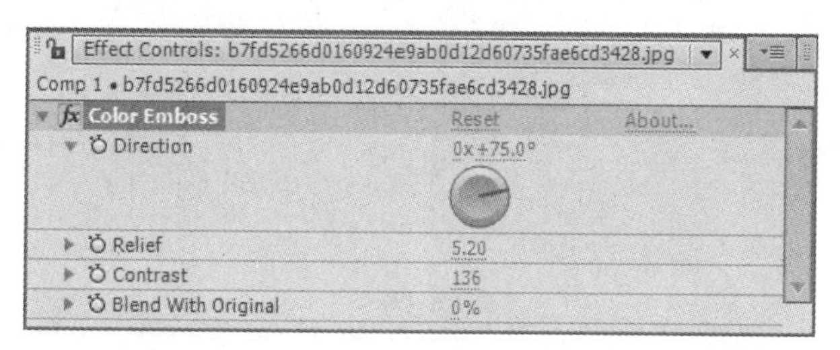

图 11-87

通过设置以上参数的前后效果如图 11-88 所示。

该特效的各项参数说明如下。

- Direction(方向)：调整光源的照射方向。
- Relief(浮雕)：设置浮雕凸起的高度。
- Contrast(对比度)：设置浮雕的锐化程度。
- Blend With Original(混合程度)：设置浮雕效果与原始素材的混合程度，值越大，越接近原图。

图 11-88

11.9.3 Mosaic(马赛克)

Mosaic(马赛克)特效可以将画面分成若干网格，每一格都用本格内所有颜色的平均色进行填充，使画面产生分块式的马赛克效果。在菜单栏中选择 Effect(特效)→Stylize(风格化效果)→Mosaic(马赛克)菜单命令，在 Effect Controls(滤镜控制)面板中展开 Mosaic(马赛克)滤镜参数的设置面板，如图 11-89 所示。

Effect Controls: 9d82d158ccbf6c81f5ac2ae9be3eb13533fa4013.jpg
Comp 1 • 9d82d158ccbf6c81f5ac2ae9be3eb13533fa4013.jpg
fx Mosaic Reset About...
Horizontal Blocks 78
Vertical Blocks 63
Sharp Colors

图 11-89

通过设置以上参数的前后效果如图 11-90 所示。

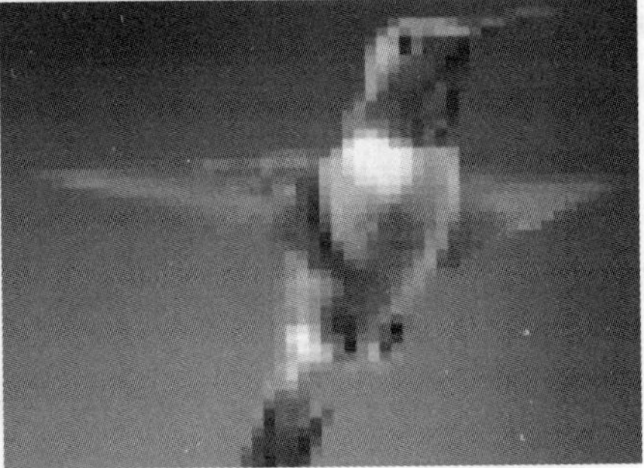

图 11-90

该特效的各项参数说明如下。

- Horizontal Blocks(水平块)：设置水平方向上马赛克的数量。
- Vertical Blocks(垂直块)：设置垂直方向上马赛克的数量。
- Sharp Colors(锐化颜色)：选择该复选框，将会使画面效果变得更加清楚。

11.9.4　Posterize(色彩分离)

Posterize(色彩分离)特效可以将图像中的颜色信息减小产生颜色的分离效果，可以模拟手绘效果。Level(级别)主要设置颜色分离的级别。值越小，色彩信息就越少，分离效果就越明显。

在菜单栏中选择 Effect(特效)→Stylize(风格化效果)→Posterize(色彩分离)菜单命令，在 Effect Controls(滤镜控制)面板中展开 Posterize(色彩分离)滤镜参数的设置面板，如图 11-91 所示。

图 11-91

通过设置以上参数的前后效果如图 11-92 所示。

图 11-92

11.9.5　Threshold(阈值)

Threshold(阈值)特效可以将图像转换成高对比度的黑白图像效果，并通过级别的调整来设置黑白所占的比例。在菜单栏中选择 Effect(特效)→Stylize(风格化效果)→Threshold(阈值)菜单命令，在 Effect Controls(滤镜控制)面板中展开 Threshold(阈值)滤镜参数的设置面板，如图 11-93 所示。

Effect Controls: b7003af33a87e95085eb6a6d12385343fbf2b437.jpg
Comp 1 • b7003af33a87e95085eb6a6d12385343fbf2b437.jpg
Threshold　Reset　About...
Level　512

图 11-93

通过设置以上参数的前后效果如图 11-94 所示。

Level(级别)：用于调整黑白的比例大小。值越大，黑色占的比例越多；值越小，白色点的比例越多。

图 11-94

11.10 Time(时间效果)特效

Time(时间效果)特效组主要用来控制素材的时间特性，并以素材的时间作为基准。本节将详细介绍 Time(时间效果)特效组的相关知识。

11.10.1 Echo(重复)

Echo(重复)特效可以将图像中不同时间的多个帧组合起来同时播放产生重复效果，该特效只对运动的素材起作用。在菜单栏中选择 Effect(特效)→Time(时间效果)→Echo(重复)菜单命令，在 Effect Controls(滤镜控制)面板中展开 Echo(重复)滤镜参数的设置面板，如图 11-95 所示。

Effect Controls: 舞动的精灵.avi
Comp 1 • 舞动的精灵.avi
fx Echo Reset About...
Echo Time (seconds) -0.033
Number Of Echoes 2
Starting Intensity 0.79
Decay 1.71
Echo Operator Add

图 11-95

通过设置以上参数的前后效果如图 11-96 所示。

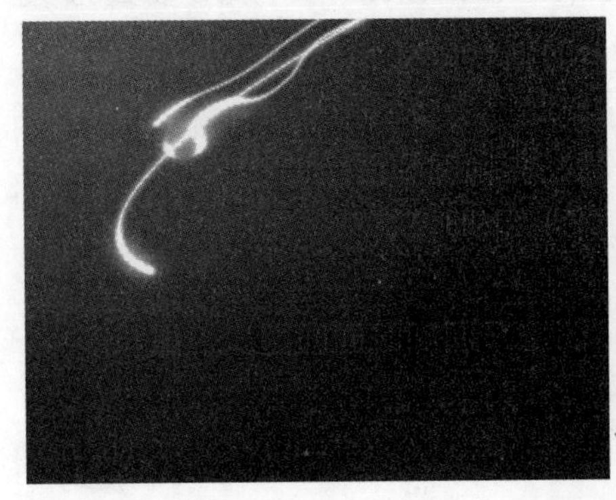
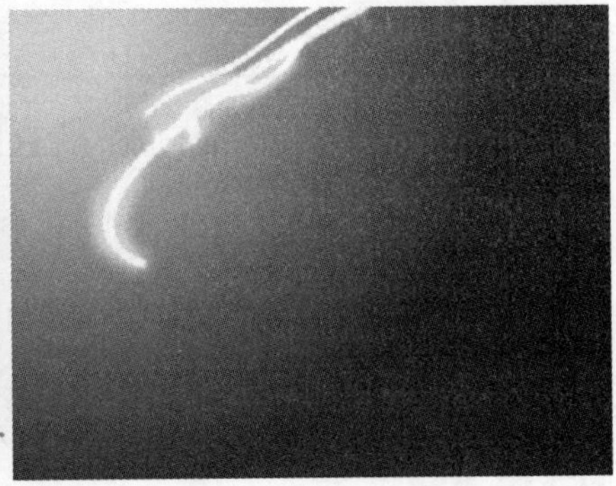

图 11-96

该特效的各项参数说明如下。

➢ Echo Time(重复时间)：设置两个混合图像之间的时间间隔，负值将会产生一种拖尾效果，单位为秒。
➢ Number of Echoes(重复数量)：设置重复产生的数量。
➢ Starting Intensity(开始帧的强度)：设置开始帧的强度。
➢ Decay(减弱)：设置图像重复的衰退情况。
➢ Echo Operator(运算器)：设置重复图形的混合模式。

11.10.2 Posterize Time(多色调分色时期)

Posterize Time(多色调分色时期)特效是将素材锁定到一个指定的帧率，从而产生跳帧播放的效果。在菜单栏中选择 Effect(特效)→Time(时间效果)→Posterize Time(多色调分色时期)菜单命令，在 Effect Controls(滤镜控制)面板中展开 Posterize Time(多色调分色时期)滤镜参数的设置面板，如图 11-97 所示。

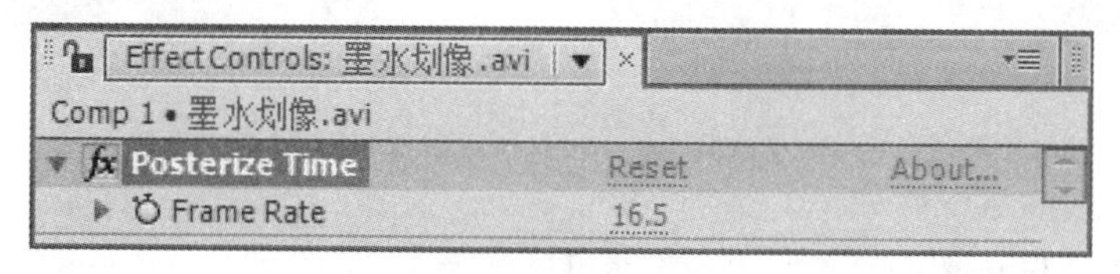

图 11-97

通过设置以上参数的前后效果如图 11-98 所示。

图 11-98

Frame Rate(帧速率)：主要设置帧速率的大小，以便产生跳帧播放的效果。

11.10.3 Time Difference(时间差异)

Time Difference(时间差异)特效通过特效层与指定层之间像素的差异比较，而产生该特效效果。在菜单栏中选择 Effect(特效)→Time(时间效果)→Time Difference(时间差异)菜单命令，在 Effect Controls(滤镜控制)面板中展开 Time Difference(时间差异)滤镜参数的设置面板，如图 11-99 所示。

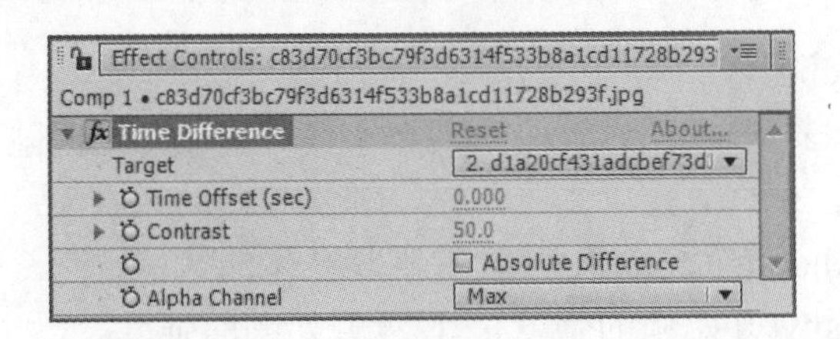

图 11-99

通过设置以上参数的前后效果如图 11-100 所示(其中前两个图是设置参数之前用到的图，第 3 个是图效果图)。

图 11-100

该特效的各项参数说明如下。

- Target(目标)：指定与当前层比较的目标层。
- Time Offset(sec)(时间偏移)：设置两层的时间偏移大小，单位为秒。
- Contrast(对比度)：设置两层间的对比程度。
- Absolute Difference(绝对差异)：选择该复选框，将使用像素绝对差异功能。
- Alpha Channel(Alpha 通道)：设置 Alpha 通道的混合模式。

11.10.4 Time Displacement(时间置换)

Time Displacement(时间置换)特效可以在特效层上，通过其他层图像的时间帧转换图像像素使图像变形，产生特效。可以在同一画面中反映出运动的全过程。应用的时候要设置映射图层，然后基于图像的亮度值，将图像上明亮的区域替换为几秒以后该点的像素。

在菜单栏中选择 Effect(特效)→Time(时间效果)→Time Displacement(时间置换)菜单命令，在 Effect Controls(滤镜控制)面板中展开 Time Displacement(时间置换)滤镜参数的设置面板，如图 11-101 所示。

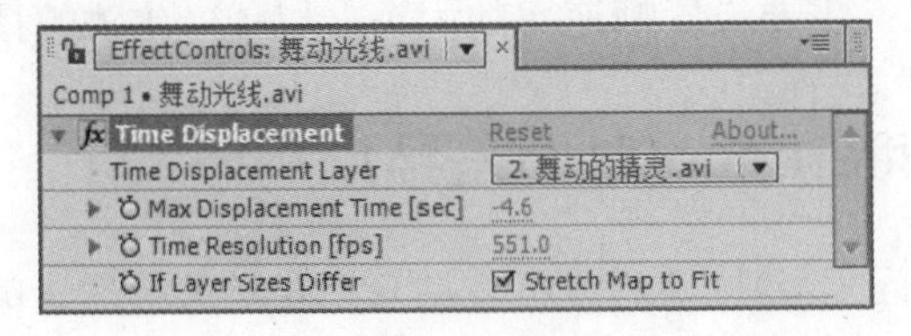

图 11-101

通过设置以上参数的前后效果如图 11-102 所示(其中前两个图是设置参数之前用到的图，第 3 个是图效果图)。

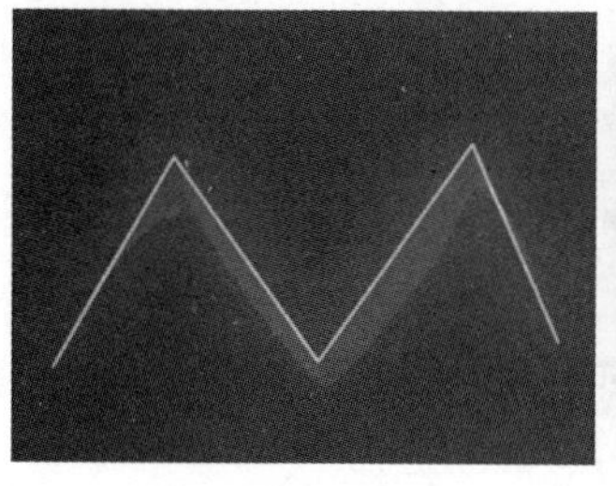
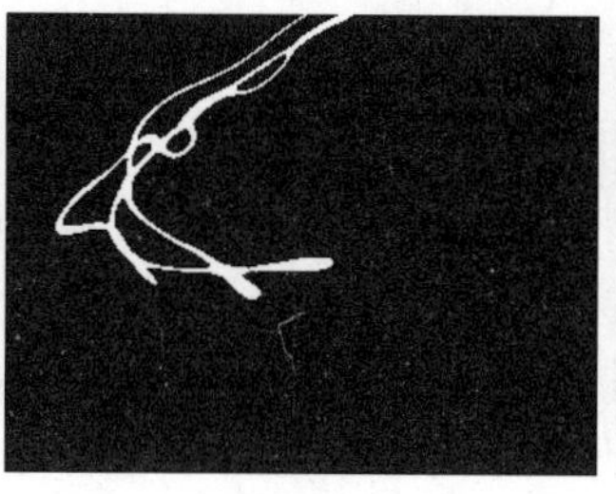
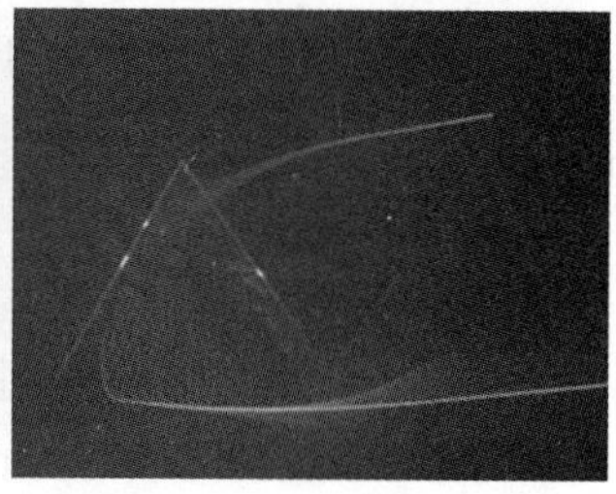

图 11-102

该特效的各项参数说明如下。

- Time Displacement Layer(时间置换层)：指定用于时间帧转换的层。
- Max Displacement Time(最大置换时间)：设置图像置换需要的最大时间，单位为秒。
- Time Resolution(时间分辨率)：设置每秒之间的图像像素量。
- If Layer Sizes Differ(如果层大小不同)：如果指定层和特效层尺寸不同，选择右侧的 Stretch Map to Fit(拉伸层到适合)复选框，将拉伸指定层以匹配特效层。

11.10.5　Timewarp(时间变形)

Timewarp(时间变形)特效可以基于图像运动、帧融合和所有帧进行时间画面变形，使前几秒或后几帧的图像显示在当前窗口中。

在菜单栏中选择 Effect(特效)→Time(时间效果)→Timewarp(时间变形)菜单命令，在 Effect Controls(滤镜控制)面板中展开 Timewarp(时间变形)滤镜参数的设置面板，如图 11-103 所示。

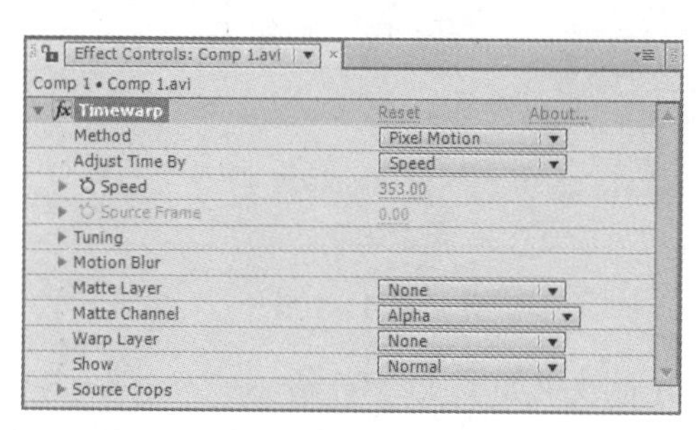

图 11-103

通过设置以上参数的前后效果如图 11-104 所示。

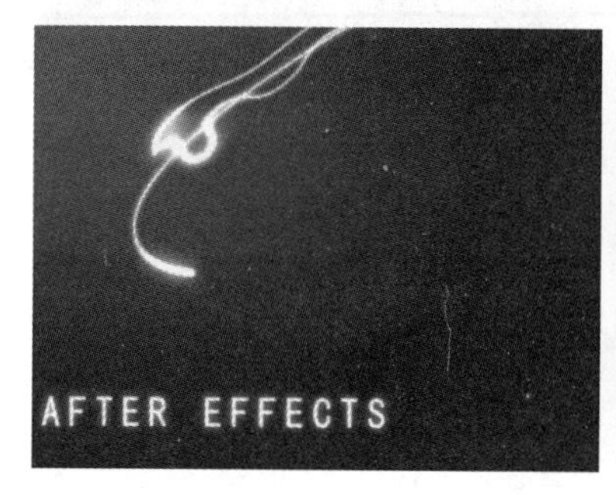

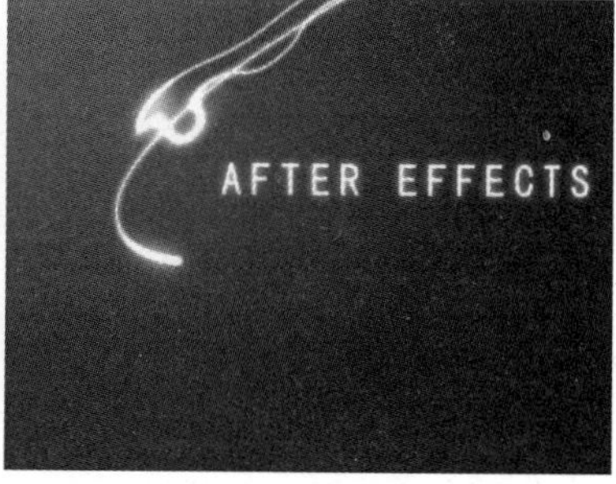

图 11-104

该特效的主要参数说明如下。

- Method(方法)：设置图像进行扭曲的方法。
- Adjust Time By(调整时间通过)：以何种方式调整时间，包括 Speed(速度)和 Source Frame(源帧)两个选项。
- Speed(速度)：设置时间变形的速度。当 Adjust Time By(调整时间通过)选择 Speed(速度)选项时，此项才可以应用。
- Source Frame(源帧)：设置源帧。当 Adjust Time By(调整时间通过)选择 Source Frame(源帧)选项时，此项才可以应用。

11.11 Transition(切换)特效

Transition(切换)特效组主要用来制作图像间的过渡效果。本节将详细介绍 Transition(切换)特效组的相关知识。

11.11.1 Block Dissolve(块状溶解)

Block Dissolve(块状溶解)特效可以使图像间产生块状溶解的效果。在菜单栏中选择 Effect(特效)→Transition(切换)→Block Dissolve(块状溶解)菜单命令，在 Effect Controls(滤镜控制)面板中展开 Block Dissolve(块状溶解)滤镜参数的设置面板，如图 11-105 所示。

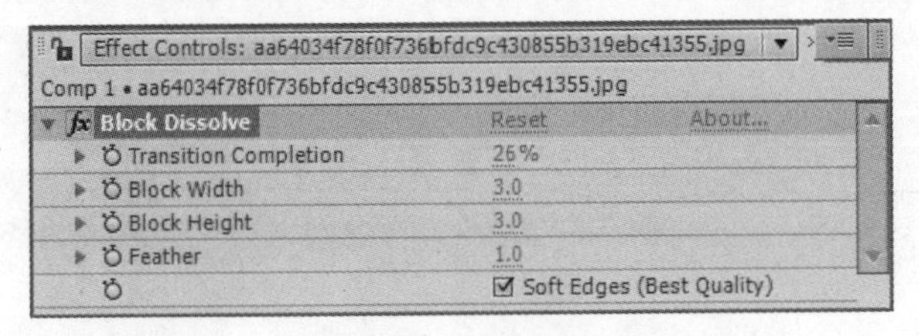

图 11-105

通过设置以上参数的前后效果如图 11-106 所示。

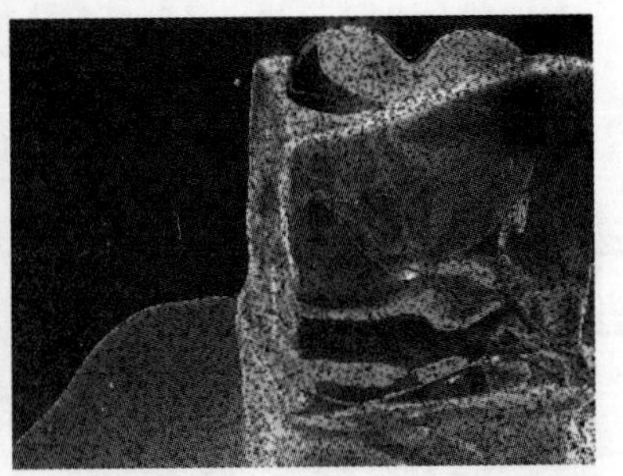

图 11-106

该特效的各项参数说明如下。

- Transition Completion(转换完成)：用来设置图像过渡的程度。

- Block Width(块宽度)：用来设置块的宽度。
- Block Height(块高度)：用来设置块的高度。
- Feather(羽化)：用来设置块的羽化程度。
- Soft Edges(柔化边缘)：选择该复选框，将高质量的柔化边缘。

11.11.2 Iris Wipe(形状擦除)

Iris Wipe(形状擦除)特效可以产生多种形状从小到大擦除图像的效果。在菜单栏中选择 Effect(特效)→Transition(切换)→Iris Wipe(形状擦除)菜单命令，在 Effect Controls(滤镜控制)面板中展开 Iris Wipe(形状擦除)滤镜参数的设置面板，如图 11-107 所示。

图 11-107

通过设置以上参数的前后效果如图 11-108 所示。

图 11-108

该特效的各项参数说明如下。

- Iris Center(形状中心)：指定形状中心点的位置。
- Iris Points(形状顶点)：设置形状的顶点数量。
- Outer Radius(外部半径)：设置形状的外部半径大小。
- Use Inner Radius(使用内部半径)：选择该复选框，可以启用形状的内部半径，创建出星形效果。
- Inner Radius(内部半径)：设置形状的内部半径大小。
- Rotation(旋转)：设置形状的旋转角度。
- Feather(羽化)：设置形状边缘的柔和程度。

11.11.3　Linear Wipe(线性擦除)

Linear Wipe(线性擦除)特效可以以一条直线为界线进行切换，产生线性擦除的效果。在菜单栏中选择 Effect(特效)→Transition(切换)→Linear Wipe(线性擦除)菜单命令，在 Effect Controls(滤镜控制)面板中展开 Linear Wipe(线性擦除)滤镜参数的设置面板，如图 11-109 所示。

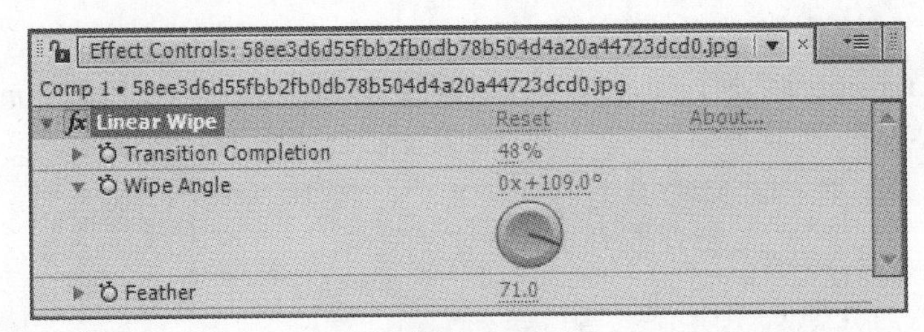

图 11-109

通过设置以上参数的前后效果如图 11-110 所示。

图 11-110

该特效的各项参数说明如下。

- Transition Completion(转换完成)：用来设置图像擦除的程度。
- Wipe Angle(擦除角度)：用来设置线性擦除的角度。
- Feather(羽化)：用来设置擦除时的边缘羽化程度。

11.11.4　Radial Wipe(径向擦除)

Radial Wipe(径向擦除)特效可以模拟表针旋转擦除的效果。在菜单栏中选择 Effect(特效)→Transition(切换)→Radial Wipe(径向擦除)菜单命令，在 Effect Controls(滤镜控制)面板中展开 Radial Wipe(径向擦除)滤镜参数的设置面板，如图 11-111 所示。

通过设置以上参数的前后效果如图 11-112 所示。

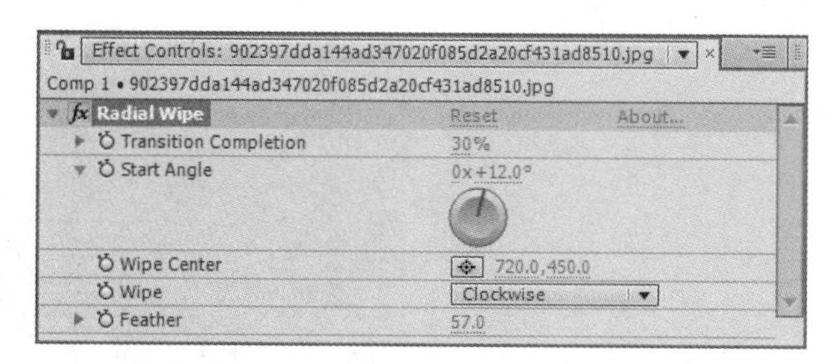

图 11-111

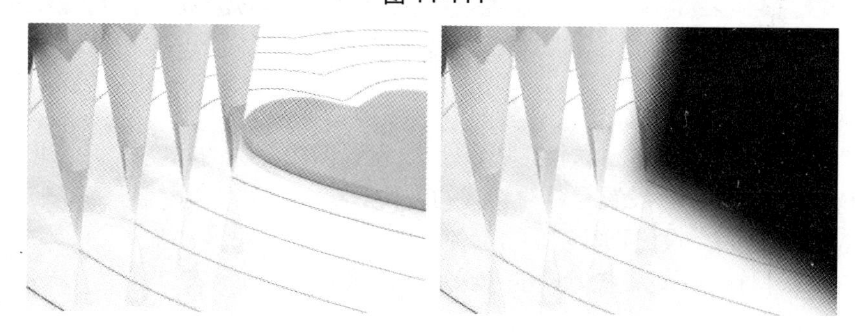

图 11-112

该特效的各项参数说明如下。

- Transition Completion(转换完成)：用来设置图像擦除的程度。
- Start Angle(开始角度)：用来设置擦除时的开始角度。
- Wipe Center(擦除中心)：用来调整擦除时的表针中心点位置。
- Wipe(擦除)：从右侧的下拉菜单中，可以选择擦除时的方向，包括 Clockwise(顺时针)、Counterclockwise(逆时针)和 Both(两者)3 个选项。
- Feather(羽化)：用来设置擦除时的边缘羽化程度。

11.11.5　Venetian Blinds(百叶窗)

Venetian Blinds(百叶窗)特效可以使图像间产生百叶窗过渡的效果。在菜单栏中选择 Effect(特效)→Transition(切换)→Venetian Blinds(百叶窗)菜单命令，在 Effect Controls(滤镜控制)面板中展开 Venetian Blinds(百叶窗)滤镜参数的设置面板，如图 11-113 所示。

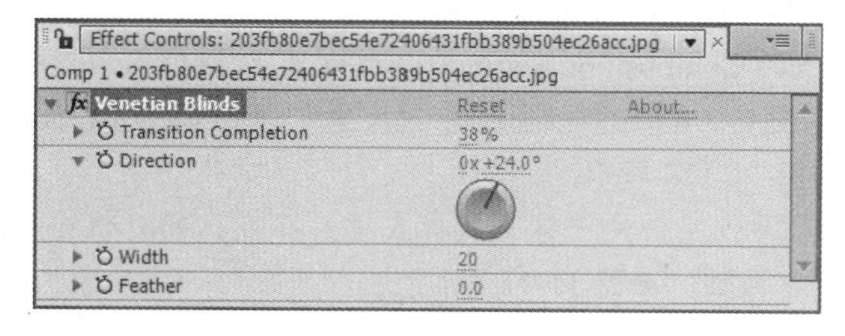

图 11-113

通过设置以上参数的前后效果如图 11-114 所示。

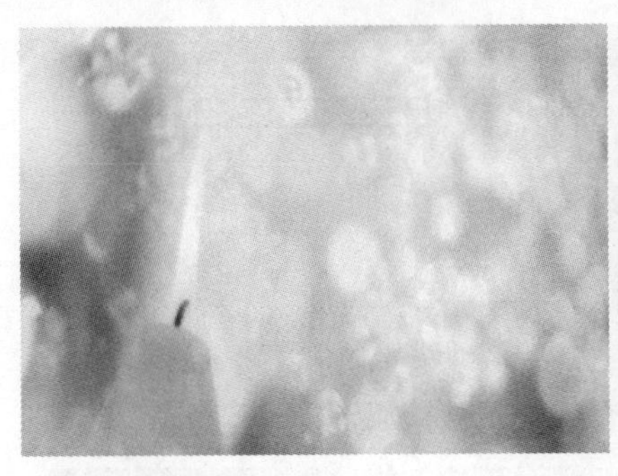
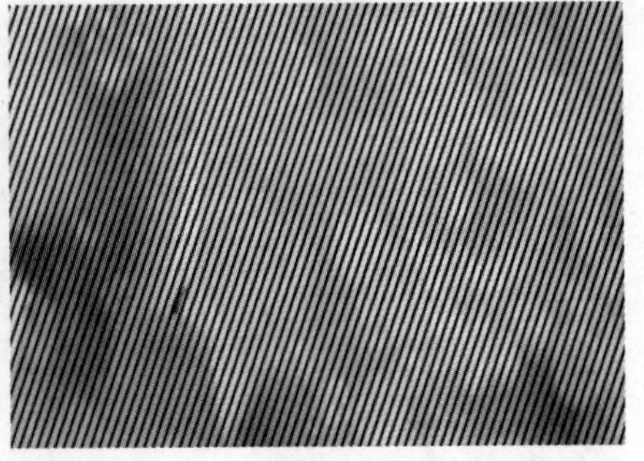

图 11-114

该特效的各项参数说明如下。

- Transition Completion(转换完成)：用来设置图像擦除的程度。
- Direction(方向)：设置百叶窗切换的方向。
- Width(宽度)：设置百叶窗的叶片宽度。
- Feather(羽化)：设置擦除时的边缘羽化程度。

11.12 实践案例与上机指导

通过本章的学习，读者基本可以掌握特效应用效果的基本知识以及一些常见的操作方法，下面通过练习操作，以达到巩固学习、拓展提高的目的。

11.12.1 广告移动模糊效果

本章学习了特效应用效果操作的相关知识，本例将详细介绍制作广告移动模糊效果，来巩固和提高本章学习的内容。

素材文件 配套素材\第 11 章\素材文件\01.png、背景.jpg
效果文件 配套素材\第 11 章\效果文件\广告移动模糊效果.aep

第 1 步 在项目面板中单击鼠标右键，在弹出的快捷菜单中选择 New Composition(新建合成)菜单命令，如图 11-115 所示。

第 2 步 在弹出的 Composition Settings(合成设置)对话框中，①设置合成名称为 Comp 1，②宽、高分别为 1024、768，③Frame Rate(帧速率)为 25，④Duration(持续时间)为 5s，⑤单击 OK 按钮，如图 11-116 所示。

第 3 步 在项目面板空白处中双击鼠标左键，在弹出的对话框中选择需要的素材文件，然后单击“打开”按钮，如图 11-117 所示。

第 4 步 将项目面板中的素材文件拖曳到时间线面板中，将时间线拖曳到起始帧位置，开启 Position(位置)关键帧，并设置“01.png”图层的 Position(位置)为(−265,684)，然后再将时间线拖到 3 秒的位置，设置 Position(位置)为(512,384)，如图 11-118 所示。

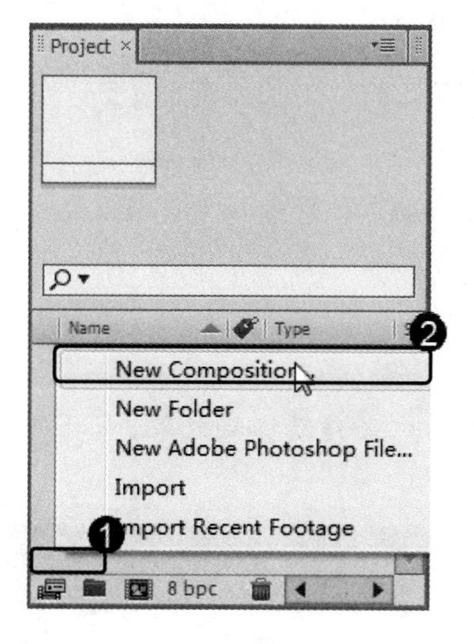

图 11-115

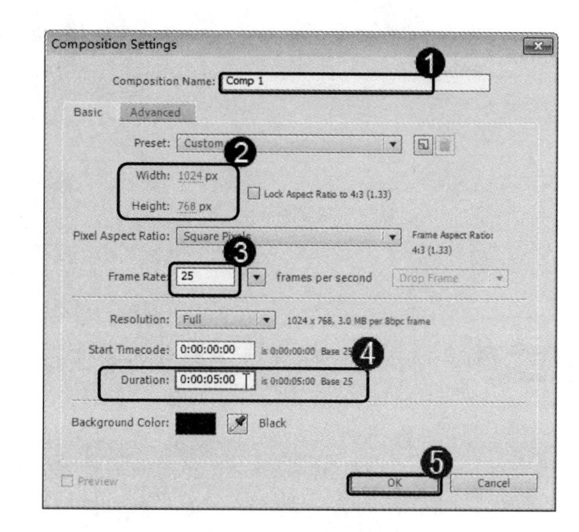

图 11-116

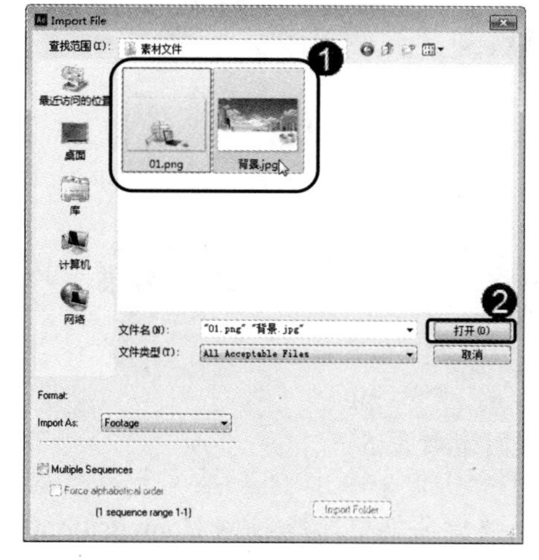

图 11-117

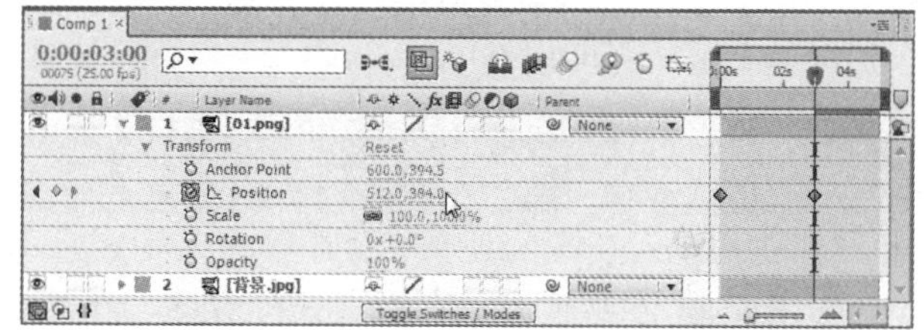

图 11-118

第 5 步 为“01.png”图层添加 Directional Blur(方向模糊)效果，设置 Direction(方向)为 60°，如图 11-119 所示。

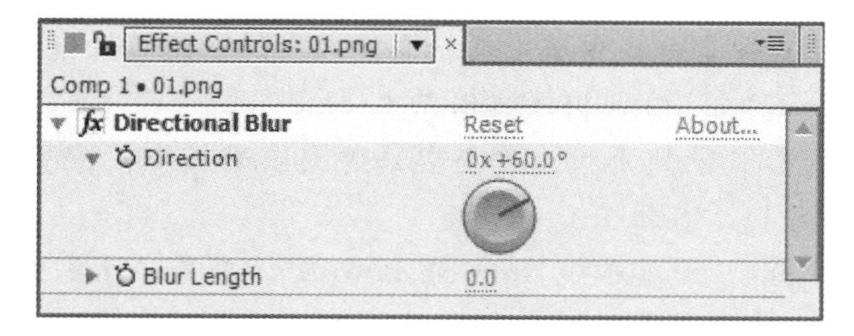

图 11-119

第 6 步 将时间线拖到起始帧位置，开启 Blur Length(模糊强度)的自动关键帧，设置 Blur Length(模糊强度)为 30，然后将时间线拖到第 3 秒位置，设置 Blur Length(模糊强度)为 0，如图 11-120 所示。

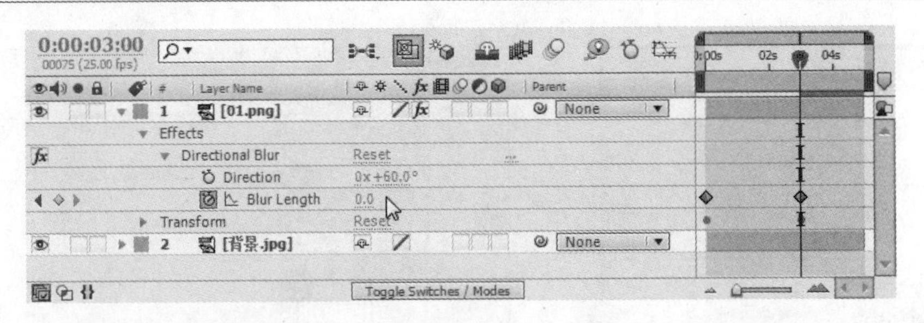

图 11-120

第 7 步 此时拖动时间线滑块即可查看最终制作的广告移动模糊效果，如图 11-121 所示。

图 11-121

11.12.2 阴影图案效果

本章学习了特效应用效果操作的相关知识，本例将详细介绍制作阴影图案效果，来巩固和提高本章学习的内容。

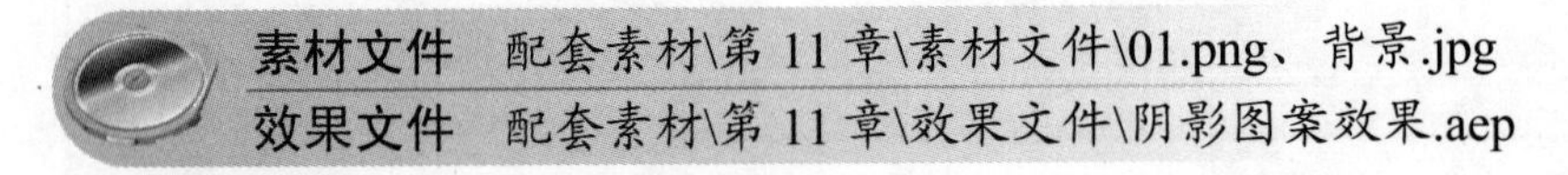

素材文件 配套素材\第 11 章\素材文件\01.png、背景.jpg
效果文件 配套素材\第 11 章\效果文件\阴影图案效果.aep

第 1 步 在项目面板中单击鼠标右键，在弹出的快捷菜单中选择 New Composition(新建合成)菜单命令，如图 11-122 所示。

第 2 步 在弹出的 Composition Settings(合成设置)对话框中，①设置合成名称为 Comp 1，②宽、高分别为 1024、768，③Frame Rate(帧速率)为 25，④Duration(持续时间)为 5s，⑤单击 OK 按钮，如图 11-123 所示。

第 3 步 在项目面板空白处中双击鼠标左键，在弹出的对话框中选择需要的素材文件，然后单击“打开”按钮，如图 11-124 所示。

第 4 步 将项目面板中的素材文件拖曳到时间线面板中，设置“01.png” 图层的 Scale(缩放)为 58，如图 11-125 所示。

第 5 步 为“01.png”图层添加 Drop Shadow(投影)效果，设置 Softness(柔和)为 15，然后选择 Shadow Only(仅阴影)复选框，如图 11-126 所示。

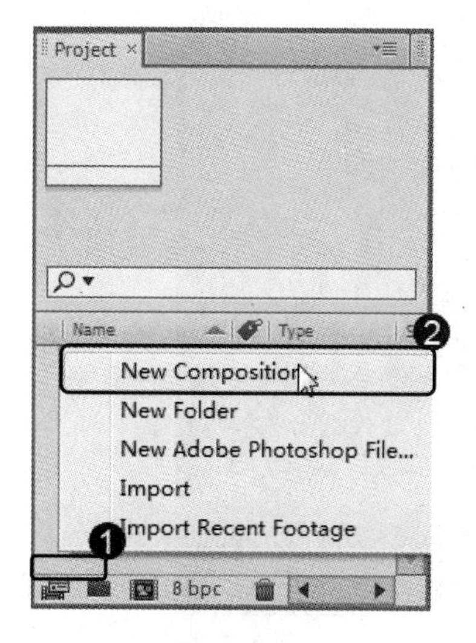

图 11-122

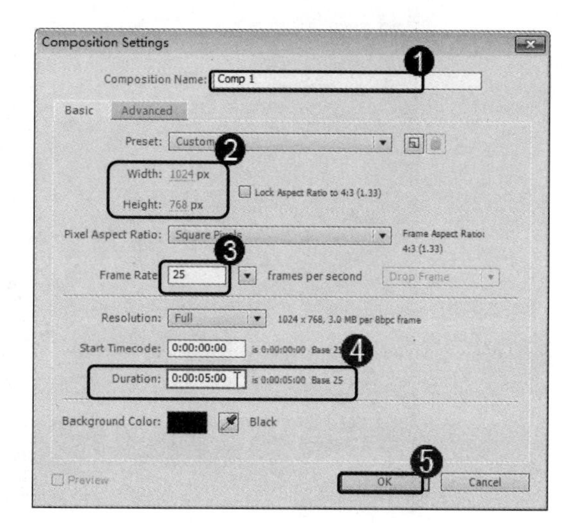

图 11-123

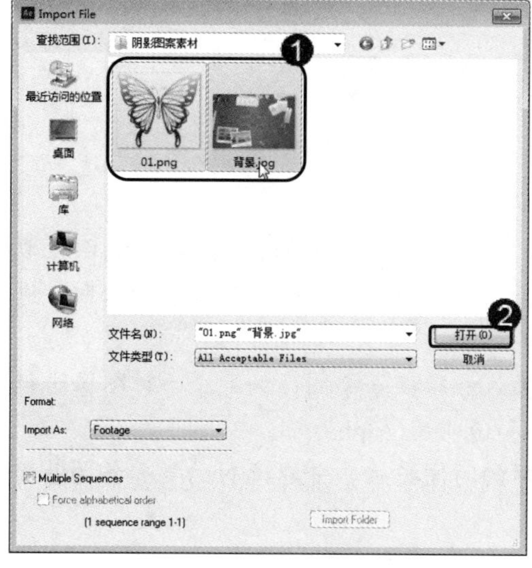

图 11-124

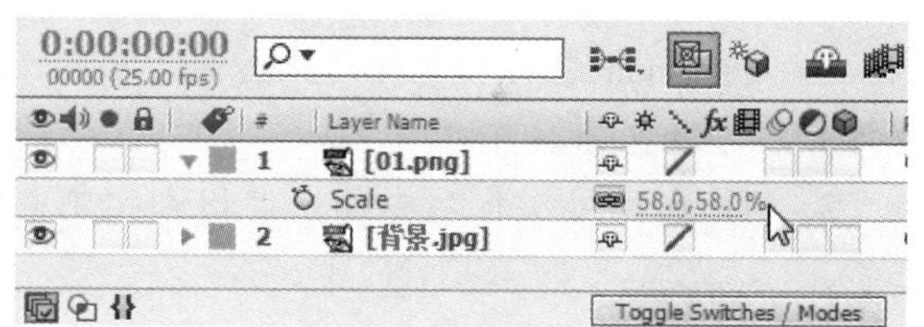

图 11-125

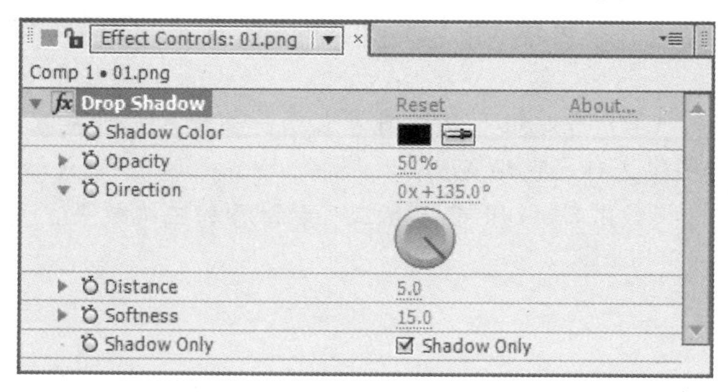

图 11-126

第 6 步 此时拖动时间线滑块即可查看最终制作的阴影图案效果，如图 11-127 所示。

图 11-127

11.13 思考与练习

一、填空题

1. 3D Channel(三维通道)特效组主要对图像进行_________的修改，所修改的图像要带有_________，如 Z 通道、材质 ID 号、物体 ID 号、法线等，通过对这些信息的读取，进行特效处理。

2. Channel(通道)特效组用来控制、抽取、插入和转换一个图像的通道，对图像进行混合计算，通道包含各自的_________、_________和透明值(Alpha)。

3. Time(时间效果)特效组主要用来控制素材的时间特性，并以素材的____作为基准。

二、判断题

1. 在启动了 After Effects CS6 软件时，Effect Controls(特效控制)面板默认为打开状态，如果不小心将它关闭了，可以执行菜单栏中的 Window(窗口)→Effect Controls(特效控制)命令，将该面板打开。（ ）

2. Generate(生成效果) 特效组可以在图像上创造各种常见的特效，如闪电、圆、镜头光晕等，但不可以对图像进行颜色填充。（ ）

3. Perspective(透视效果)特效组可以为二维素材添加三维效果，主要用于制作各种透视效果。（ ）

三、思考题

1. 视频特效的使用方法？
2. 如何隐藏或删除效果？

第12章

高级动画控制

本章要点

- 运动控制
- 运动表达式
- 运动跟踪

本章主要内容

本章主要介绍运动控制和运动表达式方面的知识与技巧，同时还讲解了运动跟踪的相关知识及操作方法。通过本章的学习，读者可以掌握高级动画控制基础操作方面的知识，为深入学习 After Effects CS6 基础知识奠定基础。

12.1 运 动 控 制

在 After Effects 中，可以通过调节关键帧差值，对层的运动路径进行平滑处理，并对速率进行减速、加速等高级调节。本节将详细介绍运动控制的相关知识及操作方法。

12.1.1 运动插值概述

After Effects 基于曲线进行插值控制。通过调节关键帧的方向手柄，对插值的属性进行调节。不同的时间插值的关键帧在时间线面板中的图标也不相同。在合成面板中，用户可以通过调节关键帧的控制柄来改变运动路径的平滑度，如图 12-1 所示。

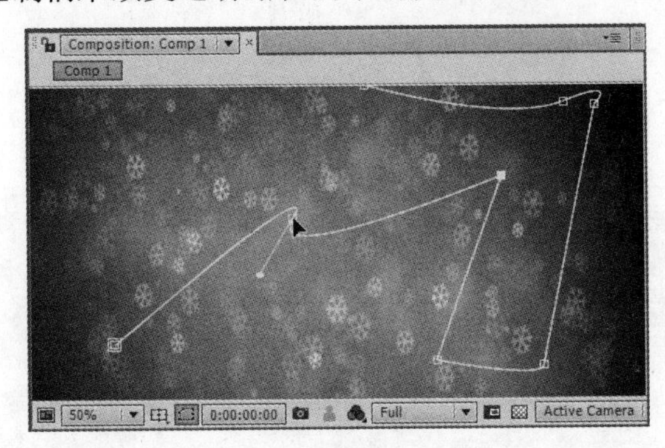

图 12-1

1. 插值介绍

(1) “线性”插值。

它是 After Effects 默认的插值方式，它使关键帧产生相同的变化率，具有较强的变化节奏，但相对比较机械。如果一个层上所有的关键帧都是“线性”插值方式，则从第一个关键开始匀速变化到第二个关键帧，到达第二个关键帧后，变化率转换为第二至第三个关键帧的变化，匀速变化到第三个关键帧。关键帧结束，变化停止。在“图表编辑器”中可以观察到“线性”插值关键帧之间的连接线段在值图中显示为直线，如图 12-2 所示。

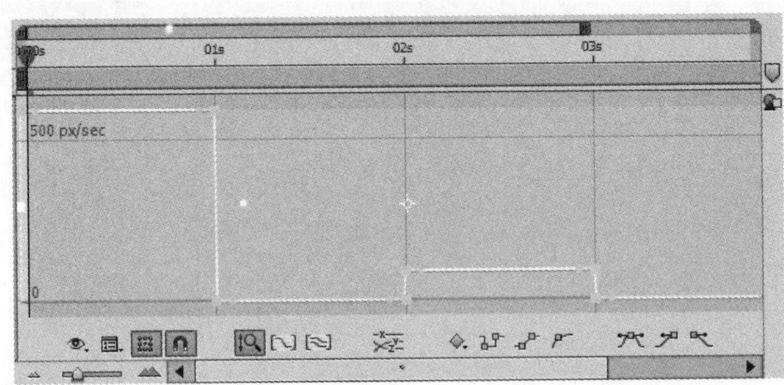

图 12-2

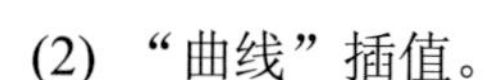

(2) “曲线”插值。

此插值方式的关键帧具有可调节手柄，用于改变运动路径的形状，并为关键帧提供最精确的插值，具有很好的可控性。如果层上的所有关键帧都使用“曲线”插值方式，则关键帧间都会有一个平稳地过渡。“曲线”插值通过保持方向手柄的位置平行于连接前一关键帧和下一关键帧的直线来实现，通过调节手柄，可以改变关键帧的变化率，如图 12-3 所示。

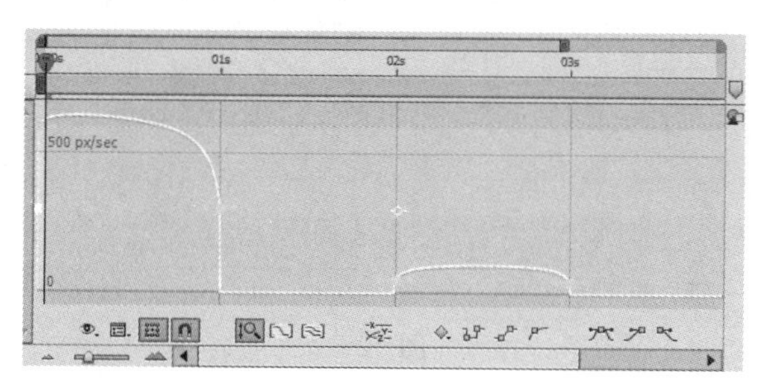

图 12-3

(3) “连续曲线”插值。

与“曲线”插值相似，“连续曲线”插值在穿过一个关键帧时，产生一个平稳的变化率。与“曲线”插值不同的是，“连续曲线”插值的方向手柄在调整时只能保持直线，如图 12-4 所示。

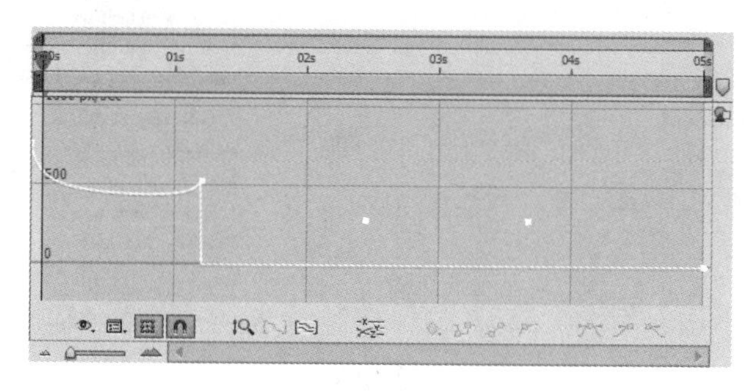

图 12-4

(4) “自动曲线”插值。

在通过关键帧时产生一个平稳的变化率，它可以对关键帧两边的路径进行自动调节，如果以手动方法调节“自动曲线”插值，则关键帧插值变为“连续曲线”插值，如图 12-5 所示。

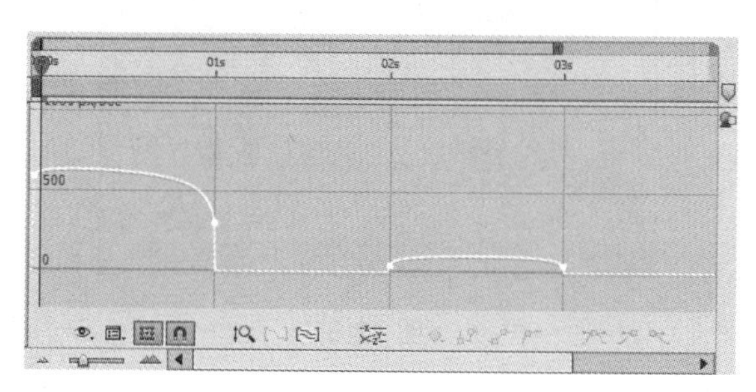

图 12-5

(5) “停止”插值。

根据时间来改变关键帧的值，关键帧之间没有任何过渡。使用“停止”插值，第一个关键帧保持其值不变，在到下一个关键帧时，值立即变为下一个关键帧的值，如图 12-6 所示。

01s
02s
03s
500
0

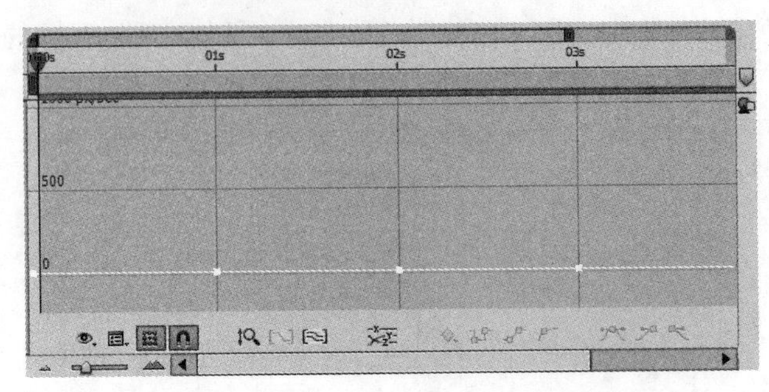

图 12-6

2. 改变差值

在时间线面板中线性插值的关键帧上单击鼠标右键，然后在弹出的快捷菜单中选择 Keyframe Interpolation(关键帧插值)菜单命令，如图 12-7 所示。

Shape...
Edit Value...
Select Equal Keyframes
Select Previous Keyframes
Select Following Keyframes
Toggle Hold Keyframe
Keyframe Interpolation...
Rove Across Time
Keyframe Velocity...
Keyframe Assistant
Mode
T
TrkMat
Parent
Normal
None
48.0 pixels

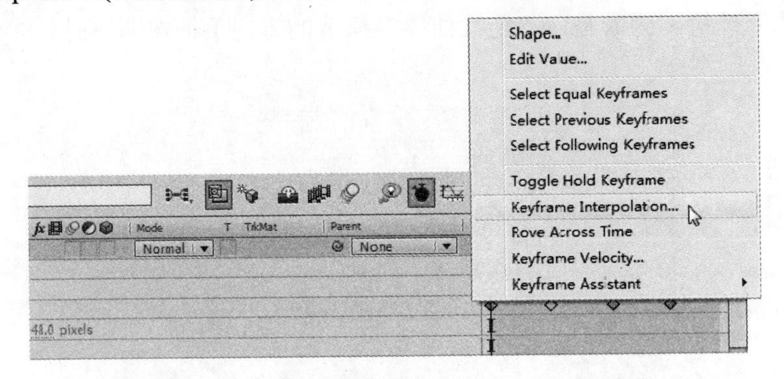

图 12-7

系统即可弹出 Keyframe Interpolation(关键帧插值)对话框，如图 12-8 所示。

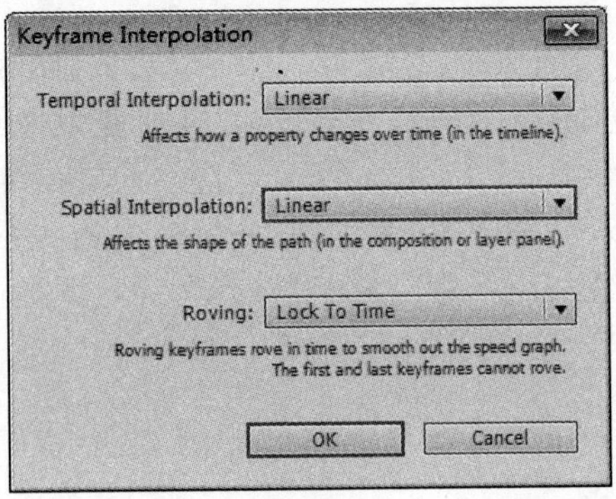

Keyframe Interpolation
Temporal Interpolation: Linear
Affects how a property changes over time (in the timeline).
Spatial Interpolation: Linear
Affects the shape of the path (in the composition or layer panel).
Roving: Lock To Time
Roving keyframes rove in time to smooth out the speed graph.
The first and last keyframes cannot rove.
OK
Cancel

图 12-8

在 Temporal Interpolation(临时插值)与 Spatial Interpolation(空间插值)下拉列表框中可以

选择不同的插值方式，如图 12-9 所示。下面将分别介绍这几种不同的插值方式。

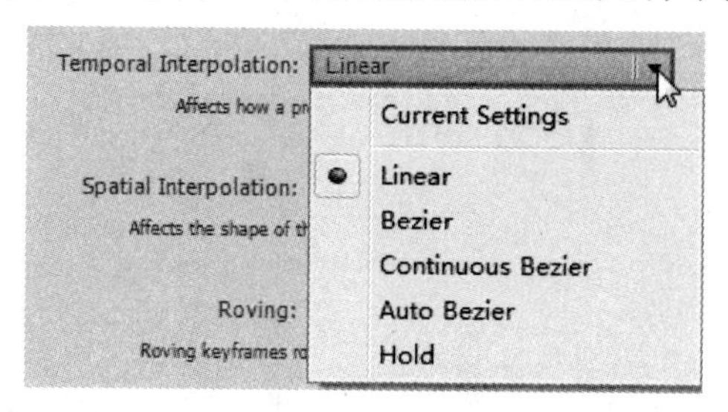

图 12-9

- Current Settings(当前设置)：保留已应用在所选关键帧上的插值。
- Linear(线性)：线性插值。
- Bezier(曲线)：贝塞尔插值。
- Continuous Bezier(连续曲线)：连续曲线插值。
- Auto Bezier(自动曲线)：自动曲线插值。
- Hold(停止)：停止插值。

在 Roving(巡回)下拉列表中可以选择关键帧空间或时间插值的方法，如图 12-10 所示，下面将分别予以详细介绍。

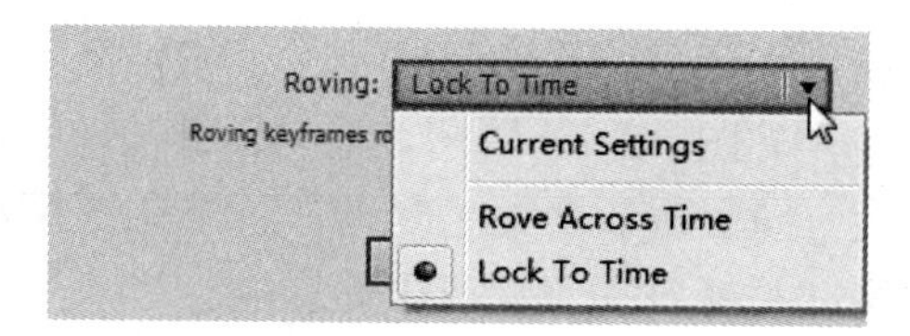

图 12-10

- Current Settings(当前设置)：保留当前设置。
- Rove Across Time(漂浮穿梭时间)：游动交叉时间。以当前关键帧的相邻关键帧为基准，通过自动变化它们在时间上的位置平滑当前关键帧的变化率。
- Lock To Time(时间锁定)：锁定时间。保持当前关键帧在时间上的位置，只能手动进行移动。

智慧锦囊

使用选择工具，按住 Ctrl 键单击关键帧标记，即可改变当前关键帧的插值。插值的变化取决于当前关键帧的插值方法。如果关键帧使用“线性”插值，则变为“自动曲线”插值；如果关键帧使用“曲线”、“连续曲线”或“自动曲线”插值，则变为“线性”插值。

12.1.2　调节速率

在“图表编辑器”中可以观察层的运动速度，并能够对其进行调整。观察“图表编辑器”中的曲线，线的位置高表示速度快，位置低表示速度慢，如图 12-11 所示。

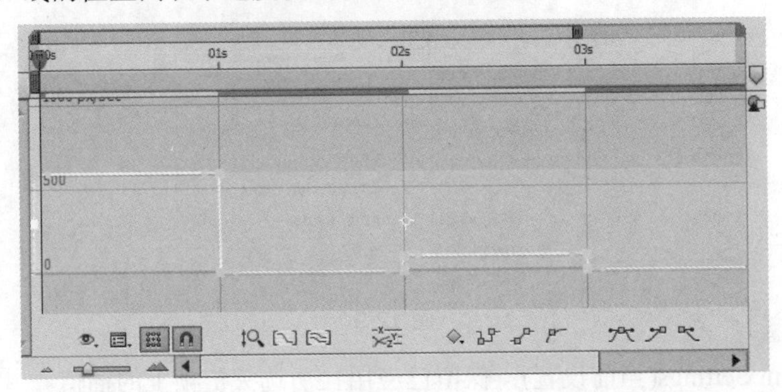

图 12-11

在合成面板中，可以通过观察运动路径上点的间隔了解速度的变化。路径上两个关键帧之间的点越密集，表示速度越慢；点越稀疏，表示速度越快。具体的调整方法如下。

➢ 调节关键帧间距：调节两个关键帧间的空间距离或时间距离，可对动画速度进行调节。在合成面板中调整两个关键帧间的距离，距离越大，速度越快；距离越小，速度越慢。在时间线面板中调整两个关键帧间的距离，距离越大，速度越慢；距离越小，速度越快。

➢ 控制手柄：在“图表编辑器”中可以调节关键帧控制点上的“缓冲手柄”，产生加速，减速等效果，如图 12-12 所示。拖动关键帧控制点上的缓冲手柄，即可调节该关键帧的速度。向上调节增大速度，向下调节减小速度。左右方向调节手柄，可以扩大或减小缓冲手柄对关键帧产生的影响。

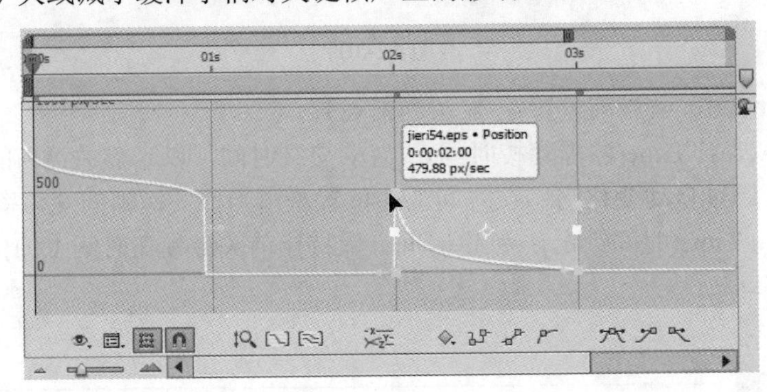

图 12-12

➢ 指定参数：在时间线面板中，在要调整速度的关键帧上单击鼠标右键，在弹出来的快捷菜单中选择 Keyframe Velocity(关键帧速率)命令，如图 12-13 所示。

系统即可弹出 Keyframe Velocity(关键帧速率)对话框，如图 12-14 所示。在该对话框中可以设置关键帧速率。

该对话框中各项参数的说明如下。

➢ Icoming Velocity(引入速度)：引入关键帧的速度。

➢ Outgoing Velocity(引出速度)：引出关键帧的速度。

➢ Speed(速度)：关键帧的平均运动速度。

➢ Influence(影响)：控制对前面关键帧(插入插值)或后面关键帧(离开插值)的影响程度。
➢ Continuous(继续)：保持相等的进入和离开速度，产生平稳过渡。

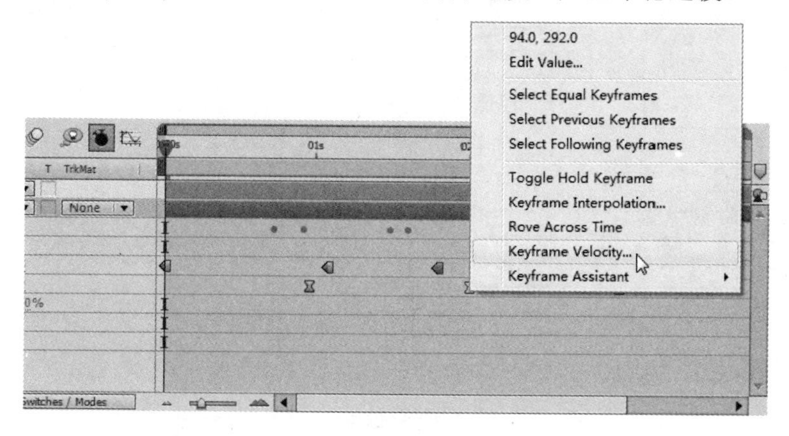

图 12-13

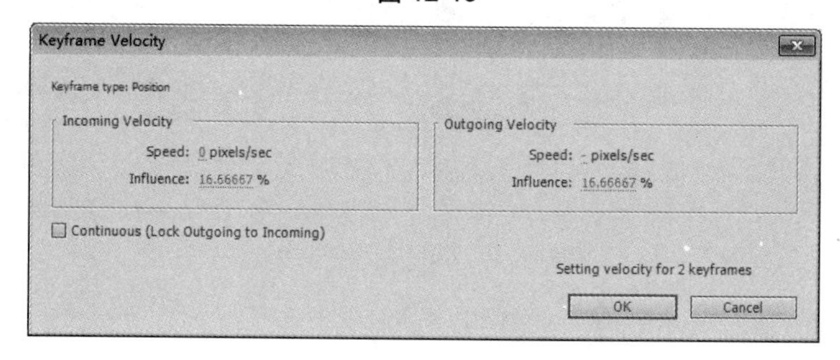

图 12-14

智慧锦囊

不同属性的关键帧在调整速率时，在对话框中的单位也不同。锚点和位置：像素/秒；遮罩形状：像素/秒，该速度用 X(水平)和 Y(垂直)两个量；缩放：百分比/秒，该速度用 X(水平)和 Y(垂直)两个量；旋转：度/秒；不透明度：百分比/秒。

12.1.3　时间控制

选择要进行调整的层，然后单击鼠标右键，在弹出的快捷菜单中选择 Time(时间)菜单命令，在其子菜单中包含对当前层的 4 种时间控制命令，如图 12-15 所示。

1. 反转时间

应用 Time-Reverse Layer(反转时间层)命令，可以对当前层实现反转，即影片倒播。在时间线面板中，设置反转后的层会有斜线显示，且执行“启动时间重置”命令会发现，当“时间指示器”在 00:00:00:00 的时间位置时，“时间重置”显示为层的最后一帧，如

图 12-16 所示。

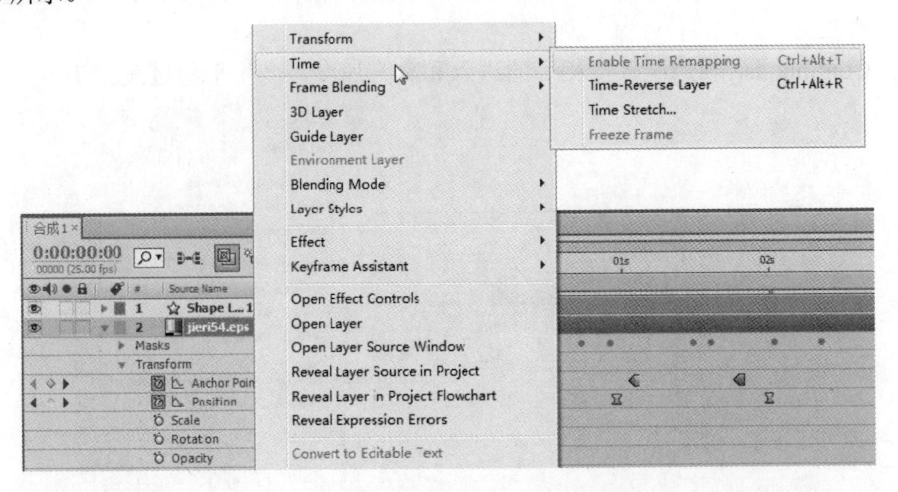

图 12-15

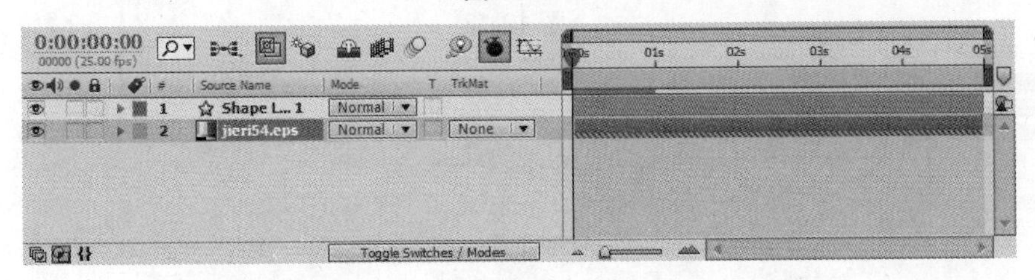

图 12-16

2. 时间伸缩

应用 Time stretch(时间伸缩)命令，系统即可弹出 Time Stretch(时间伸缩)对话框，如图 12-17 所示。通过设置参数可以改变层的持续时间。

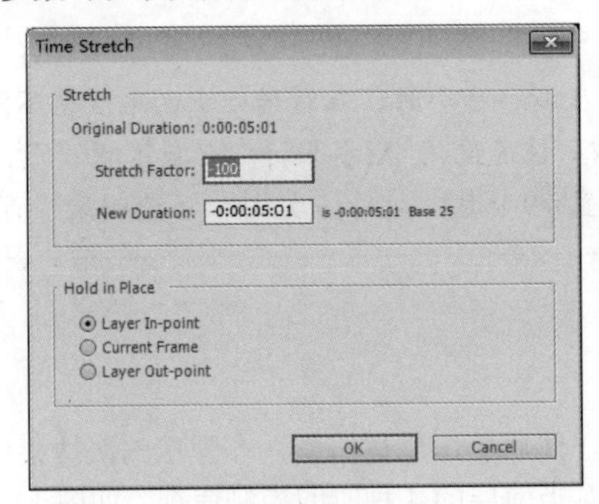

图 12-17

Stretch Factor(伸缩比率)可以按照百分比设置层的持续时间。当参数大于 100%时，层的持续时间变长，速度变慢；当参数小于 100%时，层的持续时间变短，速度变快。设置 New Duration(新建长度)参数，可以为当前层设置一个精确的持续时间。

12.2　运动表达式

表达式是基于 JavaScript 的一种用语言描述动画的方式。当制作较为复杂的动画效果时，例如变速运动的汽车，如果使用表达式将其车轮的位置和旋转角度变化与车身的运动建立一定的关联，则会省去大量的关键帧，本节将详细介绍基本表达式的相关知识。

12.2.1　表达式概述

虽然 After Effects CS6 表达式基于 JavaScript 脚本语言，但是在使用表达式时并不一定要掌握 JavaScript 语言，因为可以使用 Expression Pick whip(表达式关联器)关联表达式或复制表达式实例中的表达式语言，然后可以根据实际需要进行适当的数值修改。

表达式的输入完全可以在时间线面板中完成，也可以使用 Expression Pick whip(表达式关联器)为不同的图层属性创建关联表达式，当然也可以在表达式输入框中修改表达式，如图 12-18 所示。具体说明如下。

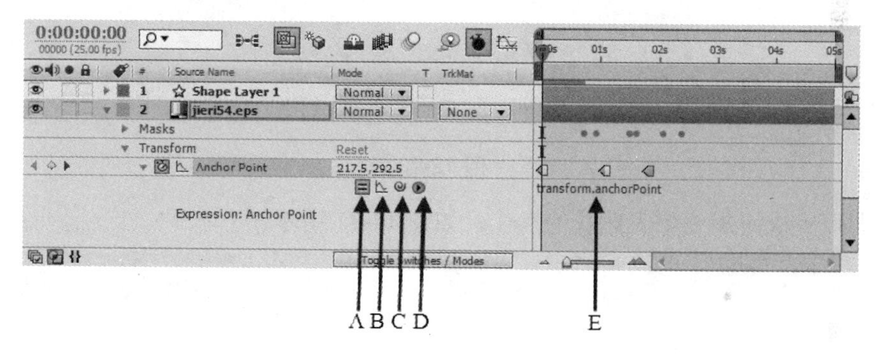

图 12-18

- A：表达式开关，凹陷时处于开启状态，突出时处于关闭状态。
- B：是否在曲线编辑模式下显示表达式动画曲线。
- C：表达式关联器。
- D：表达式语言菜单，可以在其中查找到一些常用的表达式命令。
- E：表达式输入框。

12.2.2　创建表达式

应用表达式可以在层的属性之间建立关联，使用某一属性的关键帧去操纵其他属性，从而提高工作效率，为属性添加表达式，可以在时间线面板中选择属性，然后选择菜单命令 Animation(动画)→Add Expression(添加表达式)，如图 12-19 所示。

或使用快捷键 Alt+Shift+=，还可以按住 Alt 键，然后在时间线面板或效果控制面板中单击属性名称旁边的秒表按钮，如图 12-20 所示。

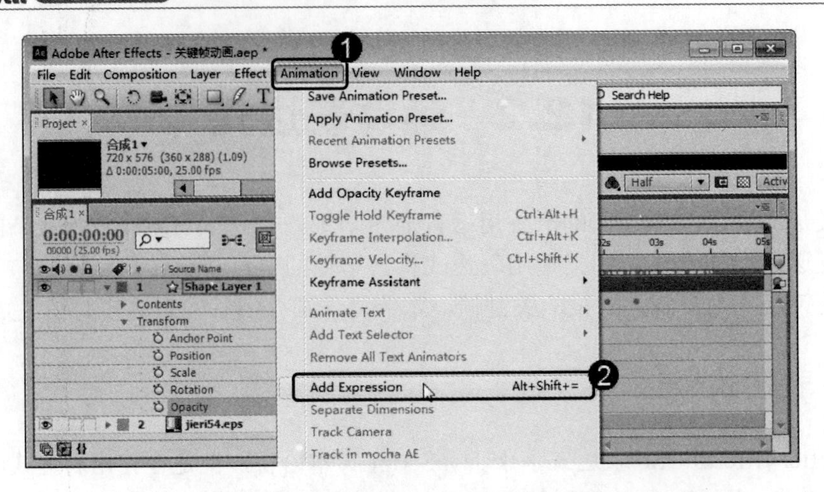

图 12-19

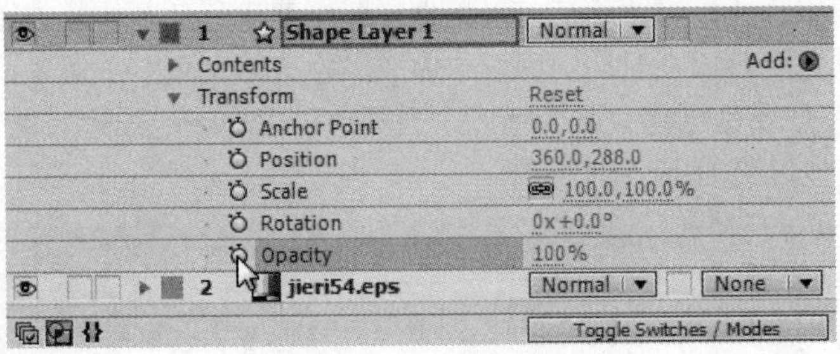

图 12-20

这样即可完成添加一个表达式的操作，如图 12-21 所示。

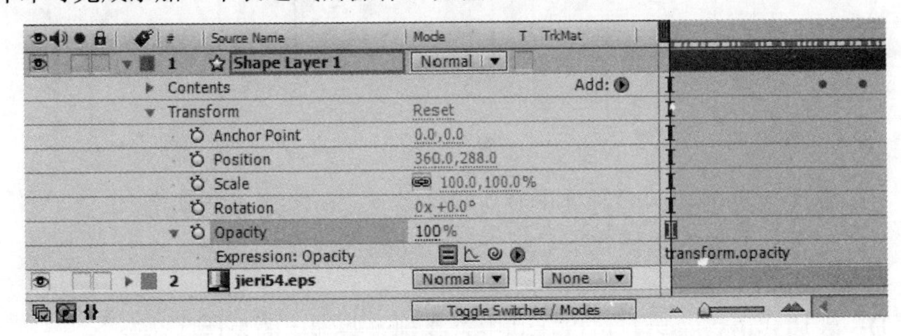

图 12-21

12.2.3 删除表达式

为属性删除表达式，可以在时间线面板中选择属性，然后选择菜单命令 Animation(动画)→Remove Expression(移除表达式)，如图 12-22 所示。

或者按住 Alt 键，然后在时间线面板或效果控制面板中单击属性名称旁边的秒表按钮即可。

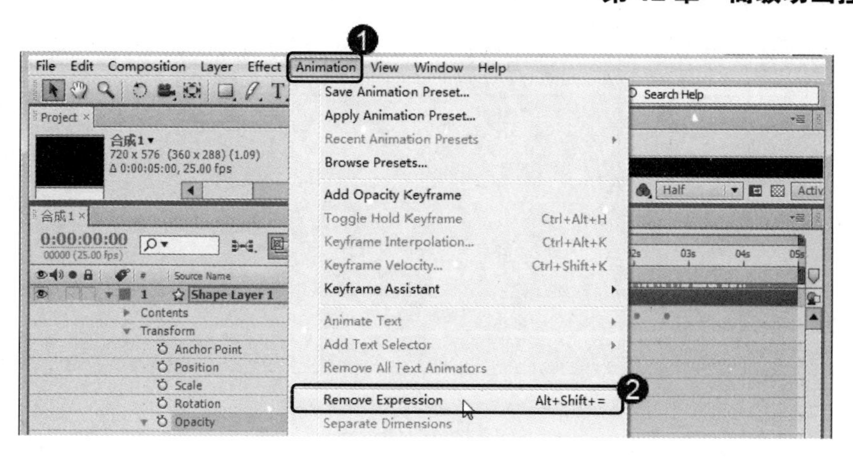

图 12-22

12.3　运 动 跟 踪

运动跟踪(Motion Tracker)是 After Effects CS6 中强大和特殊的动画功能。运动跟踪可以对动态素材中的某个或某几个指定像素点进行跟踪，然后将跟踪的结果作为路径依据进行各种特效处理。本节将详细介绍运动跟踪的一些基础知识及操作方法。

12.3.1　运动跟踪的作用与应用范围

运动跟踪可以匹配源素材的运动或消除摄影机的抖动，下面将分别予以详细介绍运动跟踪的作用与应用范围。

1. 运动跟踪的作用

运动跟踪主要有以下两个作用。

(1) 跟踪镜头中目标对象的运动，然后将跟踪的运动数据应用于其他图层或滤镜中，让其他图层元素或滤镜与镜头中的运动对象进行匹配。

(2) 将跟踪镜头中的目标物体的运动数据作为补偿画面运动的依据，从而达到稳定画面的作用。运动跟踪其实主要包含两部分：跟踪(Tracker)和稳定(Stabilize)。

2. 运动跟踪的应用范围

运动跟踪的应用范围很广，主要有以下 3 点。

(1) 为镜头中添加匹配特技元素。例如，为运动的篮球添加发光效果。

(2) 将跟踪目标运动数据应用于其他的图层属性。例如，当汽车从屏幕前开过时，立体声音从左声道切换到右声道。

(3) 稳定摄影机拍摄的摇晃镜头。

12.3.2　运动跟踪的设置

运动跟踪的参数是通过在 Tracker(跟踪)面板来进行设置的，与其他参数一样可以进行修改，并且可以用来制作动画以及使用表达式，如图 12-23 所示。

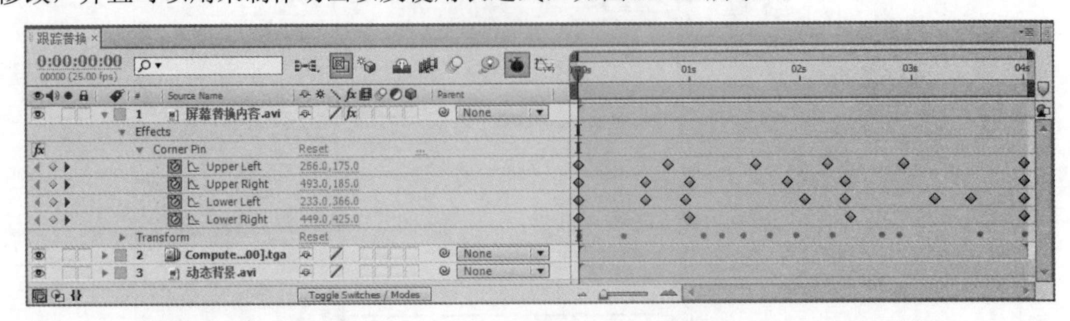

图 12-23

运动跟踪通过在 Layer(图层)预览窗口中的指定区域来设置 Tracker Points(跟踪点)，每个跟踪点都包含有 Feature Region(特征区域)、Search Region(搜索区域)和 Attach Point(附着点)。具体介绍如下。

➢ Feature Region(特征区域)：特征区域定义了图层被跟踪的区域，包含有一个明显的视觉元素，这个区域应该在整个跟踪阶段都能被清晰辨认。
➢ Search Region(搜索区域)：搜索区域定义了 After Effects 搜索特征区域的范围，为运动物体在帧与帧之间的位置变化预留出搜索空间。搜索区域设置的范围越小，越节省跟踪时间，但是会增大失去跟踪目标的概率。
➢ Attach Point(附着点)：指定跟踪结果的最终附着点。

在 After Effects CS6 中，使用一个跟踪点来跟踪运动位置属性，使用两个跟踪点来跟踪缩放和旋转属性，使用 4 个跟踪点来跟踪画面的透视效果。

12.3.3 Tracker(跟踪)面板

跟踪与稳定操作都是利用一个名为 Tracker 的面板来进行的。在菜单栏中选择 Window(窗口)→Tracker(跟踪)菜单命令，即可开启“跟踪”面板，开启的 Tracker(跟踪)面板如图 12-24 所示。

图 12-24

下面将详细介绍该面板中的详细信息。

- Track Camera：单击该按钮可以进行摄影机反求操作。
- Warp Stabilizer：单击该按钮可以进行自动画面稳定操作，在选择晃动素材后，直接单击该按钮可以自动稳定画面。
- Track Motion：单击该按钮可以进行追踪操作。
- Stabilize Motion：单击该按钮可以进行稳定操作。无论单击 Track Motion 按钮还是 Stabilize Motion 按钮选择的层都会在 Layer(图层)面板中开启，并显示默认的 1 个追踪点，即进行 1 点追踪操作。追踪操作在 Layer(图层)面板中进行，如图 12-25 所示。

图 12-25

- Motion Source：指定追踪的源，即需要进行追踪操作的层。
- Current Track：指定当前的追踪轨迹。一个层可以进行多个追踪，可在此参数中切换不同的追踪轨迹。
- Track Type：指定追踪类型。
- Transform：变换追踪，可分别设置为 1 点追踪、2 点追踪。选择该选项时，下方的 Position、Rotation、Scale 选项被激活。如仅选择 Position，则进行 1 点追踪，仅记录位置属性变化，是默认的追踪方式。如选择 Position 的同时选择其他任何一个选项或全部选择，则 Layer 面板中将出现 2 个追踪点，可进行 2 点追踪操作，该操作记录位置变化的同时还记录旋转或缩放变化，如图 12-26 所示。

图 12-26

➢ Stabilize：稳定，选择该选项可对层进行稳定操作，使用方法与 Transform 相同。
➢ Perspective Corner Pin：透视叫点追踪，也称为 4 点追踪，主要记录层中某个面的透视变化。该追踪方式用于对某个面进行贴图操作。选择该追踪方式可产生 4 个追踪点，可分别追踪目标平面的 4 个顶点，追踪完毕后这 4 个追踪点的位置可替换为贴图 4 个顶点的位置，如图 12-27 所示。

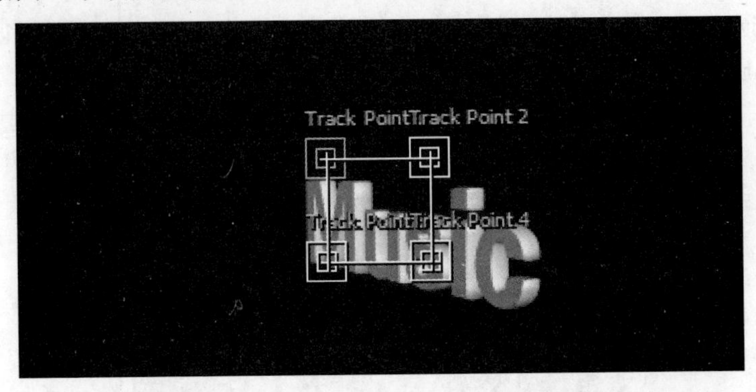

图 12-27

➢ Parallel Corner Pin：平行角点追踪，也称为 3 点追踪，主要记录层中某个面的透视变化。一般使用 Perspective Corner Pin 追踪方式进行追踪，如果追踪过程中某个角点在画面外，或不容易追踪时，才使用这种方式。该方法可对 3 个指定点进行追踪操作，第 4 个点通过这 3 个点的位置计算出来，因此不能得到正确的透视变化。
➢ Raw：相当于 1 点追踪，仅追踪 Position 数据，得到的数据无法直接应用于其他层，一般通过复制和粘贴、表达式连接的方式使用该数据。
➢ Edit Target：编辑目标。定义将得到的追踪数据赋予哪一个层或特效，即需要跟随跟踪元素运动的层或特效。单击该按钮可以开启 Motion Target(追踪目标)对话框，如图 12-28 所示。

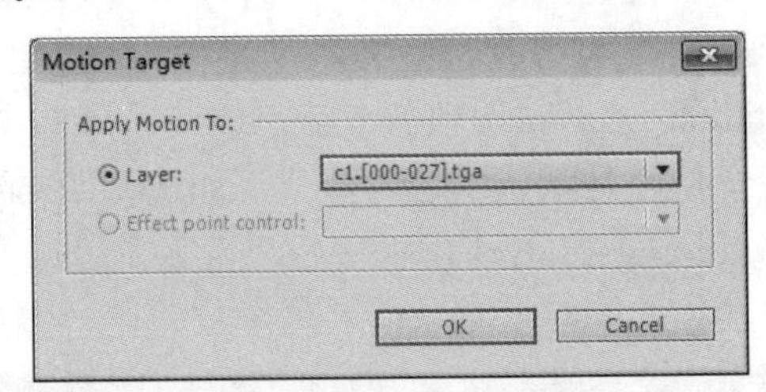

图 12-28

➢ Layer：单击下拉列表框可以指定一个层，即将追踪数据赋予该层。
➢ Effects Point Control：单击下拉列表框可以指定追踪层上添加特效的位移属性参数，即将追踪数据赋予本层的特效控制点参数。
➢ Options：单击该按钮可以开启 Motion Tracker Options 对话框，可以对追踪进行进一步的设置，如图 12-29 所示。
➢ Track Name：指定当前追踪的名称。
➢ Tracker Plug-in：显示载入到 After Effects 中的追踪插件。

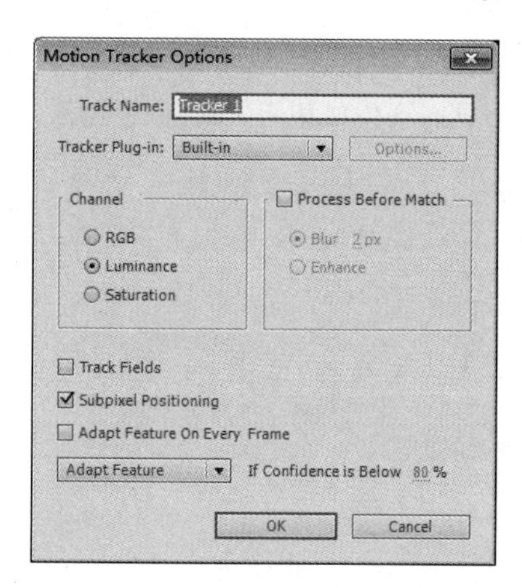

图 12-29

- Channel：追踪都是基于像素差异进行的，追踪点与周围环境没有差异的话，则无法正确追踪点的变化。该选项用于指定追踪点与周围像素的差异类型，RGB 为色彩差异，Luminance 为亮度差异，Saturation 为饱和度差异。
- Track Fields：识别追踪层的场，比如 PAL 制每秒 25 帧可识别为 50 场。
- Subpixel Positioning：子像素匹配，将特征区域的像素细分处理，得到更精确的运算结果。
- Adapt Feature On Every Frame：对每帧都优化特征区域，可提高追踪的精确度。
- If Confidence is Below：定义当追踪分析时特征低于多少百分比时，应采取的处理方式，可设置为 Continus Tracking(继续追踪)、Stop Tracking(停止追踪)、Extrapolate Motion(自动推算运动)，或 Adapt Feature(优化特征区域)。其中，Extrapolate Motion 可在追踪点被短暂遮挡时自动计算该追踪点应该运动到的位置，并从该位置继续开始追踪。
- Analyze：对追踪操作开始进行分析，在分析的过程中追踪点会产生关键帧。
- Analyze 1 Frame Backward ：向后分析一帧。
- Analyze Backward ：倒放分析。
- Analyze Forward ：播放分析。
- Analyze 1 Frame Forward ：向前分析一帧。
- 在分析的过程中，如果追踪点脱离了追踪区域，可以将时间指示标向前拖动至追踪正确区域，重新追踪。新的追踪关键帧会替换错误的追踪关键帧。
- Reset：重置追踪结果，如对追踪结果不满意可以单击此按钮。
- Apply：应用追踪结果，如对追踪结果满意可以单击此按钮，将追踪结果应用到 Edit Target 指定的层上。

12.3.4　时间线面板中的运动跟踪参数

在 Tracker 面板中单击 Track Motion(运动跟踪)按钮或 Stabilize Motion(运动稳定)按钮时，时间线面板中的源图层都会自动创建一个新的 Tracker(跟踪器)。每个跟踪器都可以包括一个或多个 Track Point(跟踪点)，当执行跟踪分析后，每个跟踪点中的属性选项组都会根据跟踪情况来保存跟踪数据，同时会生成相应的跟踪关键帧，如图 12-30 所示。

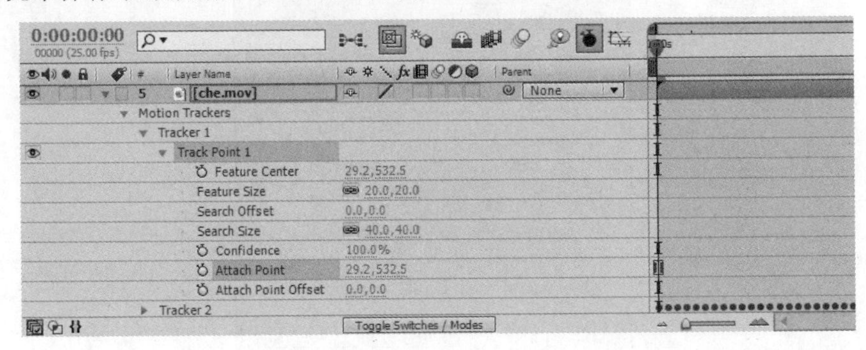

图 12-30

下面将详细介绍这些运动跟踪参数的说明。

- Feature Center(特征中心)：设置特征区域的中心位置。
- Feature Size(特征大小)：设置特征区域的宽度和高度。
- Search Offset(搜索偏移)：设置搜索区域中心相对于特征区域中心的位置。
- Search Size(搜索大小)：设置搜索区域的宽度和高度。
- Confidence(程度)：该参数是 After Effects CS6 在进行跟踪时生成的每个帧的跟踪匹配程度。在一般情况下都不需要自行设置该参数，因为 After Effects CS6 会自动生成。
- Attach Point(附着点)：设置目标图层或滤镜控制点的位置。
- Attach Point Offset(附着点偏移)：设置目标图层或滤镜控制中心相对于特征区域中心的位置。

12.3.5 运动跟踪和运动稳定

运动跟踪和运动稳定处理跟踪数据的原理是一样的，只是它们会根据各自的目的将跟踪数据应用到不同的目标。使用运动跟踪可以将跟踪数据应用于其他图层或滤镜控制点，而使用运动稳定可以将跟踪数据应用于源图层自身来抵消运动。

在前期影视素材的拍摄过程中，由于种种原因，可能会导致拍摄的画面产生抖动，从而影响到最终效果。使用 After Effects 的稳定跟踪功能可以对颤抖的画面进行平稳处理。

“稳定”与“跟踪”使用的是同一个操作面板，它们的参数也相似。在使用“稳定”功能时，选择操作层后，再单击 Tracker(跟踪)面板中的 Stabilize Motion 按钮即可。

12.4 实践案例与上机指导

通过本章的学习，读者基本可以掌握高级动画控制的基本知识以及一些常见的操作方法，下面通过练习操作，以达到巩固学习、拓展提高的目的。

12.4.1　文字晃动效果表达式

本章学习了高级动画控制表达式的相关知识，本例将详细介绍文字晃动效果表达式，来巩固和提高本章学习的内容。

素材文件　配套素材\第 12 章\素材文件\背景.jpg

效果文件　配套素材\第 12 章\效果文件\文字晃动效果.aep

第 1 步　执行菜单栏中的 Composition(合成)→New Composition(新建合成)命令，打开 Composition Settings(合成设置)对话框，新建一个 Composition Name(合成名称)为 Comp 1，设置 With(宽)为 1024，Height(高)为 768，Frame Rate(帧率)为 25，并设置 Duration(持续时间)为 00:00:03:00 秒的合成，如图 12-31 所示。

第 2 步　单击 OK 按钮后，在项目面板中双击打开 Import File(导入文件)对话框，打开本例的配套素材文件，如图 12-32 所示。

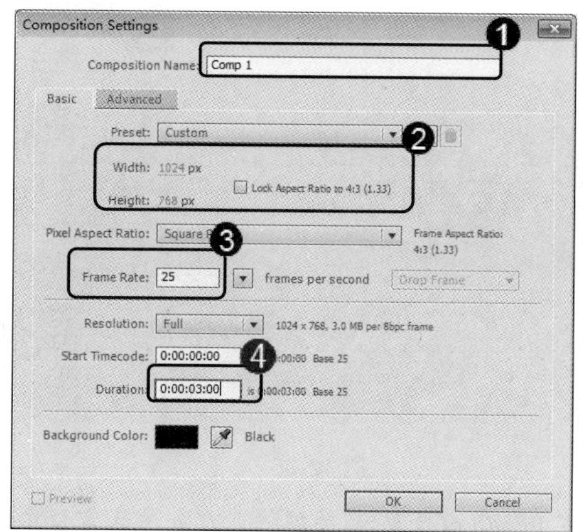

图 12-31

图 12-32

第 3 步　将项目面板中的“背景.jpg”素材文件拖曳到时间线面板中，如图 12-33 所示。

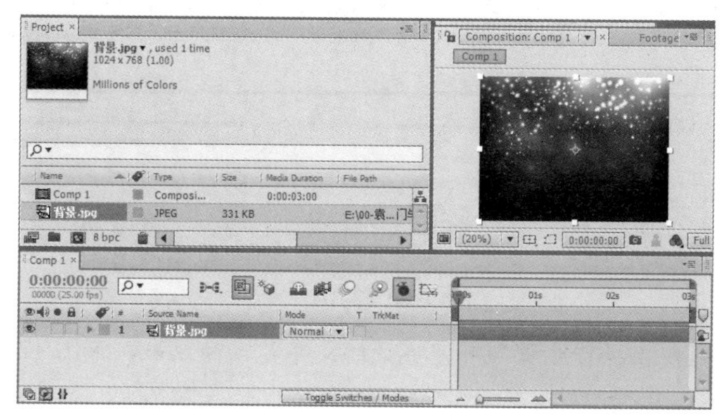

图 12-33

第 4 步 新建文字图层，在合成窗口中输入文字，设置“字体”为 LilyUPC，字体大小为 160，“字体颜色”为黄色，然后单击“粗体”按钮 T，如图 12-34 所示。

图 12-34

第 5 步 此时拖动时间线滑块可以查看效果，如图 12-35 所示。

第 6 步 设置文字图层的 Mode(模式)为 Add(添加)，Opacity(不透明度)为 50%，如图 12-36 所示。

图 12-35　　图 12-36

第 7 步 按住 Alt 键，单击文字图层下 Position(位置)的关键帧，在表达式窗口中输入表达式 wiggle(5,300)，如图 12-37 所示。

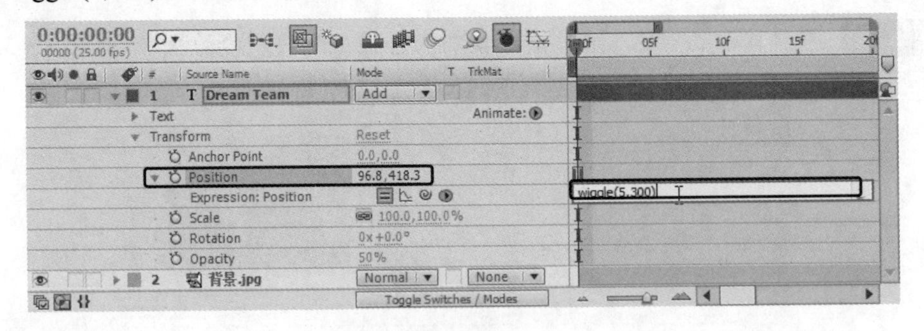

图 12-37

第 8 步 通过以上操作步骤即可完成最终文字晃动的效果，如图 12-38 所示。

图 12-38

12.4.2　更换室外广告牌效果

本章学习了高级动画控制的相关知识，本例将详细介绍制作更换室外广告牌效果，来巩固和提高本章学习的内容。

素材文件　配套素材\第 12 章\素材文件\01.avi、02.jpg

效果文件　配套素材\第 12 章\效果文件\更换室外广告牌效果.aep

第 1 步　在项目面板空白处中双击鼠标左键，在弹出的对话框中选择本节的素材文件，然后单击“打开”按钮，如图 12-39 所示。

第 2 步　在项目面板中将“01.avi”和“02.jpg”素材文件按顺序拖曳到时间线面板中，如图 12-40 所示。

图 12-39

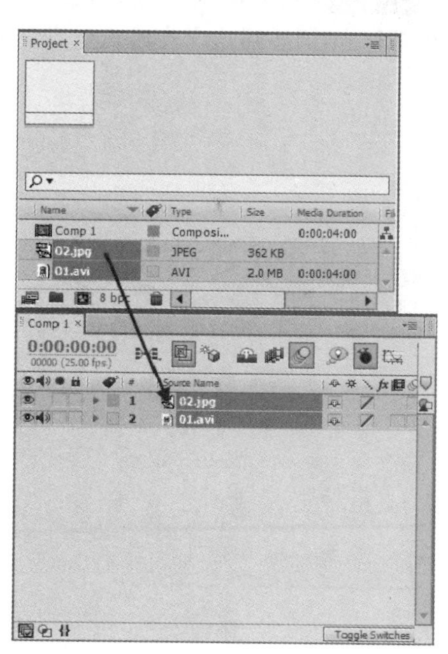

图 12-40

第 3 步　在菜单栏中选择 Window(窗口)→Tracker(跟踪)菜单命令，如图 12-41 所示。

第 4 步　打开 Tracker(跟踪)面板，选择“01.avi”图层，单击 Tracker(跟踪)面板中的 Track Motion(运动跟踪)按钮，如图 12-42 所示。

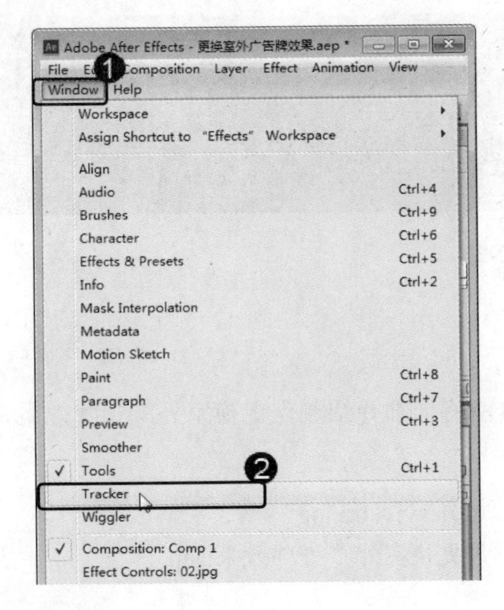

图 12-41

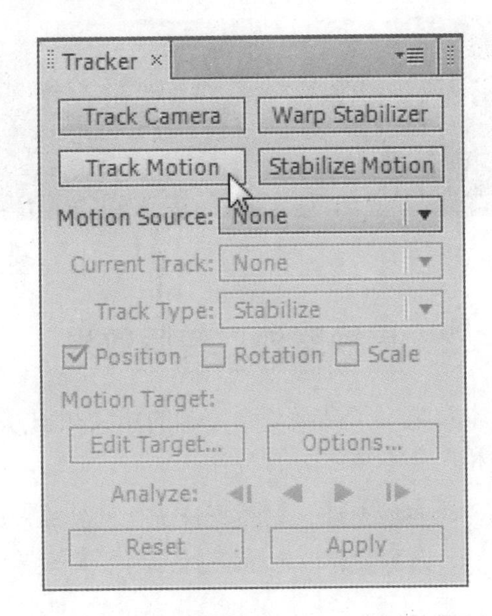

图 12-42

第 5 步 设置 Track Type(跟踪类型)为 Perspective corner pin(透视边角定位)，如图 12-43 所示。

第 6 步 将时间线拖到起始帧的位置，在“01.avi”监视器窗口中，分别将 4 个 Track Point(跟踪点)调整到广告牌的 4 个边角位置，如图 12-44 所示。

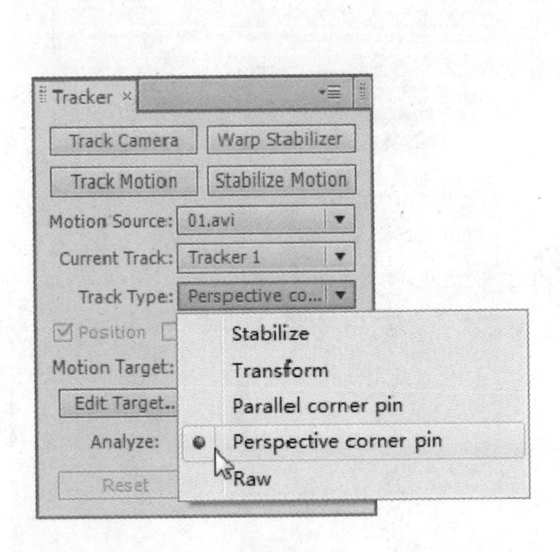

图 12-43

图 12-44

第 7 步 选择“01.avi”图层，单击 Tracker(跟踪)面板中的“分析前进”按钮▶，如图 12-45 所示。

第 8 步 此时“01.avi”监视器窗口中出现许多跟踪运动的关键帧，如图 12-46 所示。

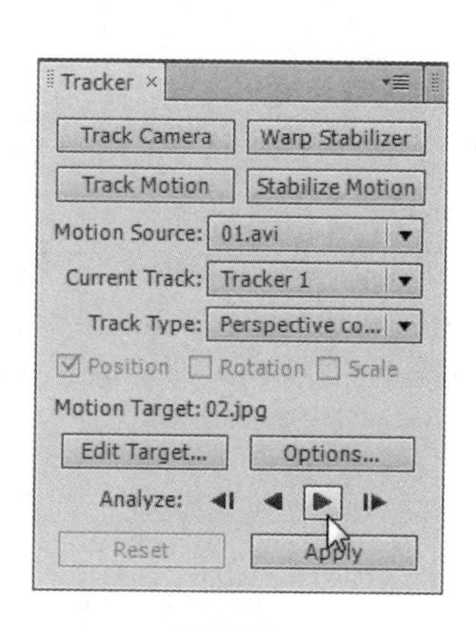

图 12-45

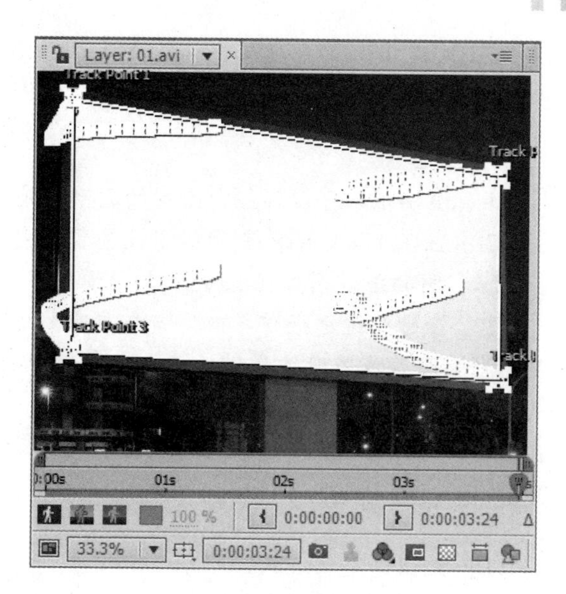

图 12-46

第 9 步 单击 Tracker(跟踪)面板中的 Apply(应用)按钮 Apply ，如图 12-47 所示。

第 10 步 此时拖动时间线滑块即可查看最终更换广告牌的效果，如图 12-48 所示。

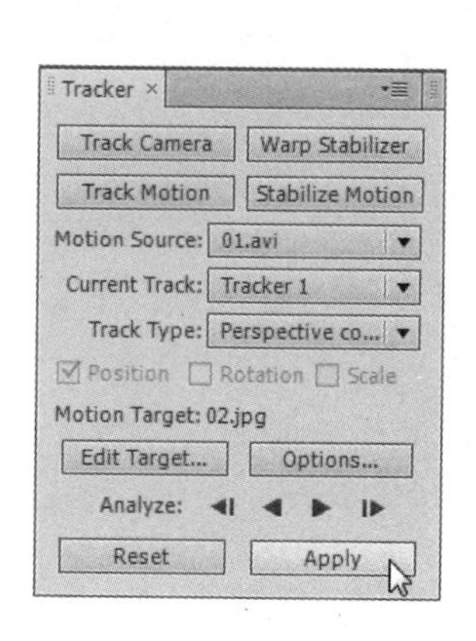

图 12-47

图 12-48

12.5　思考与练习

一、填空题

1. 运动跟踪的参数是通过在________面板来进行设置的，与其他参数一样，可以进行修改，并且可以用来制作动画以及使用表达式。

2. 在进行运动跟踪分析时，往往会因为各种原因不能得到最佳的跟踪效果，这时就需要重新调整________和________，然后重新进行分析。

3. 在______________中可以观察层的运动速度，并能够对其进行调整。

4. 观察“图表编辑器”中的曲线，线的位置高表示_________，位置低表示________。

二、判断题

1. 运动跟踪可以匹配源素材的运动或消除摄影机的抖动运动。 (　　)

2. 当在 Tracker(跟踪)面板中设置了不同的 Track Type(跟踪类型)后，After Effects CS6 会根据相同的跟踪模式在 Layer(图层)预览窗口中设置合适数量的跟踪点。 (　　)

3. 在进行运动跟踪之前，首先要观察整段影片，找出最好的跟踪目标(在影片中因为灯光影响而若隐若现的素材、在运动过程中因为角度不同而在形状上呈现出较大差异的素材不适合作为跟踪目标)。虽然 After Effects CS6 会自动推断目标的运动，但是如果选择了最合适的跟踪目标，那么跟踪成功的概率就会大大提高。 (　　)

三、思考题

1. 如何创建表达式？

2. 如何删除表达式？

新起点
电脑教程

第13章

渲染与输出

本章要点

- 渲染与输出基础
- 输出到Flash格式动画
- 其他渲染输出的方式

本章主要内容

本章主要介绍渲染与输出基础方面的知识与技巧，同时还讲解了输出Flash格式动画的相关知识及操作方法，在本章的最后还针对实际的工作需求，讲解了其他渲染输出的方法。通过本章的学习，读者可以掌握渲染与输出基础操作方面的知识与技巧。

13.1　渲染与输出基础

制作完成一部影片最终需要将其渲染，用户可以按照用途或发布媒介，将其输出为不同格式的文件。本节将详细介绍渲染与输出的一些基础知识。

13.1.1　渲染与输出概述

渲染就是由合成创建一个影片的帧。渲染一帧相当于利用合成中的所有层、设置和其他信息创建二维合成图像。影片渲染通过逐帧渲染创建影片。

虽然通常所说的渲染好像专注于最终输出，但在素材、层和合成面板中创建预览以显示影片也是一种渲染。实际上，用户可以保存一个内存预览，将其作为一个影片以及最终的效果输出。一个合成被渲染为最终输出后，由于被一个或多个工序处理，使得渲染的帧被封装到一个或多个输出文件中。这种编码渲染帧到文件的进程是一种输出的形式。

智慧锦囊

一些不涉及渲染的输出仅仅是工作流程中的一个环节，而不是最终输出。例如，可以选择菜单命令 File(文件)→Export(输出)→Adobe Premiere Pro Project，将项目输出为一个 Promiere Pro 的项目，不渲染而仅保存项目信息。总而言之，通过 Dynamic Link 转换数据无需渲染。

在 After Effects 中进行渲染与输出的途径和要素主要包含以下几个方面。

1. 渲染队列(Render Queue)面板

After Effects 中渲染和输出影片的主要方式就是使用渲染队列面板。在渲染队列面板中，可以一次性管理很多渲染项，每个渲染项都有各自的渲染设置和输出模块设置。渲染设置用于定义输出的帧速率、持续时间、分辨率和层的质量。输出模块设置一般在渲染设置后进行，指定输出格式、压缩选项、裁切和嵌入链接等功能。用户也可以将常见的渲染设置和输出模块设置存储为模板，随需调用。

2. Adobe Media Encoder

After Effects 通过渲染队列面板，使用 Adobe Media Encoder 编码多种影片格式。当使用渲染队列面板管理渲染和输出操作时，Adobe Media Encoder 会被自动调用。Adobe Media Encoder 只会在设置编码和输出时，以输出设置对话框的形式出现。

3. 输出菜单

使用菜单命令 File(文件)→Export(输出)可以渲染与输出 SWF 和 XFL 文件，以分别用于 Flash Player 和 Flash Professional。使用输出的菜单命令，还可以利用 Quick Time 组件将影片编码为 DV 流等格式。但是一般来讲，更多情况下还是使用渲染队列面板。

4. Adobe Device Central

如果为移动设备输出 H.264 格式的影片，可以使用 Adobe Device Central 预览影片在大量移动设备上播放的效果。Adobe Device Central 中包含了便携电话、便携式媒体播放器和其他的通用设备。

13.1.2　输出文件格式

After Effects 提供了多种格式和压缩选项用于输出文件，输出文件的用途决定了格式和压缩选项的设置。例如，如果影片作为最终的播出版本直接面向观众播放，就要考虑媒介的特点，以及文件尺寸和码率方面的局限性。如果影片用于和其他视频编辑系统整合的中间环节，则应该使用输出与视频编辑系统相匹配的尽量不压缩的文件格式。

在 File(文件)→Export(输出)菜单命令中提供了很多输出格式，这些格式主要借助于 QuickTime 组件和安装的编码器。使用菜单命令 File(文件)→Export(输出)→Image Sequence(图像序列)还可以输出图像序列。在具体的文件格式方面，可以输出视频和动画、视频项目、静止图片和图像序列、音频等各种格式。

(1) 视频和动画格式如下。

- 3GP(QuickTime movie)
- Adobe Clip Notes(包含渲染后影片的 PDF)
- Animated GIF(GIF)
- ElectricImage(IMG、EIZ)
- Filmstrip(FLM)
- FLV、F4V
- H.264 和 H.264Blu-ray
- MPEG-2(Windows 和基于 Intel 处理器的 Mac OS)
- MPEG-2DVD(Windows 和基于 Intel 处理器的 Mac OS)
- MPEG-2Blu-ray(Windows 和基于 Intel 处理器的 Mac OS)
- MPEG-4
- OMF(仅 Windows)
- QuickTime(MOV、DV，需要安装 QuickTime)
- SWF
- Video for Windows(AVI)
- Windows Media(仅 Windows)

(2) 视频项目格式如下。

Adobe Premiere Pro Project(PRPROJ，Windows 和基于 Intel 处理器的 Mac OS)。

(3) 静止图片格式如下。

- Adobe Photoshop(PSD，8、16 和 32 位/通道)
- Bitmap(BMP、RLE)
- Cineon(CIN、DPX，16 位/通道和 32 位/通道转换为 10 位/通道)
- CompuServe GIF(GIF)

- Maya IFF(IFF，16 位/通道)
- JPEG(JPG、JPE)
- Open EXR(EXR)
- Pict(PCT、PIC)
- PNG(PNG，16 位/通道)
- Radiance(HDR、RGBE、XYZE)
- RLE(RLE)
- SGI(SGI、BW、RGB，16 位/通道)
- Targa(TGA、VBA、ICB、VST)
- TIFF(TIF，8、16 和 32 位/通道)

(4) 音频格式如下。

- AU 音频文件(AU)
- Audio Interchange File Format(AIFF)
- MP3
- WAV

13.1.3 使用渲染队列面板渲染输出影片

使用渲染队列面板可以将影片按需求输出为多种格式，以满足各种发布媒介和用户观看的要求。下面将详细介绍使用渲染队列面板渲染输出影片的操作方法。

第 1 步 在项目面板中选择准备输出的合成，然后在菜单栏中选择 Composition(合成)→Add to Render Queue(添加到渲染队列)菜单命令，如图 13-1 所示。

第 2 步 在渲染队列面板中，单击 Output To(输出到)后面的三角形按钮▼，为输出文件选择一种命名规则，如图 13-2 所示。

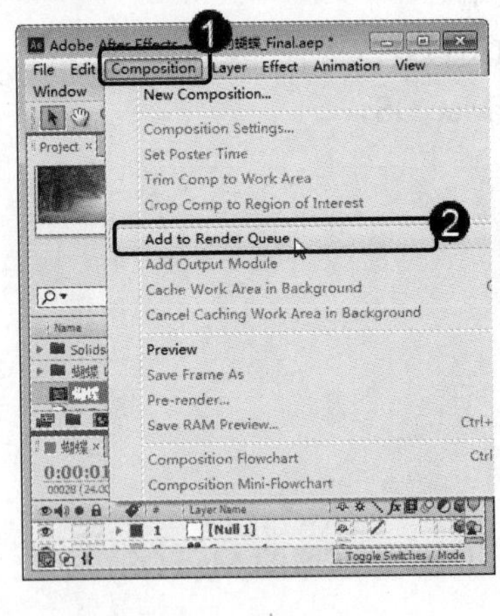

图 13-1

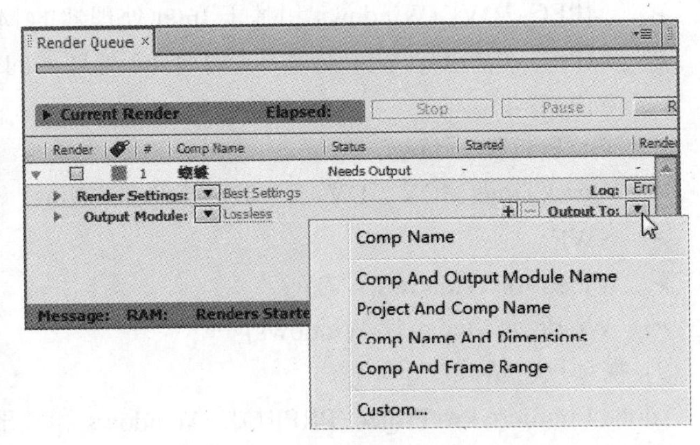

图 13-2

第 3 步 单击 Output To(输出到)右侧带下划线的文字，如图 13-3 所示。

第 4 步 弹出 Output Movie To(输出的影片)对话框，选择准备保存的磁盘空间并可以重新输入文件名，设置完毕后，单击“保存”按钮，如图 13-4 所示。

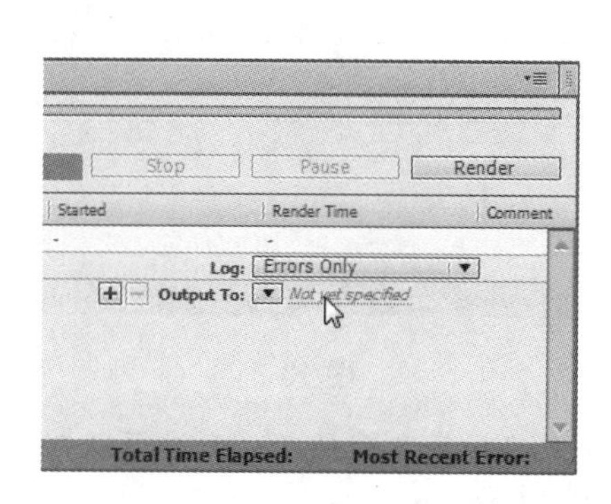

图 13-3

图 13-4

第 5 步 在渲染队列面板中，单击 Render Settings(渲染设置)右侧的带下划线的文字，如图 13-5 所示。

第 6 步 弹出 Render Settings(渲染设置)对话框，用户可以在其中进行自定义设置，如图 13-6 所示。

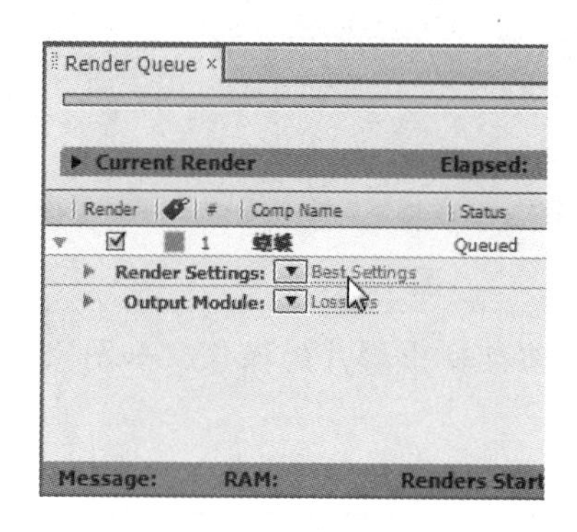

图 13-5

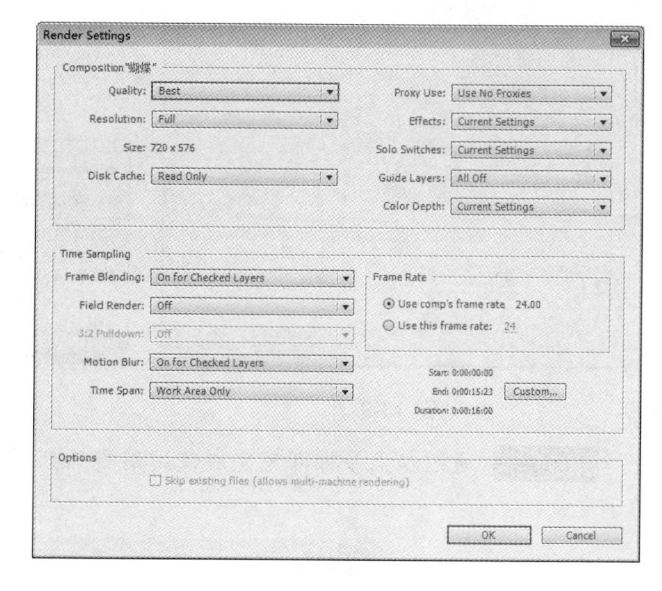

图 13-6

第 7 步 在 Log 下拉列表框中可以选择一种日志记录方式。如果生成了日志(Log)文件，其路径会显示在 Render Settings(渲染设置)标题和 Log 下拉列表框下面，如图 13-7 所示。

第 8 步 在渲染队列面板中，单击 Output Module(输出模块)右侧带下划线的文字，如图 13-8 所示。

第 9 步 弹出 Output Module Settings(输出模块设置)对话框，用户可以在其中进行自定义设置，如图 13-9 所示。

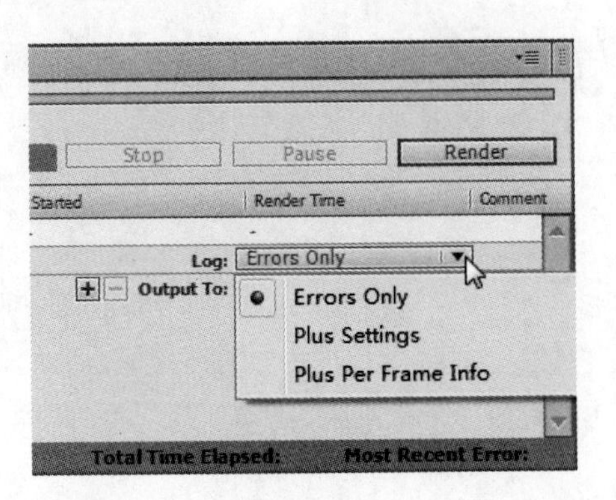

图 13-7

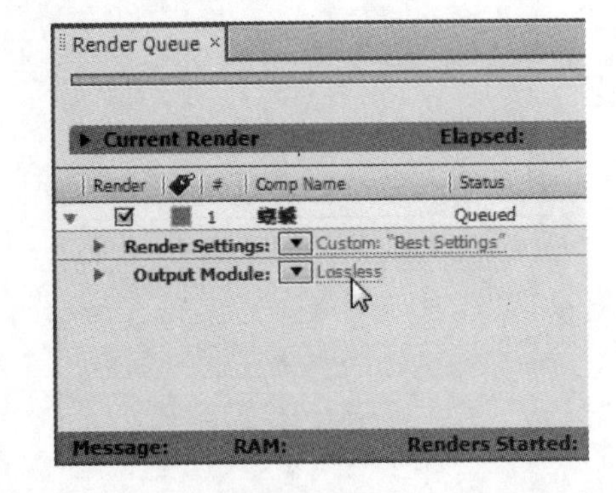

图 13-8

第 10 步 调整完毕后，单击 Render(渲染)按钮，将按照队列的顺序和设置队列中的影片项目进行输出，渲染结束后会有一个音频提示，如图 13-10 所示。

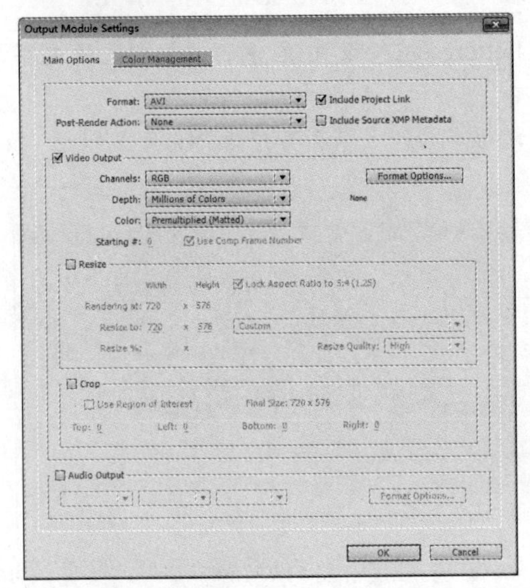

图 13-9

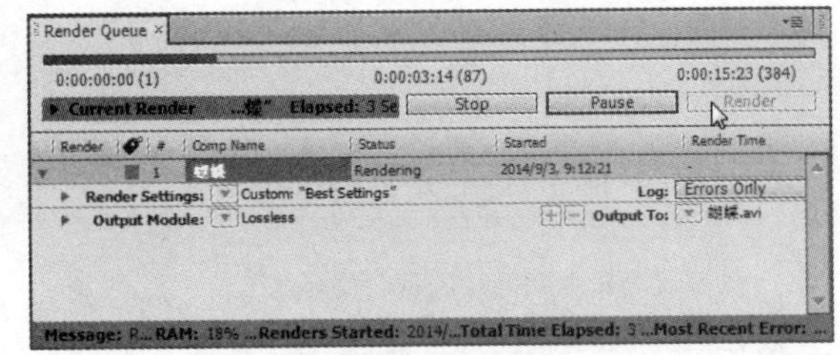

图 13-10

第 11 步 通过以上步骤即可完成使用渲染队列面板渲染输出影片的操作，如图 13-11 所示。

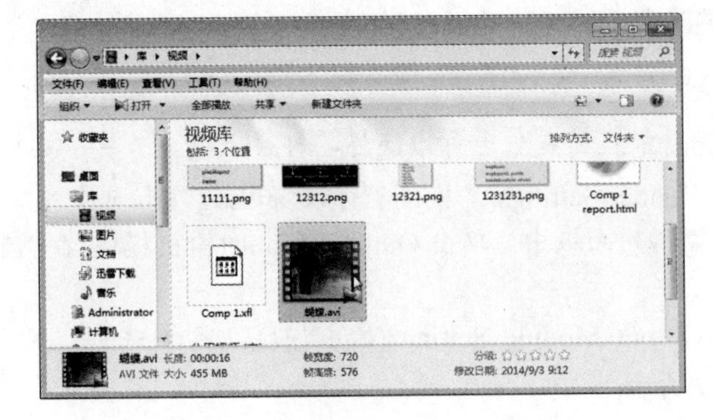

图 13-11

13.1.4　文件打包方法

收集文件(Collect Files)命令用于收集项目或合成中所有文件的副本到一个指定的位置。在渲染之前使用这个命令，可以有效地保存或移动项目到其他计算机系统或用户。下面将详细介绍文件打包的相关操作方法。

第 1 步 在菜单栏中选择 File(文件)→Collect Files(收集文件)菜单命令，如图 13-12 所示。

第 2 步 弹出 Collect Files(收集文件)对话框，用户可以为 Collect Source File(收集源文件)选项设置一种恰当的方式，然后单击 Comments(注释)按钮，如图 13-13 所示。

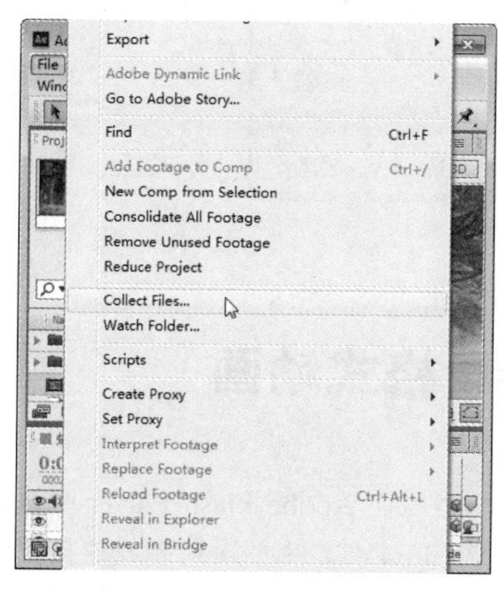

图 13-12

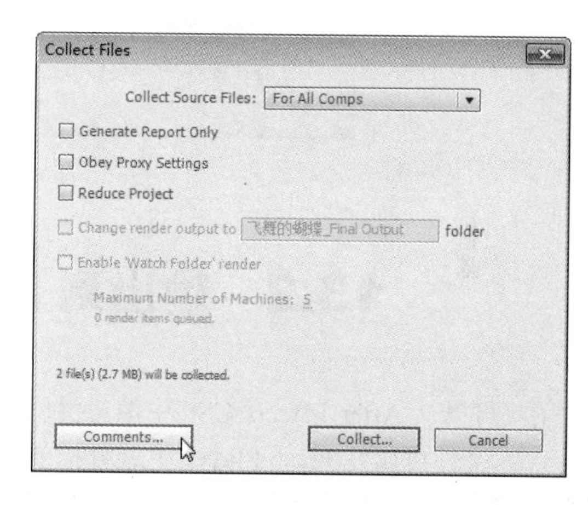

图 13-13

第 3 步 弹出 Comments(注释)对话框，输入标注然后单击 OK 按钮，将信息添加到生成的报告中，如图 13-14 所示。

第 4 步 返回到 Collect Files(收集文件)对话框，单击 Collect(收集)按钮，如图 13-15 所示。

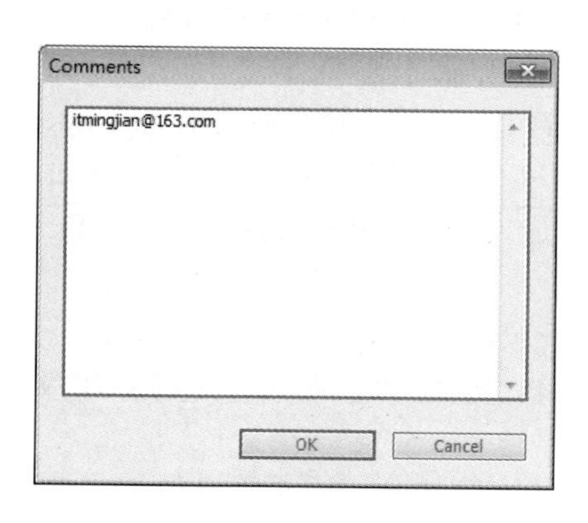

图 13-14

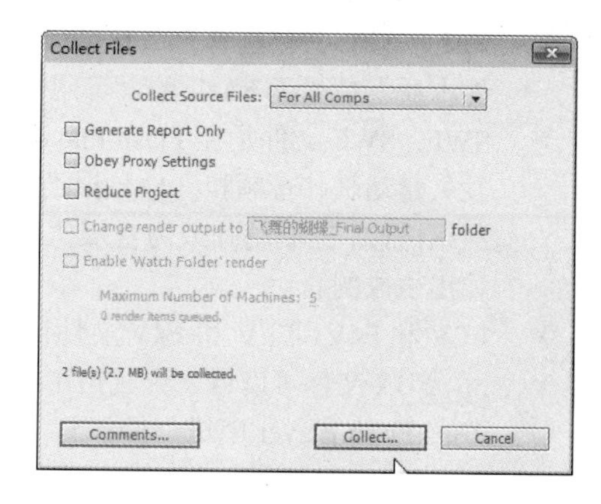

图 13-15

第 5 步 弹出 Collect file into folder(收集文件到文件夹)对话框，为文件夹命名并指定打包文件存储的磁盘空间，即可完成文件打包，如图 13-16 所示。

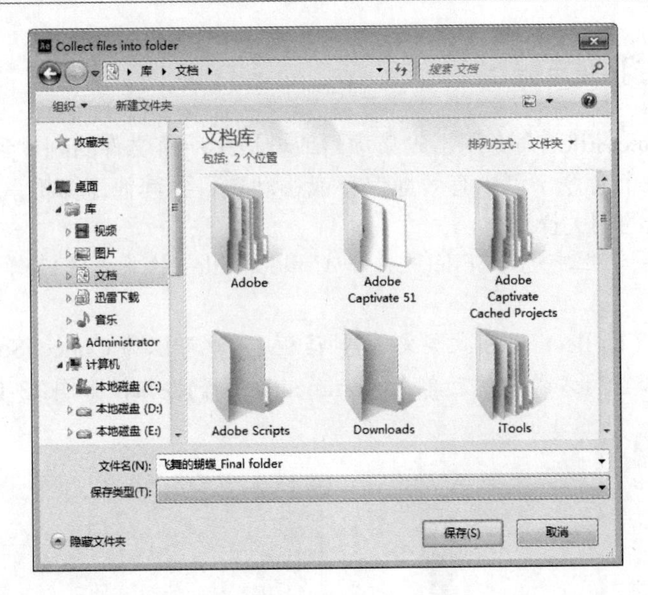

图 13-16

13.2 输出到 Flash 格式动画

用户可以从 After Effects CS6 中渲染并输出影片，然后在 Adobe Flash Player 中进行播放。SWF 文件可以在 Flash Player 中进行播放，但 FLV 和 F4V 文件必须封装或连接到一个 SWF 文件中，才可以在 Flash Player 中进行播放。还可以将合成输出为 XFL 文件，以便与 Flash Professional 进行格式转换。

13.2.1 与 flash 相关的输出格式

After Effects 可以输出多种与 Flash 相关的格式，分别介绍如下。

- XFL：XFL 文件包含合成信息，可以在 Flash Professional CS4 中被打开。XFL 文件本质上是基于 XML 的，等同于 FLA 文件。
- SWF：SWF 文件是在 Flash Player 上播放的小型文件，经常被用来通过 Internet 分发矢量动画、音频和其他数据类型。SWF 文件也允许观众进行互动，例如，单击网络链接、控制动画或为富媒体网络程序提供入口。SWF 文件一般是由 FLA 文件输出生成的。
- FLV 和 F4V：FLV 和 F4V 文件仅包含基于像素的视频，没有矢量图，并且无法交互。FLA 文件可以包含并且指定 FLV 和 F4V 文件，以嵌入或链接到 SWF 文件中，并在 Flash Player 中进行播放。

13.2.2 输出 xfl 文件到 flash

用户可以从 After Effects CS6 输出合成为 XFL 格式的文件，用于以后在 Flash

Professional CS4 中进行修改。例如，在 Flash Professional 中可以使用 ActionScript 为来自于 After Effects 合成中的每层添加交互动画。下面将详细介绍其操作方法。

第 1 步 选择一个准备要输出的合成，然后在菜单栏中选择 File(文件)→Export(输出)→Adobe Flash Professional(XFL)菜单命令，如图 13-17 所示。

第 2 步 系统会弹出 Adobe Flash Professional(XFL)对话框，用户可以设置 After Effects 对含有不支持项的层进行某种处理，单击 Format Options 按钮，如图 13-18 所示。

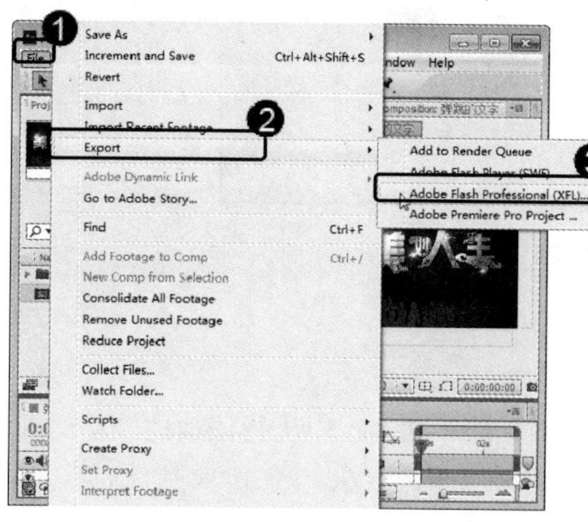

图 13-17

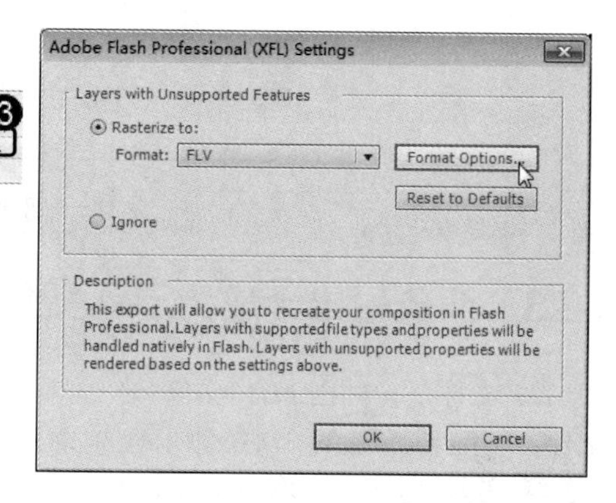

图 13-18

第 3 步 弹出 FLV Options 对话框，在其中创建 PNG 序列或 FLV 文件的设置。更改设置后，用户还可以通过单击 Reset to Defaults 按钮恢复默认设置，如图 13-19 所示。

第 4 步 单击 OK 按钮后，系统会弹出“另存为”对话框，选择输出文件的存储位置，单击“保存”按钮，如图 13-20 所示。

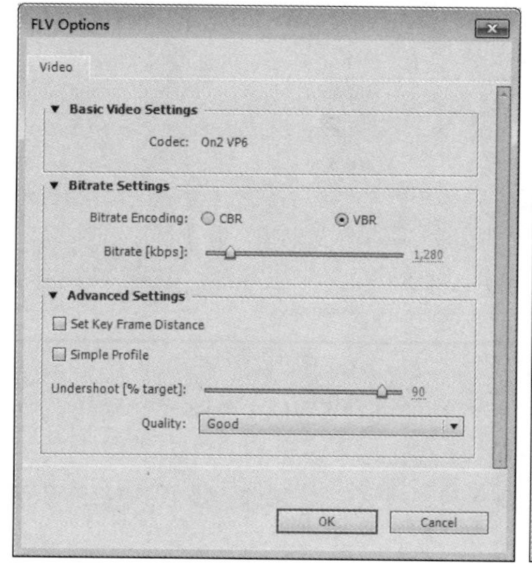

图 13-19

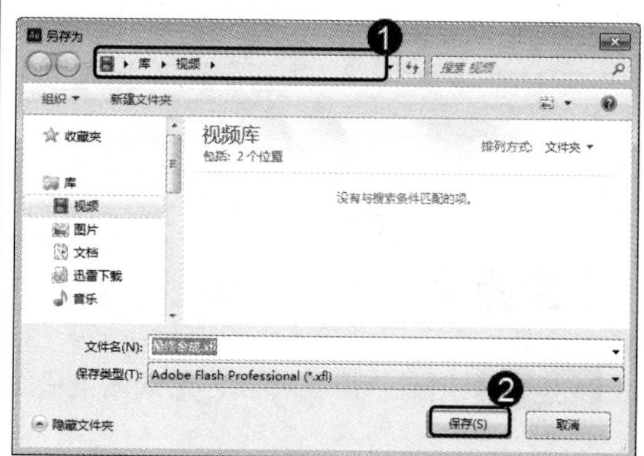

图 13-20

第 5 步 通过以上步骤即可完成输出 xfl 文件到 flash 的操作，输出的文件如图 13-21 所示。

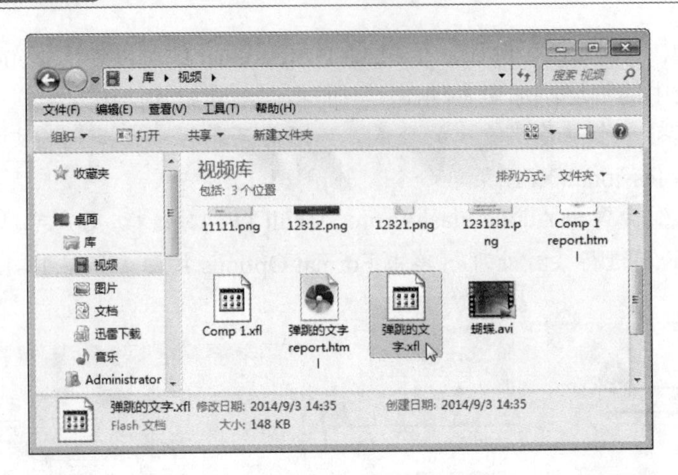

图 13-21

13.2.3 渲染输出合成为 swf 文件

SWF 文件是一种由 FLA 文件输出生成的，在 Flash Player 中进行播放的较小的矢量动画文件，下面将详细介绍渲染输出合成为 SWF 文件的操作方法。

第 1 步 选择一个准备要输出的合成，然后在菜单栏中选择 File(文件)→Export(输出)→Adobe Flash Player(SWF)菜单命令，如图 13-22 所示。

第 2 步 系统会弹出“另存为”对话框，选择输出文件的存储位置，单击“保存”按钮，如图 13-23 所示。

图 13-22　　　　图 13-23

第 3 步 弹出 SWF Settings 对话框，用户可以在其中对 SWF 文件格式的输出属性进行详细设置，完成设置后单击 OK 按钮，如图 13-24 所示。

第 4 步 通过以上步骤即可完成渲染输出合成为 swf 文件的操作，如图 13-25 所示。

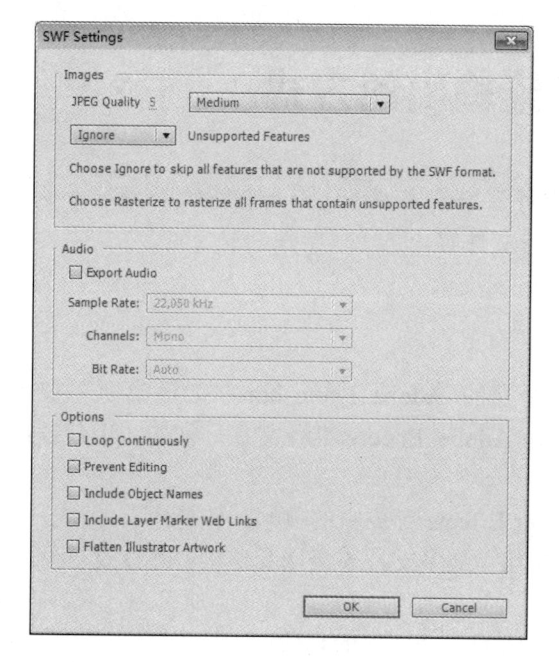

图 13-24

图 13-25

13.2.4 渲染输出合成为 flv 或 f4v 的文件

FLV 和 F4V 文件仅包含基于像素的视频，没有矢量图形，也没有交互性。FLV 和 F4V 格式是封装格式，与一组视频和音频格式相关联。FLV 文件通常包含基于 On2 VP6 或 Sorenson Spark 编码的视频数据和基于 MP3 音频编码的音频数据。F4V 文件通常包含基于 H.264 视频编码的视频数据和基于 AAC 音频编码的音频数据。

用户可以通过多种不同的方式在 FLV 或 F4V 封装文件中播放影片，主要有以下几种方式。

- 将文件导入到 Flash Professional 软件中，将视频发布为 SWF 格式。
- 在 Adobe Media Player 中播放影片。
- 在 Adobe Bride 中预览影片。

智慧锦囊

After Effects 的标记可以被 FLV 或 F4V 文件作为提示点包含在其中。

像其他格式一样，用户可以使用渲染队列(Render Queue)面板渲染输出影片为 FLV 或 F4V 封装格式。

想要在 FLV 输出中包含 Alpha 通道，可使用 On2 VP6 编码，并在视频(Video)选项卡中选择 Encode Alpha Channel 选项。

13.3 其他渲染输出的方式

除了使用渲染队列面板或输出菜单命令进行渲染输出外，还有一些特殊的情况需要特殊的渲染输出方式，比如输出为分层图像和项目文件等。

13.3.1 将帧输出为 Photoshop 层

用户可以将合成中的一个单帧输出为一个分层的 Adobe Photoshop(PSD)图像或渲染后的图像，这样可以在 Photoshop 中编辑文件，为 Adobe Encore 准备文件，创建一个代理或输出影片的一个图像作为海报或故事板。

保存为 Photoshop 层的文件可以从一个 After Effects 合成中的单帧，保持所有的层到最终的 Photoshop 文件中。嵌套合成被转换为图层组，最多支持 5 级嵌套结构。PSD 文件继承 After Effects 项目的色彩位深度。

此外，分层的 Photoshop 文件包含所有层合成的一个嵌入的合成图像。该功能确保文件可以兼容不支持 Photoshop 层的软件，这样可以显示合成图像而忽略层。

从 After Effects 保存一个分层 Photoshop 文件看上去可能和 After Effects 中的帧略有区别，因为有些 After Effects 中的功能，Photoshop 并不支持。这时，可以使用菜单命令 Composition(合成)→Save Frame As(保存框架)→File(文件)，输出一个拼合层版本的 PSD 文件，如图 13-26 所示。

图 13-26

选择准备输出的帧，然后在菜单栏中选择 Composition(合成)→Save Frame As(保存框架)→Photoshop Layers(Photoshop 图层)，可以输出单帧为分层的 Adobe Photoshop 文件，如图 13-27 所示。

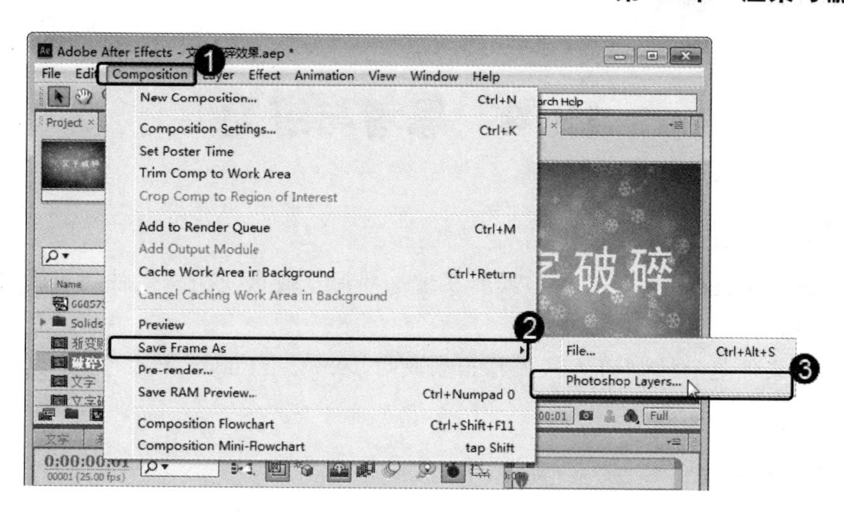

图 13-27

13.3.2　输出为 premiere pro 项目

用户无须渲染就可以将 After Effects 项目输出为 premiere pro 项目。下面将详细介绍其操作方法。

第 1 步 选择一个准备要输出的合成，然后在菜单栏中选择 File(文件)→Export(输出)→Adobe premiere pro Project 菜单命令，如图 13-28 所示。

第 2 步 系统会弹出 Export As Adobe Premiere pro Project 对话框，选择输出文件的存储位置，单击“保存”按钮即可完成输出，如图 13-29 所示。

图 13-28　　　　图 13-29

智慧锦囊

当输出一个 After Effects 项目为一个 Premiere Pro 项目时，Premiere Pro 使用 After Effects 项目中第一个合成的设置作为所有序列的设置。将一个 After Effects 层粘贴到 Premiere Pro 序列中时，关键帧、效果和其他属性以同样的方式被转换。

13.4 思考与练习

一、填空题

1. After Effects 提供了多种格式和压缩选项用于输出，输出文件的用途决定了_____和_______选项的设置。

2. SWF 文件是一种由 FLA 文件输出生成的，在 Flash Player 中进行播放的较小的_____动画文件。

二、判断题

1. 渲染就是由合成创建一个影片的帧。渲染一帧相当于利用合成中的所有层、设置和其他信息创建二维合成图像，影片渲染通过逐帧渲染创建影片。

2. 收集文件(Collect Files)命令用于收集项目或合成中所有文件到一个指定的位置。在渲染之前使用这个命令，可以有效地保存或移动项目到其他计算机系统或用户。

3. FLV 和 F4V 文件仅包含基于像素的视频，没有矢量图形，也没有交互性。

4. FLV 和 F4V 格式是封装格式，与一组视频和音频格式相关联。F4V 文件通常包含基于 On2 VP6 或 Sorenson Spark 编码的视频数据和基于 MP3 音频编码的音频数据。FLV 文件通常包含基于 H.264 视频编码的视频数据和基于 AAC 音频编码的音频数据。

三、思考题

1. 如何输出 xfl 文件到 flash?

2. 如何渲染输出合成为 swf 文件?

思考与练习答案

第 1 章

一、填空题

1. 前期、后期
2. 线性编辑

二、判断题

1. ×
2. √

三、思考题

1. 在 Windows 7 操作系统桌面左下角，单击“开始”→“所有程序”→After Effects CS6 命令，如果已经在桌面上创建了 After Effects CS6 软件的快捷方式，则可以直接双击桌面上的 After Effects CS6 快捷图标。系统即可进入启动 After Effects CS6 的界面。在线等待一段时间后，After Effects CS6 即可被启动，新的 After Effects CS6 工作界面就显示出来了。

2. 启动 After Effects CS6 软件后，如果没有正在编辑的文件在界面窗口中，单击窗口右上角的“关闭”按钮，即可关闭 After Effects CS6。在菜单栏中选择 File(文件)→Exit(退出)菜单命令，也可以关闭 After Effects CS6。如果有正在编辑的文件在窗口中，单击窗口右上角的“关闭”按钮，会弹出 After Effects 对话框单击 Save(保存)按钮，可以存储当前正在编辑的文件并退出软件；单击 Don’t Save(不保存)按钮，将不存储当前正在编辑的文件并退出软件；单击 Cancel(取消)按钮，可以取消退出软件的操作。

第 2 章

一、填空题

1. 可拖放区域管理模式
2. 合成面板(Composition)
3. 时间线、时间线面板

二、判断题

1. √
2. √
3. ×

三、思考题

1. 执行菜单栏中的 Window(窗口)→Workspace(工作界面)菜单命令，可以看到其子菜单中包含多种工作模式子选项，包括 All Panels(所有面板)、Animation(动画)、Effects(特效)等模式。

执行菜单栏中的 Window→Workspace→Animation 菜单命令，操作界面则切换到动画工作界面中，整个界面以“动画控制窗口”为主，突出显示了动画控制区。

执行菜单栏中的 Window→Workspace→Paint 菜单命令，操作界面则切换到绘图控制界面中，整个界面以“绘图控制窗口”为主，突出显示了绘图控制区域。

执行菜单栏中的 Window→Workspace→Effects 菜单命令，操作界面则切换到特效控制界面中，整个界面以“特效控制窗口”为主，突出显示了特效控制区域。

2. 执行菜单栏中的 Window(窗口)→Workspace(工作界面)→New Workspace(新建工作界面)菜单命令。

弹出 New Workspace 对话框，输入一个名称，如输入“我的工作界面”，然后单击 OK 按钮。

保存后的界面将显示在 Window→Workspace 命令后的子菜单中，这样即可完成保存工作界面。

第 3 章

一、填空题

1. 项目(Project)
2. 序列
3. 重新解释

二、判断题

1. √
2. ×
3. √

三、思考题

1. 启动 After Effects 软件，在菜单栏中选择 File(文件)→Import(导入)→File(文件)菜单命令。

打开 Import File 对话框，在对话框的下面选择 Targa Sequence(序列图片)复选框，然后单击“打开”按钮。

在导入图片时，还将弹出一个 Interpret Footage(解释素材)对话框，在该对话框中可以对导入的素材图片进行通道的设置，主要用于设置通道的透明情况。通过以上步骤即可完成导入带通道的 TGA 序列操作。

2. 在 Project(项目)面板中选择要替换的图片并右击，在弹出来的快捷菜单中选择 Replace Footage(替换素材)→File(文件)菜单命令。

弹出 Replace Footage file(替换素材文件)对话框，选择一个要替换的素材，然后单击“打开”按钮。

可以看到选择的素材文件已被替换，通过以上步骤即可完成替换素材的操作。

第 4 章

一、填空题

1. 空物体
2. Anchor Point(轴心点)

二、判断题

1. √
2. ×

三、思考题

1. 选择图层的操作方法非常简单，在“时间线”面板中使用鼠标单击目标层，即可选择该层。

在按住键盘上的 Ctrl 键时，进行同时选择，可以选择多个图层，也可以按住鼠标左键进行框选。

2. 定义时间线的工作区，也就是删除区域。可以通过拖曳工作区的端点来设置，也可以按键盘上的 B 键和 N 键来定义工作区的开始和结束。

在菜单栏中选择 Edit(编辑)→Lift Work Area(提取工作区)菜单命令，可以看到已经将层分为两层，工作区部分素材被删除，而留下时间空白。

第 5 章

一、填空题

1. 缩进、缩进量
2. Animator(动画器)
3. 段落、尺寸
4. 3D 层、选中
5. 转角、字符面板
6. 双字节字符、竖排文字

二、判断题

1. √

2. ×
3. √
4. √

三、思考题

1. 在菜单栏中选择 Layer(图层)→New(新建)→Text(文字)菜单命令，创建一个新的文字层，横排文字工具的插入光标出现在合成面板中央。

选择横排文字工具 T 或竖排文字工具 ↓T，在合成面板中准备输入文字的地方单击，设置一个文字插入点。

使用键盘输入文字，按键盘上的 Enter 键，开始新的一行。

选择其他工具或使用快捷键 Ctrl+Enter，都可以结束文字编辑模式，这样即可完成输入点文字的操作。

2. 选择横排文字工具 T 或竖排文字工具 ↓T。

单击并拖动鼠标不放，从一角开始定义一个文字框。

使用键盘输入文字。按键盘上的 Enter 键即可开始新的段落，选择其他工具或使用快捷键 Ctrl+Enter，都可以结束文字编辑模式，这样即可完成输入段落文字的操作。

3. 首先使用选择工具选择文字层，然后使用鼠标右击，在弹出的快捷菜单中选择 Convert To Point Text(转换为点文字)菜单命令，即可将段落文字转换为点文字。

使用选择工具选择文字层，然后使用鼠标右击，在弹出的快捷菜单中选择 Convert To Paragraph Text(转换到段落文本)菜单命令，即可将点文字转换为段落文字。

第 6 章

一、填空题

1. Paint(绘画)
2. 光栅图像

二、判断题

1. √
2. √
3. ×
4. ×

三、思考题

1. 如果要将一个文字图层的文字轮廓提取出来，可以先选择该文字图层，然后在菜单栏中选择 Layer→Create Shapes from Text(从文字创建形状)菜单命令即可。

2. 在时间线面板中双击要进行绘画的图层。将该图层在 Layer 窗口中打开。

在工具栏中选择 Brush Tool(画笔工具)，然后单击工具栏右侧的 Toggle the Paint panels(切换绘画面板)按钮。

系统会打开 Paint(绘画)和 Brushes(笔刷)面板。Brushes 面板中选择预设的笔触或是自定义笔触的形状。

在 Paint 面板中设置好画笔的颜色、不透明度、流量，以及混合模式等参数。

使用 Brush Tool(画笔工具)在 Layer 窗口中进行绘制，每次释放鼠标左键即可完成一个笔触效果。

每次绘制的笔触效果都会在图层的绘画属性栏下以列表的形式显示出来(连续按两次 P 键即可展开笔触列表)。

第 7 章

一、填空题

1. 摄像机视图、自定义视图
2. 当前坐标系、视图坐标系

二、判断题

1. √
2. √
3. ×

三、思考题

1. 选择准备进行操作的 3D 层，在合成面板中，使用选择工具拖曳与移动方向相应的层的 3D 坐标控制箭头，可以在箭头的方向上移动 3D 层。按住 Shift 键进行操作，可以更快地进行移动。在时间线面板中，通过修改 Position 属性的数值，也可以对 3D 层进行移动。

使用菜单命令 Layer→Transform→Center In View 或快捷键 Ctrl+Home，可以将所选层的中心点和当前视图的中心对齐。

2. 在时间线面板中，单击图层的 3D 层开关，或使用菜单命令 Layer→3D Layer，可以将选中的 2D 层转换为 3D 层。再次单击其 3D 层开关，或使用菜单命令取消选择 Layer→3D Layer，都可以取消层的 3D 属性。

2D 层转换为 3D 层后，在原有 x 轴和 y 轴的二维基础上增加了一个 z 轴，层的属性也相应增加，可以在 3D 空间对其进行位移或旋转操作。

同时，3D 层会增加材质属性，这些属性决定了灯光和阴影对 3D 层的影响，是 3D 层的重要属性。

第 8 章

一、填空题

1. 参数、关键帧
2. 运动路径
3. 平滑处理
4. 抖动

二、判断题

1. √
2. √
3. ×
4. √

三、思考题

1. 第 1 种：单击属性名称左边的秒表按钮，可以记录关键帧动画并产生一个新的关键帧。

第 2 种：在秒表按钮激活的状态下，使用组合键 Alt+Shift+属性快捷键，可以在时间指示标的位置建立新的关键帧。比如添加 Position 关键帧，可以使用组合键 Alt+Shift+P。

第 3 种：在秒表按钮激活的状态下，将时间指示标拖曳到新的时间点，直接修改参数可以添加新的关键帧。

2. 第 1 种：键盘删除。选择不需要的关键帧，按键盘上的 Delete 键，即可将选择的关键帧删除。

第 2 种：菜单删除。选择不需要的关键帧。执行菜单栏中的 Edit→Clear 命令，即可将选择的关键帧删除。

第 3 种：利用按钮删除。取消选择秒表的激活状态，可以删除该属性点所有关键帧。

第 9 章

一、填空题

1. 节点
2. 羽化

二、判断题

1. √
2. ×
3. √
4. ×

三、思考题

1. 单击工具栏中的“矩形工具”按钮，选择矩形工具。

在 Composition(合成)面板中单击并拖动鼠标，绘制一个矩形蒙版区域。在矩形蒙版区域中，将显示当前层的图像，矩形以外的部分变成透明。

2. 在需要创建遮罩的层上单击鼠标右键，在弹出来的快捷菜单中选择 Mask(遮罩)→New Mask(新建遮罩)菜单命令。

系统会沿当前层的边缘创建一个遮罩，在遮罩上右击，在弹出来的快捷菜单中选择 Mask→Mask Shape(遮罩形状)菜单命令。

弹出 Mask Shape 对话框，在 Bounding Box(包围盒)选项组中输入遮罩的范围参数，并可以设置单位，在 Shape(形状)选项组中选择准备创建的遮罩的形状，单击 OK 按钮。

通过以上步骤即可完成输入数据创建遮罩的操作。

第 10 章

一、填空题

1. 直方图、伽马
2. Curves(曲线)
3. Color Key(色彩键)
4. 前景、背景

二、判断题

1. √
2. √
3. ×

三、思考题

1. 在时间线面板中选择要应用色彩调整特效的层。

在 Effects & Presets(特效面板)中展开 Color Correction(色彩校正)特效组，然后双击其中的某个特效选项。

打开 Effect Controls(特效控制)面板，然后修改特效的相关参数。

通过以上步骤即可完成色彩的调整。

2. 首先导入一个素材文件，并建立一个新合成将其拖动到时间线面板中。然后双击时间线面板上的素材，在 Layer 面板中将其打开。

使用 Roto 画笔工具沿着需要保留的区域的边缘绘制一条细线，确保可完全包围保留物体。

可以看到得到的这个结果是非常不精确的，身体的上半部分与背景融合在一起。

按住键盘上的 Alt 键，使用 Roto 画笔工具在需要保留的区域内绘制，可以将选区扩展到保留区域的边缘。

切换到合成面板中，可以看到 Roto 画笔工具的抠像结果比较粗糙，边缘太过生硬。

在 Effect Controls(滤镜控制)面板中，调整 Smooth(平滑)、Feather(羽化)、Choker(收边)值，对抠像边缘进行处理。

通过以上步骤即可完成 Roto 画笔工具抠像的操作。

第 11 章

一、填空题

1. 三维方面、三维信息
2. 颜色分量(RGB)、计算颜色值(HSL)
3. 时间

二、判断题

1. √
2. ×
3. √

三、思考题

1. 使用菜单：在时间线面板中选择要使用特效的层，单击 Effect 菜单，然后从子菜单中选择要使用的某个特效命令即可。

使用特效面板：在时间线面板中选择要使用特效的层，然后打开 Effects & Presets(特效面板)，在特效面板中双击需要的特效即可。

使用右键：在时间线面板中，在要使用

特效的层上右击，然后在弹出来的菜单中选择 Effect 子菜单中的特效命令即可。

使用拖动：从 Effects & Presets 中选择某个特效，然后将其拖动到时间线面板中要应用特效的层上即可。

2. 单击效果名称左边的fx按钮即可隐藏该效果，再次单击则可以将该效果重新开启。

单击时间线面板上层名称右边的fx按钮可以隐藏该层的所有效果，再次单击则可以将效果重新开启。

选择需要删除的效果，然后按键盘上的 Delete 键即可将其删除。如果需要删除所有添加的效果，用户需要选择准备删除的效果图层，然后在菜单栏中选择 Effects(特效)→Remove All(移去所有)菜单命令即可。

第 12 章

一、填空题

1. Tracker(跟踪)
2. 搜索区域、特征区域
3. 图表编辑器
4. 速度快、速度慢

二、判断题

1. √
2. ×
3. √

三、思考题

1. 为属性添加表达式，可以在时间线面板中选择属性，然后使用菜单命令 Animation(动画)→Add Expression(添加表达式)。

或使用组合键 Alt+Shift+=，还可以按住 Alt 键，然后在时间线面板或效果控制面板中单击属性名称旁边的秒表按钮，这样即可完成添加一个表达式。

2. 为属性删除表达式，可以在时间线面板中选择属性，使用菜单命令 Animation(动画)→Remove Expression(移除表达式)。

或者按住 Alt 键，然后在时间线面板或效果控制面板中单击属性名称旁边的秒表按钮即可。

第 13 章

一、填空题

1. 格式、压缩
2. 矢量

二、判断题

1. √
2. ×
3. √
4. ×

三、思考题

1. 选择一个准备要输出的合成，然后在菜单栏中选择 File(文件)→Export(输出)→Adobe Flash Professional(XFL)菜单命令。

系统会弹出 Adobe Flash Professional (XFL)对话框，用户可以设置 After Effects 对含有不支持项的层进行某种处理，单击 Format Options 按钮。

弹出 SLV Options 对话框，在其中创建 PNG 序列或 FLV 文件的设置。更改设置后，用户还可以通过单击 Reset to Defaults 按钮恢复默认设置。

单击 OK 按钮后，系统会弹出“另存为”对话框，选择输出文件的存储位置，单击“保存”按钮。

通过以上步骤即可完成输出 xfl 文件到 flash 的操作。

2. 选择一个准备要输出的合成，然后

在菜单栏中选择 File→Export→Adobe Flash Player(SWF)菜单命令。

系统会弹出“另存为”对话框，选择输出文件的存储位置，单击“保存”按钮。

弹出 SWF Settings 对话框，用户可以在其中对 SWF 文件格式的输出属性进行详细的设置，完成设置后单击 OK 按钮。

通过以上步骤即可完成渲染输出合成为 swf 文件的操作。